高等学校应用型通信技术系列教材

工作化过程的 GSM无线网络优化

丁 远 田 钧 主 编
刘海林 余焕坚 副主编

清华大学出版社
北京

内 容 简 介

本书以无线网络优化工作岗位为依据，设置了无线网络优化岗位认知、基站设备现场认知、网优测试终端连接与测试软件操作、驱车路测及优化、呼叫质量拨打测试及优化、用户投诉故障处理、室内覆盖系统工程及优化7个学习情境，每个学习情境又划分为若干个工作任务。通过整个无线网优工作流程的掌握和真实工作过程中相应的实训单据、典型工程案例的自主完成，可以加强学习者岗位技能、实践能力和工程应用能力。

本书可以作为应用型本科、高职院校通信技术、通信工程专业的教材，也可以作为从事网优工作的工程人员的自学材料。

图书在版编目(CIP)数据

工作化过程的GSM无线网络优化/丁远，田均主编. --北京：清华大学出版社，2013
高等学校应用型通信技术系列教材
ISBN 978-7-302-32218-4

Ⅰ. ①工… Ⅱ. ①丁… ②田… Ⅲ. ①时分多址移动通信－通信网－最佳化－高等学校－教材
Ⅳ. ①TN929.532

中国版本图书馆CIP数据核字(2013)第084576号

责任编辑：刘翰鹏
封面设计：常雪影
责任校对：刘 静
责任印制：何 芊

出版发行：清华大学出版社
网 址：http://www.tup.com.cn，http://www.wqbook.com
地 址：北京清华大学学研大厦A座 **邮 编**：100084
社 总 机：010-62770175 **邮 购**：010-62786544
投稿与读者服务：010-62776969，c-service@tup.tsinghua.edu.cn
质量反馈：010-62772015，zhiliang@tup.tsinghua.edu.cn
印 刷 者：三河市君旺印装厂
装 订 者：三河市新茂装订有限公司
经 销：全国新华书店
开 本：185mm×260mm **印 张**：21.25 **字 数**：511千字
版 次：2013年8月第1版 **印 次**：2013年8月第1次印刷
印 数：1～3000
定 价：43.00元

产品编号：049667-01

PREFACE 前言

曾有一位朋友这么问我:“现在3G商用了好几年,3G用户全国近2亿,而且4G技术已在多个城市建立了试验网,离大规模商用不远了,为什么你还在研究2G网络?”相信很多朋友也同样存在这个疑问。诚然,移动通信发展迅速,移动数据业务量逐步赶超语音业务量,但GSM网络仍然是如今乃至今后相当长时间内的主流支撑网络,网络负荷将会进一步增加。试想一下,你周边的朋友有几个是真正地在使用3G网络,大多数智能手机都是使用GSM网络打电话和上网的。不久前工信部部长苗圩说道:“实际上现在3G网络很多都是靠2G网络,在很多地方都直接掉到2G网络支撑,所以上网速度、信号强度什么都会差一些。”

随着智能机的兴起,较之前的PC上网,如今人们更习惯使用手机上网游戏及娱乐,人们更为关注的是网络速率,因此这给网优工程人员提出了更高的新要求,网络优化不再只关注语音业务的需求,更多的是满足人们对数据业务的需求。

网优是一件相当复杂的工作,需要对网络设备、参数、信令流程非常熟悉,同时需要熟悉当地的地形地貌,需要项目的长期积累来获取知识和技能,往往经验比单纯学习更为重要。网优人员要适应长期在外出差,往往一个项目结束后就要转换到另一个地方,因此网优人才流动性较大,长期处于短缺状态。

掌握网络优化的知识和技能,必须先搞清楚通信的专业知识,如“切换”、“位置更新”、“信令”、“接口”等。通信专业知识很多,很多读者看见案头几尺高的通信专业书籍不禁咋舌,内容又枯燥,不知如何学、学什么内容、从何入手,就像沙漠里的一只骆驼,看着一望无际的天空,眼里除了迷茫还是迷茫。

目前市场上存在大量无线网络优化的教材,但往往只具有理论指导意义,很少甚至没有工程方面的知识与技能,理论知识无法融入实际工程中,使理论知识枯燥、难以真正理解,前面讲过,网优经验比单纯知识往往更重要,所以,读者学完这些理论知识后仍然感到迷茫。因此大量高校生及从事网优工程人员迫切需要一本理论与技能相结合、包含工程项目的教材或指导书,使理论知识与实际工程相融合,通过工程项目来理解理论知识,通过知识来指导实际工程项目。

本书基于网优工作化过程编写，从网络优化工作岗位出发，分解出每个工作岗位的工作任务，完成每个工作任务的同时也掌握了理论知识和技能。同时本书包含大量实际工程项目，使读者更深一步掌握网络优化的实施过程。因此本书面向的对象是通信技术、通信工程的本科生、高职生以及从事网优工作的工程人员。

为了让读者更容易读懂这本书，不再在面对通信专业知识时茫然不知所措，作者采用以下几种方法。

(1) 基于网络优化工作化过程编排。

(2) 摒弃了传统教材的先讲理论后讲实践的编写方法。本书将理论与实践融合在一起，使理论应用于实践，实践加深理论的理解。

(3) 所编写知识和技能全部来源于最新的实际工程，摒弃落后的知识点和技能。

(4) 教学组织特色鲜明，即学完每一章节后紧跟实训单据，深入贯彻“以学生为中心教学法”(SCL)，教学过程以学生为主体，老师只是担当组织者和指导者的角色。读者自主完成真实工作过程中相应的实训单据(任务单、信息单、计划单、材料工具清单、实施单、评价单、教学反馈单)。

(5) 主要章节都设置了典型工程案例，强化网优工程应用。

(6) 每个知识点都有课前引导，指引学员在书中查找相关知识点并做标记，增加学员的针对性和自主性。

(7) 实训单据中增加教学反馈单，使教师不断提高教学水平。

本书的编排以无线网络优化工作岗位为依据，设置了7个学习情境，每个学习情境又划分为几个小节。掌握整个工作流程后，在老师的指导下，读者自主完成真实工作过程中相应的实训单据，加强岗位技能及实践能力，同时通过典型工程案例强化工程应用。

学习情境一阐述网络优化基本概念、基本流程、工作岗位及职责、职业技能等，同时讲解本课程知识模块及教学组织，从而对整个课程的学习内容及课程组织有个整体的认知，有利于学员有针对性的学习。

学习情境二阐述网络优化最重要的环节——BTS设备。因为网络优化最主要测试和优化的地方就在空口，即手机与基站设备空中连接，因此掌握BTS设备的工作原理、组成模块、设备连接等至关重要。本书以主流设备RBS2206为主，同时介绍最新基站设备RBS6601、RBS6201、华为BTS3309等，同时简单介绍GSM系统的其他组成模块，如BSC、MSC、HLR等。

学习情境三讲解测试手机与笔记本电脑连接、安装设备驱动、安装测试软件、配制软件初始数据、熟练软件操作等过程；同时理论知识贯穿其中，阐述GSM编号计划、GSM频率、信道、电波传播特性、分集接收、跳频技术、交织技术、信道编码、功率控制等。

学习情境四讲解网络优化重要工作之一，即DT路测。本学习情境分为5个小节：驱车路测、数据统计与分析、制订网络优化方案、实施网络优化方案、网络复测，在完成每个工作任务的同时掌握GSM通信事件和信令流程，如小区选择、小区重选、切换、位置更新、鉴权加密、主叫、被叫、拆线、无线寻呼等过程；同时掌握网优测试软件TEMS的操作方法，用于话音的拨打、话务统计等；亦可掌握网优分析软件Mapinfo、MCOM软件的操作方法，用于信号覆盖、信号质量的分析等；最后，结合典型工作项目，加强实际工作能力、工程项目经验积累。

学习情境五阐述CQT测试及优化过程，分为4个小节：CQT测试数据采集、数据统计与分析、制订和实施优化方案、网络复测。本学习情境要求读者在完成每个工作任务的同时掌握无线资源参数的分类、作用及调整，包括小区识别参数、系统控制参数、小区选择重选参数、网络功能参数等；同时可掌握Google Earth在网优工作中的用途、扫频等过程。最后本学习情境也给出了典型的工作项目。

学习情境六阐述用户投诉故障处理办法，分为2个小节：投诉点数据采集、测试数据分析及处理。

学习情境七阐述室内覆盖系统工程及优化，分为2个小节：直放站工程和室内分布系统工程。讲解了直放站工作原理、设备选型、分布系统组成、分布系统设备工作原理、施工设计。

读者在阅读本书的同时可针对某个知识点或项目上网查找相关资料，此类网站有移动通信论坛(http://www.mscbsc.com)、通信人家园(http://bbs.c114.net)等。网络中有大量实际工程项目和通俗易懂的理论知识点，希望读者很好地加以利用。值得一提的是，本书不少知识点和工程项目来源于网络，尤其是移动通信论坛，如果与某本书或某些资料有相同点，纯属巧合。

本书由丁远、田钧任主编并编写大纲，刘海林、余焕坚任副主编。这里特别感谢刘海林、田钧教授为本书的编写提供了大量理论基础资料和工程数据。本书部分项目来源于企业，本书的编写得到了中山移动、广东怡创科技股份有限公司、广东超讯通信技术有限公司各级领导及网优部门经理等大力支持，他们为本书提供了大量的实际工程项目作支撑，在此一并表示感谢。

由于作者水平有限及时间仓促，书中肯定有不足和疏漏之处，敬请广大读者和专家批评指正。如读者想要书中所涉及的设备、软件、驱动及数据，可联系作者本人(39285402@qq.com)。

丁 远

2013年4月

CONTENTS 目录

学习情境一

无线网络优化岗位认知

无线网络优化作为通信技术的一个领域，发展快速，市场急需大量高技能型人才，对于即将从事网优的工程人员，必须对以下几个问题有清晰的认识，即网优工作岗位有哪些，网优工作应该掌握哪些职业技能，网优行业前景如何。

本文将一一解答上述问题，同时阐述本课程知识模块及教学组织，从而读者对整个课程的学习内容及课程组织有个整体的认知，有利于学员有针对性的学习。

学习情境描述

某学校学生到某通信企业无线网络优化部门实习，希望能尽快熟悉网络优化工作岗位环境、行业现状，明确工作任务、工作职责、注意事项；希望了解整个通信网络优化行业及其发展前景，以便更好地学习本课程和开展职业规划。

1.1 课程的定位、目标及考核

课前引导单

学习情境一	无线网络优化岗位认知		
知识模块	课程的定位、目标及考核	学时	1
引导方式	请带着下列疑问在文中查找相关知识点并在课本上做标记。		

(1) 网优课程如何定位？
(2) 网络优化岗位如何划分？
(3) 本课程如何考核？
(4) 本课程的培养目标是什么？

1. 课程定位

移动电话的信号传递过程如图 1.1 所示，用户手机（移动台 MS）通过无线链路将信号传送到基站（BTS），信号经基站控制器（BSC）传送到移动交换中心（MSC）。从手机信号的传递过程可以看出，网络信号强度、网络质量、用户的感知等因素都与这些网络核心设备息息相关。因此在成本可控范围内，可通过调整这些设备的硬件或性能参数来提高网络信号强度、提高网络服务质量、提高用户的感知度等。但实际情况下，更多的是通过网络测试及用户投诉来发现网络故障点，并及时开展网络优化工作，调整网络性能参数，这样省时省力，经济又环保。

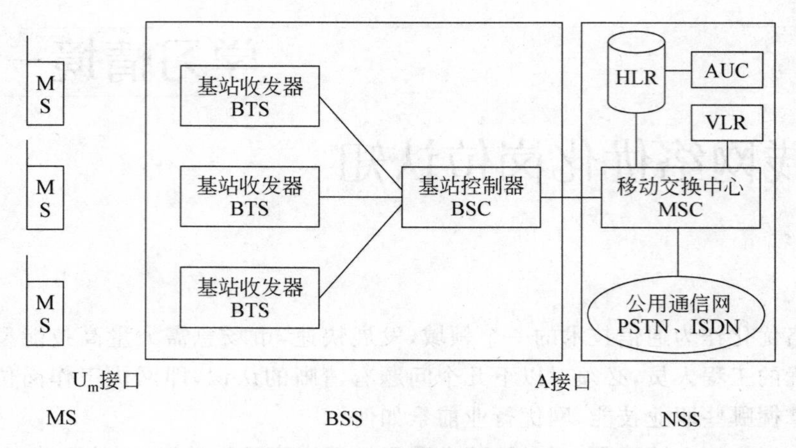

图 1.1 移动电话信号的传递过程

分析通信专业的岗位群可知，无线网络优化是通信技术专业的核心课程，是一门实践性和应用性很强的课程。该课程前期必须保证通过教学使学生具备良好的逻辑分析能力，掌握通信基本原理、移动通信基本概念及相关过程，对基站、基站控制器、移动交换中心等网络核心设备的硬件组成较熟悉。无线网络优化的主要前导课程是通信原理、移动通信技术、基站管理与维护、光纤通信技术、现代交换技术，后续课程是3G网络规划与优化、WLAN设计等。本课程为学生顶岗实习提供了实践基础，对学生职业能力培养和职业素养的形成起主要支撑作用。

2. 行业分析

(1) 我国网络优化发展现状

近年来，国家对通信行业给予大力的政策扶持，通信业处于高速发展时期，固定资产投资规模快速增长，其中，固定投资20%左右用于网络建设；尤其在3G牌照发放后，三大运营商在满足2G网络建设的同时，从2009年开始大规模发展3G网络，在网络运维上，逐步增大对网络优化投资比例。网络优化市场规模在2006年已达77.54亿元。随着移动通信业的进一步开发及繁荣，网络优化作为网络部署及运营周期中的重要部分，其市场规模逐渐增大，呈现迅猛增长势头，到2010年已发展到155.23亿元，年复合增长率达18.95%，近5年，全国网络优化市场规模如图1.2所示。

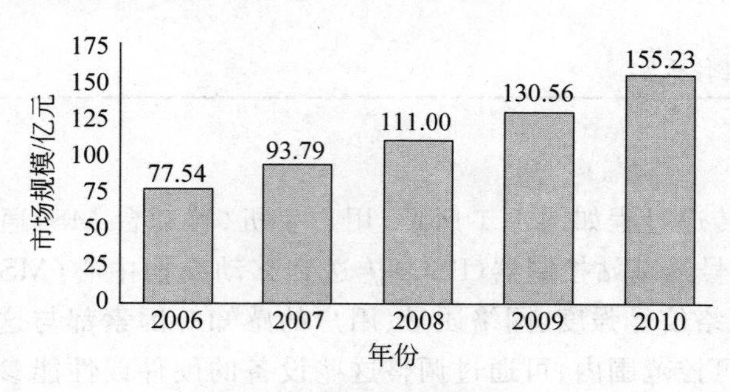

图 1.2 全国网络优化市场规模

(2) 我国网络优化发展趋势

经过2009—2011年的大规模3G网络建设，2012—2015年我国网络优化市场依然呈现高速增长均势，随着行业竞争激烈化和用户需求多样化与差异化，将推动网络优化服务由基本网络测试层面向用户感知与体验层面的方向发展。

驱动网络优化服务市场变化有四大因素：①移动通信终端用户已经不满足于移动业务和功能，而是对服务质量和业务体验提出更高要求，促使网络优化在满足测试评估的指标优化的基础上，向更高端的业务与用户感知优化服务发展；②行业的发展与竞争促进了生产方式的革新，具有高技术含量的网络优化软硬件产品在整个网络优化市场占据越来越重要地位；③网络规模、用户数量及话务量、新业务的不断发展推动整个网络优化服务行业大规模增长；④移动通信行业市场化程度提高，运营商竞争加剧，给网络优化服务市场带来广大空间。

鉴于众多因素，预测从2012—2015年，全国网络优化市场规模将从200亿元发展至323亿元，年复合增长率保持15%以上。

3. 岗位分析

用户无论处于静止还是运动状态中，希望在任何地点、任何时刻，网络都可以提供稳定可靠的优质服务，这就要求对整个网络开展模拟测试，并依据测试结果提出优化方案，调整工程参数或无线资源参数来优化网络性能，以满足用户的需求。从事驱车路测(DT)并开展优化工作的工程人员称为DT工程师；从事重点场所定点测试并开展优化工作的工程人员称为CQT工程师；当网络发生故障，用户投诉网络信号差、常掉话等现象时，用户投诉测试工程师开展网络投诉处理工作；高层建筑环境较密闭且用户数量较大，室内覆盖系统工程师需要建设室内覆盖分布系统以满足用户需求。无线网络优化相关的工作岗位和工作任务如表1.1所示。

表1.1　无线网络优化相关的工作岗位和工作任务

企业职业岗位	主要工作任务
DT工程师	交通主干道的信号测试、网络故障优化等
CQT工程师	商场、酒店、车站、展厅等场所信号测试、网络故障优化等
用户投诉优化工程师	用户投诉故障点的测试及处理等
室内覆盖系统工程师	商场、酒店、商务大楼等室内覆盖分布系统设计及解决方案

4. 课程目标

本课程目标为通过基本理论的学习和实际操作训练，突出培养学生的实际操作技能和持续性学习发展的能力。本课程的理论教学目标是使学生掌握无线网络优化的基本概念、工作流程、信令流程、资源参数等基本内容，实践教学目标是使学生掌握网优测试工具的连接与操作、网络测试软件的安装及灵活操作、网络信号数据报表统计、信号强度和信号质量的覆盖图制作、常见网络故障处理、室内覆盖分布系统设计等基本技能，为今后从事无线网络优化工作打下良好的专业基础，同时也为进一步学习和掌握新的信息技术和网络技术打下一定的技术基础。学完该课程，读者可考取通信行业的网优资格证书、网优测试资格证书、直放站资格证书。

5. 课程考核

本课程考核摒弃了传统的期末测试试卷为最终考核成绩，考核方式体现了网优工作化过程，依据课前引导单、信息单、任务单、计划单、实施单、评价单等真实工作过程中各种单据的完成情况来评定最终成绩，同时各种单据的评定引入“个人评价＋组内互评＋教师评价”的方式，在强调学生专业能力的同时融入学生社会能力及方法能力，构建一个综合素质评价体系，评价单如表 1.2 所示。同时学生依据教师授课情况及知识技能掌握情况认真填写教学反馈单，教师可据此表单了解学生掌握知识技能现状、学生接受能力情况，提高教学水平。

表 1.2　评价单

学习情境			学时		
评价类别	项目	子项目	个人评价	组内互评	教师评价
专业能力（60%）	资讯（10%）	搜集信息（5%）			
		引导问题回答（5%）			
	计划（5%）	计划可执行度（2%）			
		工具准备（3%）			
	实施（5%）	工作步骤执行情况			
	检查（5%）	使用工具规范性（3%）			
		异常情况排除（2%）			
	过程（15%）	使用工具规范性（5%）			
		操作过程规范性（5%）			
		仪器使用管理（5%）			
	结果（10%）	结果质量			
	作业（10%）	完成质量			
社会能力（20%）	团队协作（20%）	对小组的贡献（10%）			
		小组合作配合情况（10%）			
方法能力（20%）	计划能力（10%）				
	决策能力（10%）				
评价评语	班级	姓名	学号	总评	
	教师签字	第　组	组长签字	日期	
	评语：				

1.2　无线网络优化岗位职责和工作过程

课前引导单

学习情境一	无线网络优化岗位认知		
知识模块	无线网络优化岗位职责和工作过程	学时	1
引导方式	请带着下列疑问在文中查找相关知识点并在课本上做标记。		
(1) 网优工作岗位职责分别是什么？ (2) 网优工作的 5 个工作过程是什么？			

无线网络优化通过对现网运行的网络进行话务数据分析、现场测试数据采集、参数分析、硬件检查等手段，找出影响网络质量的原因，并且通过参数的修改、网络结构的调整、设备配置的调整和采取某些技术手段（采用 MRP 的规划办法等），确保系统高质量的运行，使现有网络资源获得最佳效益，以最经济的投入获得最大的收益。

1. 岗位职责

无线网络优化岗位包括驱车路测工程师、定点测试工程师、用户投诉优化工程师、室内覆盖系统工程师。其岗位职责具体包括以下内容。

(1) DT 工程师岗位职责

① 为满足移动运营商业务运营需要，对无线网络覆盖的信号电平、信号质量、网络容量等开展驱车测试工作。

② 进行疑难优化问题的分析和处理工作，制订网络基础优化和深度优化方案，并组织实施。

③ 负责 TD-SCDMA 和 GSM 进行 3G/2G 网间互操作过程中的整网指标优化及网络故障定位，进行话务统计分析、GSM 和 TD-SCDMA 两网间相关联的参数分析和调整。

④ 对 GSM/CDMA 网络的发展和规划建设提出针对性的意见和建议。

⑤ 负责完成无线网络规划优化项目的总结报告、技术统计等。

(2) CQT 工程师岗位职责

① 负责制定 CQT 项目的策划、组织、实施。

② 负责 GSM/CDMA 室内覆盖系统的规划设计、优化、技术支持。

③ 进行疑难优化问题的分析和处理工作。

④ 负责完成无线网络规划优化项目的技术统计和总结报告。

(3) 用户投诉优化工程师岗位职责

① 负责与投诉用户的沟通。

② 负责故障点的测试。

③ 负责故障点优化方案的制订，优化方案实施的结果跟踪和分析。

(4) 室内覆盖系统工程师岗位职责

① 负责与商场、酒店、商务大楼等负责人的沟通。

② 室内信号测试。

③ 室内分布系统容量估算、设备选型、天线分布、工程预算等方案设计。

④ 室内信号分析及优化。

2. 工作过程

无线网络优化首先通过用户投诉、日常 CQT 测试和 DT 测试等信息采集数据，了解用户对网络的意见及当前网络存在的缺陷，并对网络进行测试，收集网络运行的数据；然后对收集的数据进行分析及处理，找出问题产生的根源；根据数据分析处理的结果制订网络优化方案，并实施该方案对网络进行系统调整；调整后，再对网络进行复测，确定故障点问题是否解决，如果仍未达到预期目标，再对系统进行信息采集，确定新的优化目标，周而复始直到问题解决，使网络进一步完善。

网络优化的工作过程具体包括5个方面：网络测试、数据分析及处理、制订网络优化方案、实施网络优化方案、网络复测，如表1.3所示。

表1.3 网络优化的5个工作过程

工作过程	工作内容
网络测试	CQT测试、DT测试、用户投诉、新站测试采集数据，为话务统计、频率规划等提供数据，同时找出网络故障点
数据分析及处理	对系统收集的信息进行全面的分析与处理，找出网络发生的故障，如掉话、切换失败、弱信号、干扰严重等；找出网络中存在的影响运行质量的问题，如同频/邻频干扰、软硬件故障、天线方向角和俯仰角存在问题、小区参数设置不合理、切换不合理、天线覆盖不好、环境干扰、系统忙等
制订网络优化方案	根据分析结果提出改善网络运行质量的具体实施方案，包括无线资源参数的调整、基站天线调整、软硬件故障排除、安装直放站、增加/删除站点等。这些方案中优先考虑调整无线资源参数，省时省力又经济
实施网络优化方案	落实网优方案，如BSC后台调整无线资源参数、代维工程人员对故障点开展软硬件排除工作、调整基站天线。无法通过修改参数达到目的的，可考虑在合适地点安装直放站或新增站点
网络复测	对故障点区域重新测试一次，看是否达到预期效果，同时注意查看实施网络优化方案后是否对故障点周围区域造成不利影响

1.3 课程设计与教学组织

课前引导单

学习情境一	无线网络优化岗位认知		
知识模块	课程设计与教学组织	学时	1
引导方式	请带着下列疑问在文中查找相关知识点并在课本上做标记。		

(1) 学完本课程你能掌握哪些专业技能？
(2) 学完本课程需要掌握哪些基本理论知识？
(3) 课程如何组织教学？

1. 课程设计

本课程的课程设计是经过走访多家通信企业，实地考察、专家座谈、反复深入研讨而成的。首先通过企业调研，明确通信行业主要的五大岗位群，无线网络规划与优化作为其中一个岗位群，可提供的岗位共有4个，从每个工作岗位可提炼出其岗位工作任务，依据岗位工作任务演绎出七大学习情境，每个学习情境依据其工作过程设置几个学习子任务，通过本课程的学习，最终可获取多种网优岗位技能以满足无线网络优化岗位的技能需求。基于工作过程的课程设计如图1.3、图1.4所示。

为了更好地掌握上述职业技能，必须深刻理解GSM基本理论知识，所以本书将理论知识点贯穿于职业技能的训练中，其主要理论知识点如表1.4所示。

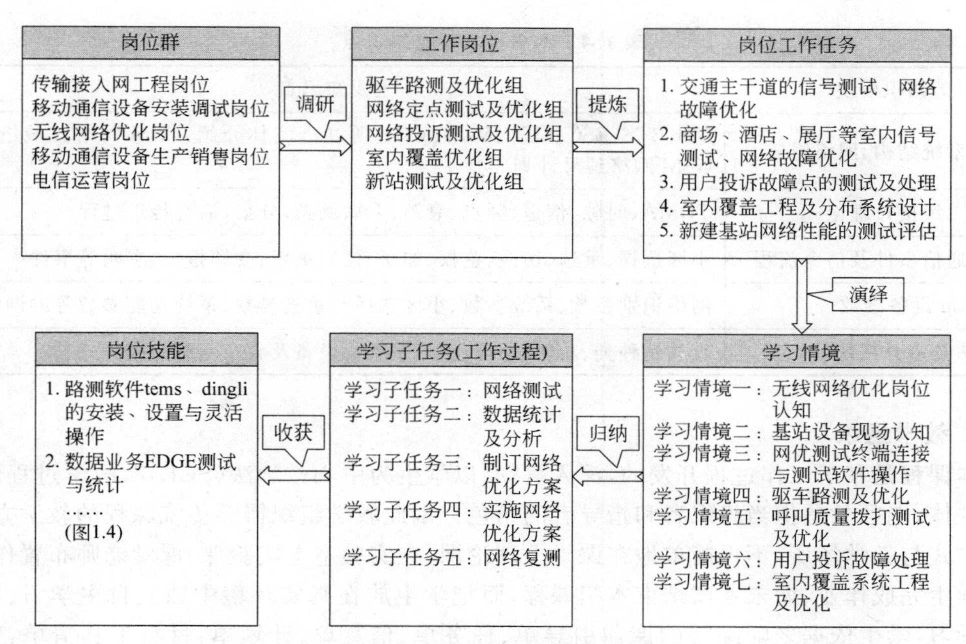

图 1.3 基于工作过程的课程设计

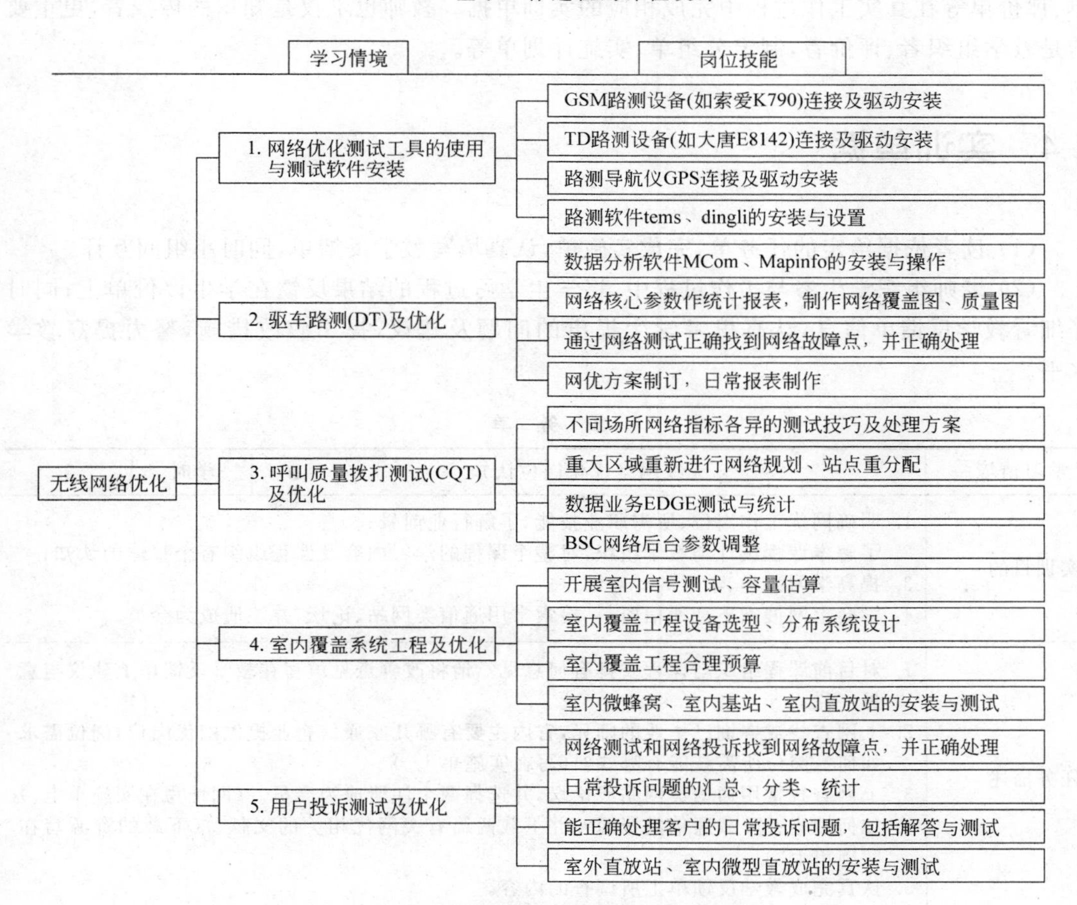

图 1.4 学习本课程所收获的岗位技能

表 1.4 本书基本理论知识点

知识模块	主要知识点
GSM 系统结构、网络组成	MS、BTS、BSC、MSC、VLR、VHR 等功能实体介绍，GSM 网络区域组成、GSM 网络编号计划
GSM 无线接口理论	TDMA、时隙、信道、频点、衰落、TA、跳频、分集、话音传送过程
GSM 通信事件及信令流程	小区选择、重选、切换、鉴权、加密、位置更新、立即指配、主叫等事件
Ericsson 设备参数	网络识别参数、系统参数、小区选择与重选参数、系统功能参数等的调整
直放站及室分系统	直放站种类、功能、原理；室分系统的设备及分布系统布线方式

2. 教学组织

本课程是基于工作过程开发的，深入贯彻"以学生为中心教学法(SCL)"，教学过程以学生为主体，老师只是担当组织者和指导者的角色。因此教学组织摒弃传统课程的教学方法、考核方式与教学场所，不再简单地在课堂上理论课、在实验室上实验课、课堂老师布置作业、课后学生完成作业、期末考试结束本门课程，而把学生放在真实环境中独立自主学习、小组互动学习，学生依据老师编写的课前引导单、任务单、信息单、计划单、材料工具清单、实施单、评价单等在真实工作过程中完成相应的实训单据。教师也不仅是知识的传授者，更重要的是教学组织者、评价者，制定分组单、实施计划单等。

1.4 实训单据

(1) 读者依据给定的任务单，完成实施单，认真填写教学反馈单，同时小组间互评。

(2) 老师组织学生参与工作过程中，将学生学习过程的结果反馈在学生评价单上；同时仔细看教学反馈单信息，认真思考学生提出的问题及建议，提出整改措施，努力提高教学水平。

任 务 单

学习情境一	无线网络优化岗位认知	学时	3
实训目的	1. 明确网优工作岗位、所需职业技能，了解行业前景； 2. 了解本课程设计与教学组织，对整个课程的学习内容及课程组织有个整体的认知； 3. 提高学习兴趣、学习的针对性； 4. 学会上网搜索下载通信资料，检索常用通信类网站、论坛，并注册成为会员。		
任务描述	1. 对目前课程组织与课程安排有何意见？请将改善意见填写在教学反馈单上建议与意见一栏。 2. 上网查找或咨询已毕业的师兄，省内主要有哪几家通信企业提供网优岗位，岗位需求如何？岗位所需技能有哪些？(写在实施单上。) 3. 上网查找常用通信类网站或论坛，并选择两个注册成为会员。(网址写在实施单上。) 4. 如何搜索并下载通信类资源？并下载两篇有关网优相关的文献。(下载的资源写在实施单上。) 5. 认真完成教学反馈单上所调查的内容。		

续表

对学生的要求	1. 注册各相关网站论坛时,用同一个用户名和密码,以免遗忘。 2. 认真对待老师布置的任务,上课认真听讲,积极配合老师、小组互动。 3. 各小组组长认真布置各成员任务,并督促其认真完成。 4. 每位同学准备一个 U 盘,分类存放课堂资料及网络下载资料。

实　施　单

学习情境一	无线网络优化岗位认知	学时	3
实施方式	网络搜索相关资料完成任务单中布置的任务		

1.

2.

3.

作业要求	1. 各组员独立完成; 2. 格式规范,思路清晰; 3. 完成后各组员相互检查和共享成果; 4. 及时上交教师评阅。					
作业评价	班级		第　组	组长签字		
	学号		姓名			
	教师签字		教师评分		日期	
	评语:					

教学反馈单

学习情境一	无线网络优化岗位认知			学时	3
序号	调 查 内 容	是	否	理由陈述	
1	网优知识模块是否清晰				
2	本课程的组织及内容安排是否清晰				
3	是否了解网优的发展趋势及岗位需求				
4	教师讲课语速、音调是否适当				
5	教师讲课思路是否清晰				
6	是否有信心学好本课程				

建议与意见:

被调查人签名		调查时间	

评 价 单

<table>
<tr><td>学习情境一</td><td colspan="2">无线网络优化岗位认知</td><td>学时</td><td colspan="2">3</td></tr>
<tr><td>评价类别</td><td>项目</td><td>子项目</td><td>个人评价</td><td>组内互评</td><td>教师评价</td></tr>
<tr><td rowspan="5">专业能力
(70%)</td><td rowspan="2">计划准备
(20%)</td><td>搜索能力(10%)</td><td></td><td></td><td></td></tr>
<tr><td>咨询能力(10%)</td><td></td><td></td><td></td></tr>
<tr><td rowspan="3">实施过程
(50%)</td><td>查询资料真实性(15%)</td><td></td><td></td><td></td></tr>
<tr><td>实施单完成进度(15%)</td><td></td><td></td><td></td></tr>
<tr><td>实施单完成质量(20%)</td><td></td><td></td><td></td></tr>
<tr><td rowspan="3">职业能力
(30%)</td><td colspan="2">团队协作(10%)</td><td></td><td></td><td></td></tr>
<tr><td colspan="2">对小组的贡献(10%)</td><td></td><td></td><td></td></tr>
<tr><td colspan="2">决策能力(10%)</td><td></td><td></td><td></td></tr>
</table>

<table>
<tr><td rowspan="3">评价评语</td><td>班级</td><td></td><td>姓名</td><td></td><td>学号</td><td></td><td>总评</td><td></td></tr>
<tr><td>教师签字</td><td></td><td>第 组</td><td></td><td>组长签字</td><td></td><td>日期</td><td></td></tr>
<tr><td colspan="8">评语：</td></tr>
</table>

学习情境二

基站设备现场认知

网络优化主要是通过测试移动台与 BTS 间上下行链路信号，及时发现问题并调整系统参数达到优化网络性能的目的。因此 BTS 设备作为其中关键一环，至关重要。正式开展网优工作前，一定要熟知 BTS 设备，了解 BTS 各设备组成模块及在网络中发挥的作用，知道各设备如何连接。

学习情境描述

组织学生前往某基站房开展认知实习。出发前每位同学自带笔记本和 GSM 教材，各小组依次进入基站房。要求画出基站房结构布局图、走线施工图、各设备连接图。对照 GSM 教材，仔细观察 BTS 设备各功能模块并详细记录各功能模块连线图，包括基站天线、基站收发器、电源设备、传输设备、动力监控设备等。

2.1 GSM系统基本结构

课前引导单

学习情境二	基站设备现场认知		
知识模块	GSM 系统基本结构	学时	2
引导方式	请带着下列疑问在文中查找相关知识点并在课本上做标记。		

(1) GSM 系统主要由哪几部分组成?
(2) GSM 各功能实体作用是什么?
(3) 爱立信 RBS2202 基站设备组成及连线是什么?
(4) 交换网络子系统由哪几部分组成? 各部分的功能分别是什么?

全球移动通信系统(Global System for Mobile Communication，GSM)是由欧洲电信标准化协会(ETSI)制定的泛欧数字移动电话系统标准，又称泛欧数字蜂窝移动通信系统，是世界上应用最为广泛的第二代移动通信系统。

一套完整的蜂窝移动通信系统主要由移动台(MS)、无线基站子系统(BSS)、交换网络子系统(NSS)及操作与维护子系统(OSS)4 部分组成，其系统组成如图 2.1 所示。

1. 移动台(MS)

移动台(MS)也就是手机，是移动用户设备，通过无线空中接口 Um 给用户提供接入网络业务的功能，由移动设备(Mobile Equipment，ME)和用户识别模块(Subscriber Identity

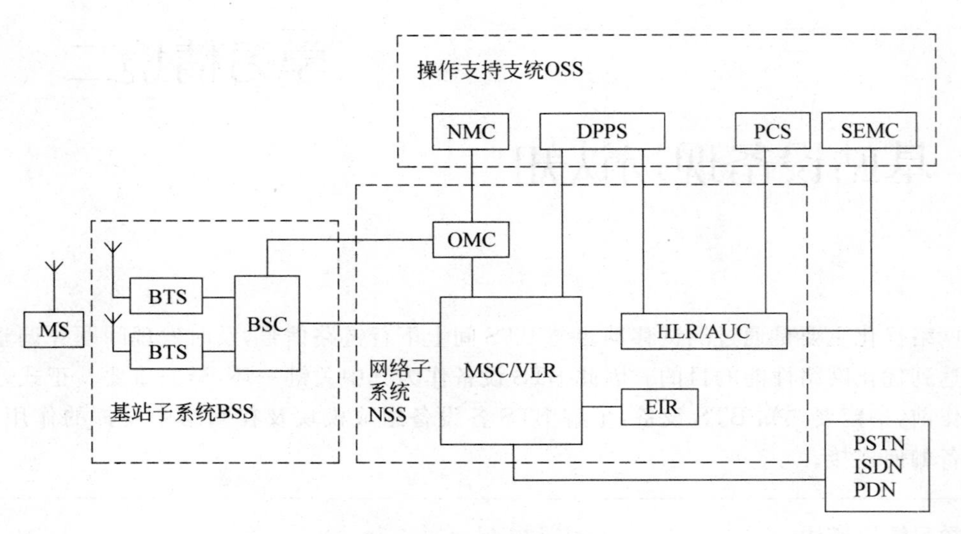

图 2.1 GSM系统结构

Module,SIM)卡两部分组成。

ME用于完成语音、数据和控制信号在空中的接收和发送,可完成话音编码、信道编码、信号加密、信号调制和解调、信号发射和接收。移动设备含有一个全球唯一设备标识信息IMEI号码,用来区分不同移动设备,类似于身份证号码区别不同人一样。如果手机不慎丢失,可利用此IMEI号码挂失,系统将不识别此号码,即挂失后的手机无法正常接入无线网络。但是国内一直都未启用IMEI的防盗功能,这使得被盗者只能补卡再购买手机,同时市场出现了大量山寨机(无IMEI号)。

SIM卡是一张符合GSM规范的智能卡(身份卡),含有全球范围内用户唯一标识信息IMSI(全球移动用户标识码),存有认证用户身份所需的所有信息,加载安全保密信息,存储与网络和用户有关的管理数据,可以算得上“移动信息专家”。仔细观察SIM卡,会发现SIM卡上有8个触点,与手机连接时至少要连接5个触点(电源、时钟、数据、复位和接地端),SIM卡中的制卡是随机写入的鉴权参数Ki值,以及A3鉴权算法和A8加密算法,以及PIN码和PUC码。

如果手机卡不小心丢失了,为了防止别人使用本SIM卡打电话,就设置了PIN码。PIN码是4位数,可以设置要用SIM卡必须输入PIN码,如果输错了3次就锁卡,必须到运营商提供的PUK码才能解码,PUK码最多也只能输入10次,超过10次这张SIM卡就报废了。

🕮 行业新动态

经过业界一轮角力之后,ETSI(欧洲电信标准协会)最终在日本大阪举行的第55次会议之中达成新SIM卡尺寸标准的共识。最终苹果所设计的Nano-SIM卡战胜了诺基亚、摩托罗拉等厂商组成的联盟,成为下一代卡的标准。在这个名为4FF的标准尺寸宽12.3mm、高8.8mm,厚度则为0.67mm;总体来说比现有的Micro SIM小了40%。iPhone 5已经采用新一代SIM卡。

2. 无线基站子系统(BSS)

无线基站子系统(BSS)提供移动台与移动交换中心(MSC)之间的链路通信,主要负责完成无线发送接收和无线资源管理等功能。BSS通过无线接口(Um)直接与移动台实现通信连接,同时又连接到网络端的交换机,因此,BSS可看作移动台与交换机之间的桥梁。

BSS由两个基本部分组成:基站收发台(BTS)和基站控制器(BSC)。

(1) 基站收发台(BTS)

BTS通过无线接口与移动台一侧相连,包括无线传输所需要的各种硬件及软件,如基站收发信机(TRX)、电源设备、环境监控设备以及馈线和天线。图2.2为基站收发信机设备RBS2202内部模块连接图。图2.3为爱立信基站设备RBS2202实物图及各个组成模块。其他设备详见实训单内容。

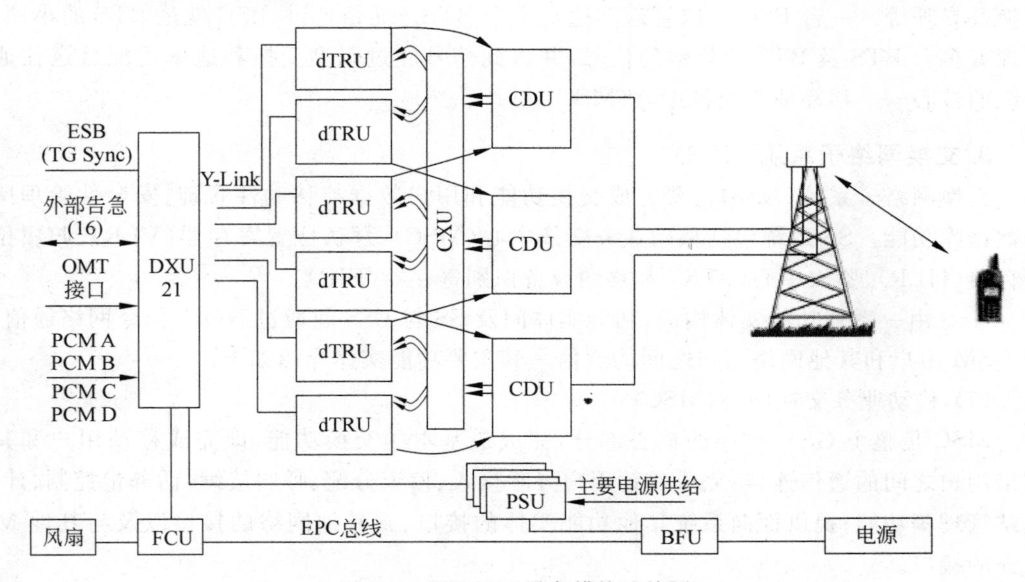

图2.2 RBS2202设备模块连接图

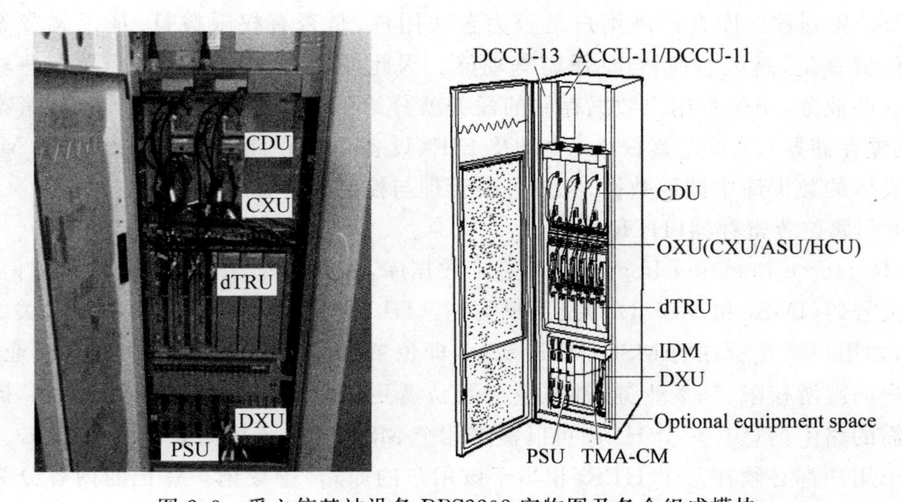

图2.3 爱立信基站设备RBS2202实物图及各个组成模块

BTS完全由BSC控制，主要负责无线传输，完成无线与有线的转换、信号分集、信号交织、信道编解码、信号加密、功率控制、时隙管理、跳频等功能。通俗地讲，BTS就是处理和管理基站信号的收发。BTS接收MS发射的信号，经信号处理后发送给BSC设备，同时接收BSC发送过来的信号，经信号处理后转发给MS。

随着技术的发展，爱立信的RBS2000系列基站逐步淘汰。取而代之的是占地面积更小、系统容量增大、安装测试更方便的基站设备。如爱立信的RBS6000系列、华为BTS3900，详见2.2～2.4节所述。

(2) 基站控制器(BSC)

BSC是BTS和移动交换中心(MSC)之间的连接点，管理空中频率资源和信令资源，控制无线信道分配、释放、越区切换，实施呼叫和通信链路的建立和拆除。完成移动台的定位、切换及寻呼等。一台BSC可以管理多达几十个BTS。通俗地讲，BSC就是BTS的小领导，管理着多台BTS及BTS所传输的信号，并将此信号经过码型变换和速率适配后送往通信系统的核心——移动业务交换中心(MSC)。

3. 交换网络子系统(NSS)

交换网络子系统(NSS)主要完成交换功能和用户数据与移动性管理、安全性管理所需的数据库功能。SS系统包括移动业务交换中心(MSC)、拜访位置寄存器(VLR)、归属位置寄存器(HLR)、鉴权中心(AUC)和移动设备识别寄存器(EIR)。

NSS由一系列功能实体构成，功能实体间及SS与BSS间通过NO.7信令网络通信，管理GSM用户和其他网络用户之间的通信。其主要功能实体介绍如下。

(1) 移动业务交换中心(MSC)

MSC是整个GSM网络的核心部分，完成最基本的交换功能，即完成移动用户和其他网络用户之间的通信连接；完成移动用户寻呼接入、信道分配、呼叫接续、话务量控制、计费、基站管理等功能；提供面向系统其他功能实体的接口、到其他网络的接口以及与其他MSC互连的接口。

MSC完成用户的交换，同时对用户计费和对用户业务进行管理，例如，当需要打国际长途时，MSC先到数据库查询该用户是否为合法用户、是否有权限拨打、是否欠费等。MSC还支持位置登记、越区切换、自动漫游等功能。因此，MSC的负载很重，需要一些功能实体来分担这些业务，于是将用户数据存储的任务就分给了HLR(归属位置访问存储器)、VLR(拜访位置存储器)、AUC(鉴权中心)以及EIR(设备识别存储器)来进行管理。MSC从这些功能实体的数据库中读取数据，完成各项管理与控制。

(2) 归属位置寄存器(HLR)

HLR(Home Location Register)是一个数据库，其中存放着全部归属用户的信息，如用户的有关号码(IMSI和MSISDN)及用户类别。HLR还存储着每个归属用户有关的动态数据信息，如用户现在所在的MSC/VLR地址(即位置信息)和分配给用户的补充业务，完成包括用户的漫游权限、基本业务、补充业务及位置更新信息等功能，从而为MSC提供建立呼叫所需的路由信息。一个HLR可以覆盖几个MSC服务区甚至整个移动网络。

每个用户都必须在某个HLR(相当于该用户的原籍)中登记。登记的内容分为永久性参数和临时性参数。永久性参数包括用户号码(IMSI)、移动设备号码、接入的优先等级、鉴权加密参数等;临时性参数需要随时更新,即与用户当前所处位置有关的参数。

📖 HLR 只负责找到 MS 所属的 MSC,与其他无关。同时 MSC/VLR 将鉴权参数、补充业务、当前位置等信息暂存于 HLR 中,以减轻 MSC/VLR 的负担,当 MSC/VLR 需要这些数据时,再从 HLR 中调取。

(3) 拜访位置存储器(VLR)

VLR(Visitor Location Register)也是一个数据库,是存储所管辖区域中 MS(统称拜访客户)的来话、去话呼叫所需检索的信息以及用户签约业务和附加业务的信息,例如,客户的号码、所处位置区域的识别、向客户提供的服务等参数。

VLR 是服务于其控制区域内移动用户的,存储着进入其控制区域内已登记的移动用户相关信息,为已登记的移动用户提供建立呼叫接续的必要条件。VLR 从该移动用户的归属位置寄存器(HLR)处获取并存储必要的数据。一旦移动用户离开该 VLR 的控制区域,则重新在另一个 VLR 登记,原 VLR 将取消临时记录的该移动用户数据。因此,VLR 可看作为一个动态用户数据库。实际上 VLR 在物理实体上与 MSC 是一体的,简称为 MSC/VLR。

处于漫游的移动用户由漫游地的拜访位置寄存器控制,当某移动台出现在某一位置区内,VLR 将启动位置更新程序。例如,当某用户人在西安办卡,HLR 就记录该用户的 IMSI 号码、MSISDN 号码(用户拨打的号码)及鉴权参数。该用户去北京,北京的 VLR 将其临时数据 TEMS 和小区的 LAC 号码分配给 HLR 数据库里,当 MSC 需要时就从 HLR 数据库里调取。VLR 存储拜访于西安的用户信息,给用户分配临时移动用户识别号码(TEMS),然后根据 IMSI 告诉西安的 HLR 这个用户现在在北京,并告知其分配的 LAC 和 TEMS 是多少,当通电话时,北京的 VLR 向西安的 HLR 索要该用户的鉴权参数、MSISDN 号码等数据。

📖 当 MS 每到达一个新位置区时(位置更新),VLR 就主动上报给 HLR 此时 MS 所在的位置。因此当位置更新时,易造成未接通的情况,因为发生位置更新时,MS 已经移至新的地方了,但 MS 还没来得及将新位置上报给 HLR,在旧位置已经找不到 MS 了,所以造成未接通。

(4) 鉴权中心(AUC)

AUC 是一个管理与移动台相关的鉴权信息的功能实体,专用于 GSM 系统的安全性管理。AUC 能完成对移动用户的鉴权,存储移动用户的鉴权参数,并能根据 MSC/VLR 的请求产生、传送相应的鉴权参数——随机号码(RAND)、符号响应(SRES)和密钥(Kc)。

AUC 中有个伪随机码发生器,用户产生一个不可预测的伪随机数(RAND)。RAND 和 Ki 经 AUC 的 A8 算法(加密算法)产生一个 Kc,经 A3 算法(鉴权算法)产生一个响应数(SRES)。AUC 中每次对每个用户产生 7～10 组三参数组(RAND、SRES、Kc),传送给 HLR,存储在该用户的用户资料库中。类似于查看该用户是否有足够余额用于通话、该用户是否合法等鉴权过程(A3 算法),如果一切正常,对用户数据进行加密(A8 算法)。

（5）移动设备识别寄存器（EIR）

EIR 也是一个数据库，存储着有关移动台设备参数，主要完成对移动设备的识别、监视、闭锁等功能，以防止非法移动台的使用。

EIR 记录着手机的 IMEI 号，核查白色清单、黑色清单、灰色清单 3 张表格，分别可列出准许使用、失窃不准使用、出现故障需监视。如果是被盗手机，运营商可锁定其位置阻止手机使用，但目前为止，国内仍未开始启用该功能。

4. 操作与维护子系统（OSS）

OSS 对整个 GSM 网络进行管理和监控，实现了系统的集中操作与维护，完成包括移动用户管理、移动设备管理、系统自检、报警与备用设备的激活、系统故障与诊断与处理、话务量的统计和计费数据的记录等功能。

2.2 爱立信 RBS6201 基站

课前引导单

学习情境二	基站设备现场认知		
知识模块	爱立信 RBS6201 基站	学时	3
引导方式	请带着下列疑问在文中查找相关知识点并在课本上做标记。		
（1）爱立信系列基站如何演进？ （2）RBS6000 系列基站优越性体现在哪几方面？ （3）RBS6201 硬件架构由哪几部分组成？			

1. 爱立信基站演进

爱立信基站演进如图 2.4 所示，从 1995 年开始至 2010 年，爱立信基站设备经历了 RBS200→RBS2000→RBS6000 型号，基站占地越来越少，载波配置越来越灵活，功能越来越强大。由 RBS2202 的 25TRX/m² 发展到 RBS6201 的 200TRX/m²，从单一的基站收发器功能发展到集收发、传输、电源、监控为一体的多功能设备，同时支持 GSM、EDGE、CDMA、LTE 多种系统。

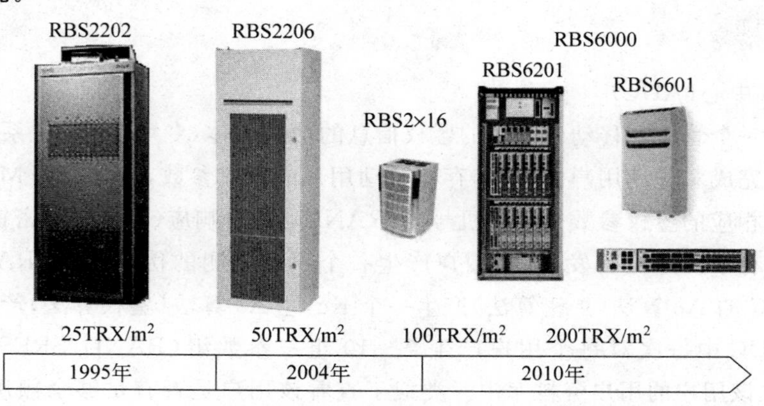

图 2.4 爱立信基站演进

2. RBS6000 基站系列简介

RBS6000 基站系列的设计宗旨是满足运营商当前面临的日益复杂的挑战。RBS6000 采用的是未来的技术，但同时能够提供与爱立信非常成功的 RBS2000 和 RBS3000 产品系列的后向兼容。RBS6000 基站系列能够提供一套无缝演进、综合和环境友好的解决方案，以及一条未来技术支持的、安全、灵活而又可靠的产品演化路径。

RBS6000 基站系列支持的主要功能包括以下几个。

(1) 可持续之路：RBS6000 基站系列可以确保利用现有站点和机柜能够平滑地演化至新的功能和技术，因此，提供了一条可持续的发展之路。

(2) 按需供电技术(Power On Demand)：重新调整电源供给方案以及将其与整个系统完全集成是 RBS 6000 基站系列设计的主要目标。智能的电源供给方案能够在任一给定时刻提供与所需完全匹配的电量，因此，能够确保电力消耗保持在一个绝对最低水平。

(3) 支持多种标准(Multi-Standard)：所有 RBS6000 基站均支持多种无线技术标准，包括 GSM、WCDMA、LTE 等。

(4) 集成简化：新的多用途机柜、创新的适用于所有部件的通用构建方式、模块化设计以及极高的集成度使得一个机柜能够提供整个站点的所有功能和容量。

3. RBS6201 大容量室内宏站

RBS6201 是下一代、支持多种标准的 RBS6000 基站系列的一种室内宏基站。

1) 特点

① RBS6201 采用简化的机柜设计和创新的模块化构建方式，能够将一个大容量站点集成于一个单一的机柜之中。该机柜包含两个射频子架和所有电源单元、传输网络以及辅助设备，意味着原来的多个机柜可以减至一个单一机柜，如图 2.5 所示。

② RBS6201 采用模块化构建方式和极高的集成度，使得在一个单一的机柜中提供一个支持多种标准的完美站点成为可能。该站点仅仅具有少量部件，而这些部件能够被所有技术标准共享，因此，站点的安装、管理及维护将变得更为简便。

图 2.5　RBS6201 实物图

RBS6201 的两个射频子架实际上均能够混合安装 GSM、WCDMA 和 LTE 载频，这些载频能够使用所有公用频点。一个单一的射频子架能够提供多达 3×8 GSM 载频，或 3×4 MIMO WCDMA 载频，或 3×20MHz MIMO LTE 载频，或上述标准载频的组合，如图 2.6 所示。

③ RBS6201 能够提供很高的无线容量，它能够替换多个老旧的基站(多达 4 个 RBS 2206 基站)。RBS6000 系列的与现有的 RBS2000 和 RBS3000 产品完全兼容。

④ RBS6201 能够为公共传输网络解决方案提供一个附加的 4U 空间，该传输网络解决方案支持包括本机 IP、以太网、异步转移模式(Asynchronous Transfer Mode，ATM)和 PDH/SDH 等诸多传输技术。

⑤ 完全集成于 RBS6201 之中的网络和站点管理系统的功能远远超过传统的 O&M 系

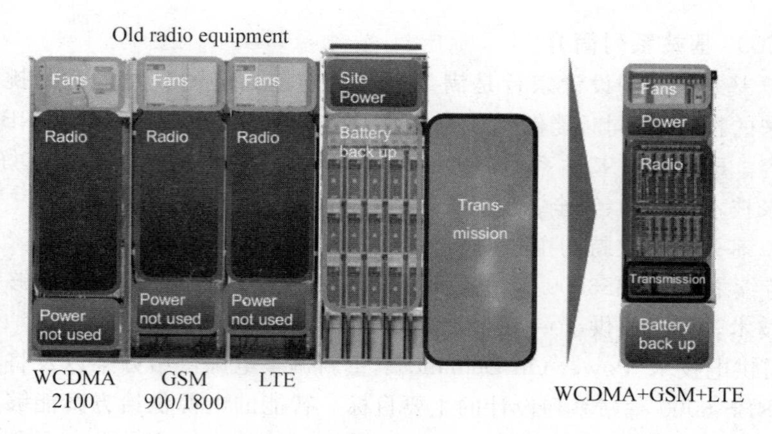

图 2.6 RBS6201 支持多种标准

统。网络和站点管理系统包括通过单一的用户界面提供对所有技术的无线网络管理、带有天线系统的传输网络和站点管理以及站点电源控制等功能,因此,可以进一步为客户提供操作维护的便利性。

⑥ 完全重新设计的站点电源供给系统全部集成于 RBS6201 之中。利用智能算法电源能够按需提供,这将确保在给定时刻电源供给系统能够刚好提供所需的能量,这样,某些单元不需要电源时将会被关闭,从而能够提升电源效率并且降低电源消耗。

⑦ RBS6201 的实施能够提高站内空间的使用效率。对于升级场景,无须增加站内空间即可提升基站容量。这对于位于密集城区的站点机房特别有用,因为站点空间的减少意味着站点租赁费用的降低。此外,RBS6201 的卓越射频性能和超大容量等优势还意味着所需的站点数量可以保持在最低水平,因此,这将进一步降低运营成本。

2) 硬件架构

RBS6201 的灵活硬件架构能够支持大量站点部署方式,它由下列主要部件组成。

(1) 射频子架——为射频单元(Radio Units,RU)和数字单元(Digital Units,DU)的组合。

① RU——射频单元(Radio Unit)

a. 组成和功能:收发信器(Transceiver,TRX)、发信器(Transmitter,TX)放大、发信器/收信器(Transmitter/Receiver,TX/RX)双工复用、TX/RX 滤波、天线监测支持。

一个 RU 由一个滤波器和一个多载频关联放大器组成。一个 RU 可以拥有宽达 20MHz 的带宽以及高达 60W 的输出功率,并且具有步长为 20W 的硬件激活按键。天线系统与 TX/RX 端口和 RX 端口相连。射频部分(RUS)能够同时发射两种标准信号。

RU 可以包含共站端口(例如,用于 GSM/WCDMA 天线共享)以及交叉连接,以便在每个扇区使用超过一个 RU 的情形下能够最大限度地减少馈线的数量。与 RU 相连的天线跳线电缆应该具有 90°弯的 7/16 连接器。

b. 多标准射频(Multi Standard Radio,RUS):RUS 能够在具有 20MHz 带宽的任何标准上支持 60W 的输出功率。每个单元能够在下行和上行链路中同时处理 4 个小区载频。多个 RU 能够进行组合以便创建具有 1~6 个扇区和 1~4 个载频的多种单频段或双频段配置。

利用每个扇区提供两个单元，该射频单元能够支持MIMO、TX分集以及4路RX分集。该射频单元还能够支持遵循3GPP/AISG规范的塔顶放大器（Tower-Mounted Amplifier，TMA）/天线系统控制器（Antenna System Controller，ASC）/RET接口单元（RET Interface Unit，RIU）。系统支持电压驻波比（Voltage Standing Wave Ratio，VSWR），以便用于天线监测。

② DU——数字单元（Digital Unit）。

a. 组成和功能：控制处理、时钟分配、来自传输网络接口或GPS的同步、基带处理、传输网络接口、RU互连、站点局域网（Local Area Network，LAN）和维护接口。

b. GSM数字单元（Digital Unit GSM，DUG）：能够控制多达12个GSM载频。如果所需的TRX超过12个，则可以在射频子架中安装一个附加的DUG并且将其与机柜中的其他DUG进行同步。

DUG具有两种变体：DUG10支持RUG，而DUG20支持RUS和RRUS。DUG能够支持与特定TRX的时隙的交叉连接并且能够提取来自PCM链路的同步信息，以便为RBS产生定时参考信号。

(2) 电源子架——为特定站点配置的电源供给单元（Power Supply Units，PSU）。

RBS电源系统是一套新型的用于给RBS供电的高效解决方案，并且在演化过程中，该系统还能够为站点的其他设备提供电源。该系统使用了由电路断路器控制的高密度电源分配单元（Power Distribution Units，PDU）。其软件算法能够暂时关闭未使用的AC和DC单元以及其他部件的电源，以便节省电力和增加电池容量。

站点电源系统能够为电池充电，而无须建立一个单独的站点发电站。

RBS电源系统能够使用AC或DC电源。AC电源系统可以控制通过应用程序选择的单元的电源。可以在困难条件下工作的整流器（PSU AC）允许电压的大幅波动，因此无须使用外部的稳压器设备。

RBS能够直接使用－48V DC进行工作，或通过DC/DC变换器（PSU DC），使用＋24V DC或－60V DC进行工作。

(3) 传输子架——用于传输网络设备，最高可达3U。

随着RSB6000系列的引入，通过与各种技术（IP/Ethernet、ATM、PDH/SDH、下一代SDH、xDSL等）、冗余方案、聚合方法与其他支持运营商选择解决方案功能的结合，爱立信能够提供任何种类的传输网络媒体（微波、光纤或铜缆）的全方位综合支持。

由于运营商的移动回程解决方案通常是独特的并且与运营商的需求和市场环境相关，RBS6000提供了附加的空间，以便能够安装多种可选的传输解决方案，采用的方法是爱立信的RAN传输产品方案，例如：站点集成单元、MINI-LINK和Marconi OMS。这些产品是爱立信IP RAN解决方案的组成部分，如图2.7所示。

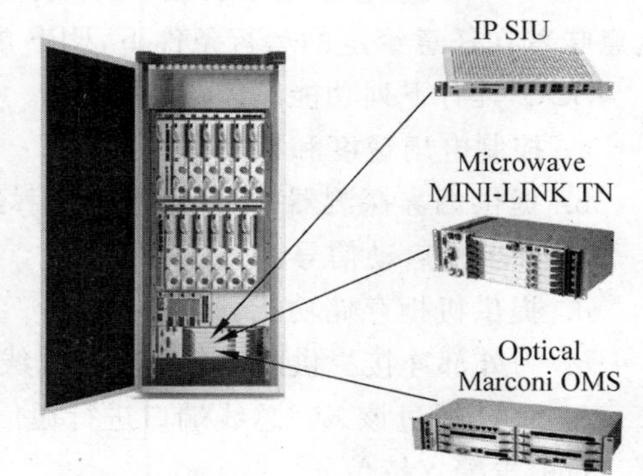

图2.7　RBS6201传输单元组成模块

a. SIU。SIU 是一个 1U 高 19 英寸宽的无线站点路由器。站点智能单元(Site Integration Unit,SIU)可以用作一个小区-站点网关,该网关能够将所有来自站点的话务负荷进行组合和优化,以便最大限度地利用回程资源。此外,它还支持基于新型以太网连接监视、告警和其他站点设备,而无须外加一条至站点的线路。在回程网络方向,SIU 支持具有单一和冗余电路的以太网、IP 和 PDH 网络。

b. MINI-LINK TN。MINI-LINK TN 具有提供一套室内单元的完整方案,以支持所有需要的从小型的边界节点至更为复杂的汇聚节点的站点配置。该解决方案能够灵活地支持任何协议(以太网、ATM、SDH 和 PDH)并且能够与功能强大的保护机制集成。因此,MINI-LINK TN 能够在容量和功能方面很好地与 RBS6000 系列匹配。

c. Marconi OMS。爱立信能够充分利用其在光纤网络市场的领先地位来完善其微波技术。Marconi OMS 系列产品能够支持运营商在拥有暗光纤(Dark Fiber)的区域建立性能稳定的传输基础网络。MINI-LINK TN 能够支持从星型至网状网络的各种网络拓扑结构。

OMS 800 和 OMS 1400 能够集成于 RBS6201 和 RBS6102 之中。OMS 800(Access-Edge)和 1400(Metro-Edge)产品是支持多种服务(基于以太网和 TDM 技术)的设备,该设备用于城域接入网络(Metro Access Network)的分组数据和语音(TDM)话务的疏导和传输。OMS 800 产品是具有紧凑尺寸(1U)的解决方案,它具有支持以太网接口的、基于 NG-SDH 的上行链路传输。OMS 1410 产品是具有紧凑尺寸(2U)的混合解决方案,它具有支持 SDH 或以太网接口的上行链路。

(4) 天线系统和 TMA 控制模块。

RBS6000 能够支持高级天线系统以改善无线性能。通常站点中存在多个天线以便满足扇区、分集支路和各种频段的要求。例如,使用 RET 的垂直天线波束方向的可调天线。TMA 可以用于消除上行链路的馈线损耗并且能够改善整个 RBS6000 系统的收信器灵敏度。主远端基站允许整个射频部分放置在天线附近,这样可以避免上行链路和下行链路的馈线损耗。RBS6000 站点定则(Site Concept)将提供对大量的不断增加的天线系统的支持,而且该站点定则与 RBS6000 机柜中使用的特定无线技术无关。

(5) 空调系统。

空调系统的基本原则是任何需要冷却的单元必须向支持控制单元(Support Control Unit (SCU))发出相应请求。这一方案的主要优点是冷却系统的电扇总是处于最优状态,这意味着在任意给定的运行条件下,RBS 的功耗最低并且产生的噪声最小。

SCU 具有下列功能。

a. 控制电扇速度和状态。

b. 提供烟雾探测器、外部告警、机柜灯、柜门开关盒加热器的接口。

c. 产生冷启动信号。

d. 提供机柜存储功能。

e. 为外部连接提供瞬时保护 EC-总线端口。

f. SCU 通过该 EC-总线端口进行通信。

(6) 告警支持单元。

可选的站点告警单元(Site Alarm Unit,SAU)能够监测和控制客户设备。SAU 能够处理多达 32 个外部告警和 4 个输出控制端口。

2.3 爱立信 RBS6601 基站

课前引导单

学习情境二	基站设备现场认知		
知识模块	爱立信 RBS6601 基站	学时	3
引导方式	请带着下列疑问在文中查找相关知识点并在课本上做标记。		

(1) RBS6601 主要用途是什么?
(2) RBS6601 较 RBS2000 系列优势在哪儿?
(3) RBS6601 由哪儿部分组成?
(4) RBS6601 适用于哪些场合?

RBS6601 是一款射频拉远基站解决方案,专门优化用以在范围广泛的室内与户外应用中,为小区规划提供出色的无线性能。射频拉远基站的概念是指以更低的输出功率实现相同的高性能网络功能,因而功耗得以降低,最多可连接 6 个远端射频单元(RRUS)至一个主单元(MU)以满足任意站点需求。

1. 特点

(1) RRUS 专门设计在天线附近安装,以避免馈电损耗。体积小、重量轻的单元可以轻松携带至站点,安装简易、独立,是节省空间和安全接入的首选。

(2) 支持多种标准的混合配制,包括 GSM、WCDMA、LTE。

(3) 基带与 RRU 容量可以随时根据所需技术添加。

(4) 射频拉远基站 RBS6601 提供了通用传输网络解决方案,支持范围广泛的技术,其中包括本地 IP over GB 或 FE(面向 WCDMA 与 LTE)及光传输(SFP 连接器)。

2. 硬件架构

射频拉远基站解决方案与 RBS6000 系列中的其他产品拥有相同的架构。

射频拉远基站解决方案由主单元(MU)与多个远端射频单元(RRUS)组成,两者通过光纤电缆连接。图 2.8 为 MU 和 RRUS 实物图及两者的连接图。

(1) 主单元

主单元分为室内(RBS6601)或户外(RBS6301)版,确保部署的灵活性。主单元由数字单元构成,有两个分别面向电源与机箱的支持系统。这里主要介绍室内主单元—RBS6601。

此主单元专门设计用于室内环境,特别适于安装在 19 英寸机架上或使用更小的墙上安装套件。RBS6601 可以托管一至两个数字单元(DU)。

RBS6601 的一些主要特性包括以下几种。

① −48V DC 至数字单元配电。

② 气候系统包括内置风扇与空调组件。

③ 除了上面提到的,RBS6601 还提供数量有限的内置客户告警连接,以及至外部支持告警单元(SAU)的连接。

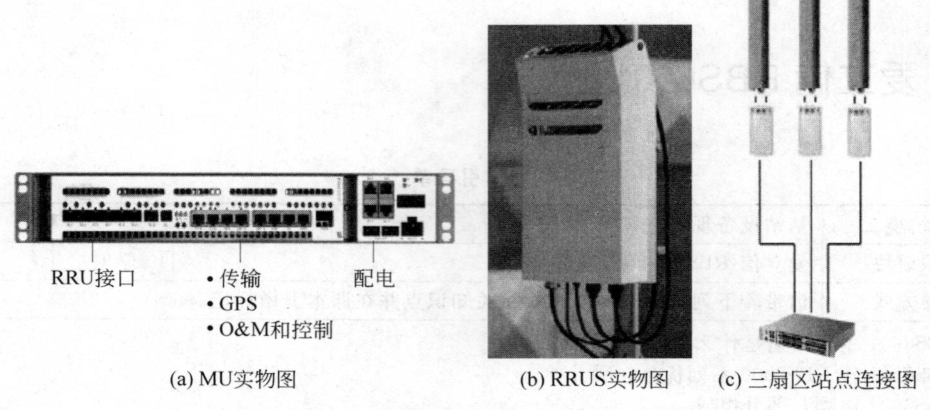

(a) MU实物图　　(b) RRUS实物图　　(c) 三扇区站点连接图

图 2.8　MU 和 RRUS 实物图及两者的连接图

(2) 远端射频单元

RRUS 设计安装在天线附近，可以安装在墙上或柱体上。对于 GSM 与 LTE，最多 12 个 RRUS 可以连接至 1 个 MU。对于 WCDMA，最多 6 个 RRUS 或在 MIMO 配置中最多 12 RRUS 可以连接到相同的 MU。

RRUS 持续平均输出功率为 60W，支持较大覆盖范围与高容量要求；支持双频配置，能够将面向不同频带的 RRUS 连接至相同的 MU。

RRUS 支持多标准无线(MSR)。这表示 RRUS 能够在同一 RRUS HW 上运行 GSM、WCDMA 与 LTE。最初，其只支持一次运行一个标准，可以通过软件重新加载变更标准，之后其开始支持同时运行 2 个标准。每个 RRUS 频率变量支持的标准取决于每个标准在 3GPP 中定义的频率。

RRUS 包含大部分无线处理硬件。RRUS 的主要部分包括：收发器(TRX)，发射器(TX)放大，发射器/接收器(TX/RX)转接，TX/RX 过滤，电压驻波比(VSWR)支持，ASC，TMA 与 RET 支持，光纤接口。

所有连接处于 RRUS 底部。RRUS 必须垂直安装，以适应温度范围。当 RRU 安装在天线附近时，通常无须 TMA 或 ASC。RRUS 支持 ASC、TMA 与远程电调倾角(RET)。

3. RBS6601 应用

RBS6601 提供范围广泛的室内应用，特别适用于大中容量需求，并且能够轻松、灵活地设置。

(1) 市区室内站点

RBS6601 非常适用于市区站点，满足其大中容量需求及低功耗要求。体积小的子单元可以使用电梯或楼梯运输，是接入受限站点的理想之选，还可避免站点安装造成不可预料的干扰。

RRU 安装在电线附近，MU 可以安装在设备室中的现有 19 英寸机架上或利用墙上安装套件安装。

(2) 郊区小机房

RBS6601 是在郊区环境中实现出色覆盖与容量的理想解决方案。射频拉远基站 RBS

6601 提供了广阔的覆盖范围，支持经济高效地实施扩展。

电源接入受限的远程射频站点能够从射频拉远基站 RBS6601 受益，因为其同时提供了低功耗与高效率。

MU 可以安装在设备室中的现有 19 英寸机架上或利用墙上安装套件安装在塔下的小机房内，所有 RRU 安装在塔顶的天线附近。

(3) 公路覆盖站点

经济高效地实现出色覆盖范围与容量、低功耗、简单的工程施工，这些使 RBS6601 成为公路覆盖站点的理想之选。RRU 可以沿公路安装，其可以轻松地安装在路旁的电线杆上，几乎不占任何空间，最大限度地减少对周边环境的影响。MU 可以安装在 19 英寸机架内。

(4) 建筑内覆盖解决方案

将 RRU 作为驱动程序并连接至分布式天线系统(DAS)，RBS6601 是部署建筑内覆盖的理想之选。RRU 易于在建筑内部署，一个 RBS 可以为多栋建筑提供专门定制的覆盖。此解决方案特别适用于在购物中心、火车站与体育场等此类场所部署。

2.4 实训单据

(1) 信息单的内容以学生自学为主，老师辅导为辅。学生依据信息单的步骤操作，遇到疑问及时向老师请教。

(2) 学生依据老师给定的任务单完成实施单，认真填写教学反馈单，同时组内互评。

(3) 老师评阅实施单，并把结果反馈在学生评价单上；同时仔细看教学反馈单信息，认真思考学生提出的问题及建议，提出整改措施，努力提高教学水平。

信　息　单

学习情境二	基站设备现场认知	学时	8
序号	信 息 内 容		
1	爱立信 RBS2202 基站房		

组成：交流配电柜、传输柜、基站收发器、天馈线、环境动力监控系统、蓄电池。

(1) 基站房整体效果图

续表

(2) RBS2202 收发器设备

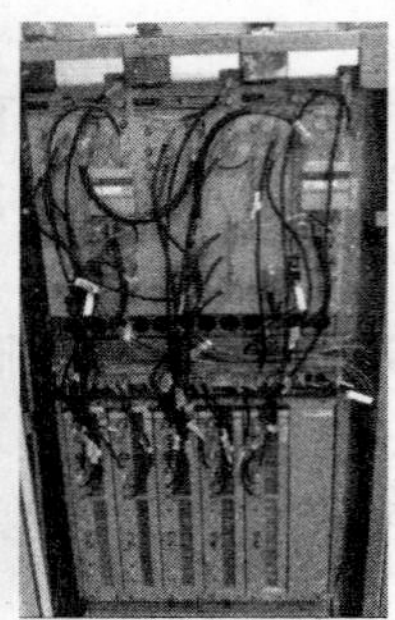

(3) 基站天线

伪装的天线

定向天线

(4) 传输设备

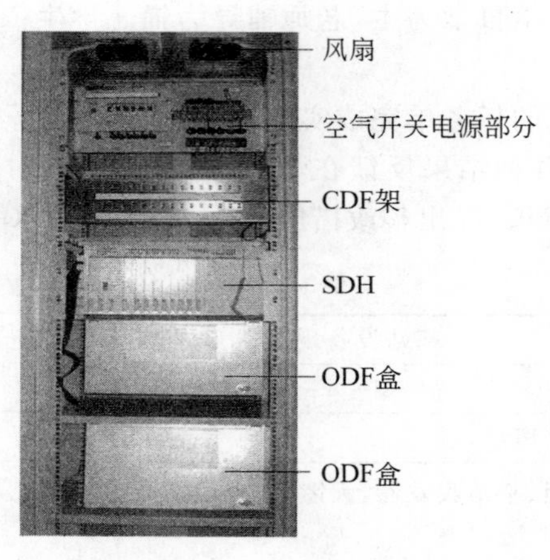

(5) 蓄电池组和门禁、动力、环境监控系统

续表

(6) 基站配电箱

(7) 走线架

2	爱立信 RBS2111 设备

组成：电源柜、传输柜、MU＋3 个 RRU、监控系统、UPS 后备电源。
好处：不用空调设备、蓄电池组。
适用场所：农村偏远人员稀少地区，或加强城市盲点。
(1) 基站房整体效果图

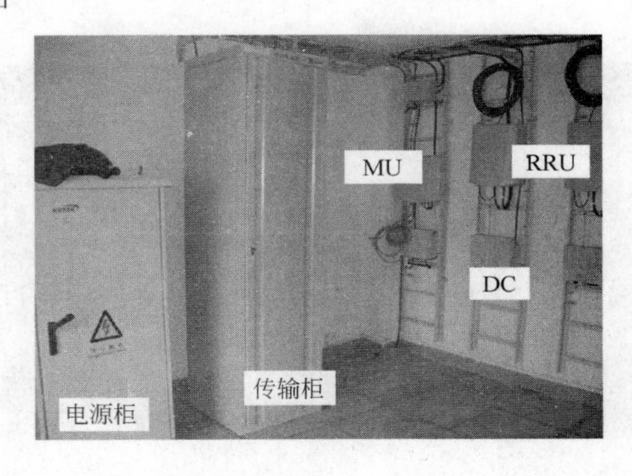

续表

(2) RRU

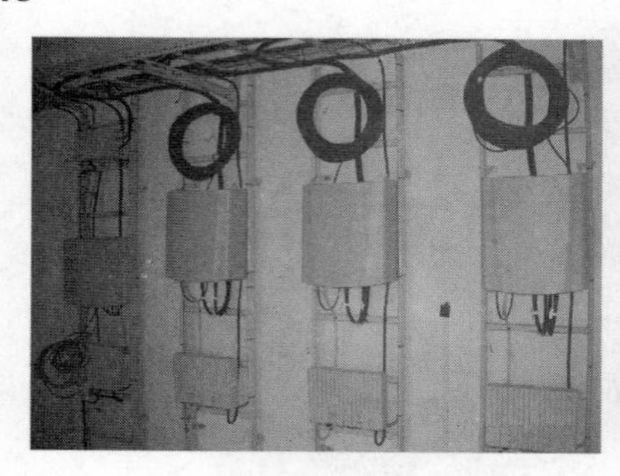

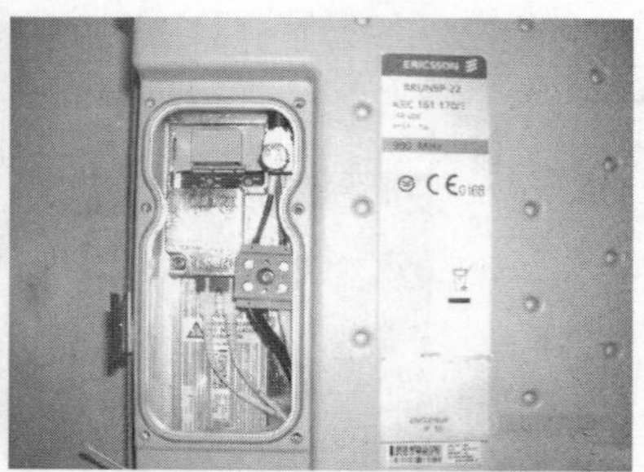

(3) MU

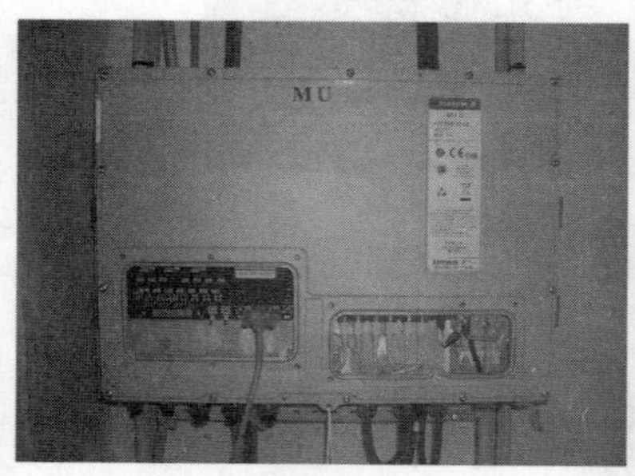

(4) DC、UPS 电池

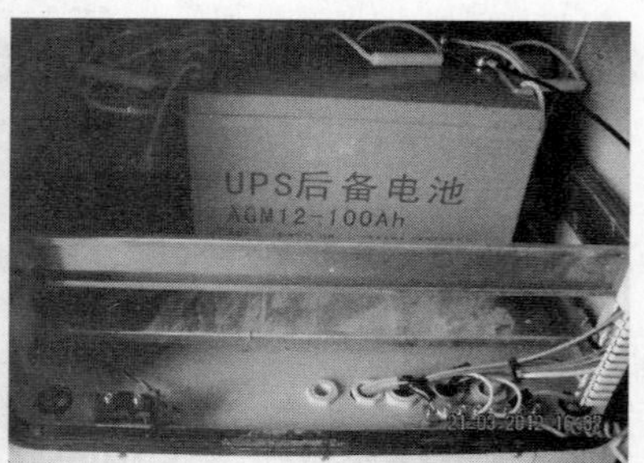

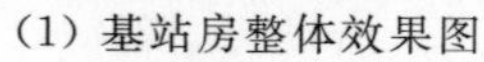

3	爱立信 RBS6201 设备

多标准、大容量、集成化：集成传输、收发器、电源、空调、监控为一体。

(1) 基站房整体效果图

续表

(2) 射频单元

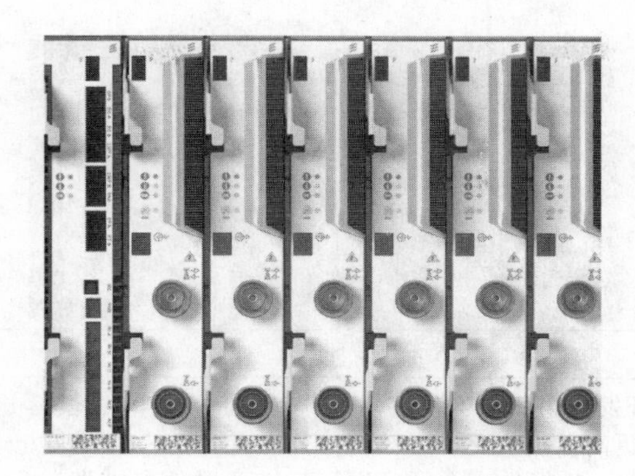

(3) 电源系统

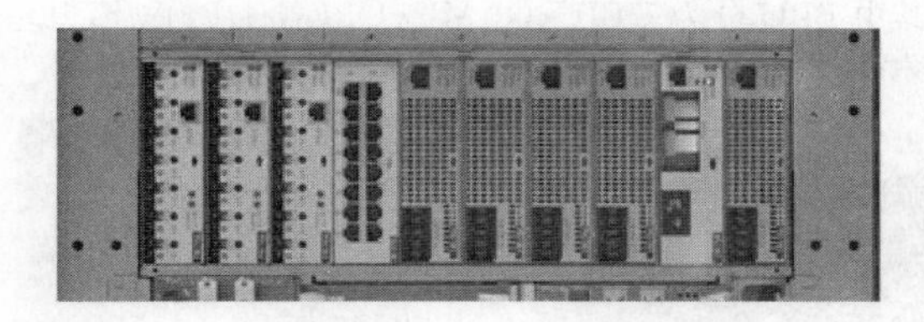

(4) 传输设备

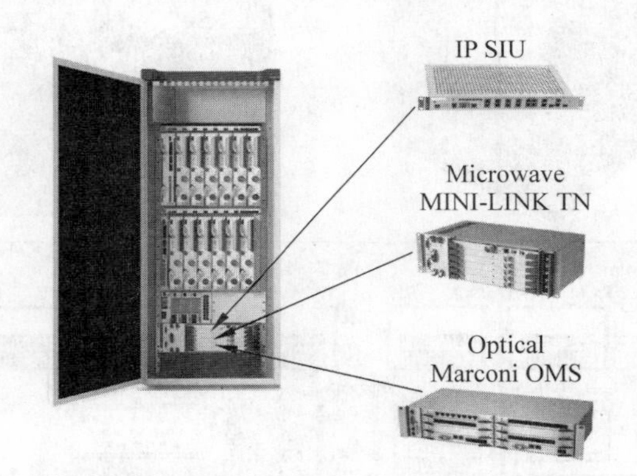

4	RBS6601 设备

RBS6601 设备是一款射频拉远基站解决方案,专门优化用以在范围广泛的室内与户外应用中,为小区规划提供出色的无线性能。

(1) 基站房整体效果图

续表

(2) MU、RRU

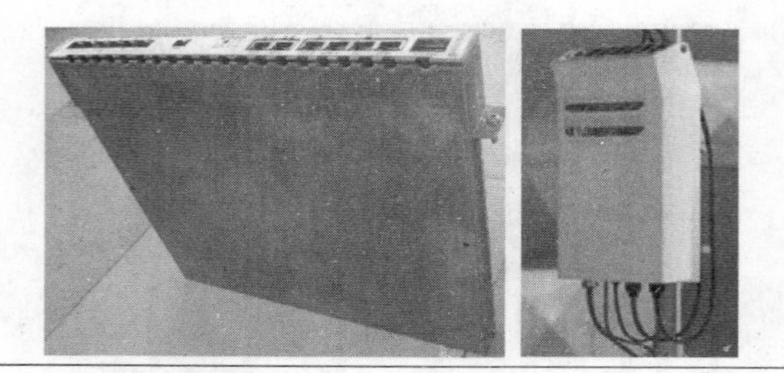

5	华为 BTS3900

BTS3900 是华为公司开发的第四代宏基站，相对于以往传统基站，其容量更大且体积更小、性能更好且运维成本更低、集成度更高且模块更小，代表了 GSM 基站的未来发展方向。

华为 BTS3900 硬件包括：基带处理单元 BBU、双密度射频滤波器单元 DRFU（或 MRFU）、风扇 FAN 单元，如下图所示。其中 BBU 分为 UEIU、GTMU、UPEU、UBFA、ELP 单板。一块 DRFU 含有两个载波；一块 MRFU 含有六个载波（两块 MRFU 即可组成一个小区）。

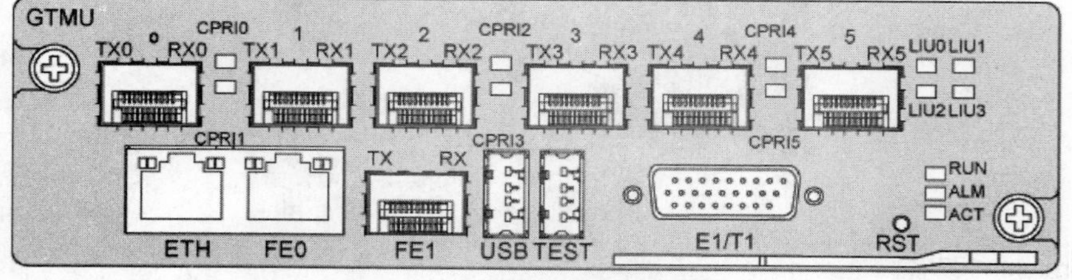

GTMU（GSM 主控传输单元）

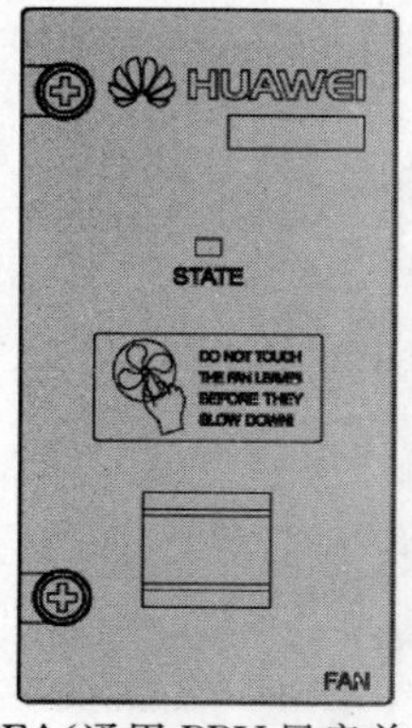

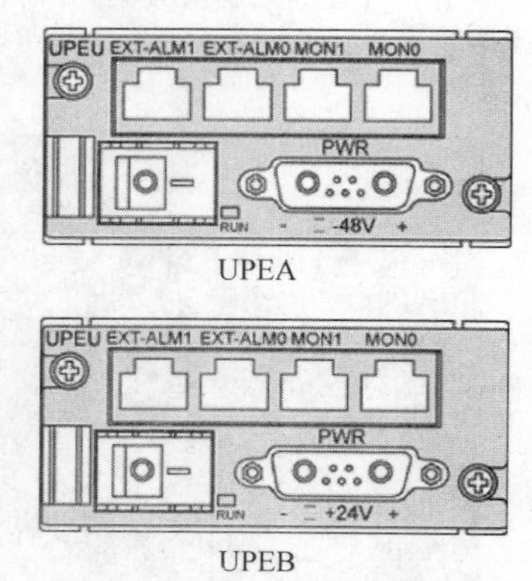

UPEA

UPEB

UBFA（通用 BBU 风扇单元） UPEU（通用电源环境接口单元）

续表

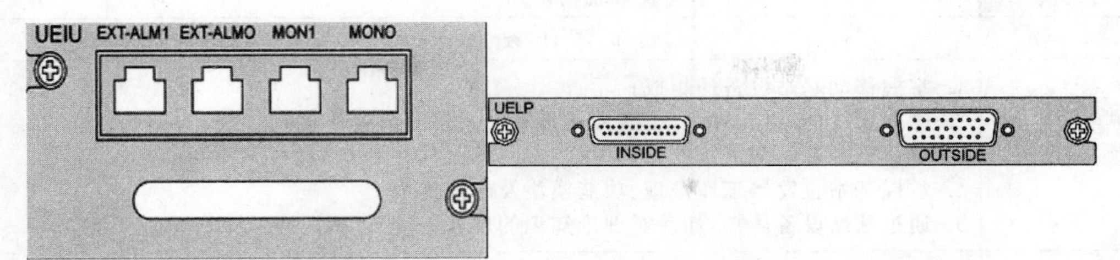

UEIU(通用环境接口单元)　　UELP(通用 EI/TI 防雷单元)

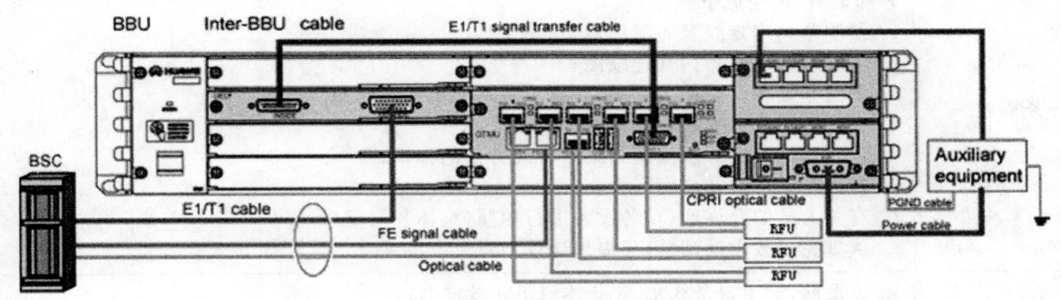

BBU 硬件连线

6	基站设备布局及走线图

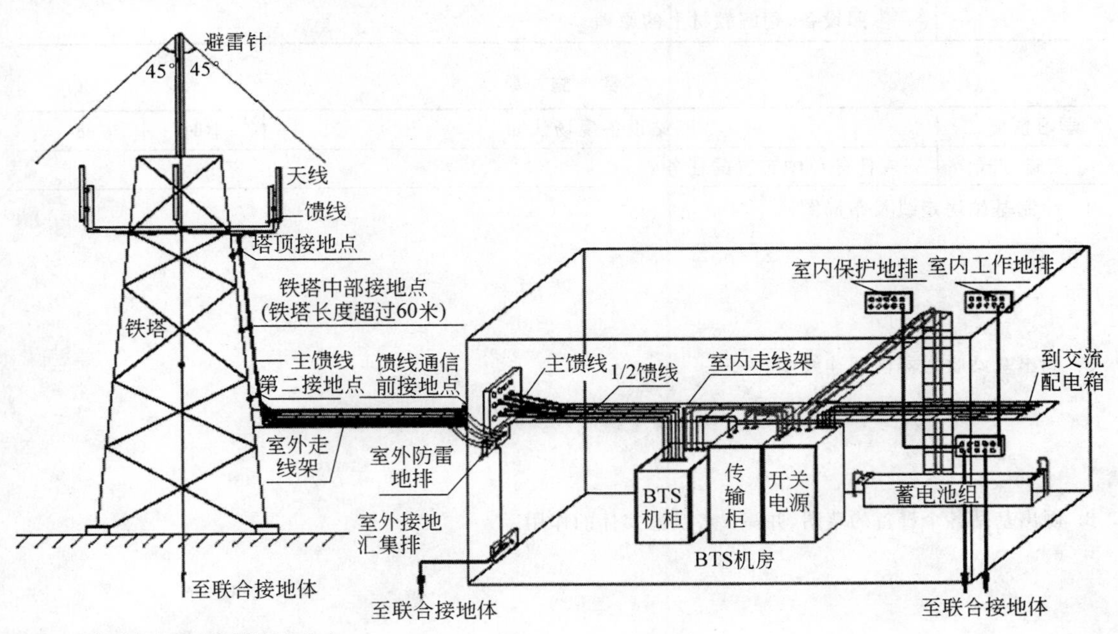

说明：(1) 新建机房采用联合接地的方式。

(2) 机房内的走线架不得与室外走线架在电气上连通。

(3) 接地电阻要求小于5Ω。

(4) 馈线在铁塔上的接地采用馈线厂家提供的接地卡卡在铁塔上，进馈线架前的接地卡卡在室外的防雷接地排上。

任 务 单

<table>
<tr><td>学习情境二</td><td>基站设备现场认知</td><td>学时</td><td>8</td></tr>
<tr><td colspan="4">布 置 任 务</td></tr>
<tr><td>实操技能</td><td colspan="3">1. 掌握移动基站设备的组成；
2. 掌握天线的结构、种类，了解方位角和下倾角的调整及影响；
3. 学会绘制基站房走线及布局图；
4. 掌握基站收发器工作原理、功能模块及内部连线；
5. 通过基站设备认知，加深对理论知识的理解</td></tr>
<tr><td>任务描述</td><td colspan="3">各小组成员依次进入基站房，参观基站设备并仔细做笔记，遇到疑问及时向工程人员或老师请教，拟完成下列任务：
1. 绘制基站房走线及布局图；
2. 画出基站发收器内部连线图；
3. 画出基站各个设备的草图，并写出各功能实体的作用；
4. 咨询天馈线的安装方法；
5. 咨询基站开通方法及基站维护管理方面的知识；
6. 咨询基站种类及应用场合；
7. 有关人员的允许后，对各设备进行拍照(整体和局部)；
8. 认真完成教学反馈单，并提出建议与意见</td></tr>
<tr><td>对学生的要求</td><td colspan="3">1. 出发前，学生自备饮水、笔记本、GSM教材书；
2. 有序进入基站房参观，严格遵守规章制度；
3. 不懂多问，但不可触摸现场中运行中的设备；
4. 依照现场设备绘制草图时，标识清楚各模块及连线；
5. 注意安全，不可攀爬铁塔。
6. 参照设备，理解教材上的原理</td></tr>
</table>

实 施 单

学习情境二	基站设备现场认知	学时	8
实施方式	完成任务单中布置的任务		

1. 绘制基站房走线及布局图。

2. 画出基站收发器内部连线图。

3. 画出基站各个设备的草图，并写出各功能实体的作用。

4. 所咨询到的天馈线的安装方法有哪些？

续表

5. 所咨询到的基站开通方法及基站维护管理方面知识有哪些？

6. 基站种类及应用场合。

7. 照片。

<table>
<tr><td rowspan="1">作业要求</td><td colspan="6">1. 各组员独立完成；
2. 格式规范，思路清晰；
3. 完成后各组员相互检查和共享成果；
4. 及时上交教师评阅。</td></tr>
<tr><td rowspan="4">作业评价</td><td>班级</td><td></td><td>第　组</td><td>组长签字</td><td colspan="2"></td></tr>
<tr><td>学号</td><td></td><td>姓名</td><td colspan="3"></td></tr>
<tr><td>教师签字</td><td></td><td>教师评分</td><td></td><td>日期</td><td></td></tr>
<tr><td colspan="6">评语：</td></tr>
</table>

教学反馈单

学习情境二	基站设备现场认知			学时	8
序号	调 查 内 容	是	否	理由陈述	
1	基站各个模块作用是否清晰				
2	能否绘制走线及布局图				
3	基站种类及用途是否明确				
4	GSM 系统各功能实体作用是否清晰				
5	教师讲课思路是否清晰				
6	小组合作是否愉快				

建议与意见：

被调查人签名		调查时间	

评　价　单

<table>
<tr><td>学习情境二</td><td colspan="2">基站设备现场认知</td><td>学时</td><td colspan="2">8</td></tr>
<tr><td>评价类别</td><td>项目</td><td>子项目</td><td>个人评价</td><td>组内互评</td><td>教师评价</td></tr>
<tr><td rowspan="5">专业能力（70%）</td><td rowspan="2">计划准备（20%）</td><td>搜集信息（10%）</td><td></td><td></td><td></td></tr>
<tr><td>准备工作（10%）</td><td></td><td></td><td></td></tr>
<tr><td rowspan="3">实施过程（50%）</td><td>遵守规章制度（15%）</td><td></td><td></td><td></td></tr>
<tr><td>实施单完成进度（15%）</td><td></td><td></td><td></td></tr>
<tr><td>实施单完成质量（20%）</td><td></td><td></td><td></td></tr>
<tr><td rowspan="3">职业能力（30%）</td><td colspan="2">团队协作（10%）</td><td></td><td></td><td></td></tr>
<tr><td colspan="2">对小组的贡献（10%）</td><td></td><td></td><td></td></tr>
<tr><td colspan="2">决策能力（10%）</td><td></td><td></td><td></td></tr>
</table>

<table>
<tr><td rowspan="3">评价评语</td><td>班级</td><td></td><td>姓名</td><td></td><td>学号</td><td></td><td>总评</td><td></td></tr>
<tr><td>教师签字</td><td></td><td>第组</td><td></td><td>组长签字</td><td></td><td>日期</td><td></td></tr>
<tr><td colspan="8">评语：</td></tr>
</table>

学习情境三

网优测试终端连接与测试软件操作

开展网络优化工作前,需要事先将测试手机与笔记本电脑连接,安装设备驱动,安装测试软件、配制软件初始数据,熟练软件操作。

学习情境描述

项目经理将一天的工作任务安排下去,网优工程人员依据各自的岗位分工及工作任务,开始一天的工作。出发前,工程人员必须做几项准备工作,包括两项任务:①将测试手机与PC相连、导航仪GPS的安装与连接,安装设备驱动、安装网优测试软件;②配制软件初始化数据。

3.1 网优测试终端连接

3.1.1 GSM网络区域组成

课前引导单

学习情境三	网优测试终端连接与测试软件操作	3.1	网优测试终端连接	
知识模块	GSM网络区域组成		学时	1
引导方式	请带着下列疑问在文中查找相关知识点并在课本上做标记。			

(1) GSM网络区域如何划分?
(2) 区分基站和小区之间有什么关系?
(3) 小区如何命名?

1. GSM服务区划分

GSM网络是一个可以在全球范围内联网漫游的"全球通"系统,所以GSM业务区的范围可以覆盖全球,它的业务区由全球的全部成员国的GSM/PLMN业务区构成。一个国家可以有一个或多个的GSM/PLMN网络,每个GSM/PLMN网络可由多个MSC/VLR业务区构成,每个MSC/VLR业务区又被分成若干个位置区,每个位置区又划分为若干个小区,每个小区是一个特定的BTS覆盖的区域,如图3.1所示。

(1) GSM服务区:由全球所有的成员国的PLMN服务区所构成的覆盖区域。移动台可以在整个覆盖区域内漫游。

(2) PLMN业务区:一个网络运营商所运营的GSM网络的覆盖区域。一个国家范围

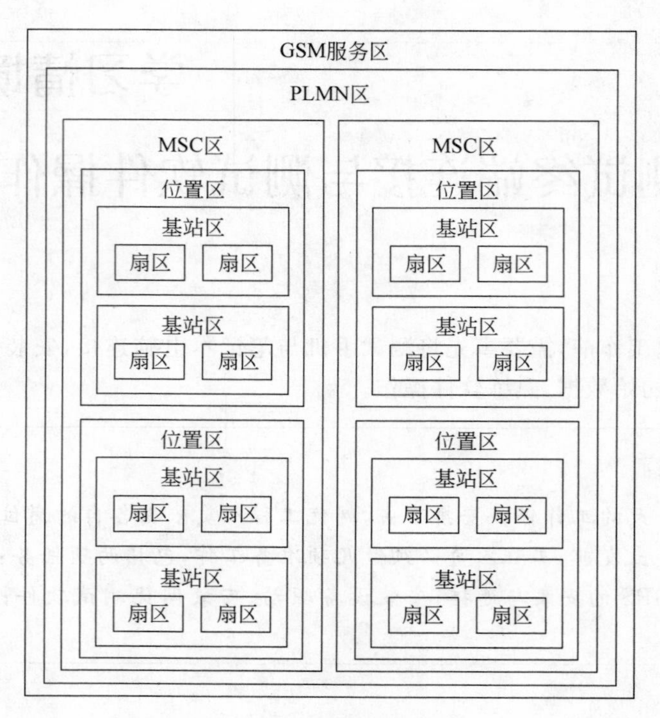

图 3.1　GSM 服务区域组成

内可以有一个或多个 GSM 网络，如国内有两大运营商，中国移动、中国联通各运营各自的 GSM 网络（中国电信运营 CDMA 网络）。

(3) MSC 业务区：表示网络中由一个 MSC 所覆盖的服务区域，凡在该区的移动台均在该区的拜访位置寄存器(VLR)登记。所以，MSC 总与 VLR 构成同一个节点，写作 MSC/VLR。

(4) 位置区(LA)：位置区是 MSC/VLR 业务区的一部分。每一个 MSC/VLR 业务区分成几个位置区，在一个位置区内，移动台可以自由地移动，不需做位置更新。所以，一个位置区是广播寻呼消息以便找到某移动用户的寻呼区域。一个位置区只能属于一个 MSC/VLR。利用位置区识别码(LAI)，系统能够区别不同的位置区。实际上，一个位置区相当于一个或几个 BSC 所管辖的区域。

LA 区域的划分要充分考虑 MS 进行位置更新的频率和小区 BCCH 载波上 PCH 的数据量这两个因素，尽量使 MS 移动较为频繁的地区划在同一 LA 区域内。

(5) 基站区：由一个基站所提供服务的区域，由多个小区组成。一般而言，一个基站区可由 3 个小区组成，但要依实际业务需求来配置。

(6) 小区(扇区)：它表示网络中一个 BTS 的无线覆盖区域，一个位置区可划分为若干个小区，一个小区是具有一个全球识别码(CGI)的。同时，利用基站识别码(BSIC)，移动台本身能区分使用同样的载频的各个小区。小区、位置区、MSC 区对应的关系如图 3.2 所示。

🕮 小区与基站区的区别：实际上一个基站房有多台 BTS 设备(如 RBS2206)，每台 BTS 设备和定向天线所覆盖的区域称为一个小区，3 台 BTS 设备和互成 120°的定向天线可实现全向覆盖，即这个基站区由 3 个小区构成，如图 3.3 所示，为一个基站的 3 个小区分别朝向 3 个方向。

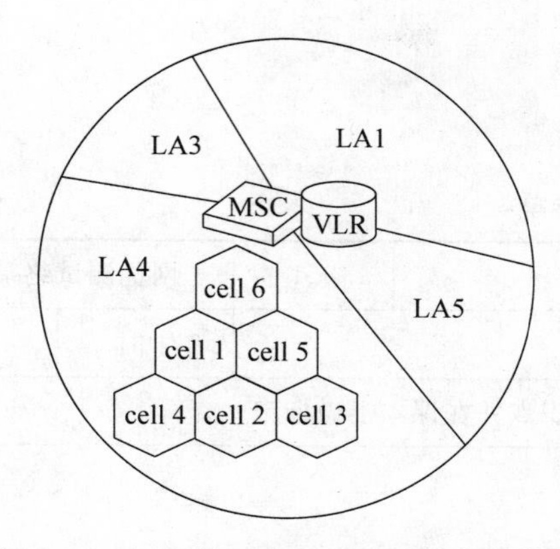

图 3.2　小区、位置区、MSC 区对应的关系

图 3.3　基站天线实物图

目前 GSM 系统一般采用小区制，即将整个网络服务区域分为若干小区，每个小区负责本小区内移动台的联络和控制。因此早期的 GSM 网络的覆盖区可看成是由若干正六边形的无线小区相互邻接而构成的蜂窝型服务区。

📖 随着 GSM 网络的全面覆盖，蜂窝型已不再适合业务环境的变化，小区的覆盖范围、覆盖方向依据小区的业务容量来定，新建小区也都采用“插花式”方式，即哪里有覆盖或者话务需求，就在哪里建站，并且为了满足业务量大的区域，应减小该小区覆盖范围。因此，小区覆盖范围和覆盖方向在不断动态调整中，并不是一成不变的。

2. 小区命名规则

(1) 对于 GSM900 小区，一般命名为“×××1”、“×××2”、“×××3”，说明这 3 个小区同属于一个 GSM900 基站。

(2) 对于 DCS1800 小区，一般命名为“×××A”、“×××B”、“×××C”，说明这 3 个小区同属于一个 GSM1800 基站。

(3) 对于 TD-SCDMA 小区，一般命名为“×××T1”、“×××T2”、“×××T3”，说明这 3 个小区同属于一个 TD 基站，如图 3.4 所示。

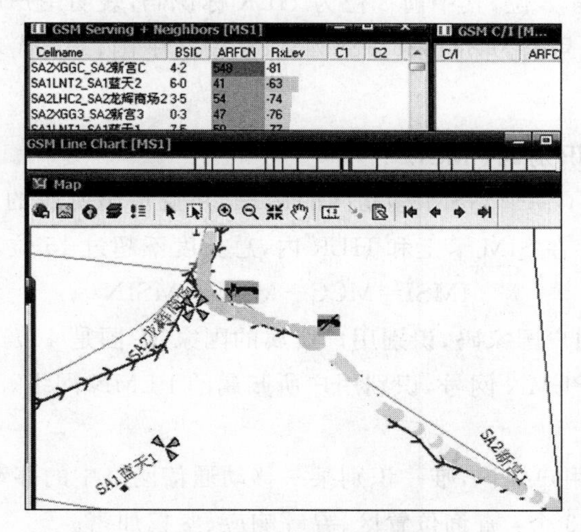

图 3.4　小区的命名规则

3.1.2 GSM网络编号计划

课前引导单

学习情境三	网优测试终端连接与测试软件操作	3.1	网优测试终端连接	
知识模块	GSM网络编号计划		学时	2
引导方式	请带着下列疑问在文中查找相关知识点并在课本上做标记。			

(1) MSISDN、IMSI、TMSI、MSRN区别是什么?
(2) 固话拨打移动用户接续过程是什么?
(3) 如何在TEMS中查看CGI?
(4) BSIC什么时候起作用?
(5) 如何查看手机的IMEI号?

GSM网络是复杂的系统,它包括交换系统和基站系统。交换子系统包括HLR、MSC、VLR、AUC和EIR,另外还有与基站系统、其他网络如PSTN、ISDN、数据网、其他PLMN网间的各种接口。为了将一个呼叫接至某个移动客户,需要调用相应的实体。因此要正确寻址,编号计划就非常重要。

1. 移动用户号码(MSISDN,即手机电话号码)

MSISDN指主叫用户呼叫GSM移动用户所拨打的电话号码。一般一部手机一个电话号码,但有些手机双卡双待,放置两张SIM卡,就拥有两个MSISDN号码,其组成如下所示。

MSISDN=CC+NDC+SN

(1) CC:国家码,即在国际长途电话中需加的号码,中国为86。

(2) NDC:国内网络接入号码。中国移动为134~139、158、159、150~152、157、187、188,中国联通为130~132、155、156、185、186。

(3) SN:用户号码,8位,其中前3位为HLR标识码,表明用户所属的HLR。

如一个GSM手机号码为8613855886523,86表示中国,138代表中国移动,5588用于识别归属区(HLR)。

2. 国际移动用户识别码(IMSI)

IMSI唯一地标识了一个GSM移动网的用户,并且指出所属的国家号、PLMN网号和HLR号码。IMSI储存在SIM卡上和HLR内,总长度不超过15位,其组成如下。

IMSI=MCC+MNC+MSIN

(1) MCC:移动用户国家码,识别用户所属的国家,中国是460。

(2) MNC:移动PLMN网号,识别用户所归属的PLMN网络。中国移动MNC为00、02,中国联通为01。

(3) MSIN:移动用户标识,唯一识别某一移动通信网络中的移动用户。

IMSI作用主要有3个:查询位置区、寻呼响应、鉴权加密。

📖 MSISDN 和 IMSI 区别：用户拨打某一电话号码(MSISDN 号)，首先通过该号码 SN 的前 3 位找到该号码的归属地(HLR)，如是本地用户，则属于市话，否则属于长途电话。然后在 HLR 中查询到该号码所对应的 IMSI 号，依据 IMSI 号找到被叫用户的 VLR(确定被叫正在本地还是外地)。

3. 临时移动用户识别码(TMSI)

TMSI 的设置是为了防止非法个人或团体通过监听无线路径上的信令交换而窃得移动客户真实的客户识别码(IMSI)或跟踪移动客户的位置。

TMSI 由 MSC/VLR 分配，并不断地进行更换，更换周期由网路运营者设置。更换的频率越快，起到的保密性越好，但对客户的 SIM 卡寿命有影响。每当 MS 用 IMSI 向系统请求位置更新、呼叫尝试或业务激活时，MSC/VLR 对它进行鉴权。允许接入网路后，MSC/VLR 产生一个新的 TMSI，通过给 IMSI 分配更新 TMIS 的命令将其传送给移动台，写入客户 SIM 卡。此后，MSC/VLR 和 MS 之间的命令交换就使用 TMSI，客户实际的识别码 IMSI 便不再在无线路径上传送。

4. 移动用户漫游号码(MSRN)

MSRN 是在呼叫接续时由 VLR 临时分配给移动台的一个号码，用于 GSM 网络在接续时的路由选择。其组成与 MSISDN 类似，最大为 15 位数字。

MSRN 是由移动用户拜访的 VLR 分配给它的一个临时 ISDN 号，通过 HLR 查询送给 GMSC，使得 GMSC 可建立起一条至目标用户拜访 VLR 的通路。如图 3.5 所示，固话拨打移动用户接续过程如下。

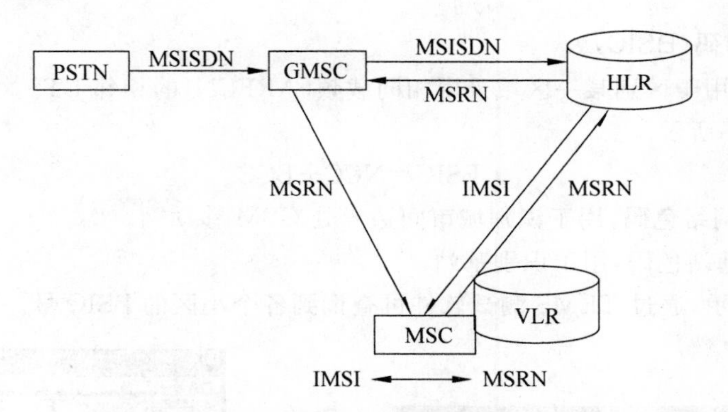

图 3.5　固话拨打移动用户接续过程

(1) 市话用户通过公用交换电信网(PSTN)发 MSISDN 号至 GMSC、HLR。

(2) HLR 请求被访 MSC/VLR 分配一个临时性漫游号码，分配后将该号码送至 HLR。

(3) HLR 一方面向 MSC 发送该 MS 有关参数，如 IMSI 号；另一方面 HLR 向 GMSC 告知该移动台漫游号码。

(4) GMSC 收到 MSRN 后，用此号码选择出一条中继路由至 MSC。

(5) MSC 发生寻呼命令至 MS 所在位置区内的所有无线基站，再由基站向被叫发呼叫信号。

(6) 基站收到寻呼命令后，将该寻呼消息(含IMSI)通过无线控制信道发射。MS接收到寻呼后向基站发回应信号。

(7) MS响应信号经BTS、BSC送回MSC，经鉴权、设备识别后认为合法，则令BSC给该MS分配一条TCH，接通MSC至BSC的路由，并向主叫送回铃音，向被叫振铃。当被叫摘机应答，则系统开始计费，通话开始。

5. 位置区识别码(LAI)

位置区是指移动台可任意移动而不需要进行位置更新的区域，它可由一个或若干个小区组成。因此，LAI是用于检测位置更新和信道切换的请求，其组成如下所示。

LAI＝MCC＋MNC＋LAC

(1) MCC：移动国家号，用于识别一个国家，中国为460。

(2) MNC：移动网号，识别国内GSM网，与IMSI中的MNC的值是一样的。

(3) LAC：位置区号码，识别一个GSM网中的位置区。LAC最大长度为16bit，理论上可以在一个GSM/VLR内定义65536个位置区。

6. 小区全球识别码(CGI)

小区全球识别码用于识别一个位置区内的小区，其组成如下所示。

CGI＝LAI＋CI＝MCC＋MNC＋LAC

(1) CI：小区识别代码。

(2) 其他代码参考LAI。

如图3.6所示，在TEMS测试软件中可查询到所测小区的小区名，CGI(460 00 10109 39421)。

7. 基站识别码(BSIC)

基站识别码用于区别某一区域采用相同载频(ARFCN)的相邻BTS。BSIC为一个6bit编码，其组成如下所示。

BSIC＝NCC＋BCC

(1) NCC：网络色码，用于识别城市间边界处GSM移动网。

(2) BCC：基站色码，用于识别基站。

如图3.7所示，通过TEMS测试软件可查询到各个小区的BSIC号。

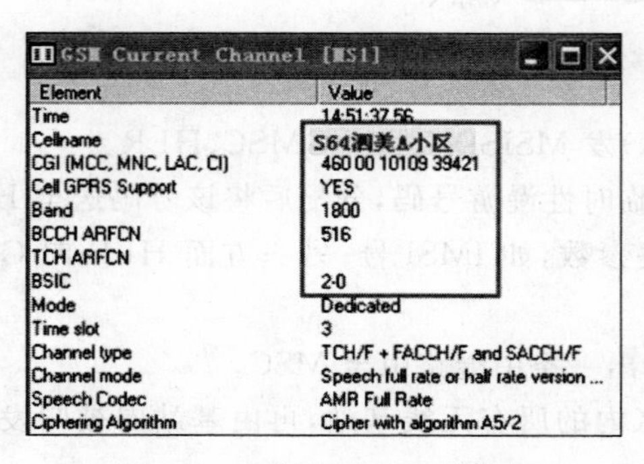

图3.6 查询小区CGI等信息

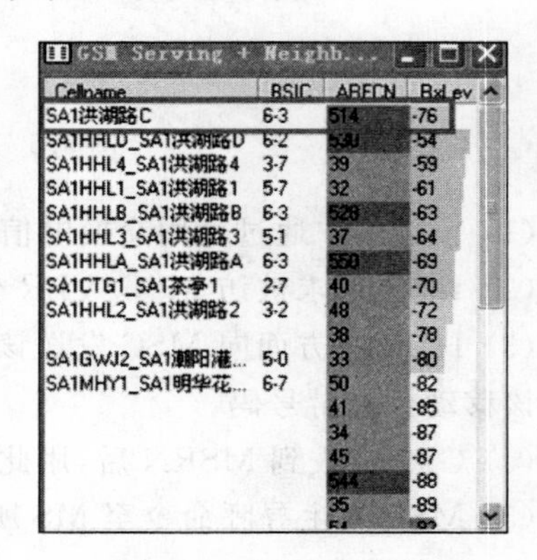

图3.7 查询BSIC号

📖 当相邻小区采用相同的频点(ARFCN)时,BSIC才起作用,实际上NCC已经不代表实际含义了,BCC即可区分出不同的BTS。必须保证使用相同BCCH载频的相邻或相近小区具有不同的BSIC,不然移动台切换时将无法识别该小区从而导致切换失败而掉话(也就是死锁现象)。

8. 国际移动设备识别码(IMEI)

IMEI(International Mobile Equipment Identifier)是由15位数字组成的电子串号,是每一个手机的“身份证号”,大部分手机可按“*#06#”键查看。工厂在每一个手机组装完成后,都将在里面烧录一个全球唯一的一组号码,此号码不能被更改,拥有IMEI的手机才可以在GSM/UMTS网络使用。其组成如下所示。

IMEI=TAC+FAC+SNR+SP

(1) TAC:6位,型号批准码,由欧洲型号认证中心分配。

(2) FAC:2位,工厂装配码,由厂家编码,表示生产厂家及装配地。

(3) SNR:6位,序号码,由厂家分配,用于识别每个设备。

(4) SP:1位,备用码。

IMEI的用途主要是提供信息运营系统,让系统知道目前是哪一个手机在收发信号,它的主要目的是防止被窃的手机登录网络及监视或防止手机使用者恶意干扰网络。

设备的识别是在设备识别寄存器EIR中完成,IMEI就存储在EIR中。EIR中存有3种名单:白名单——包括已分配给可参与运营的GSM各国的所有设备识别序列号码;黑名单——包括所有应被禁用的设备识别码;灰名单——包括有故障的及未经型号认证的移动台设备,由网络运营商决定。

📖 移动通信中设备识别过程:手机用户发起呼叫,移动交换中心(MSC)和拜访位置寄存器(VLR)向移动台(手机)请求IMEI,并把它发送给EIR,EIR将收到的IMEI与白、黑、灰3种表进行比较,把结果发送给MSC/VLR,以便MSC/VLR决定是否允许该移动台设备进入网络。因此如果该移动台使用的是偷来的手机或者有故障未经型号认证的移动设备,那么MSC/VLR将据此确定被盗移动台的位置并将其阻断,对故障移动台也能采取及时的防范措施。通常所说的通过网络追踪器追踪被盗手机就是通过EIR实现的。国外不少网络运营商开始使用这项业务对被盗手机进行监测。可惜的是我国基本上没有采用EIR对IMEI进行鉴别,而且如果被盗手机更换网络和修改IMEI,那么EIR也将无能为力。

现在市场充斥着许多高档智能机的翻版板,购买手机时如何正确识别手机为正规行货呢?可上网输入IMSI串号辨别到该手机的真伪。

3.1.3 GSM频率资源

课前引导单

学习情境三	网优测试终端连接与测试软件操作	3.1	网优测试终端连接	
知识模块	GSM频率资源		学时	1

续表

引导方式	请带着下列疑问在文中查找相关知识点并在课本上做标记。

(1) 我国GSM系统频段如何划分?
(2) 什么叫频点、邻频干扰、同频干扰?
(3) 载干比、信噪比区别是什么?
(4) 频率资源不够用时,采取什么技术?
(5) 大区制、小区制应用场合是什么?

1. 我国GSM网络工作频段

我国陆地蜂窝数字移动通信网GSM通信系统采用900MHz与1800MHz频段。

GSM900MHz频段为:890～915MHz(上行),935～960MHz(下行)。

DCS1800MHz频段为:1710～1785MHz(上行),1805～1880MHz(下行),如表3.1所示。

表3.1 GSM网络工作频段划分表

GSM900/1800频段		移动台发、基站收	基站发、移动台收
GSM900/1800频段	900MHz频段	890～915MHz	935～960MHz
	1800MHz频段	1710～1785MHz	1805～1880MHz
国家无线电管理委员会分配给中国移动的频段	900MHz频段	890～909MHz	935～954MHz
	1800MHz频段	1710～1720MHz	1805～1815MHz
国家无线电管理委员会分配给中国联通的频段	900MHz频段	909～915MHz	954～960MHz
	1800MHz频段	1745～1755MHz	1840～1855MHz

2. 频率资源分配

GSM网络载频间隔为200kHz,GSM900频段上有124个频率载频(称为频点),DCS1800频段上有374个频率载频。每个频点分为8个时隙,即8个信道(全速率),如采用半速率语音编码,每个频点可容纳16个信道,系统容量扩大,但语音质量有所降低。

频率与频点的关系由下列公式确定。

(1) GSM900

上行频率:

$$f(n)=890+0.2n\text{MHz}$$

下行频率:

$$f(n)=935+0.2n\text{MHz}$$

式中:n为频点,取值范围为1～124,上下行链路频率相差45MHz。

(2) DCS1800

上行频率:

$$f(n)=1710+0.2(n-511)\text{MHz}$$

下行频率:

$$f(n)=1805+0.2(n-511)\text{MHz}$$

式中:n为频点,取值范围为512～885。

国家无线电管理局分别给中国移动和中国联通两大运营商分配的资源频段如表3.1所示。依据上述公式，可计算出中国移动G900上行链路所占频点为(1～94)，中国联通G900上行链路所占频点为(96～124)。

图3.7可查相应小区所占频点(ARFCN)，其中数值较大的为DCS1800小区的频点(紫色)，数值较小的为GSM900小区的频点(青色)。

📖 GSM900共124个频点，每个频点可分8个信道(相当于8个用户)，一共满足124×8=992个用户通信需求，这远远不能满足现实需求，因此采取频率复用方式。

3. 频率复用

频率复用就是使同一频率覆盖不同的区域(一个基站或该基站的小区所覆盖的区域)，这些使用同一频率的区域彼此需要相隔一定的距离(称为同频复用距离)，以满足将同频干扰抑制到允许的指标以内。

随着GSM 900MHz数字移动通信网容量的迅速扩张，在许多地区，频率资源变得越来越紧张，某种程度上已制约了移动通信业务的发展。为了满足移动通信业务发展的需求，有些省、市已将GSM使用的频率扩展到12.2MHz带宽，即使这样，频率资源仍然紧张。如何提高频率利用率，尽可能提高GSM网络的容量，已成为移动通信运营部门和众多厂家共同关心的热点问题。

4. 大区制、小区制

基站决定通信覆盖范围，通过调整基站天线高度、调整基站功率等措施可动态调整基站覆盖范围。但一个基站覆盖范围过大，由于基站系统容量有限，频率利用率低，无法满足通信需求；同样一个基站覆盖范围过小、系统容量大、频率利用率高，易造成同频、邻频干扰。基站覆盖范围多大、基站载波数量配置多少(决定系统容量)应依照不同区域、通信需求来决定。

大区制在一个比较大的区域中，只用一个基站覆盖全地区的移动通信覆盖方式。因为只有一个基站，覆盖面积大，因此所需的发射功率也较大；由于只有一个基站，其信道数有限(载波数量有限)，因此容量较小，一般只能容纳数百至数千个用户。大区制适用于农村、山地人烟稀少的区域。

与大区制相比，小区制具有覆盖范围小、传输功率低以及安装方便灵活等，该小区的覆盖半径为30～300m，基站天线低于屋顶高度，传播主要沿着街道的视线进行，信号在楼顶的泄露小。小区制可以作为大区制的补充和延伸，小区制的应用主要有两方面：一是提高覆盖率，应用于一些大区制很难覆盖到的盲点地区，如地铁、地下室；二是提高容量，主要应用在高话务量地区，如繁华的商业街、购物中心、体育场等。

5. 载干比

载干比也称干扰保护比，是指接收到的有用信号电平与所有非有用信号电平的比值，载干比是反映电子通信的信号在空间传播的过程中，接收端接收信号好坏的比值，用C/I表示。对于通信工程设计来说，载干比是分析信号好坏的标准。

在GSM系统中，此比值与MS的瞬时位置和时间有关，这是由于地形的不规则性以及周围环境散射体的形状、类型及数量的不同，天线的类型、方向性、高度以及干扰源数量、强度等不同造成的。根据空间接口中信号的解调要求，GSM规定同邻频保护比满足以下要求：

同频载干比：C/I≥9dB；工程中加3dB的余量，即C/I≥12dB；

邻频抑制比：C/A≥－9dB；工程中加3dB的余量，即C/A≥－6dB。

📖 信噪比与载干比的区别

信噪比(S/N)：一般反映接收端接收到信号后，解调出的信号的好坏。是在接收机接收到信号经各级放大、解调最终到达终端(如扬声器)上的信号与噪声的比值其灵敏度的好坏与接收机本身的性能关系极大。考核接收灵敏度大小是以信噪比(S/N)为依据。信噪比越大，听的效果越好。

载干比(C/I)：一般反映信号在空间传播过程中，接收端接收信号的好坏。加到接收天线输入口的有用载频功率(C)与干扰信号(I)功率的比值。

可见，对于用户来说，信噪比是反映信号好坏的标准(强调用户感觉)，对于通信工程设计来说，载干比是分析信号好坏的标准(强度空中的干扰)。

3.1.4 TDMA信道

课前引导单

学习情境三	网优测试终端连接与测试软件操作	3.1	网优测试终端连接	
知识模块	TDMA信道		学时	4
引导方式	请带着下列疑问在文中查找相关知识点并在课本上做标记。			

(1) GSM帧结构的种类有多少？
(2) 1超高帧为多少超帧？1超帧为多少复帧？1复帧为多少帧？
(3) 物理信道与逻辑信道区别有哪些？
(4) TDMA控制信道的分类及用途有哪些？
(5) 逻辑信道到物理信道如何映射？

时分多址(TDMA)是把时间分割成周期性的帧(Frame)，每一帧再分割成若干个时隙(信道)，向基站发送信号，在满足定时和同步的条件下，基站可以分别在各时隙中接收到各移动终端的信号而互不干扰。同时，基站发向多个移动终端的信号都按顺序安排在预定的时隙中传输，各移动终端只要在指定的时隙内接收，就能在合路的信号中把发给它的信号区分并接收下来。

1. GSM帧结构

GSM帧结构有时隙、帧、复帧、超帧、超高帧5种类型，如图3.8所示。

在GSM中，每个载频被定义为一个TDMA帧，每帧包括8个时隙(TS0～TS7)，每一时隙对应一个信道。

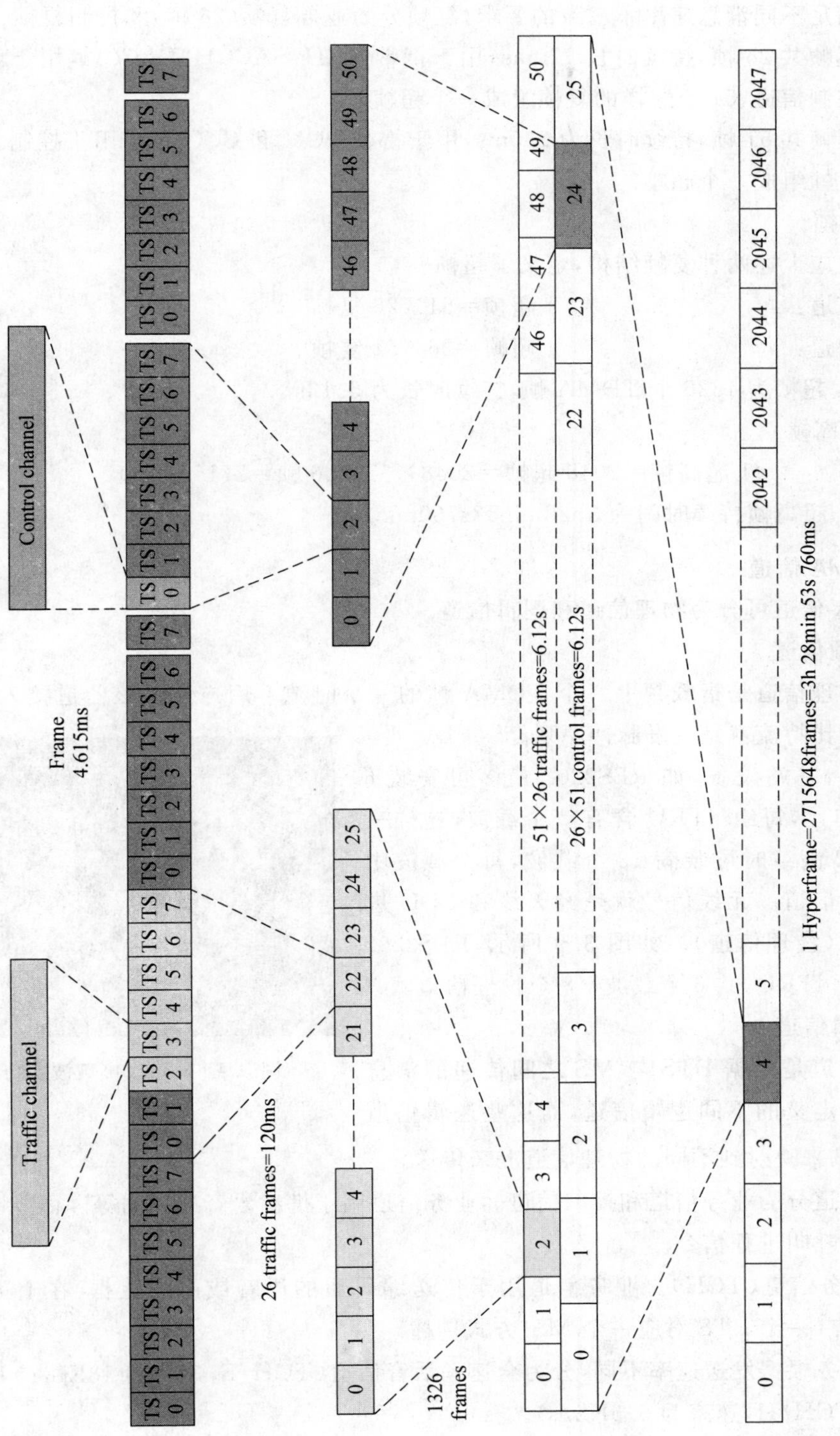
Traffic channel
Control channel
Frame
4.615ms
26 traffic frames=120ms
1326
frames
51×26 traffic frames=6.12s
26×51 control frames=6.12s
1 Hyperframe=2715648frames=3h 28min 53s 760ms

图 3.8　GSM 帧结构

(1) 复帧

为了满足不同消息速率不一致的要求,复帧分为业务复帧(26帧)和控制复帧(51帧)。

业务复帧共26帧,持续时长120ms,用于携带TCH、SACCH、FACCH,用于语音信道及其随路控制信道,51个这样的复帧组成一个超帧。

控制复帧共51帧,持续时长为235ms,用于携带BCH和CCCH,专用于控制信道。26个这样的复帧组成一个超帧。

(2) 超帧

为了适应上述两种复帧结构,定义了超帧。

业务信道: 1超帧=51×26复帧

控制信道: 1超帧=26×51复帧

因此,1超帧为1326个TDMA帧,持续时长为6.12s。

(3) 超高帧

1超高帧=2048超帧=2048×51×26帧=2715648帧

因此,1超高帧持续时间为3h28min53s760ms。

2. TDMA信道

TDMA信道可分为物理信道和逻辑信道。

1) 物理信道

一个物理信道是指载频上一个TDMA帧的一个时隙。用户通过该信道接入系统中,发出的信息比特流就是突发脉冲序列。

实际上,基站设备,如RBS2202最多可安装6组dTRU单元,每组dTRU含有2个载波,这样一台RBS2202满载时可装满12个载波,每个载波中有8个物理信道。无线信号就是经天线和CDU进入到dTRU(物理信道)。如图3.9所示,RBS2202安装了3组dTRU,共6个载波,48个物理信道。

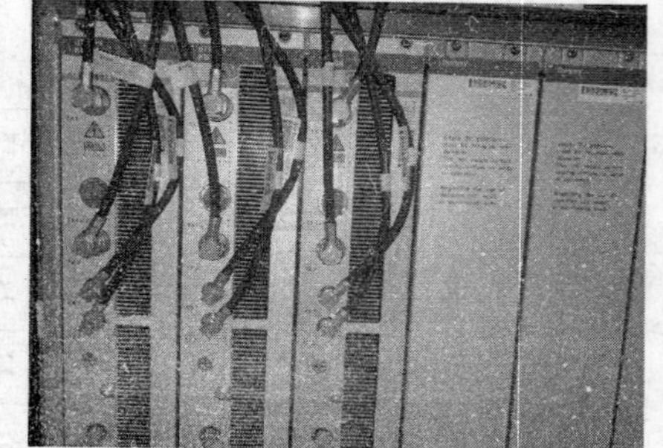

图3.9 RBS2202载波实物图

2) 逻辑信道

逻辑信道是根据BTS与MS之间传递的消息种类不同而定义的不同逻辑信道,而这些逻辑信道又通过BTS来映射到不同的物理信道上来传送。

逻辑信道分为业务信道和控制信道。业务信道用于携载语音或数据等。而控制信道用于携载控制呼叫进程信令。

(1) 业务信道(TCH)。业务信道用于传送编码后的语音或用户数据,在上下行链路上,以点对点(一个BTS对应一个MS)方式传播。

语音业务根据发送速率不同,分为全速率话音信道(TCH/F,速率为13Kb/s)和半速率话音速率(TCH/H,速率为5.6Kb/s)。

(2) 控制信道。控制信道用于传送信令或同步数据。可分为广播信道、公共控制信道、专用控制信道。控制信道分类及适用场合如表3.2所示。

表 3.2　控制信道分类

分　类	适用场合	名　称	消息类型
广播信道(BCH)	MS空闲模式	频率校正信道(FCCH)	
		同步信道(SCH)	
		广播控制信道(BCCH)	1、2、2bit、2ter、3、4、7、8
公共控制信道(CCCH)	MS拨打模式	寻呼信道(PCH)	
		随机接入信道(RACH)	
		准许接入信道(AGCH)	
专用控制信道(DCCH)	MS通话模式	独立专用控制信道(SDCCH)	
		慢速伴随信道(SACCH)	5、5bis、5ter、6
		快速伴随信道(FACCH)	

① 广播信道(BCH)。广播信道(BCH)是一种"一点对多点"的单方向控制信道,用于MS空闲状态时基站向所有移动台广播公用信息。为了MS能随时发起通信请求,MS需要与BTS保持同步,而同步的完成需要逻辑信道FCCH、SCH。同时BCCH传送大量移动台入网和呼叫建立所需要的各种信息,其中又分为以下3种。

a. 频率校正信道(FCCH):传输供移动台校正其工作频率的信息(找频点的过程),作用是使MS可以定位并解调出同一小区的其他信息。

b. 同步信道(SCH):FCCH解码后,MS接着解码出SCH信道消息,解调出MS需要同步的所有消息及该小区的TDMA帧号和基站识别码BSIC号。

c. 广播控制信道(BCCH):MS在空闲模式下,为了有效地工作需要大量网络信息,这些信息都由BCCH广播,包括所有小区的频点、LAI、控制和选择参数、信号强度等。

所有上述消息称为系统消息。BCCH广播的系统消息共有8种类型:系统消息类型1、2、2bit、2ter、3、4、7、8。有关系统消息类型的介绍可参考学习情境四。

② 公共控制信道(CCCH)。公共控制信道(CCCH)是一种"一点对多点"的面向小区的所有MS的双向控制信道,其用途是在呼叫接续阶段,传输链路连接所需要的控制信令与信息,其中又分为以下几种。

a. 寻呼信道(PCH):当网络想与MS建立通信时,传输基站就向移动台进行寻呼,点对多点传播方式。

b. 随机接入信道(RACH):移动台申请入网时,向基站发送入网请求信息,属点对点传播方式。

c. 准许接入信道(AGCH):基站在呼叫接续开始时,如允许呼叫,则向移动台发送分配专用控制信道的信令(还未开始分配)。

d. 小区广播信道(CBCH):用于基站给小区内移动台广播的短消息和该小区的一些公共消息,如天气和交通情况。

③ 专用控制信道(DCCH)。专用控制信道(DCCH)是一种"点对点"的双向控制信道,其用途是在呼叫接续阶段和在通信进行当中,在移动台和基站之间传输必需的控制信息,其中又分为以下几种。

a. 独立专用控制信道(SDCCH):传输移动台和基站连接和信道分配的信令;还携带呼

叫转移和短消息信息，主要用于传送建立连接的信令消息、位置更新、短消息、鉴权消息、加密命令等。

b. 慢速伴随信道(SACCH)：伴随信道既能伴随SDCCH，也能伴随业务信道(TCH)，换句话说，它与一条TCH或者SDCCH联用。SACCH在移动台和基站之间，周期地传输一些特定的信息，如功率调整、TA值、系统消息类型5、5bis、5ter、6等信息，这些系统消息类别主要传送了通信质量、LAI号、邻小区BCCH信号强度、小区选择等。SACCH安排在业务信道时，以SACCH/T表示，安排在控制信道时，以SACCH/C表示，SACCH常与SDCCH联合使用。

c. 快速伴随信道(FACCH)：用于传送执行越区切换时产生的信息。使用时要中断业务信息(借用TCH4帧，18.5ms)，把FACCH插入。由于语音译码器会重复最后20ms的话音，所以这种中断不会被用户察觉(硬切换原理)。

上述几种信道英语全称如下所示。

- BCH：Broadcast Channel。
- FCCH：Frequency Correction Channel。
- SCH：Synchronization Channel。
- RACH：Random Access Channel。
- AGCH：Access Grant Channel。
- PCH：Paging Channel。
- SDCCH：Stand alone Dedicated Control Channel。
- SACCH：Slow Associated Control Channel。
- FACCH：Fast Associated Control Channel。
- CBCH：Cell Broadcast Channel。
- TCH：Traffic Channel。

📖 上述几种控制信道并不好理解，举个同学上课的例子形象地来说明几个信道的用途。

同学要上课，首先得找到教室(找频点，FCCH)，然后找到相应的座位(确定TDMA帧号，SCH)，老师开始讲课(BCCH)。

老师讲课过程中，突然某位同学举手(手机要求通信RACH)，老师同意这位同学的请求(发送分配专用控制信道的指令，AGCH)，并去找另外一位同学(寻呼被叫PCH)，要求两人交流。

老师专门设一条通道供两位同学交流(双向专用信道，SDCCH)，建立好通道后，两位同学开始交流(通信过程中产生的信令，SACCH)。当某位同学上课听不清时，要求更换座位(跳频技术)或更换教室(插入4帧，FACCH)。

3. 逻辑信道到物理信道的映射

用于呼叫处理的各种逻辑信道和信令，实际上是由物理信道来传送的，而物理信道是有限的(载波数量决定物理信道的数量)，不可能每个逻辑信道单独占用一个物理信道。逻辑信道到物理信道的映射就是指将要发送的信息安排到合适的TDMA帧和时隙的过程。

GSM 系统按照下面的方法建立物理信道和逻辑信道间映射对应关系：

假设一个基站有 12 个载频(载波)，每个载频有 8 个时隙。

将载频定义为 f0、f1、f2、…、f11，每个载频时隙为 TS0、TS1、…、TS7。

(1) 控制信道的映射

对于下行链路，f0 的 TS0 只用于映射控制信道 BCH 和 CCCH。

对于上行链路，f0 的 TS0 只用于移动台的接入，即用于上行链路作为 RACH 信道。

由前述可知，一个控制复帧由 51 帧组成，即 BCH 和 CCCH 共占用 51 个 TS0 时隙，以每出现一个空闲帧作为此复帧的结束。如图 3.10、图 3.11 所示，上下行链路的控制信道映射到物理信道图。

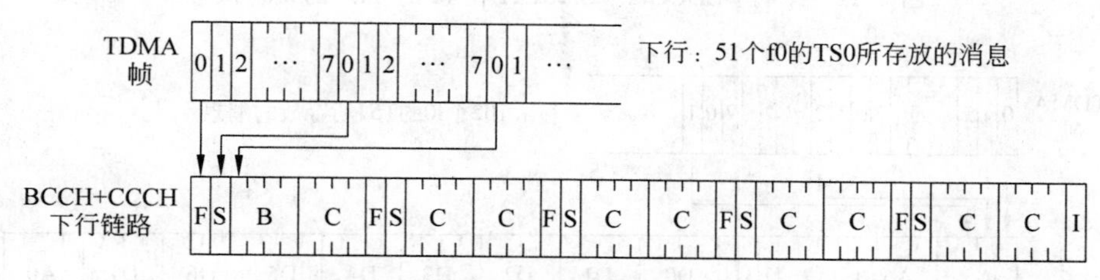

F(FCCH)：移动台据此同步频率
S(SYCH)：移动台据此读TDMA帧号和基站识别码
B(BCCH)：移动台据此读有关小区的通用信息
I(IDEL)：空闲帧，不包括任何信息，仅作为复帧的结束标志

图 3.10　下行：BCCH＋CCCH 在 f0 的 TS0 的映射位置

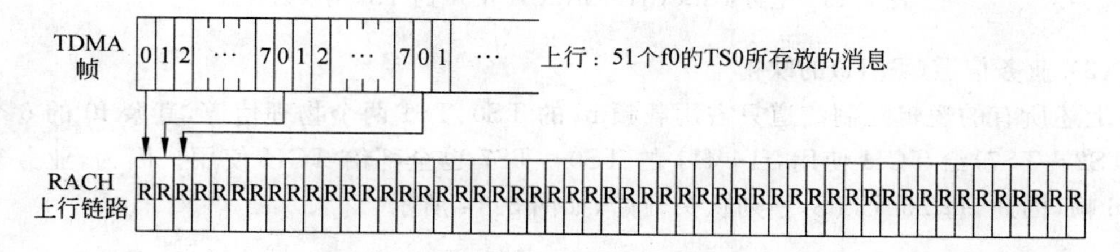

图 3.11　上行：RACH 在 f0 的 TS0 的映射位置

> 📖 BCH、FCCH、SCH、PCH、AGCH、RACH 均映射到 f0 的 TS0。其中 RACH 映射到上行链路，其余映射到下行链路。注意：上述所有信道只是占用 f0 的 TS0 一个物理信道，只是不同的时刻存放的内容不一样。

(2) 专用控制信道(DCCH)的映射

专用控制信道 DCCH(SDCCH＋SACCH)映射到下行链路 f0 的 TS1 时隙上。SDCCH 和 SACCH 以 102 个时隙为一个周期，上行链路 f0 上的 TS1 与下行链路 f0 上的 TS1 有相同的结构，只是在时间上有一个偏差，如图 3.12、图 3.13 所示。

> 📖 SDCCH 和 SACCH 均映射到 f0 的 TS1。注意：上述所有信道只占用 f0 的 TS1 一个物理信道，只是不同的时刻存放的内容不一样。

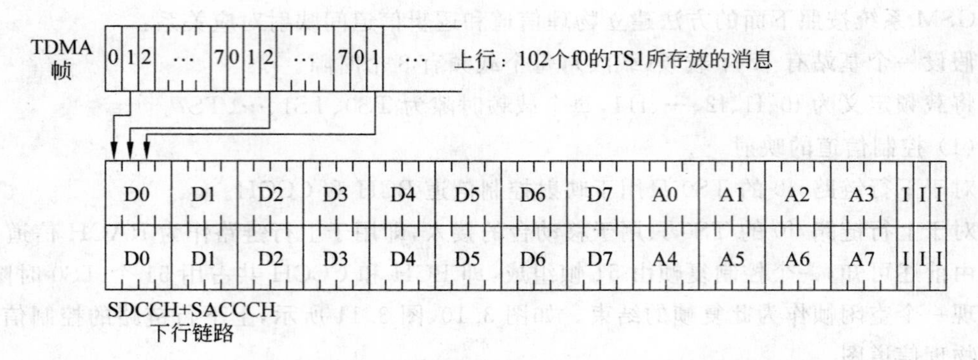

图 3.12 下行：SDCCH＋SACCH 在 f0 的 TS1 的映射位置

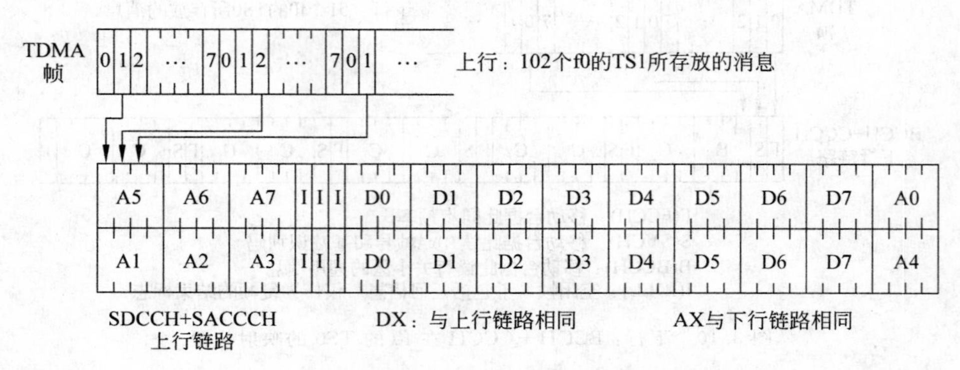

图 3.13 上行：SDCCH＋SACCH 在 f0 的 TS1 的映射位置

（3）业务信道（TCH）的映射

上述所有的逻辑控制信道只占用载频 f0 的 TS0、TS1 两个物理信道，其余 f0 的 6 个信道（TS2～TS7）给 TCH 使用，f1～f11 的 TS0～TS7 也全部给 TCH 使用。因为，业务复帧为 26 帧，因此，每 26 个 TS，序列从头开始，如图 3.14 所示。

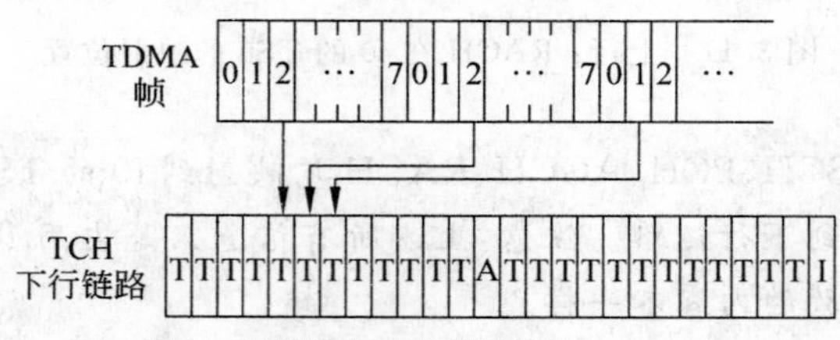

图 3.14 TCH 到物理信道的映射

📖 ① 在载波 f0 上。

a. TS0 装载：BCH＋CCCH，重复周期为 51 个 TS。

b. TS1 装载：SDCCH＋SACCH，重复周期为 102 个 TS。

c. TS2～TS7 装载：TCH，重复周期为 26 个 TS。

② 在载波 f1～fn 上：TS0～TS7 全部装载业务信道（TCH）。

【例 3-1】 假设一个基站有三个小区，每个小区选用基站设备 RBS2202 并且满载，求：这个基站最多可以同时供多少用户通信？

解：一个小区满载时有 12 个载波，每个载波可以有 8 个用户(载波 0 只有 6 个用户，2 个信道 TS0、TS1 提供给逻辑控制信息)，因此，一个小区共有用户 8×12－2＝94 个。一个基站有三个小区，因此，一个基站最多可以允许 94×3＝282 个用户同时通信。

3.1.5 突发脉冲序列

课前引导单

学习情境三	网优测试终端连接与测试软件操作	3.1	网优测试终端连接
知识模块	突发脉冲序列	学时	2
引导方式	请带着下列疑问在文中查找相关知识点并在课本上做标记。		

(1) TDMA 时隙共有几种突发脉冲序列？
(2) 每个序列为什么要采用保护间隔？
(3) 接入突发脉冲序列为什么采用较长的保护间隔？

TDMA 信道上一个时隙中的信息格式称为突发脉冲序列(Burst)，是指 MS 与基站间一个载波上 8 个时隙中任一个时隙发送的信息比特流，约为 156.25bit。

突发脉冲序列共分为 5 种类型：普通突发脉冲序列、空闲突发脉冲序列、频率校正突发脉冲序列、同步突发脉冲序列和接入突发脉冲序列。

1. 普通突发脉冲序列(Normal Burst)

普通突发脉冲序列用于携带 TCH、FACCH、SACCH、SDCCH、BCCH、PCH 和 AGCH 信道的消息。这些消息经过信道编码后可得到 456bit(详细编码过程见信道编码这一节)，456bit 放到 4 个突发脉冲里，每个突发脉冲为 114bit。虽然一个突发脉冲序列有 156.25bit，但它只能携带 114bit(2 个 57bit 的加密比特)有效信息，如图 3.15 所示。

尾比特 TB 3bit	加密比特 57bit	Flag 1bit	训练序列 26bit	Flag 1bit	加密比特 57bit	尾比特 TB 3bit	保护间隔 8.25bit

图 3.15　普通突发脉冲序列

(1) 尾比特 TB：用于均衡器(详见时间色散这一节)识别起始化和停止位，为 000，帮助均衡器判断起始位和终止位。

(2) 偷帧标志位 F：它用于表述所传的是业务消息还是信令消息，即用来区分 TCH 和 FACCH。当 TCH 信道需用做 FACCH 信道来传送切换信令时，相应的偷帧标志须置 1。关于偷帧详见前面所述的 FACCH 信道。

(3) 保护间隔 GP：8.25 个比特的保护间隔 GP(相当于 30ms)是一段空白信息，防止有时隙交错时出现有用比特的交错。由于每个载频最多有 8 个用户，因此必须保证各自时隙发射时不相互重叠。尽管使用了时间调整方案，但来自不同 MS 的突发脉冲序列彼此仍有不少的滑动，因此增加 8.25bit 的保护可使发射机在 GSM 建议许可范围内上下波动。就如同国庆阅兵式上为刺刀留 10cm 间隔，虽说方阵对步伐的要求极其严格，但万一有点差错，得有个缓冲，否则极易出现事故。

(4) 训练序列：26个训练比特是一串收发都已知的比特流，用于供均衡器产生信道模型，消除时间色散。GSM共有8种训练序列，BTS在设置BSIC号的时候(SCH信道)，相应的比特序列也就设置了。详细内容可参考后面所述时间色散这一节。

2. 接入突发脉冲序列(Access Burst)

接入突发脉冲序列用于携带RACH信道的消息。此序列有一个较长的保护间隔GP，这是为了适应MS首次接入或切换到另一个BTS后不知道时间提前量TA而设置的。MS可能远离BTS，这意味着初始突发脉冲序列会迟一些到达BTS，由于第一个突发脉冲序列中没有时间调整(MS不知距BTS多远，无法提前发送比特，当获得TA值后，就提前发送)，将与后一个脉冲序列一定有交错，BTS就是依此交错个数来计算TA值和动态功率值的，如图3.16所示。

尾比特 TB 3bit	同步序列 41bit	加密比特 36bit	尾比特 TB 3bit	保护间隔 68.25bit

图3.16 接入突发脉冲序列

3. 频率校正突发脉冲序列(Frequency Correction Burst)

频率校正突发脉冲序列用于携带FCCH信道的消息，用于MS的频率同步，其中固定序列142 bit全为0，便于MS一眼识别并锁定载波频率，如图3.17所示。

尾比特 TB 3bit	固定序列142bit	尾比特 TB 3bit	保护间隔 8.25bit

图3.17 频率校正突发脉冲序列

4. 同步突发脉冲序列(Synchronization Burst)

同步突发脉冲序列用于携带SCH信道的消息，用于时间同步，其中加密比特中携带TDMA帧号(FN)和基站识别码(BSIC)。长达64bit的同步序列是固定的，也可以看成是训练序列。此时网络还未真正建立起来，需要更多的比特位用于信道均衡来确保信息传递的有效性，如图3.18所示。

尾比特 TB 3bit	加密比特 39bit	同步序列 64bit	加密比特 39bit	尾比特 TB 3bit	保护间隔 8.25bit

图3.18 同步突发脉冲序列

5. 空闲突发脉冲序列(Dummy Burst)

当系统没有任何具体的消息要发送时就传送这个突发脉冲(因为网络需要在BCCH信道连续不断地发送消息)。此序列不携带任何信息，格式与普通突发脉冲序列相同，只是加密比特改为具有一定比特模型的混合比特。如果BCCH载频在空闲时不发送脉冲序列，就会影响周围的MS对该载频信号强度的评估，因为评估信号强度是根据采样点的平均值而得来的，因此不可能让它闲着。空闲突发脉冲序列如图3.19所示。

尾比特 TB 3bit	混合比特 58bit	序列比特 26bit	混合比特 58bit	尾比特 TB 3bit	保护间隔 68.25bit

图 3.19　空闲突发脉冲序列

3.1.6　实训单据

(1) 信息单的内容以学生自学为主,老师指导为辅。学生依据信息单的步骤操作,遇到疑问及时向老师请教。

(2) 学生依据老师给定的任务单完成实施单,认真填写教学反馈单,同时组内互评。

(3) 老师评阅实施单,并把结果反馈在评价单上;同时仔细看教学反馈单信息,认真思考学生提出的问题及建议,提出整改措施,努力提高教学水平。

信　息　单

学习情境三	网优测试终端连接与测试软件操作		
3.1	网优测试终端连接	学时	10
序号	信 息 内 容		
1	认识网优测试工具		

(1) 硬件平台

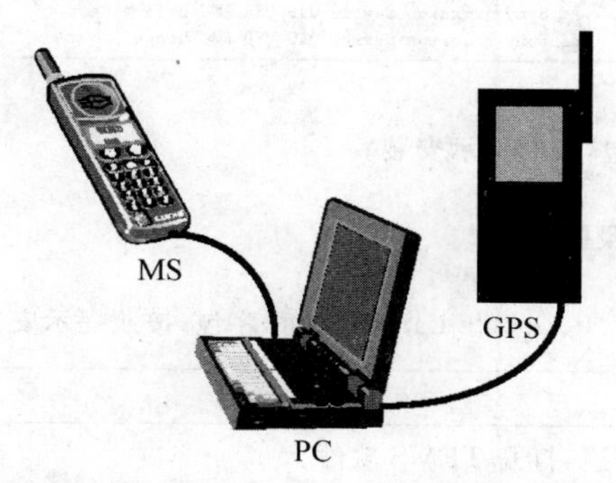

网优测试硬件平台很简单,只需要一台测试手机、一台笔记本电脑、一台 GPS 导航仪。

(2) 软件资料

① 测试软件及驱动:测试手机驱动、GPS 导航仪驱动,TEMS9.0 软件,某地区的基站小区数据(后缀名为.cel),某地区的 GPS 地图数据。

② 数据分析软件:MCOM4.2、MapInfo7.0、Google Earth、Google 基站图层等。

2	认识网优测试终端

开展网络优化,网络路测、定点测试、新站测试、扫频、网络故障排除等都离不开测试终端。目前常用的 GSM 测试终端手机有以下 3 种。

(1) Sony Ericsson K790,用于测试 GSM900、DCS1800、EDGE 频段。

(2) Sony Ericsson K800,用于测试 GSM900、DCS1800、GPRS、WCDMA 频段。

(3) Sony Ericsson W600,用于测试 GSM900、DCS1800、GPRS、EDGE 频段。

上述测试手机裸机当然不行,必须加载加密狗的 TMES9.0 软件才能使用。

普通配置的笔记本电脑就可胜用。GPS 有无线蓝牙的和有线的 USB 接口两种。

世纪鼎利公司研发了一款自动路测系统,是集无线信号车载单元自动测试与语音质量评估、测试方案远程修改、海量数据远程实时监控和统计分析为一体的无线通信网络自动路测系统,主要应用于 GSM、

续表

GPRS/EDGE、CDMA、EVDO、TD-SCDMA 和 UMTS/HSDPA 无线网络的自动路测及海量数据查询统计。

这款自动路测终端可在车尾(如出租车车尾)自动开展路测,而不需要人工,这样大量减少人力资源,同时可远程修改测试方案、远程监控、远程数据统计分析,操作简便。

3	软件、驱动安装

(1) 手机驱动安装

① 以 Sony Ericsson K790 为例,将手机与电脑相连,手机上选择“手机模式”,PC 系统自动弹出“找到新硬件向导”窗口,单击“从列表指定位置安装(高级)”项,然后找到对应的 K790 驱动包安装即可。

② 上述步骤只完成了 K790 一个驱动程序的安装,PC 系统将继续自弹出另外 5 个(一共 6 个)“找到新硬件向导”窗口中,单击“从列表指定位置安装(高级)”项,然后找到对应的 K790 驱动包安装即可。

如上述步骤 PC 没有自动弹出驱动安装窗口,可打开设备管理器,有多个黄色的“?”号,依次安装即可(一共安装 7 次驱动程序)如下图所示。

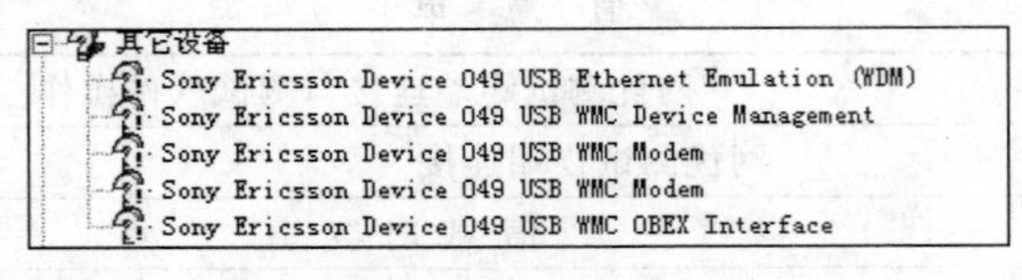

安装成功后,设备管理器中显示如下图所示。

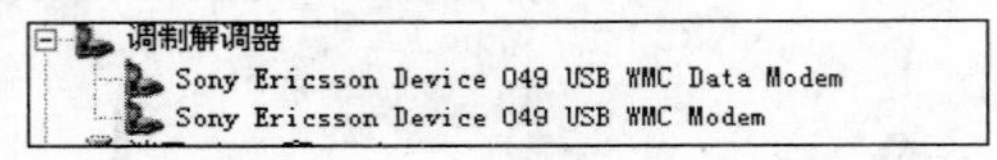

(2) TEMS9.0 软件安装

找到 TEMS9.0 安装程序包,按照提示安装。

(3) GPS 驱动安装

找到 GPS 安装程序包,按照提示安装。

(4) 数据分析软件安装

找到 MCOM4.2、MapInfo7.0、Google Earth 安装程序包,按照提示安装。

4	设备连接

将 GPS、路测手机与 PC 相连,打开 TEMS 软件。

如要工具栏有绿色按钮,则说明设备连接正常,可以正常使用。如果未显示绿色按钮,则不正常,要检查软件及驱动安装是否正确或检查设备兼容性问题。

备注:为方便学习,关于路测终端的购买、软件的破解及测试数据,可联系本书作者。

任 务 单

学习情境三	网优测试终端连接与测试软件操作		
3.1	网优测试终端连接	学时	10
布 置 任 务			
实操技能	1. 学会正确安装网优测试软件及安装测试设备驱动; 2. 学会正确安装网优数据分析软件; 3. 正确选择网优测试工具。		

续表

任务描述	各小组成员拟完成下列任务： 1. 准备测试工具、软件、驱动等资料； 2. 测试手机与 PC 相连并安装手机驱动； 3. GPS 导航仪与 PC 相连并安装 GPS 驱动； 4. 安装 TEMS9.0 软件； 5. 安装数据分析软件 MCOM4.2、MapInfo7.0、Google Earth； 6. 完成教学反馈单，并填写个人建议与意见。
提供资料	1. 硬件：测试手机、笔记本电脑、GPS 导航仪； 2. 软件：TEMS9.0 软件、MCOM4.2、MapInfo7.0、Google Earth； 3. 驱动：测试手机驱动、GPS 导航仪驱动； 4. 数据：某城市的基站小区名、某城市的 GPS 地图数据、某城市 Mcom 图层数据、Google 基站图层。
对学生的要求	1. 熟练连接测试工具和安装各种软件； 2. 小心放置测试工具，不要碰摔在地上。

实施单

学习情境三	网优测试终端连接与测试软件操作		
3.1	网优测试终端连接	学时	10
作业方式	完成任务单中布置的任务		

1. 网络优化测试工具和软件有哪些？

2. 测试手机与 PC 相连并安装手机驱动步骤。

3. GPS 导航仪与 PC 相连和安装 GPS 驱动步骤。

4. 安装 TEMS9.0 软件步骤。

5. 安装数据分析软件：MCOM4.2、MapInfo7.0、Google Earth 步骤。

作业要求	1. 各组员独立完成； 2. 格式规范，思路清晰； 3. 完成后各组员相互检查和共享成果； 4. 及时上交教师评阅。

续表

作业评价	班级		第　组	组长签字		
	学号		姓名			
	教师签字		教师评分		日期	
	评语：					

教学反馈单

学习情境三	网优测试终端连接与测试软件操作				
3.1	网优测试终端连接			学时	10
序号	调 查 内 容	是	否	理由陈述	
1	PC是否能正常连接路测手机				
2	是否能正确安装驱动程序				
3	是否能正确安装TEMS软件				
4	是否能正确安装网优数据分析软件				
5	老师是否讲解清晰、易懂				
6	教学进度是否过快				

建议与意见：

被调查人签名		调查时间	

评　价　单

学习情境三	网优测试终端连接与测试软件操作						
3.1	网优测试终端连接		学时	10			
评价类别	项目	子项目	个人评价	组内互评			教师评价
专业能力（70%）	计划准备（20%）	搜集信息（10%）					
		软硬件准备（10%）					
	实施过程（50%）	理论知识掌握程度（15%）					
		实施单完成进度（15%）					
		实施单完成质量（20%）					
职业能力（30%）	团队协作（10%）						
	对小组的贡献（10%）						
	决策能力（10%）						

评价评语	班级		姓名		学号		总评	
	教师签字		第　组		组长签字		日期	
	评语：							

3.2 TEMS软件操作

3.2.1 无线电波传播

课前引导单

学习情境三	网优测试终端连接与测试软件操作	3.2	TEMS软件操作	
知识模块	无线电波传播		学时	2
引导方式	请带着下列疑问在文中查找相关知识点并在课本上做标记。			

(1) 移动通信环境有何特点？
(2) 无线电波传播方式有几种？
(3) Okumura-Hata基本传输损耗公式是什么？
(4) 什么叫快衰落？什么叫慢衰落？两者有何区别？
(5) 什么情况下产生多普勒效应？

无线电波就是不用导线，而利用电磁波振荡在空中传递信号，天线就是波源。电磁波中的电磁场随着时间而变化，经连续折射或反射，把辐射的能量传播至远方，由发射点传播到接收点。无线电通信就是利用无线电波的传播特性而实现的。因此，研究无线电波的传播特性和模式，对于提高无线电通信质量尤为重要。

1. 移动通信环境特点

移动通信利用无线电传播，传播环境决定了信号质量。

(1) MS移动性

移动台总是在移动的，处在不同的位置，接收到的信号强度和信号质量不一样。即便不移动，周围的环境也不断地变化，如车的移动、树叶的飘动等都会对无线电信号产生影响。

(2) MS的天线较低

现在的手机天线不再裸露在外，而是在手机内部。移动台的天线高度低于人的身高。由于人处于不同的环境中，MS也就处于各种环境中，使得MS接收到的信号为大量散射、反射信号的叠加。

(3) 信号电平随机变化

信号电平并不是固定的，而是随着时间和位置不断地变化的，用随机过程概率分布可描绘出信号电平的特性。

(4) 不同环境信号质量相差较大

MS在比较密闭的环境中，信号较差；当MS处于城市密集区域，基站数量较多，信号较强，但易造成同频、邻频干扰；MS处于宽阔区域，基站数量较少，信号较弱。针对覆盖盲区，可增加直放站，信号较差的室内环境，可增加室内覆盖。如地铁、地下商城等。

(5) 人为噪声干扰严重

周围的环境存在大量工业噪声、汽车噪声等，这些噪声都将对信号产生一定的影响。

(6) 干扰现象严重

小区采用频率复用的方式来提高频率的利用率，易产生同邻频干扰。

2. 无线通信传播方式

无线传播环境十分复杂，传播方式也多种多样。无线电波在空间或介质中传播具有直射、反射、散射、绕射以及吸收等特性。这些特性使无线电波随着传播距离的增加而逐渐衰减，如无线电波传播到越来越大的距离和空间区域，电波能量便越来越分散，造成扩散衰减；而在介质中传播，电波能量被介质消耗，造成吸收衰减和折射衰减等。

(1) 直射

直射是无线电波在自由空间传播的一种方式。在视距传播条件下，无线电波沿直线传播。

(2) 反射

电磁波遇到比其波长大得多的物体时，会发生反射。无线电波遇到建筑物、地表、水面都会发生反射。

(3) 绕射

在传播途径中遇到大障碍物时，如建筑物、山丘等，电波会绕过障碍物向前传播，这种现象叫做电波绕射。超短波、微波的频率较高，波长短，绕射能力弱，在高大建筑物后面信号强度小，形成所谓的"阴影区"。信号质量受到影响的程度，和建筑物的高度、接收天线与建筑物之间的距离以及频率有关。

(4) 散射

当电磁波遇到比其波长小的物体会发生散射。一般物体表面粗糙、不规则，如树叶、小石块、灯柱等。

3. 无线电波传播路径损耗

移动通信通过空气传送的信号会因大气损伤而失真，会因自然的和人为的障碍而中断，也会因发射机和接收机的相对移动而进一步变化。这种过程称为衰落，亦称为损耗。衰落在现实环境中是不可避免的，因此无线通信系统必须能够在处理这个问题的同时，保持准确的数据传输能力。路径损耗与载波频率、传播距离、传播环境、地形地貌等因素有关。

(1) 自由空间传播损耗

自由空间是一个理想的无限大的空间，其传播损耗是指收、发天线都是各向同性辐射器时，两者之间的传播损耗。通过研究，该损耗计算公式如下。

$$L_0(\mathrm{dB}) = 32.45 + 20\lg f + 20\lg d$$

式中：L_0 为传播损耗；f 为工作频率(MHz)；d 为传播距离(km)。

由上式可知，传播距离越远，频率越大，损耗就越高。如将工作频率或传播距离提高一倍，自由空间传播损耗就增加了6dB。图3.20画出了频率为150MHz、450MHz和900MHz的自由空间传播损耗 L_0 与距离 d 的关系。

实际情况下，空间中存在大量反射、散射现象，传播环境恶劣，路径损耗还更大，因而需要采取更为复杂的传播模型来统计传播路径损耗。

(2) Okumura-Hata 模型

Okumura-Hata 模型是应用较为广泛的覆盖预测模型，是利用大量测试数据，进行统计分析得到的传播模型。

Okumura-Hata 以准平滑地形的市区作基准，其余各区的影响均以校正因子的形式出

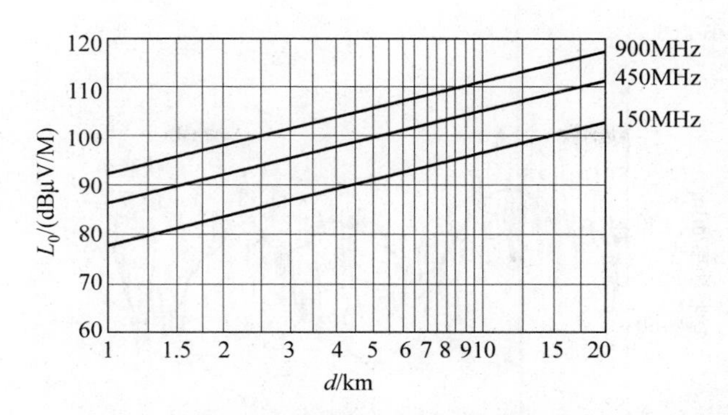

图 3.20　自由空间传播路径损耗与传播距离的关系

现。Okumura/Hata 模型市区的基本传输损耗公式为

$$L_b = 69.55 + 26.16\lg f - 13.82\lg h_b + (44.9 - 6.55\lg h_b)\lg d - \partial(h_m)$$

式中：L_b 为电波传播损耗值(dB)；f 为工作频率(MHz)；h_b 为基站天线有效高度(m)；h_m 为移动台天线有效高度(m)；d 为移动台与基站之间的距离(km)；$\partial(h_m)$为移动台天线高度因子。

(3) COST231-Walfish-Ikegami 模型

该模型适合于大城市中的一种典型场景，它将快慢衰落的效应进行了充分的考虑，分为以下两种情况。

① 基站和移动台之间没有直射径的情况

$$L_b = L_0 + L_{rts} + L_{msd}$$

式中：L_0 为自由空间损耗：

$$L_0 = 32.4 + 20 \times \lg(d) + 20 \times \lg(f)$$

L_{rts}为屋顶和街道之间的衍射和散射损耗(对应慢衰落)：

$$L_{rts} = -16.9 - 10 \times \lg(w) + 10 \times \lg(f) + 20 \times \lg(h_{roof} - h_m) + L_{cri}$$

L_{msd}为多径损耗(对应快衰落)：

$$L_{msd} = L_{bsh} + k_a + k_d \times \lg(d) + k_f \times \lg(f) - 9 \times \lg(b)$$

② 基站和移动台之间有直射径的情况

微小区(天线低于屋顶高度)，路径损耗模型如下。

$$L_b = 42.6 + 26 \times \lg(d) + 20 \times \lg(f) \quad d \geqslant 20\text{m}$$

(4) 慢衰落

在无线通信系统中，由障碍物阻挡造成阴影效应，接收信号强度下降，但该场强中值随地理改变变化缓慢，故称慢衰落。又称为阴影衰落、对数正态衰落。慢衰落的场强中值服从对数正态分布，且与位置/地点相关，衰落的速度取决于移动台的速度。接收信号电平的随机起伏，即接收信号幅度随时间的不规则变化。

(5) 快衰落

快衰落(Fast Fading)主要由于多径传播而产生的衰落，由于移动体周围有许多散射、反射和折射体，引起信号的多径传输，使到达的信号之间相互叠加，其合成信号幅度表现为快速的起伏变化，它反映微观小范围内数十波长量级接收电平的均值变化而产生的损耗，其变化率比慢衰落快，故称它为快衰落，由于快衰落表示接收信号的短期变化，所以又称短期衰落，如图 3.21 所示。

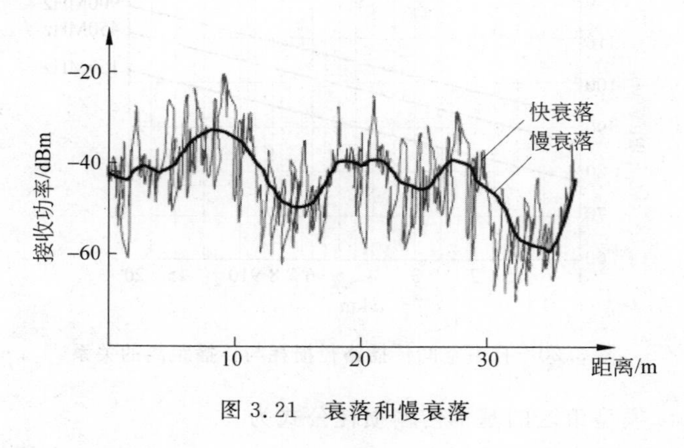

图 3.21 衰落和慢衰落

4. 多普勒效应

多普勒效应是指在移动通信中，当移动台移向基站时，频率变高，远离基站时，频率变低。当然，由于日常生活中，人们移动速度的局限，不可能会带来十分大的频率偏移，但是这不可否认地会给移动通信带来影响，为了避免这种影响造成通信中的问题，须在技术上加以各种考虑，也加大了移动通信的复杂性。多普勒频移公式如下。

$$f = f_0 - f_D\cos\theta = f_0 - \frac{v\cos\theta}{\lambda}$$

式中：f 为合成后的频率；f_0 为工作频率；f_D 为最大多普勒频移；v 为移动台移动速度；λ 为波长；θ 为传播方向与移动台行进方向的夹角。

当移动台远离基站时，$f = f_0 - f_D\cos\theta$；当移动台靠近基站时，$f = f_0 + f_D\cos\theta$。现代高铁行进速度超过 400km/h，多普勒效应明显。

3.2.2 分集接收技术

课前引导单

学习情境三	网优测试终端连接与测试软件操作	3.2	TEMS 软件操作
知识模块	分集接收技术	学时	2
引导方式	请带着下列疑问在文中查找相关知识点并在课本上做标记。		

(1) 目前主要存在哪几种分集技术？
(2) 分集起什么作用？
(3) 基站设备 RBS2202 收发器如何接收信号？
(4) 如何利用两副天线实现极化分集？

衰落效应是影响无线通信质量的主要因素之一。其中的快衰落深度可达 30～40dB，利用加大发射功率、增加天线尺寸和高度等方法来克服这种深衰落是不现实的，而且会造成对其他电台的干扰。而采用分集方法即在若干个支路上接收相互间相关性很小的载有同一消息的信号，然后通过合并技术再将各个支路信号合并输出，那么便可在接收终端上大大降低深衰落的概率。相应的还需要采用分集接收技术减轻衰落的影响，以获得分集增益，提高接收灵敏度，这种技术已广泛应用于包括移动通信，短波通信等随参信道中。在第二代和第三代移动通信系统中，这些分集接收技术都已得到了广泛应用。

分集技术包括空间分集、频率分集、极化分集、时间分集等。GSM 系统中通常采用空间分集。

1. 空间分集

在移动通信中，空间略有变动就可能出现较大的场强变化。当使用两个接收信道时，它们受到的衰落影响是不相关的，且两者在同一时刻经受衰落谷点影响的可能性也很小，因此这一设想引出了利用两副接收天线的方案，独立地接收同一信号，再合并输出，衰落的程度能被大大地减小，这就是空间分集。

(1) 空间分集原理

空间分集是利用场强随空间的随机变化实现的。空间距离越大，多径传播的差异就越大，所接收场强的相关性就越小。

GSM 基站通常采取的空间分集接收技术是在空间不同的垂直高度上设置几副天线，同时接收一个发射天线的微波信号，然后合成或选择其中一个强信号。接收端天线之间的距离应大于波长的一半，以保证接收天线输出信号的衰落特性是相互独立的，也就是说，当某一副接收天线的输出信号很低时，其他接收天线的输出则不一定在这同一时刻也出现幅度低的现象，经相应的合并电路从中选出信号幅度较大、信噪比最佳的一路，得到一个总的接收天线输出信号。这样就降低了信道衰落的影响，改善了传输的可靠性。

CCIR 建议为了获得满意的分集效果，移动单元两天线间距大于 0.6 个波长，即 $d>$ 0.61，并且最好选在 1/4 的奇数倍附近。若减小天线间距，即使小到 1/4，也能起到相当好的分集效果。

(2) 基站设备空间分集过程

以基站设备 RBS2202 收发器接收信号过程为例来理解分集接收原理。爱立信基站设备主要模块有：CDU、TRU(载波)、DXU 等。图 3.22 所示为基站装载 4 个载波时(4 个 TRU)，基站天线-CDU-dTRU 连线图。

图中共有 2 副天线、2 个 CDU、4 个 TRU。左侧天线 ANT A 收到信号后，分成两条支线，一条支线分成 4 路供左边的 TRU 使用，另一条支线经 3dB 衰减器(为平衡信号强度，因为左边的分成 4 路，而右边的只分成 2 路)后分成两路供右边的 TRU 使用。

左边 4 路信号只用到了两路，分别提供给左边两个不同的 TRU 使用；右边两路信号提供给右边两个不同的 TRU 使用。同理，右侧天线 ANT B 接收到的信号也分配给图中 4 个不同的 TRU 使用。这样，每个 TRU 单元 RXA、RXB 都来自于不同的天线，然后合成或选择其中一个强信号，达到空间分集的作用。

当 RBS2202 满载时(6 个 TRU)，基站如何分集接收，读者可自行分析。图 3.23 为 6 个 TRU 时，各内部模块连线图。

2. 时间分集

时间分集是将同一信号在不同时间区间多次重发，只要各次发送时间间隔足够大，则各次发送间隔出现的衰落将是相互独立统计的。时间分集正是利用这些衰落在统计上互不相关的特点，即时间上衰落统计特性上的差异来实现时间选择性衰落的功能。

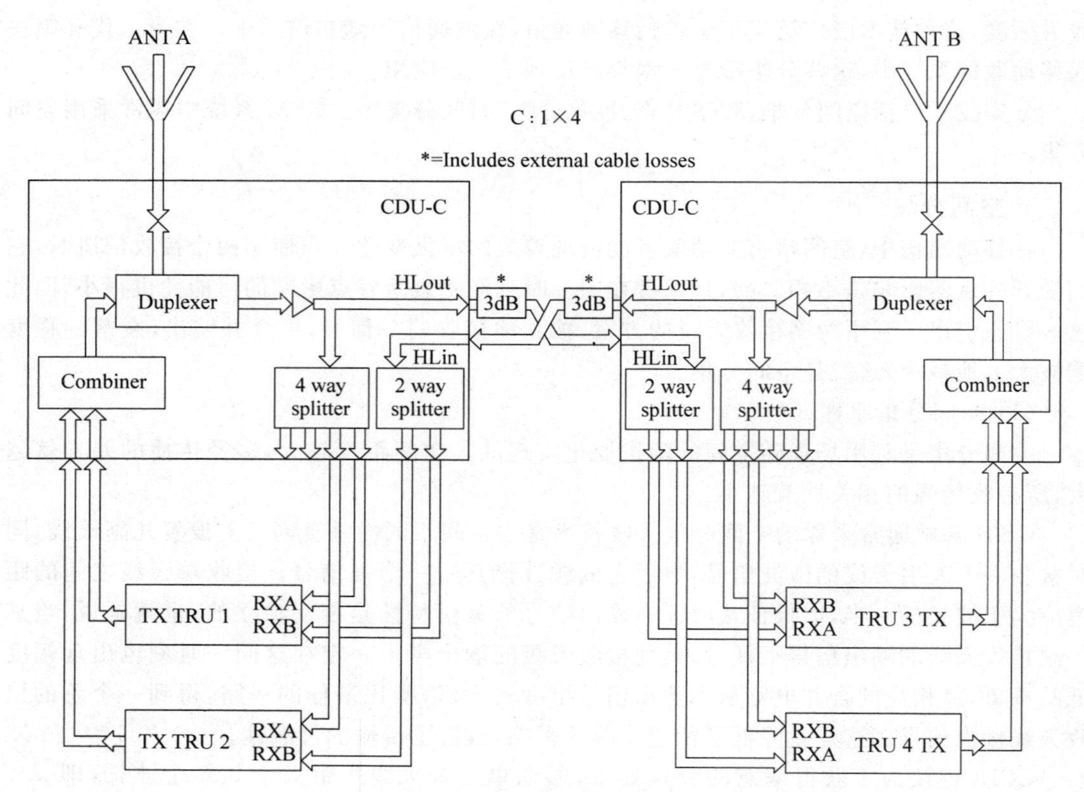

图 3.22 4 个 TRU 各内部模块连线图

3. 极化分集

在移动环境下，两副在同一地点，极化方向相互正交的天线发出的信号呈现出不相关的衰落特性。利用这一特点，在收发端分别装上垂直极化天线和水平极化天线，就可以得到两路衰落特性不相关的信号。所谓定向双极化天线，就是把垂直极化和水平极化两副接收天线集成到一个物理实体中，通过极化分集接收来达到空间分集接收的效果，所以极化分集实际上是空间分集的特殊情况，其分集支路只有两路。

这种方法的优点是它只需一根天线，结构紧凑，节省空间；缺点是它的分集接收效果低于空间分集接收天线，并且由于发射功率要分配到两副天线上，将会造成 3dB 的信号功率损失。分集增益依赖于天线间不相关特性的好坏，通过在水平或垂直方向上天线位置间的分离来实现空间分集。

4. 频率分集

频率分集是采用两个或两个以上具有一定频率间隔的微波频率同时发送和接收同一信息，然后进行合成或选择，利用位于不同频段的信号经衰落信道后在统计上的不相关特性，即不同频段衰落统计特性上的差异，来实现抗频率选择性衰落的功能。实现时可以将待发送的信息分别调制在频率不相关的载波上发射，所谓频率不相关的载波，是指不同的载波之间的间隔大于频率相干区间。

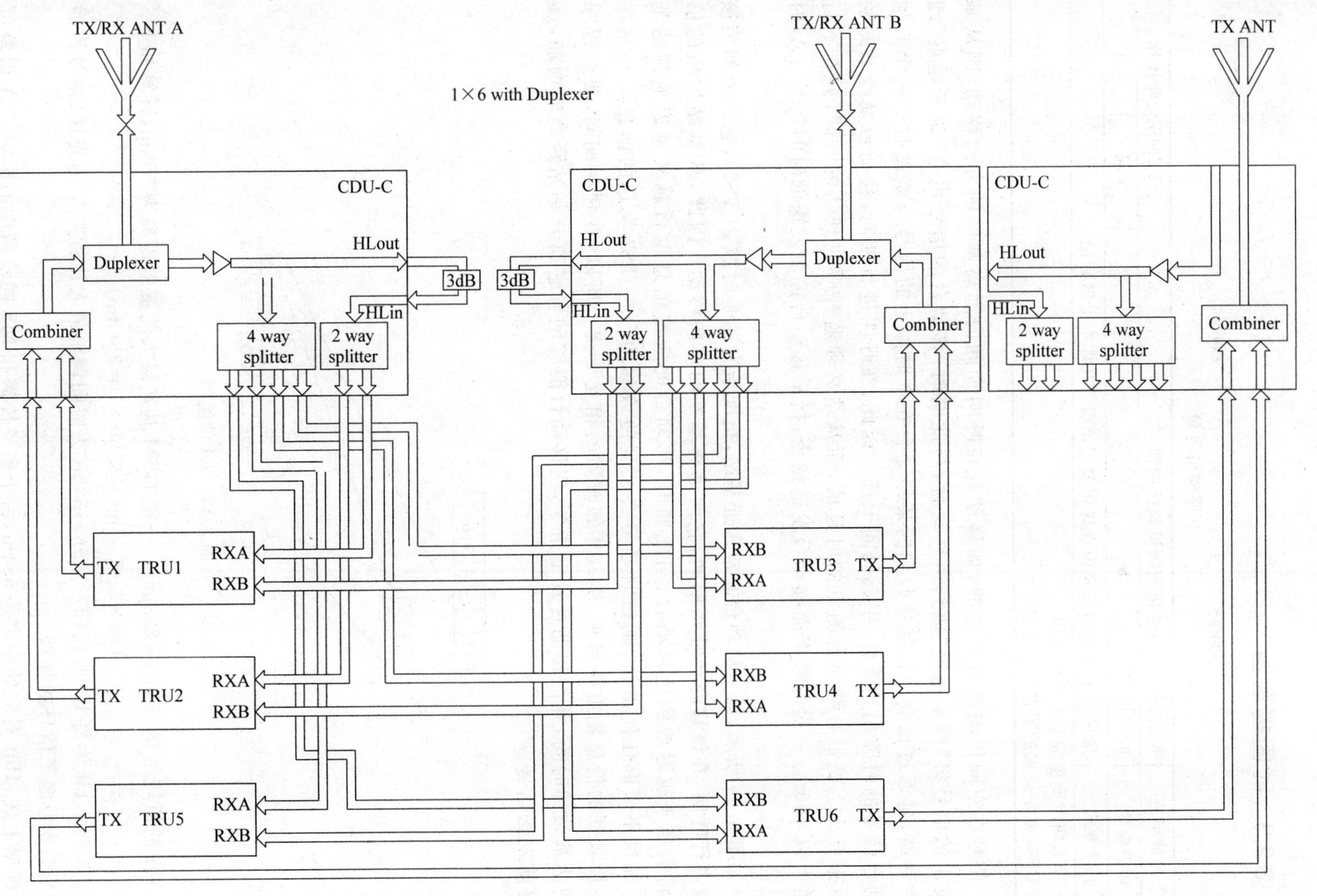

图 3.23 6 个 TRU 各内部模块连线图

3.2.3 时间提前量

课前引导单

学习情境三	网优测试终端连接与测试软件操作	3.2	TEMS软件操作	
知识模块	时间提前量		学时	1
引导方式	请带着下列疑问在文中查找相关知识点并在课本上做标记。			
(1) 什么叫时间提前量？有何作用？				
(2) GSM基站最大的覆盖距离为多少？				

信号在空间传输是有延迟的，如移动台在呼叫期间向远离基站的方向移动，则从基站发出的信号将“越来越迟”地到达移动台，与此同时，移动台的信号也会“越来越迟”地到达基站，延迟过长会导致基站收到的某移动台在本时隙上的信号与基站收下一个其他移动台信号的时隙相互重叠，引起码间干扰。因此，在呼叫进行期间，移动台发给基站的测量报告头上携带有移动台测量的时延值，而基站必须监视呼叫到达的时间，并在下行信道上以480ms一次的频率向移动台发送指令，指示移动台提前发送的时间就是*TA*(时间提前量)。

如图3.24所示，某一移动台非常靠近基站，指配给它的是时隙2(TS2)，它只能利用该时隙进行呼叫，在该移动台呼叫期间，它向远离基站的方向移动。因此，从基站发出的信息，将会越来越迟地到达移动台，与此同时，移动台的应答信息也将越来越迟地到达基站。如果不采取任何措施，则该时延将会长到使该移动台在TS2发送的信息与基站在TS3接收到的信息相重叠起来，引起相邻时隙的相互干扰。所以，在呼叫期间，要监视呼叫到达基站的时间，并向移动台发出指令，使移动台能够随着它离开基站距离的增加，逐渐提前发送信号。

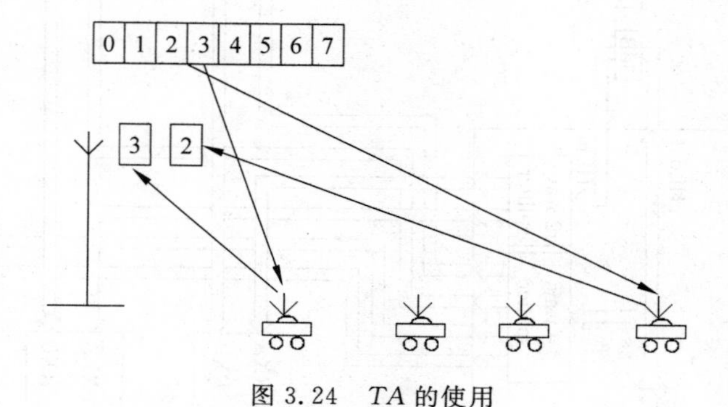

图3.24 *TA*的使用

*TA*的值域是0～63(0～233μs)。一般GSM基站最大的覆盖距离为35km，计算如下。

$$1/2 \times 3.7\mu s/bit \times 63bit \times c = 35(km)$$

式中：3.7μs/bit为每bit时长(577/156)；63bit为时间调整最大比特数，c为光速(信号传播速度)；1/2考虑了信号的往返。

根据上述，1bit对应的距离是554m，由于多径传播和MS同步精度的影响，*TA*误差可能会达3bit左右(1.6km)。表3.3给出了*TA*值所对应的距离和精确度。

表 3.3　*TA* 值所对应的距离和精确度

时间提前量 *TA*	距离/m	精确度/%	时间提前量 *TA*	距离/m	精确度/%
0	0～554	25	2	1108～1662	6.1
1	554～1108	12.5	63	34902～35456	0.4

当手机处于空闲模式时，它可以利用 SCH 信道来调整手机内部的时序，但它并不知道它离基站有多远。如果手机和基站相距 30km，那么手机的时序将比基站慢 100μs。当手机发出它的第一个 RACH 信号时，就已经晚了 100μs，再经过 100μs 的传播时延，到达基站时就有了 200μs 的总时延，很可能和基站附近的相邻时隙的脉冲发生冲突。因此，RACH 和其他的一些信道接入脉冲将比其他脉冲短。只有在收到基站的时序调整信号后(TA)，手机才能发送正常长度的脉冲，手机就需要提前 200μs 发送信号。

3.2.4　时间色散与均衡

课前引导单

学习情境三	网优测试终端连接与测试软件操作	3.2	TEMS 软件操作	
知识模块	时间色散与均衡		学时	1
引导方式	请带着下列疑问在文中查找相关知识点并在课本上做标记。			

(1) 如何产生的时间色散？
(2) 如何消除时间色散的影响？
(3) 为什么 SCH 和 FCCH 脉冲序列没有训练序列？

无线通信采用电磁波传输，传播路径不固定，有直射、反射、绕射和散射，因此就产生了多条路径的信号传播。多径传播带来了瑞利衰落，同时也带来了时间色散。

1. 定义

在接收端，由于射频信号的反射作用，接收机接收到的信号是多种多样的，其中有的反射信号来自远离接收天线的物体，比直射的信号经过的路程长很多，因而形成相邻符号间的相互干扰。这种现象称为时间色散。

举个例子，如图 3.25 所示，基站发射 010101 的数字序列，一路是直射至移动台，一路经物体反射至移动台，可见反射信号比直射信号经过路程长。在 GSM 系统中，比特速率为 270Kb/s，则每一比特时间为 3.7μs，也即是一比特对应 1.1km。假若反射信号经过的路程比直射信号经过的路程长 1.1km，则移动台就会在接收到的有用信号中混有比它迟到一个比特时间的一个信号，即移动台同时会收到一个为“1”的信号和一个为“0”信号，这种现象会使移动台接收时的误码率升高。如何来克服时间色散呢，GSM 采用均衡的方法。

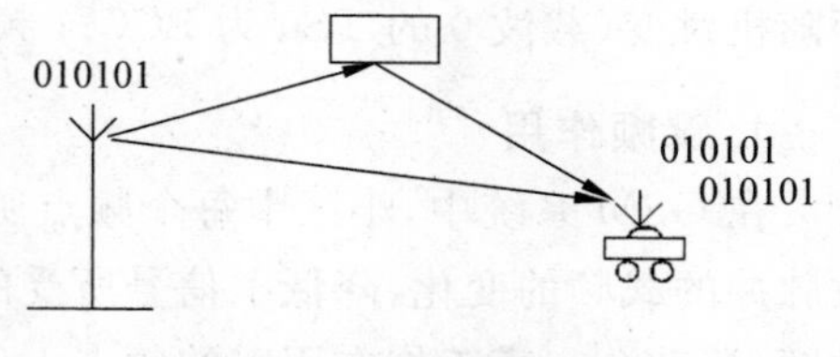

图 3.25　时间色散举例

2. 均衡

前面讲述了突发脉冲序列，除了 SCH 和 FCCH 两个特殊的脉冲序列外，其他如 TCH、

SACCH、FACCH等突发脉冲里都有一个训练序列26bit,那这个训练序列有何作用呢?

训练序列在GSM里的作用其实就是树立一个标准,这种标准用于帮助基站来衡量和判断无线信道的情况并在接收信号的时候予以校正,保证最佳的接收效果。值得注意的是,无论是发射端还是接收端,事先都是知道训练序列的。发射端把这个26bit的训练比特发送出去,基站接收到信号以后,把训练序列从第一个到最后一个比特和自身的核对一遍,如发现完全一致,则说明信道非常完美,TCH完全照单接收。但实际情况下信道不可能那么完美,不会这么顺利,如果发现有些比特位的信息是错的,和约定的不一致。那么就需要对滤波器的一些参数进行调整,以保证最好的接收效果,这个滤波器就是均衡器。

GSM有8种训练序列,每个小区在定义BSIC的时候就定义了该小区载频所采用的训练序列。BSIC=NCC+BCC,BCC有3bit,可以有8种不同的信息,刚好表示8种不同的训练序列。那手机如何知道它所在的小区采用的是哪个训练序列呢?

小区会在SCH同步消息中下发BSIC号,手机对SCH信道解码后,自然就知道了训练序列,因此FCCH频率校正突发脉冲和SCH同步突发脉冲就不含训练序列了(因为还没有锁定及同步好一个小区,根本就不知道BSIC,无从谈什么训练序列了)。

3.2.5 跳频技术

课前引导单

学习情境三	网优测试终端连接与测试软件操作	3.2	TEMS软件操作
知识模块	跳频技术	学时	2
引导方式	请带着下列疑问在文中查找相关知识点并在课本上做标记。		

(1) 跳频起什么作用?
(2) 跳频分为哪两种? 如何区分两种跳频?
(3) 跳频参数有几个? 如何应用?

跳频是最常用的扩频方式之一,其工作原理是指收发双方传输信号的载波频率按照预定规律进行离散变化的通信方式,也就是说,通信中使用的载波频率受伪随机变化码的控制而随机跳变(载波0的TS0为BCCH频点,不参与跳频)。

1. 跳频作用

在GSM系统中,小区中每个频点所受的干扰强度和分布是不一样的,同一路通话的突发脉冲的载频的变化,降低了信号所受的干扰,通话受到的电波干扰被平均,否则,如不采用跳频,移动台一直工作在固定的频点上,则整个通话过程的每一个突发脉冲可能都会受到固定不变的强干扰。也就是说采用跳频技术把干扰分散到了携带突发脉冲的不同的载频上,这种效果被称为“均化干扰”或“干扰分集”。蜂窝网络是频率复用的,同频干扰存在,跳频使信号所受的是不连续的干扰,而非连续干扰,电波环境得到了改善。每一个突发脉冲所受的干扰是变化的,这一点有利于通话质量的提高,否则,整个通话会受到很大干扰。也就是说干扰分散到了携带突发脉冲的不同的载频上。

另外,与定频通信相比,跳频通信比较隐蔽也难以被截获。只要对方不清楚载频跳变的规律,就很难截获我方的通信内容。同时,跳频通信也具有良好的抗干扰能力,即使有部分频点被干扰，仍能在其他未被干扰的频点上进行正常的通信。

跳频可分为快速跳频和慢速跳频。目前GSM系统采用慢速跳频。特点是每个突发脉冲间隔改变一个信道的使用频率，跳频约为217次/秒。

慢跳频在GSM中的应用有效地改善了无线信号的传输质量，其传输性能增益约有6.5dB。

📖 分集接收是为了增加上行增益；跳频技术是为了增加下行增益。图3.26为采取的跳频列表。

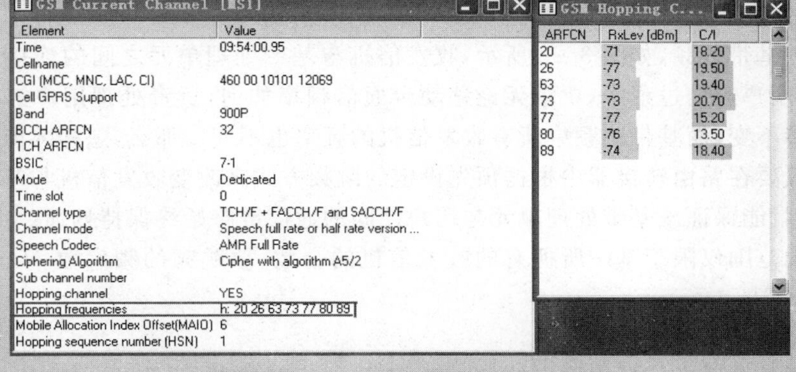

图3.26　查看跳频列表

2. 跳频分类

GSM系统中的跳频分为基带跳频(BBH)和射频跳频(SFH)两种。

基带跳频的原理是每个发射机的频率不变，将话音信号随着时间的变换使用不同频率发射机发射。射频跳频的原理是话音信号固定在一个发射机上发射，但是该发射机的发射频率不断变化，具体变化过程由跳频序列控制。射频跳频比基带跳频具有更高的性能和抗同频干扰能力，目前的GSM实际网络一般都采用基带跳频。

3. 跳频原理

(1) 基带跳频原理

基带跳频原理是将话音信号随着时间的变换使用不同频率发射机发射，其原理如图3.27所示。

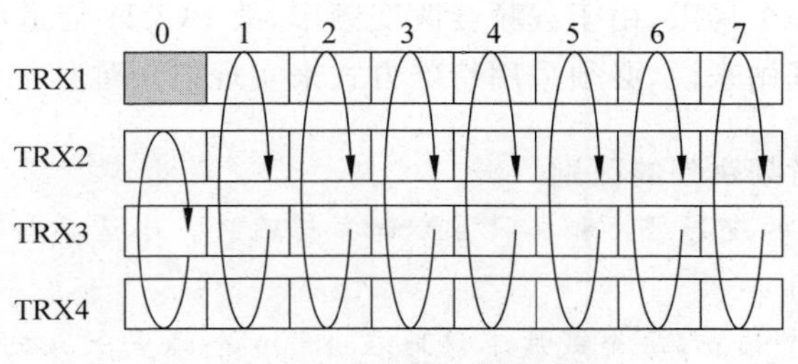

图3.27　基带跳频原理

由图3.27所示，基带跳频中可供跳频的频率数N(hop)≤基站载频数N(TRN)。基带跳频适用于合路器采用空腔耦合器的基站，由于这种空腔耦合器的谐振腔无法快速改变发射频率，故基站无法靠改变载频频率的方法实现跳频。实施的方框图如图3.28所示，其中，收发信机负责无线信号的接收与发送，基带处理单元进行信道的处理。

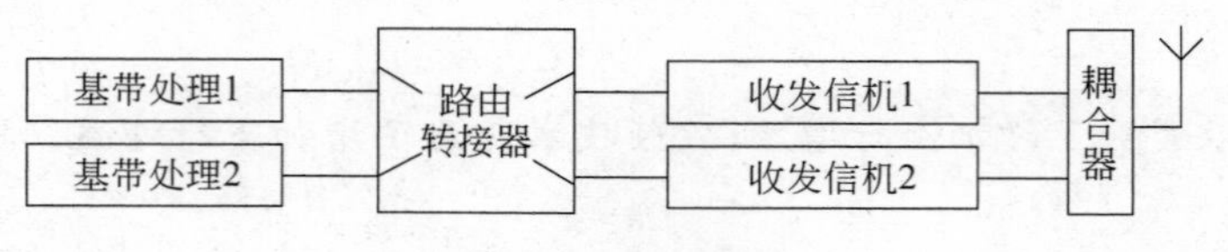

图3.28 基带跳频

为了实现基带跳频，如图3.28所示，收发信机与基带处理单元之间的连接路由由转接器来控制，在用户通信过程中，要求无论移动台通信频率如何，负责处理用户链路的基带处理单元要保持不变，而基带跳频中所有收发信机的频率也不变。那么，怎样才能确保跳频实现呢？其实只要在路由转接器中根据预先设定的跳频方式来改变收发信机与基带处理单元之间的连接，就能保证该基带处理单元与用户之间的通信链路始终保持畅通。由此可见，由于频率变换的范围仅限于基站所拥有的收发信机的个数，故跳频的频率数N(hop)≤基站载频数N(TRX)。

(2) 射频跳频

射频跳频是将话音信号用固定的发射机，由跳频序列控制，采用不同频率发射，原理图如图3.29所示。射频跳频为每个时隙内的用户均跳频(TRX1因为是BCCH信道所在的载频，故不跳频)，可供跳频的频率数N(hop)不受基站载频数N(TRX)的限制，GSM规范规定每个小区最多可有64个频率供跳频。

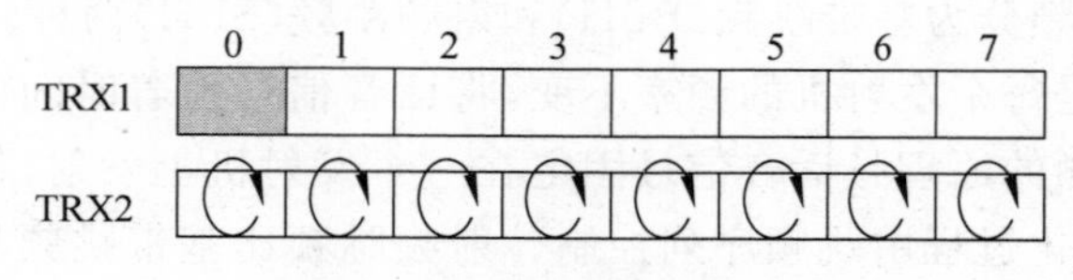

图3.29 射频跳频原理

射频跳频适用于合路器采用宽带耦合器的基站，由于这种宽带耦合器与发射器频率的变化无关，故在跳频时载频与手机根据预设的跳频序列同步改变频率，从而保证通信链路的畅通。为了满足频率变换的速率，这种基站的载频一般均采用双频率合成器的硬件结构实现，故射频跳频又称为合成器跳频。阿尔卡特的EVOLIUM系列基站即采用了这种技术。

射频跳频技术有一个局限，由于载频会改变频率，故BCCH信道所在的载频不可跳频。对于单载频的微蜂窝基站来说，必须采用特殊方式来实现射频跳频。

基带跳频和射频跳频的区别

射频跳频：TRX的发射TX和接收RX都参与跳频。小区参与跳频频点数可以超过该小区内的TRX数目。

n个载波，$n+m$个频点，每个载波不停地在$n+m$个频点上来回跳变，用户占用固定的时隙通话。

基带跳频：每个发信机工作在固定的频率上，TX 不参与跳频，通过基带信号的切换来实现发射的跳频，但其接收必须参与跳频。小区频点数等于该小区的 TRX 数。

n 个载波，*n* 个频点，每个载波以自己固定的频点发射，用户通话时在不同的时隙来回跳变。

例：假设 B1、B2 是不同的基带信号，TX1、TX2 是不同的 TRU(载波)，t1、t2 是不同的时间，f1、f2 是两个频点。

基带跳频的情况下，B1 在 t1 是通过 TX1 发射，t2 则通过 TX2 发射；

射频跳频的情况下，B1 一直在 TX1 发射，B2 一直在 TX2 发射，但是，TX1 在 t1 是用 f1 发射，在 t2 则用 f2 发射。

4. 跳频的性能参数

(1) 移动分配索引偏置(MAIO)

移动分配索引偏置(MAIO)由 6 个比特组成，0～63 的编码，其高位包含在“信道描写信元”中 octet 3 的 bit 4、3、2、1 中，低位包含在“信道描写信元”中 octet 4 的 bit 7、8 中。

意义及作用：在 GSM 规范中，CA 表示小区分配的频率集合，MA 表示每次通信中移动台和基站所用的频率集($1 \leqslant N \leqslant 64$)，MAIO 表示一次通信所确定使用的一个频率($1, N-1$)，即为 MA 中的一个元素。

当使用跳频时，移动台根据“信道描写信元”中的 FN、HSN、MAIO 和跳频序列表(RNTABLE)算出每个时隙所用的 MAI，再进行跳频。使用 MAIO 的目的是防止多个信道在同一时间争抢同一频率。

(2) 跳频序列号(HSN)

跳频序列号(HSN)由 6 个比特组成，0～63 的编码，其包含在“信道描写信元”中 octet 4 的 bit 6、5、4、3、2、1 中。

意义及作用：而相邻小区之间由于使用不相关的频率集合，认为彼此间没有干扰。在 GSM 规范中，对于一组 *n* 个给定频率，允许构成 $64 \times n$ 种不同的跳频序列。它们用两个参数来说明：移动分配偏置索引(MAIO)和跳频序列号(HSN)。通常一个小区内的信道具用相同的 HSN 和不同的 MAIO。

特殊情况是 HSN＝0，循环跳频，频率一个个按顺序使用。但其跳频效果不如 HSN 为其他值时理想。

5. HSN 和 MAIO 的应用

移动分配索引偏置 MAIO 和跳频序列号 HSN 一般是成对设置的，决定一个跳频序列。

跳频是 GSM 系统抗干扰和提高频率复用度的一项重要技术。跳频过程就是手机和基站都按照一个相同的频点序列来收发信息，这个频点序列就是跳频序列号(HSN)。而跳频的起始值为 MAIO。

一个跳频序列就是在给定的包含 *N* 个频点的频点集(MA)内，通过一定算法，由跳频序列号(HSN)和移动分配索引偏置(MAIO)唯一确定所有(*N* 个)频点的一个排列。不同时隙(TN)上的 *N* 个信道可以使用相同的跳频序列，同一小区相同时隙内的不同信道使用不同的移动分配索引偏置(MAIO)。

HSN(0～63)是规定跳频时采用哪种算法进行循环，而MAIO则是从哪个频点开始循环的指示，即起跳点；一般一个基站可以使用一套HSN，但每套载频的MAIO要进行区分，如果跳频序列内的频点有邻频，那MAIO最好也要有间隔。

需要注意的是，同一个小区内，HSN取值相同，仅仅给每个用户分配不同的MAIO；对于同频邻区，一定要保证HSN不同，这样可以最大限度地减小同频干扰。

以一个1X3的跳频网络为例：CellA中 MA=1，4，7，10，13，…，CellB中 MA=2，5，8，11，14，…，CellC中 MA=3，6，9，12，15，…。

因为HSN的取值是0～63，0为循环序列，1～63为随机序列。

(1) 使用HSN=0，Cell A跳频次序=1，4，7，10，13，…

(2) 使用HSN=1，Cell A跳频次序=7，1，13，4，10，…

(3) 使用HSN=2，Cell A跳频次序=1，10，4，13，7，…

现在假如使用HSN=2，跳频次序=1，10，4，13，7，…，则：

(1) 使用MAIO=0，跳频次序=1，10，4，13，7，…

(2) 使用MAIO=1，跳频次序=10，4，13，7，16，…

(3) 使用MAIO=2，跳频次序=4，13，7，16，19，…

如果CellA内有2个TCH载频，第1个TCH载频使用MAIO=0，那第二个TCH载频不能使用MAIO=0，目的是避免Cell内的同频干扰。其他小区类似。

> 📖 同一小区相同时隙内的不同信道可以使用相同的HSN但不同的MAIO。
> 使用同一跳频组的相邻小区中，应使用不同的HSN。
> BCCH时隙不参与跳频，TCH信道、SDCCH信道可以使用跳频。

3.2.6 功率控制

课前引导单

学习情境三	网优测试终端连接与测试软件操作	3.2	TEMS软件操作	
知识模块	功率控制		学时	1
引导方式	请带着下列疑问在文中查找相关知识点并在课本上做标记。			

(1) 为什么要进行功率控制？
(2) 功率控制种类？
(3) 功率控制原理？

处于不同位置两个移动台同时与基站通信，移动台A离基站近，移动台B离基站远，A的信号将先到达BTS且信号更强，如不采取措施，A的MS信号将屏蔽B的信号，致用户B未接通。为使小区内所有移动台到达基站时信号电平基本维持在相等水平、通信质量维持在一个可接收水平，须对移动台功率进行控制。为了降低手机对系统的干扰，GSM系统采取每480ms调整一次手机发射功率。

1. 功率控制作用

功率控制能保证每个用户所发射功率到达基站保持最小，既能符合最低的通信要求，同时又避免对其他用户信号产生不必要的干扰，并节省手机电池。功率控制的作用是减少系统内的相互干扰，使系统容量最大化。当手机在小区内移动时，它的发射功率需要进行变化。当它离基站较近时，需要降低发射功率，减少对其他用户的干扰；当它离基站较远时，就应该增加功率，克服增加了的路径衰耗。

2. 功率控制分类

功率控制分为上行功率控制和下行功率控制，上下行控制独立进行。

（1）上行功率控制：调整 MS 的输出功率，使 BTS 获得稳定接收信号强度，以减少对同邻频的干扰，降低移动台功耗。

（2）下行功率控制：调整 BTS 输出功率，使 MS 获得稳定接收信号强度，减少同邻频干扰，降低基站功耗。

3. 功率控制过程

由 BSS 管理两个方向上的功率控制，在专用模式下移动台的传输功率是由 BSS 来决定的。其通过基站 BTS 对上行链路进行的接收电平和接收质量的测量并考虑移动台的最大传输功率，来计算出移动台所需的传输功率，改变移动台功率的命令将同要求的时间提前量值一起在每一个下行的 SACCH 信息块所带的第一层的报头（LAYER 1 HEADER）传送给移动台。移动台将在它的上行的 SACCH 第一层报头设置上它现在所使用的功率电平随测量报告将结果发送给基站。该值为上一个 SACCH 的测量周期的最后一个突发脉冲所使用的功率电平。在下行链路上，将由移动台来测量它对基站的接收电平，再由基站来决定它所需的传输功率，并自动调节。

在移动台同基站的连接开始时，由 BSC 来选择移动台和 BTS 的初始传输功率。在初始分配时，移动台根据它在空闲模式时通过收听 BCCH 广播的系统消息所得到的（MsTxPwrMaxCCH）这一参数，来获得在该小区内的最大发射功率。因而移动台在通过随机接入信道 RACH 上接入网络时，都是以 BCCH 上广播的允许的最大发射功率来发送的，当移动台功率低于这一规定值时，将以其最大发射功率发射。但系统也规定在移动台在专用信道上所发出的第一个消息的功率电平也是这个固定值，直到收到在 SDCCH 或 TCH 上 SACCH 消息块所携带的功率控制命令时，才开始收系统的控制，如图 3.30 所示。

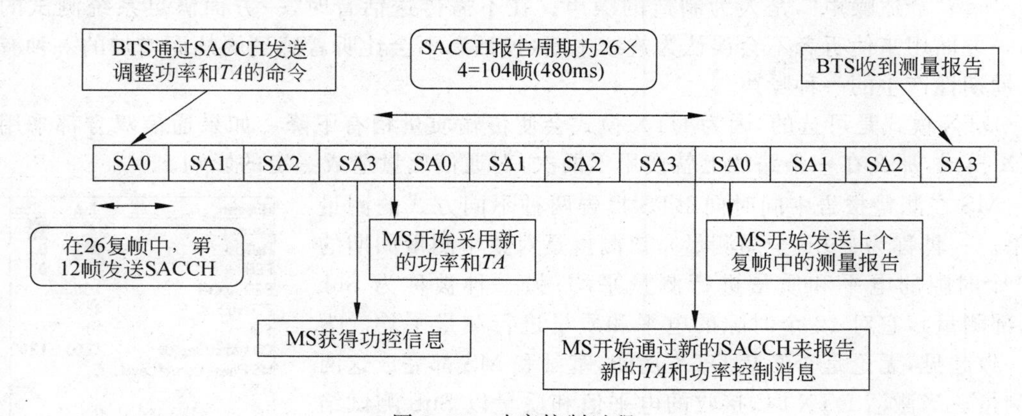

图 3.30　功率控制过程

当移动台开始收到专用信道上的SACCH携带的功率控制消息后，将使用该值进行传输。但一条功率控制的消息并不立即使移动台转换到要求的电平，MS将在下一个报告周期开始执行新的功率命令。

所有的GSM手机都是以2dB步长来调整其发送功率，GSM900 MS的最大输出功率为8W，DCS1800 MS的最大输出功率为1W。

📖 许多区域的用户投诉手机没信号，不能拨打电话，很大原因是上行干扰。一些家庭私自安装功率放大器，将自己的信号放大不受BSC的控制，使到达BTS的信号强度远大于正常信号强度，从而把正常拨打用户的信号屏蔽掉，造成拨打不出电话。网络运营公司将派出扫频组，对这些区域扫频，找出这些私装放大器，并要求拆除。

3.2.7 不连续发射和非连续接收

课前引导单

学习情境三	网优测试终端连接与测试软件操作	3.2	TEMS软件操作
知识模块	不连续发射和非连续接收	学时	1
引导方式	请带着下列疑问在文中查找相关知识点并在课本上做标记。		

(1) 为什么使用DTX?
(2) 如何实现DTX?
(3) 非连续接收的作用是什么?

1. 不连续发射(DTX)

在一个通信过程中，其实移动用户仅有很少的时间(大概40%)用于通话，大部分时间都没有传送话音消息。如果将这些信息全部传送给网络，不但会对系统资源造成浪费而且会使系统内的干扰加重，同时增大MS耗电量，缩短MS电池寿命。利用话音激活检测到话音间隙后，在间隙期不发送，这就是所谓的不连续发送。通话时进行13Kb/s编码，停顿期用500b/s编码发送"舒适噪声"。

所谓"舒适噪声"，是人为制造的噪声。在不需传送话音时，一方面满足系统测试的需要；一方面用来使听者不会误认为连续中断(掉话)，不会让听者感到厌烦而增加的一种有规律、周期性产生的一种噪声。

DTX模式是可选的，因为DTX模式会使传输质量稍有下降。如果通信双方都采用了DTX模式，那么在一条路径上就使用了两次，对通信质量造成一定的影响。

MS在测量报告中同时向BTS报告两种不同方式的测量结果。一种称为Full(全局测量)，该测量是对整个测量周期的100个时隙的电平和质量进行测量平均；另一种被称为Sub(局部测量)，它对12个时隙的电平和质量进行测量平均。为了一致起见，无论是否激活DTX功能，基站和MS都完成这两种测量。当激活DTX时，接收的电平值和质量以Sub测试结果为准；未激活DTX，采用Full测试结果。图3.31所示为Full和Sub两种测试结果。

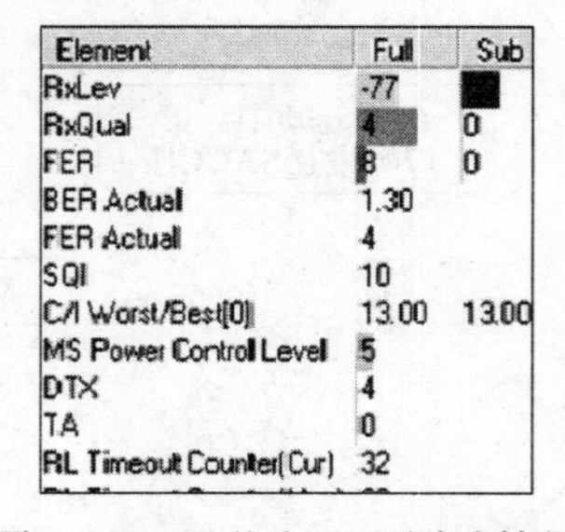

图3.31 Full和Sub测试结果

2. 话音激活检测 VAD

为了实现 DTX,信源必须能够指示出什么时候要求进行不连续发送,什么时候连续发送。当激活 DTX 时,编码器必须检测出是话音还是噪声,这种技术称为话音激活检测(VAD)。VAD 算法通过比较测量所得滤波信号能量和本身所定义的门限值来决定每一输出帧包含的是话音还是背景噪声。话音的能量高于噪声的能量。

VAD 技术在每 20ms 的话音块时间内将产生一组门限值,用于判别下一个 20ms 的话音块是话音还是噪声。

3. 非连续接收(DRX)

手机绝大部分时间处于空闲状态,此时需要随时准备接收基站发来的寻呼信号(PCH),系统按照 IMSI 将 MS 用户分成不同的寻呼组,不同寻呼组的手机在不同的时刻接收系统寻呼消息,无须连续接收,亦就是同一个寻呼组的 MS,轮流接收 PCH 消息,其他时间处于休眠状态(图 3.32),这就是所谓的非连续接收(DRX)。DRX 可降低手机功耗,延长电池使用寿命。

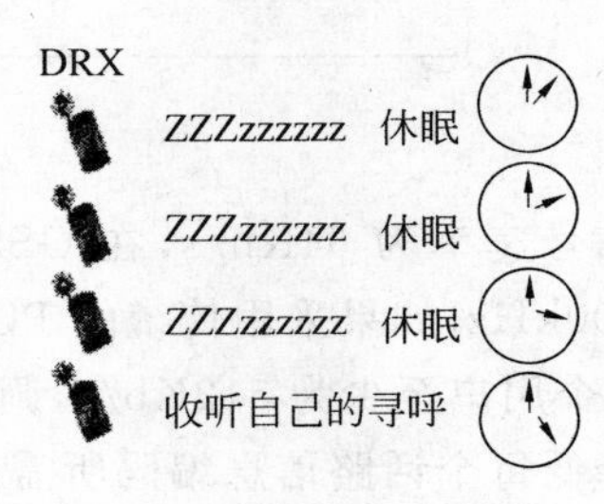

图 3.32　非连续接收原理

3.2.8　话音传输过程

课前引导单

学习情境三	网优测试终端连接与测试软件操作	3.2	TEMS 软件操作	
知识模块	话音传输过程		学时	2
引导方式	请带着下列疑问在文中查找相关知识点并在课本上做标记。			

(1) 话音传送需要经过哪些过程?
(2) 语音编号之后每路话音的比特速率是多少? 信道编码之后是什么?
(3) 如何进行 TCH 信道编码?
(4) 为什么使用交织技术?
(5) 如何进行一次交织?

在 GSM 系统中,由于无线信道的带宽只有 200kHz,且无线信道为变参信道,传输数字信号的误码率高,因此,话音信号在无线信道上传送之前应进行处理,使话音数字信号能够适合无线信道的高误码、窄带宽的要求。话音传输过程如图 3.33 所示。

1. A/D 转换

A/D 转换即 PCM 数字化过程,其编码方式是一种波形编码器,这类编码方式传送的是实际波形的直接信息,其编码过程是先对模拟信号进行取样,再对取样值进行量化,然后进行编码形成数字信号,即是人们较为熟识的取样、量化、编码的过程。现在的公用电话中通常采用这种编码方式,它质量相应较高,但需要很高的比特速率,公用电话中每个话路的比特速率为 64Kb/s。这样高的比特速率不适合在 GSM 系统中的无线信道中传输。

2. 分段、话音编码

在公用电话网中用户电路的模拟信号经 PCM 抽样、量化、编码后形成每个话路的数字

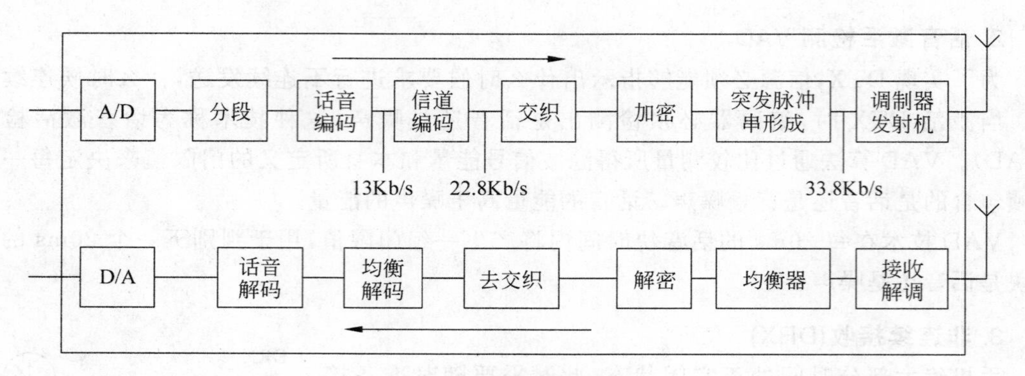

图 3.33 话音传输过程

信号速率为 64Kb/s，在 GSM 系统中，无线信道也采用数字信号，但每载频的带宽只有 200kHz，如果采用传统的 PCM 编码方式，则每个移动台的数字话音比特速率为 64Kb/s，8 个用户至少为 512Kb/s，调制后的频带远远大于 200kHz，因此必须采用其他编码方式来降低每个话路信息编码所需的比特率。当前的话音编码方式主要有 3 种：波形编码、声音编码和混合编码。一般采用混合编码方式。

波形编码器具有音质好的特点，但比特速率要求高；声音编码器具有编码比特速率低的特点，但音质较差；混合编码器为波形编码器和声音编码器两者的结合，吸取两种编码器的优点，使话音编码器的比特速率能够满足 GSM 系统中无线信道的传输要求，而又能保证一定的话音质量，但话音质量比公用电话的 PCM 编码方式差。

如图 3.34 所示，其编码过程为：先对 64Kb/s 的数字话音进行分段，每段 20ms，然后再进行混合编码，每 20ms 的话音编成 260 个比特，即比特速率为 260bit/20ms=13Kb/s，这样每路话音的比特速率从 64Kb/s 降至 13Kb/s。

第一阶段：话音分段。64Kb/s 的话音分成 20ms 一段进行编码。

第二阶段：编码。每 20ms 话音编成 260bit 的数码，即比特速率为：260/20=13Kb/s。

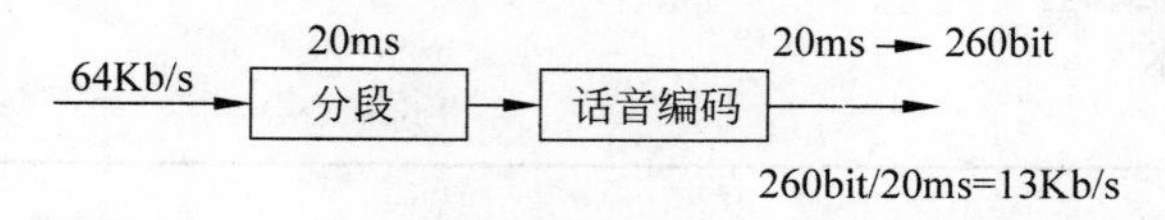

图 3.34 话音编码过程

3. 信道编码

信道编码用于改善传输质量，克服各种干扰因素对信号产生的不良影响（误码），以增加比特降低信息量为代价。由于在 GSM 系统中的无线信道为变参信道，传输时的误码较为严重，采用信道编码能够检出和校正接收比特流中的差错，克服无线信道的高误码缺点。信道编码的纠错和检错原理可以从下面简单的例子看出。

假定要发送的信息是一个“0”或是一个“1”。为了提高保护能力，以这样简单的方式添加 3 个比特，对于每一个比特（0 或 1），只有一个有效的编码组（0000 或 1111）。如果收到的不是 0000 或 1111，就说明传输期间出现了差错，差错的情况有 3 种，错一个比特、错两个比特和错三个或四个比特。错一个比特可以校正；错两个比特时不能够校正，但能够检出；错三个或四个比特才发生误码。所以，这个简单的编码方式能够校正一个差错和检出两个差错。可见信道编码可以纠错和检错。

全速率 TCH 编码过程：编码的基本方法是在原始数据上附加一些冗余信息。在 GSM 系统中，信道编码采用了卷积编码和分组编码两种方式。卷积编码具有纠错的功能；分组编码具有检错功能。同时由于编码时要添加比特，而使话音信号的比特速率升高，所以不能对全部的话音比特进行编码，而是只对部分重要的比特进行编码。

GSM 中采用分组编码和卷积编码两种方式，把话音(TCH)编码产生的 260 比特分成：50 个最重要比特；132 个重要比特；78 个不重要比特。

如图 3.35 所示，信道编码的过程是：50 个最重要的比特先加入 3 个比特进行分组编码，再与 132 个重要比特一起加入 4 个比特进行第二次分组编码，然后再按 1：2 的比率进行卷积编码，形成 378 个已编码比特，78 个不重要比特不进行编码。这样，260 个比特的数字话音信号经信道编码后成为 456 个比特，编码后的速率为 22.8Kb/s，即

信道编码后 TCH 的比特＝[(50＋3)＋(132＋4)]×2＋78＝456(bit)

信道编码后 TCH 的速率＝456bit/20ms＝22.8(Kb/s)

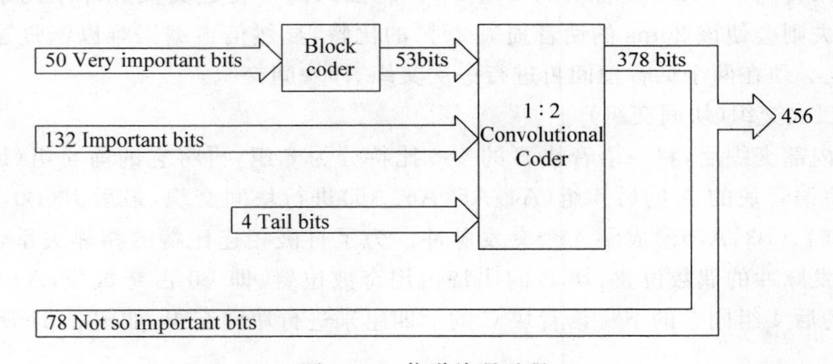

图 3.35　信道编码过程

控制信道全速率信道编码方式请读者自行查阅相关文献资料。

4. 交织技术

在实际应用中，比特差错经常成串发生，具有连续性。这是由于持续时间较长的衰落谷点会影响到几个边续的比特。而信道编码仅在检测和校正单个差错和不太长的差错串时才是最有效的。为了解决这一问题，希望找到把一条消息中的相继比特分开的办法，即一条消息的相继比特以非相继的方式被发送，使突发差错信道变为离散信道。这样，即使出现差错，也仅是单个或者很短的比特出现错误，也不会导致整个突发脉冲甚至消息块都无法被解码，这时可再用信道编码的纠错功能来纠正差错，恢复原来的消息。这种方法就是交织技术。

采用交织技术，即是将码流以非连续的方式发送出去，使成串的比特差错能够被间隔开来，再由信道编码进行纠错和检错。

在 GSM 系统中，在信道编码后进行交织，交织分为两次，一次交织在 20ms 话音内进行(内部交织)，第二次交织在相邻的两个 20ms 话音间进行(块间交织)。

(1) 第一次交织(内部交织)

通过话音编码和信道编码将每一 20ms 的话音块数字化并编码，最后形成了 456 比特。

首先将它进行内部交织，将 456 比特按(0,8,…,448)、(1,9,…,449)、…、(7,15,…,455)的排列方法，分为 8 组，每组 57 个比特，通过这一手段，可使在一组内的消息相继较远，如图 3.36 所示。

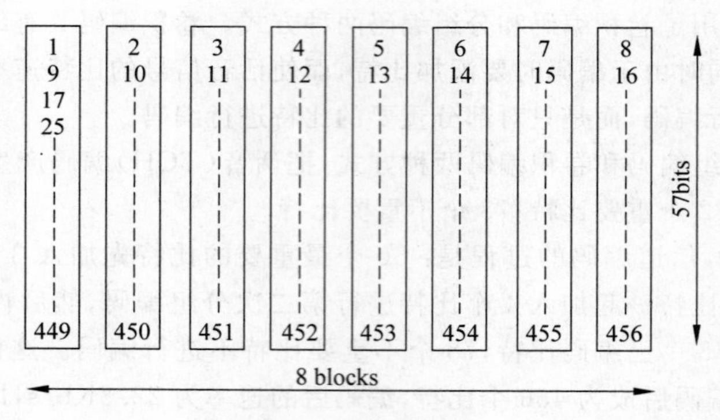

图 3.36 第一次交织

但是如果将同一 20ms 话音块的 2 组 57 比特插入同一普通突发脉冲序列中，那么，该突发脉冲丢失则会使该 20ms 的话音损失 25%的比特，显然信道编码难以恢复这么多丢失的比特，因此必须在两个话音帧间再进行一次交织，即块间交织。

(2) 第二次交织(块间交织)

进行完内部交织后，将一语音块 B 的 456 比特分为 8 组，再将它的前 4 组(B0、B1、B2、B3)与上一个语音块的 A 的后 4 组(A4、A5、A6、A6)进行块间交织，最后由(B0，A4)、(B1，A5)、(B2，A6)、(B3，A7)形成了 4 个突发脉冲。为了打破相连比特的相邻关系，使块 A 的比特占用突发脉冲的偶数位置，块 B 的比特占用奇数位置，即 B0 占奇数位，A4 占偶数位。同理，将 B 的后 4 组同它的下一语音块 C 的前四组来进行块间交织，如图 3.37 所示。

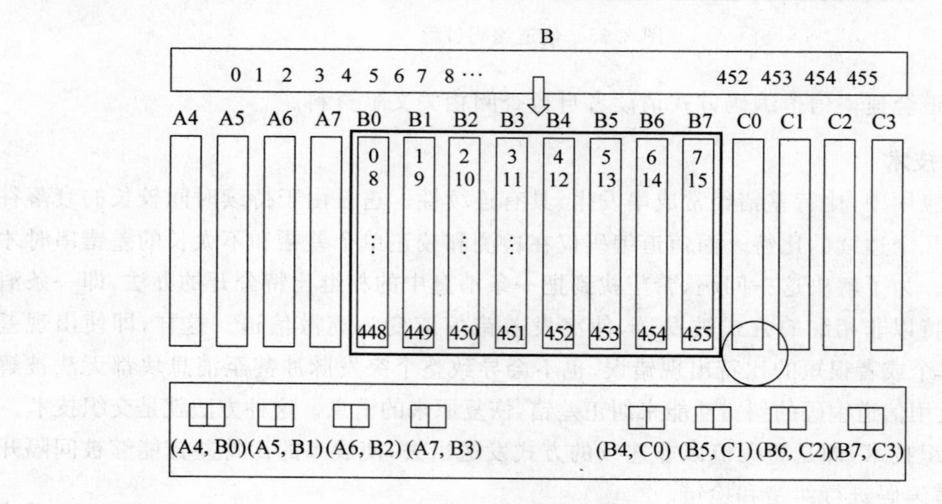

图 3.37 第二次交织

这样，一个 20ms 的语音帧经过二次交织后分别插入了 8 个不同的普通突发脉冲序列中，然后一个个地进行发送，这样即使在传输过程中丢掉了一个脉冲串，也只影响每一个话音比特数的 12.5%，而且它们不互相关联，这样就能通过信道编码进行校正。

应注意的是，对控制信道(SACCH、FACCH、SDCCH、BCCH、PCH 和 AGCH)的二次交织有所不同。

5. 加密

在数字传输系统的各种优点中，能提供良好的保密性是很重要的特性之一。GSM 通过传输加密提供保密措施。这种加密可以用于语音，用户数据和信令，与数据类型无关，只限于用在常规的突发脉冲之上。加密是通过一个泊松随机序列(由加密钥 Kc 与帧号通过 A5 算法产生)和常规突发脉冲之中 114 个信息比特进行“异或”操作而得到的。在接收端再产生相同的泊松随机序列，与所接收到的加密序列进行“同或”操作便可得到所需要的数据了。

6. 突发脉冲串的形成

在 GSM 系统中，一个 TDMA 帧每时隙只能送出 2 个 57 比特，并以不连续的脉冲串形式在无线信道上传送，因此除了 2 个 57 比特的话音数据外，还必须加入其他一些比特，这些比特包括前后各 3 个尾比特(TB)，用于帮助均衡器知道突发脉冲串的起始位和停止位；26 个训练比特用于均衡器计算信道模型；两个 1 比特的借用标志用于表示此突发脉冲序列是否被 FACCH 信令借用。插入这些比特后，信号的数码率从 22.8Kb/s 升至 33.8Kb/s。

7. 调制和解调

调制和解调是信号处理的最后一步。简单地说，GSM 所使用的调制是 BT＝0.3 的 GMSK 技术，其调制速率是 270.833Kb/s，使用的是 Viterbi(维特比)算法进行的解调。调制的功能就是按照一定的规则把某种特性强加到的电磁波上，这个特性就是要发射的数据。

GSM 系统中承载信息的是电磁场的相位，即调相方式。解调的功能是接收信号，从一个受调的电磁波中还原发送的数据。从发送角度来看，首先要完成二进制数据到一个低频调制信号的变换，然后进一步把它变到电磁波的形式。解调过程是一个调制的逆过程。

3.2.9 实训单据

(1) 信息单的内容以学生自学为主，老师指导为辅。学生依据信息单的内容操作 TEMS 软件，遇到疑问及时向老师请教。

(2) 学生依据老师给定的任务单完成实施单，认真填写教学反馈单，同时组内互评。

(3) 老师评阅实施单，并把结果反馈在评价单上；同时仔细看教学反馈单信息，认真思考学生提出的问题及建议，提出整改措施，努力提高教学水平。

信 息 单

学习情境三	网优测试终端连接与测试软件操作		
3.2	TEMS 软件操作	学时	12
序号	信 息 内 容		
1	TEMS 测试软件介绍		

TEMS 是爱立信公司开发的一套测试软件，包括 GSM/GPRS 前台测试软件 TEMS Investigation、后台分析软件 TEMS Deskcat。下面主要介绍 TEMS Investigation。

TEMS 的功能非常多，这里只介绍最常用也是人们工作中用到的最多的功能。

续表

(1) 前台 TEMS Investigation

TEMS Investigation 与其他测试软件相比有以下几大优势。

① TEMS Investigation 不仅可以锁非跳频小区的 TCH 频点，而且可以锁到时隙，这在处理投诉以及问题定位中比较有用。

② TEMS Investigation 可以看到跳频小区中每个频点的 C/I，在路测中可以很快发现频率干扰而不需要关跳频。

③ TEMS Investigation 有非常强大的面板设置功能，可以根据自己的需求设置诸如颜色、窗口排列、参数显示、编写命令等功能。

TEMS Investigation 功能强大，能完成下列功能。

GSM 功能	GPRS 功能
C/I 比的测试，包括空闲模式专用模式	RLC/LLC 上下行吞吐量(Kb/s)
C/A 比的测试，在使用跳频的情况下应使用频道扫描	RLC/LLC 上下行重发(%)
ARFCN BCCH	使用的中时隙数
ARFCN TCH	PDP 上下文
BSIC，CGI，小区名	编码方案 (CS1～4)
频段	应用所发送与接收的字节数
跳频所用频率	应用的上下行吞吐量
LAC，MAIO，MCC，MNC	附着时间
相邻小区 ARFCN，BSIC，小区名	每个时隙的误码率
时隙号	编码方案的使用
训练序列	每个时隙的失帧率
邻频信号强度	LLC 上下行吞吐量
C/A	PBCCH 时隙
C/I 比中的跳频列表	PDP 接入点名称
C1，C2	PDP 地址
下行 DTX	PDP 上下文时间(ms)
FER 全值和子值	PDP 上下文激活
MS 发射机功率级别	PDP 无线优先级
邻区 C1；邻区 C2；邻区 RxLev	PDP 可靠性级别
无线链路超时(当前值和极限值)	Ping 延迟
RxLev 全值和子值	RAC
RxQual 全值和子值	RLC 上下行吞吐量
时间超前值	RLC 上下行重发
	RLP 上下行吞吐量
	RLP 上下行重发
	会晤应用上下行吞吐量
	会晤信息
	时隙上下行信道类型
	时隙上下行列表
	时隙上下行的使用
	TLLI

(2) 后台 TEMS Deskcat

后台 TEMS Deskcat 可用的功能就不如前台那么强大了，基本上所有的问题分析都可以在前台 TEMS Investigation 中进行。TEMS Deskcat 主要用来生成路测报告中的 RxLev 和 RxQual 两张分布图，以及计算出所有采样点中电平强度和质量的比例。

续表

2	TEMS Investigation 界面介绍

下图为 TEMS Investigation 软件界面，包括菜单栏、工具样、导航栏、底部导航栏、测试栏目窗口等。

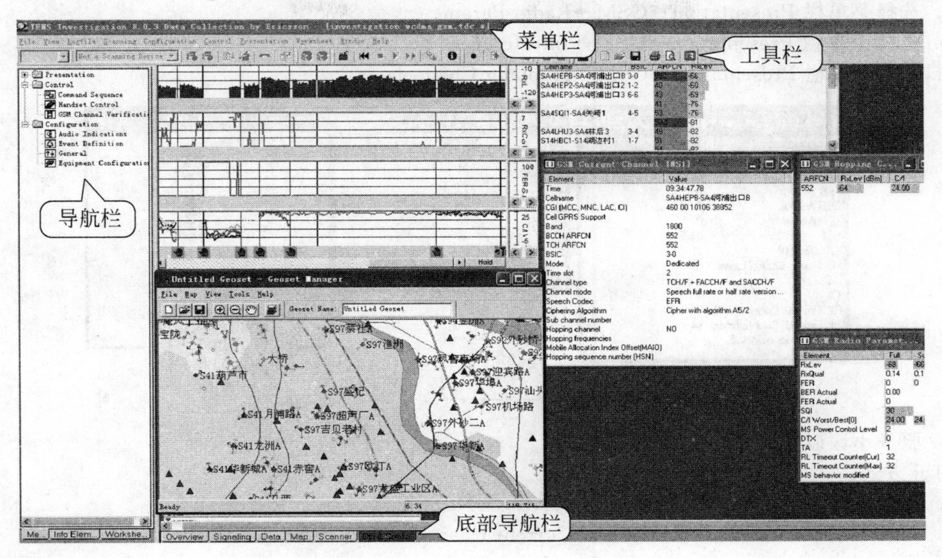

(1) 导航栏

上图中左边的框是导航栏，导航栏可以通过选择菜单 View→Navigator 命令打开关闭。在导航框的底部有 3 个按钮，分别是 Menu、Info Element 和 Worksheet。

通过导航栏可打开多个测试窗口。

(2) 底部导航栏

① Overview：GSM 测试的显示窗口，这也是人们测试和回放数据最常用的窗口，包括场强、质量、当前小区信息、邻小区信息等。

② Signaling：信令显示窗口，包括层二消息、层三消息和事件等。

③ Data：GPRS/EDGE 测试的显示窗口。

④ Map：地图。

⑤ Scanner：扫频窗口。

⑥ Ctrl&Config：包括设备连接的设置，拨打测试数据设置。

(3) 常用测试栏目窗口

① GSM 测试图形。

打开方式：选择菜单栏 Presentation→GSM→GSM Line Chart 命令。

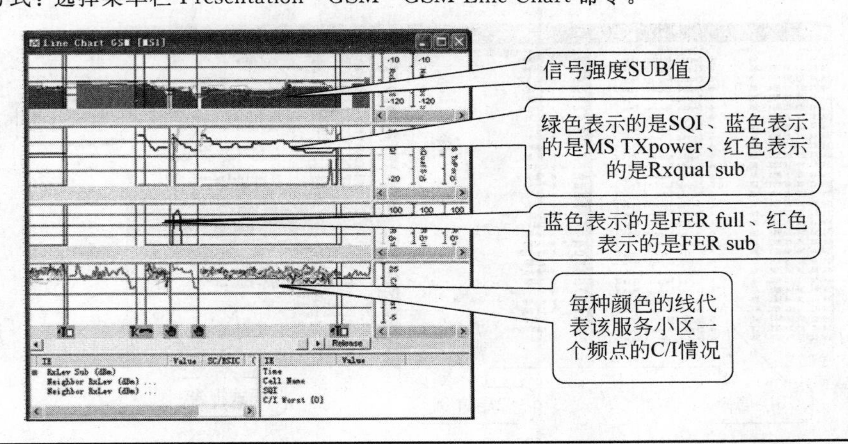

续表

② 服务小区无线参数列表。

打开方式：

a. 选择菜单栏 Presentation→GSM→Radio Parameters 命令；

b. 选择菜单栏 Presentation→GSM→Interference→C/I 命令；

c. 选择菜单栏 Presentation→GSM→Hopping Channels 命令。

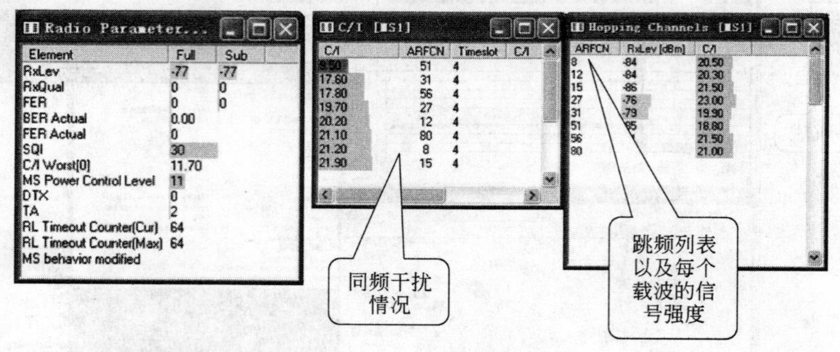

③ 服务小区以及邻小区信号强度列表。

打开方式：

a. 选择菜单栏 Presentation→GSM→Serving＋Neighbors 命令；

b. 选择菜单栏 Presentation→GSM→Current Channel 命令。

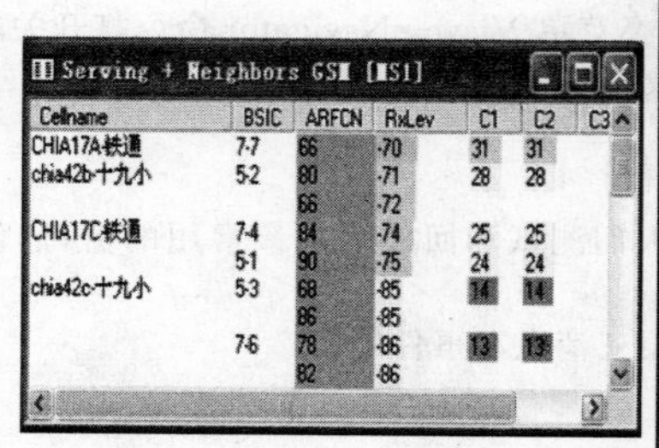

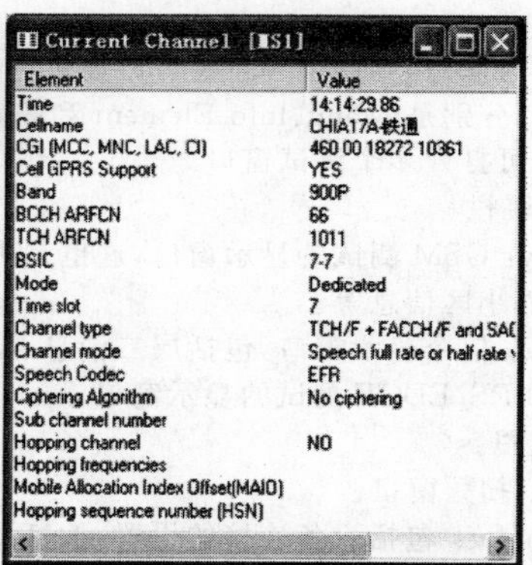

④ 事件与信令窗口。

打开方式：选择底部导航栏→signaling 命令。

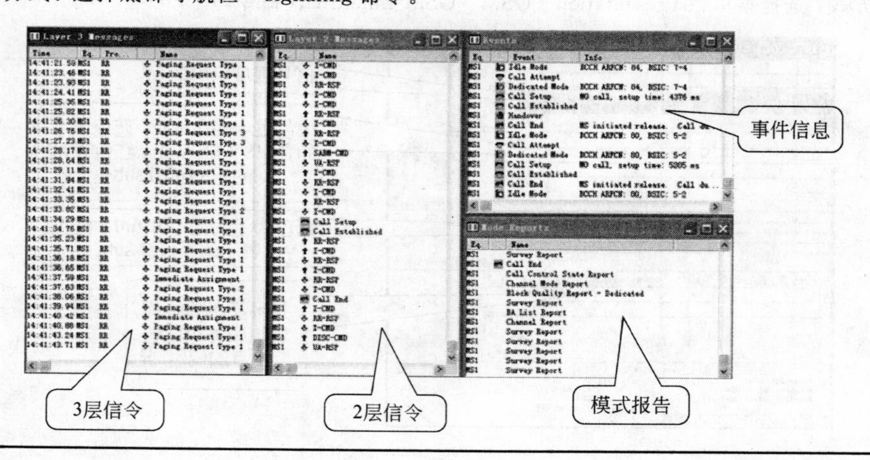

续表

⑤ map 窗口。

打开方式：选择菜单栏 Presentation→Positionsing→Map 命令。

3	加载小区名

网优测试必须测试信号强度最强的 n 个区，因此必须在 Serving＋Neighbors 窗口栏中加载上小区名。

(1) 打开小区选择窗口：选择菜单栏 Configuration→General→Cellfile Load 命令。

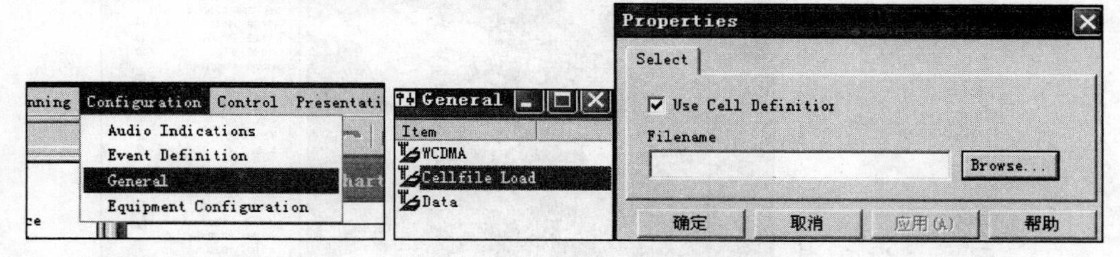

(2) 选择小区文件(后缀名为.cel)，注：此文件必须放在英文目录下。

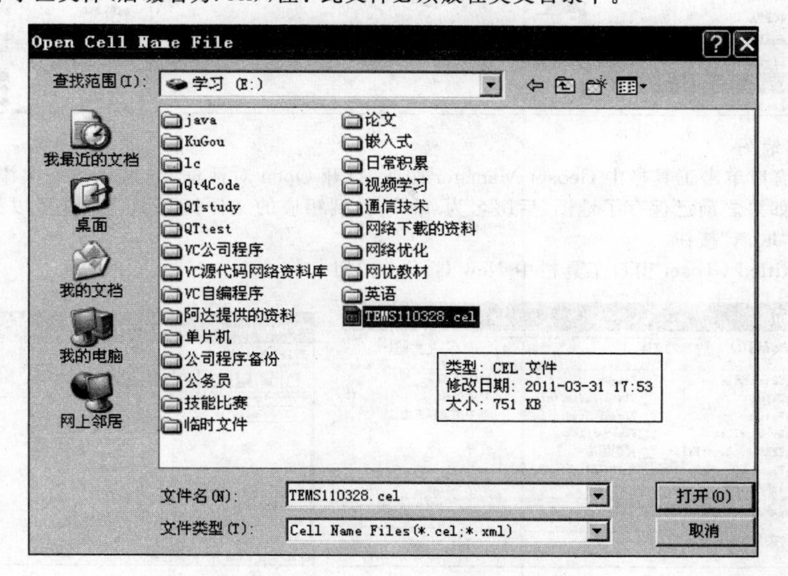

续表

(3) 打开.cel 文件后,回到上一个窗口后单击“确定”按钮,即可成功可载小区名,如下图所示。

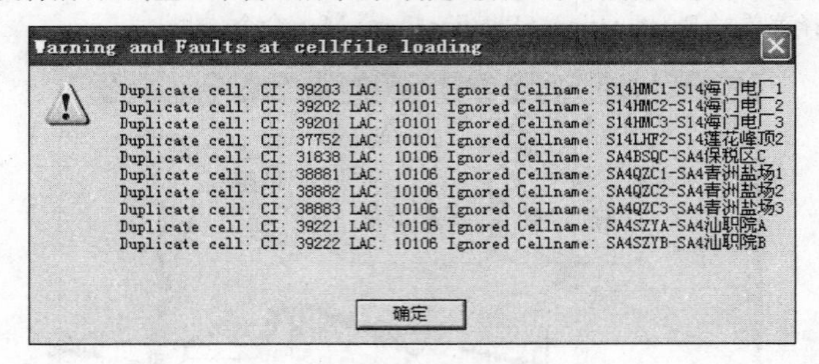

4	加载地图

需要对某城市开展网络优化,需要准备该城市的 GPS 地图数据。

(1) 打开地图窗口

选择菜单栏 Presentation→Positioning→Map 命令,如下图所示。

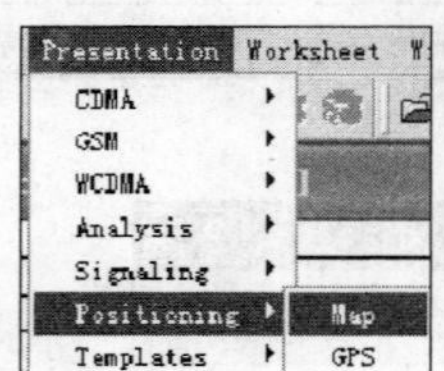

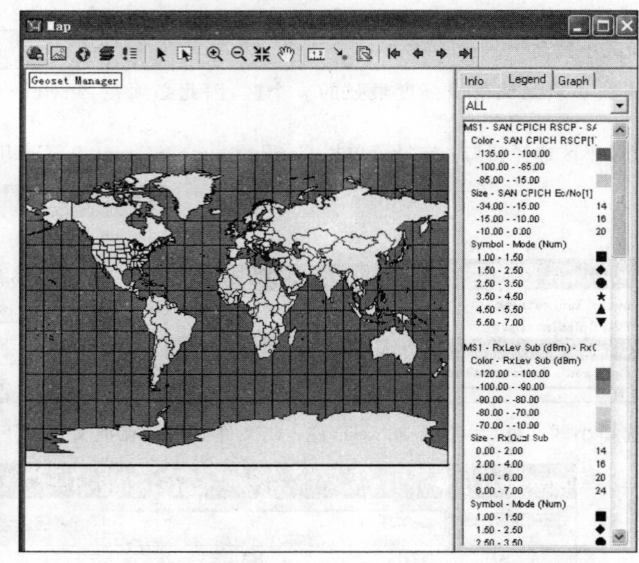

(2) 新建地图

在 Map 窗口单击工具栏中 Geoset Manager 按钮,打开 Open 对话框,如果是第一次添加图层,单击“取消”按钮;如果之前已保存了地图(后缀名为.gst),找到相应的文件打开即可。这里以第一次添加图层为例,单击“取消”按钮。

单击 Untitled Geoset 窗口工具栏中 New Geoset 按钮。

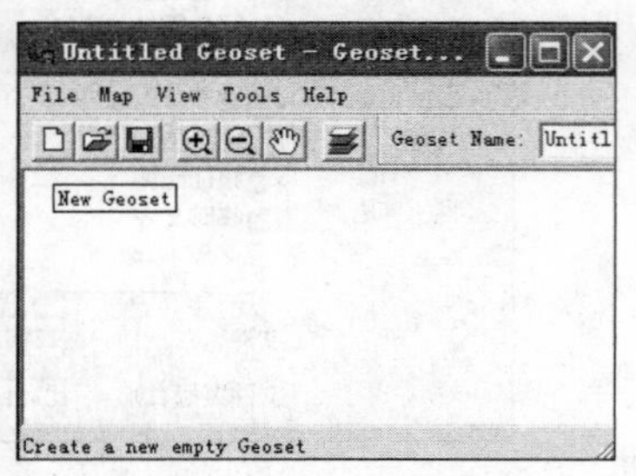

续表

（3）添加图层

上述步骤后，打开了 Layer Control 对话框，单击 Add 按钮，找到相应的图层数据（后缀名为. tab），选中全部 TAB 数据，单击打开按钮。

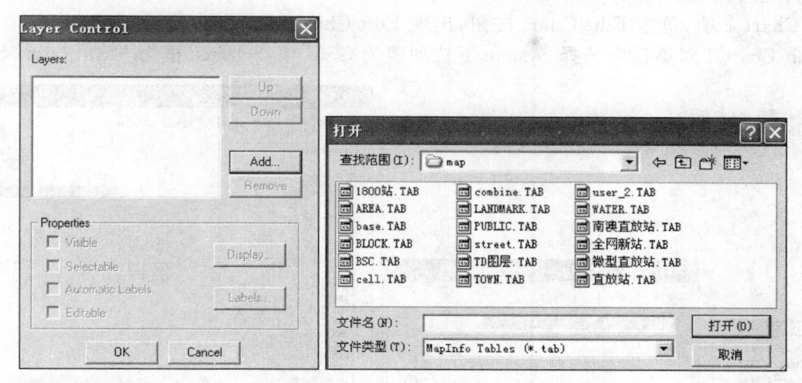

（4）调整图层前后顺序

通过右侧的 Up 和 Down 按钮，调整各图层前后顺序，排序的原则为：直放站→小区→基站→BSC→MSC→街区→山脉、水域等（如不想显示某图层，可选中其后，单击右侧的 Remove 按钮）。

选中 base 项，选中 Automatic Labels 复选框。使地图显示图层的名字。1800 站、街道名等同样操作亦可显示图层的名字。单击 OK 按钮。

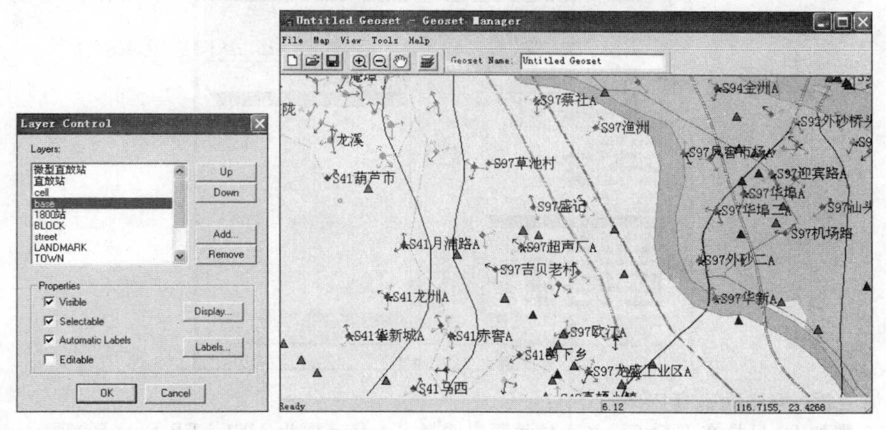

（5）保存地图

单击工具栏中保存按钮，给这张地图取个名字（后缀名为. gst），方便下次直接打开该地图，就不需要经过上述几个步骤了。

如果想修改图层数据，或调整排序可单击工具栏中 Layer Control 按钮。

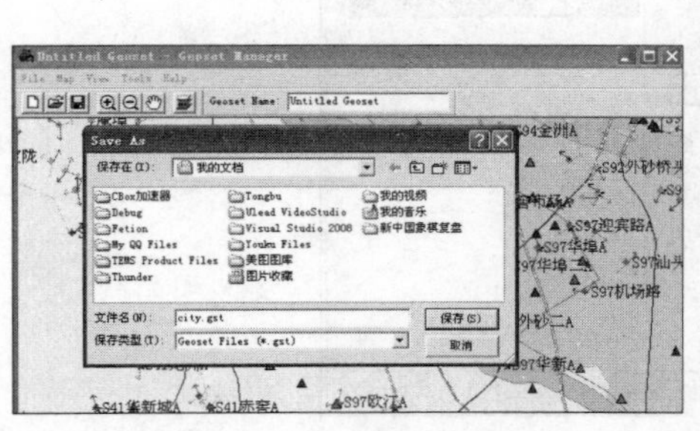

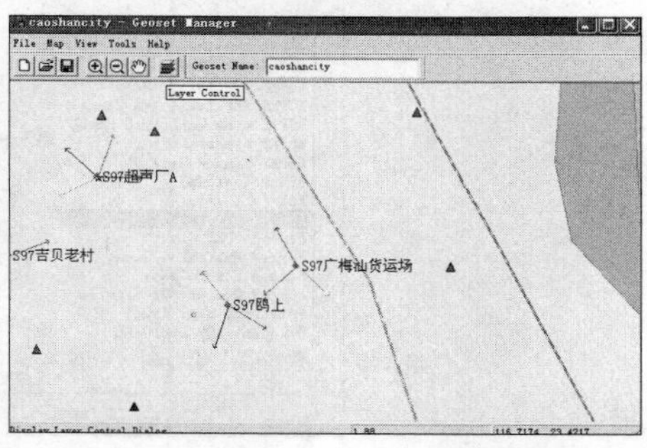

续表

5	调整 GSM Line Chart 窗口中各栏曲线

(1) 第一栏：接收信号强度 Rxlev Sub(dBm)

① 在空白处右击，选择 Properties(Shift-P)命令。

② 选择 Chart 1 项，单击 Edit Chart 按钮，出现 Edit Chart 1 对话框。

③ 在 Edit Chart 1 对话框中选择 System 下拉列表为 GSM 项，Selected 框为 MS1-RxLev Sub(dBm)项。

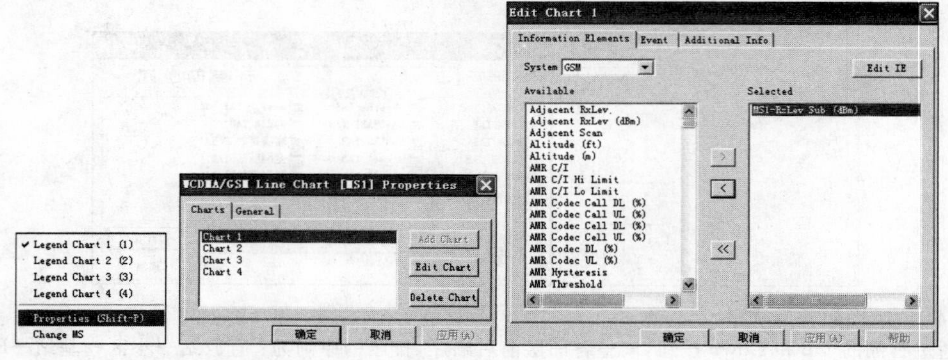

(2) 第二栏：接收信号质量 RxQual Sub

操作步骤如上，只是在 Edit Chart 2 对话框中选择 Selected 框为 MS1-RxQual Sub 项。

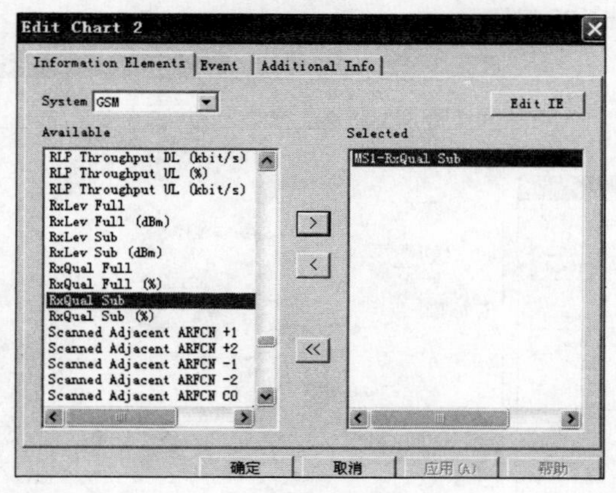

(3) 第三栏：帧删除率"FER"

操作步骤如上，只是在 Edit Chart 3 对话框中选择 Selected 框为 MS1-FER Sub(%)项。

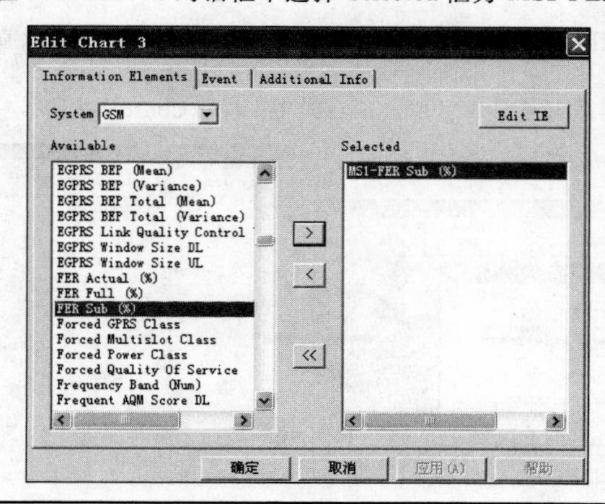

续表

(4) 第四栏：信噪比 C/I

操作步骤如上，只是在 Edit Chart 4 对话框中选择 Selected 框为 MS1-C/I Worst 项。

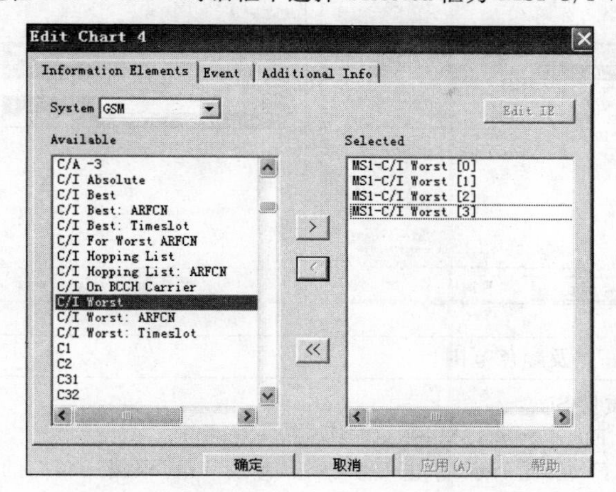

6　设置接收电平值大小及颜色范围

要使 GPS 地图上显示信号的强度测试图，不同的信号电平范围采取不同的颜色。因此先设定信号电平范围，再设置每个范围所代表的颜色。

(1) 设置接收电平 Size

① 导航栏选择 Info Element→GSM→RxLev Sub(dBm)→Size 项。

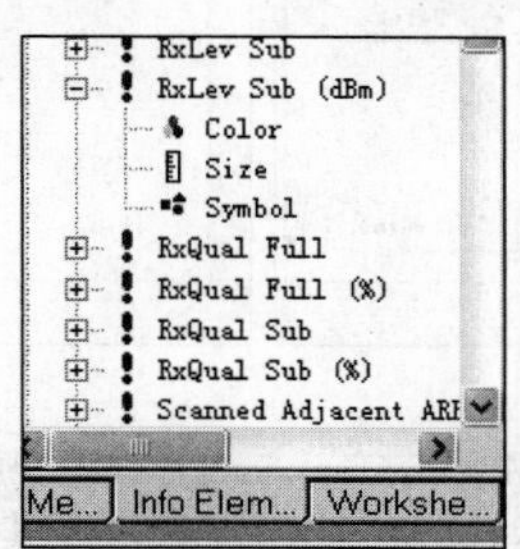

② Size 默认情况如下(左)图所示，单击 Edit 按钮，修改其值，根据运营商的要求，设定为不同的值，下(右)图为给定的参考值。

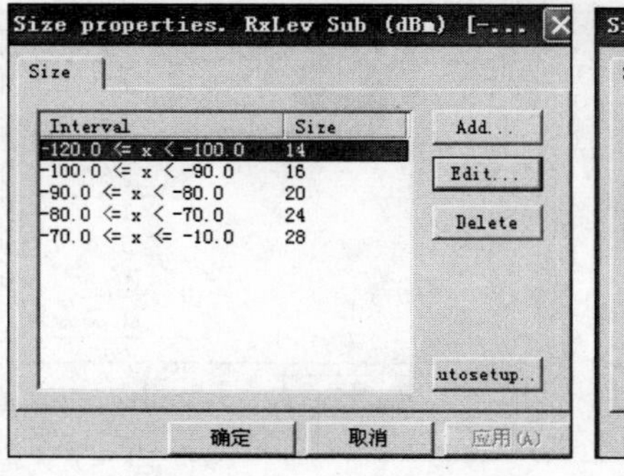

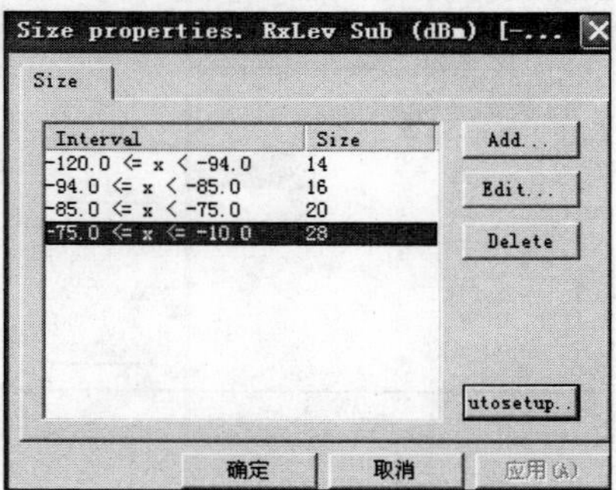

(2) 设置接收电平 Color

① 导航栏选择 Info Element→GSM→RxLev Sub(dBm)→Color 项。

② Color 默认情况如下页(左)图所示，单击 Edit 按钮，修改其值，根据运营商的要求，设定为不同的值，下页(右)图为给定的参考颜色(注：颜色范围必须和前述 Size 一致)。

续表

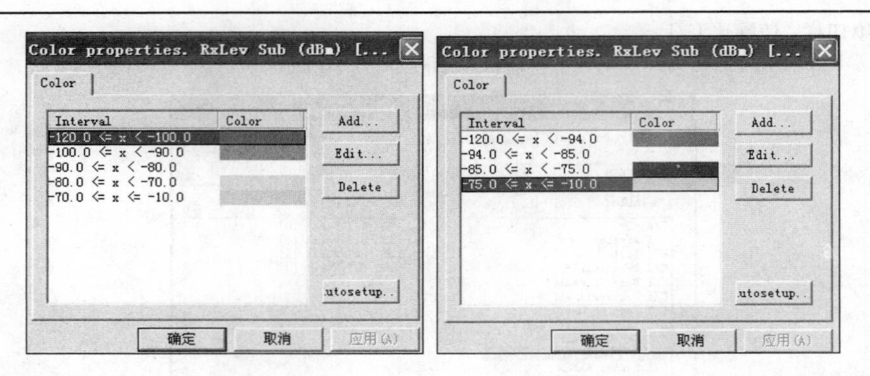

7	设置接收质量好差及颜色范围

(1) 设置接收信号质量 Size

① 导航栏选择 Info Element→GSM→RxQual Sub→Size 项。

② Size 默认情况如下(左)图所示，单击 Edit 按钮，修改其值，根据运营商的要求，设定为不同的值，下(右)图为给定的参考值(注意：有等号的地方不要相冲突)。

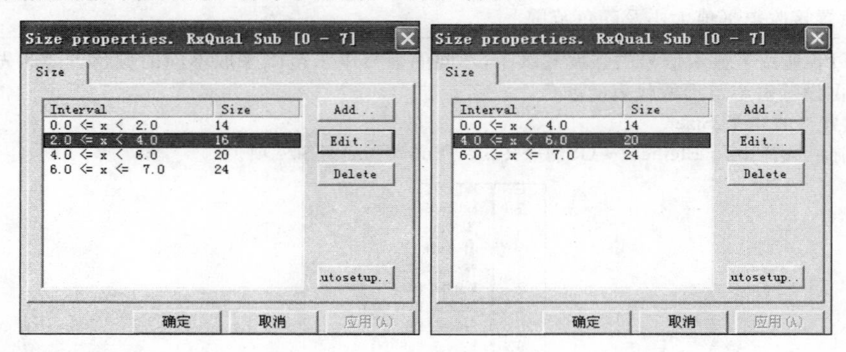

(2) 设置接收信号质量 Color

① 导航栏选择 Info Element→GSM→RxQual Sub→Color 项。

② Color 默认情况如下(左)图所示，单击 Edit 按钮，修改其值，根据运营商的要求，设定为不同的值，下(右)图为给定的参考颜色(注：颜色范围必须和前述 Size 一致)。

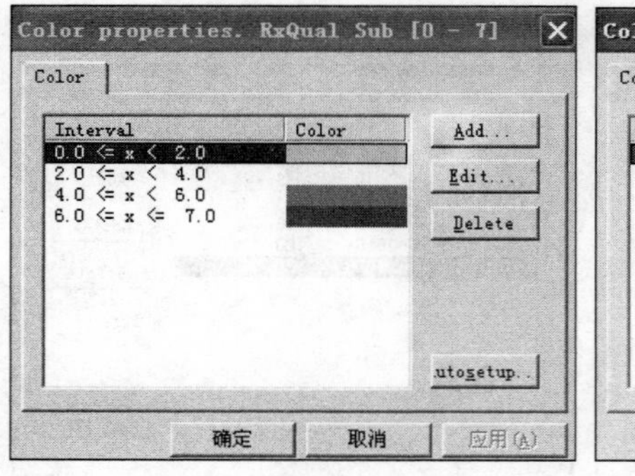

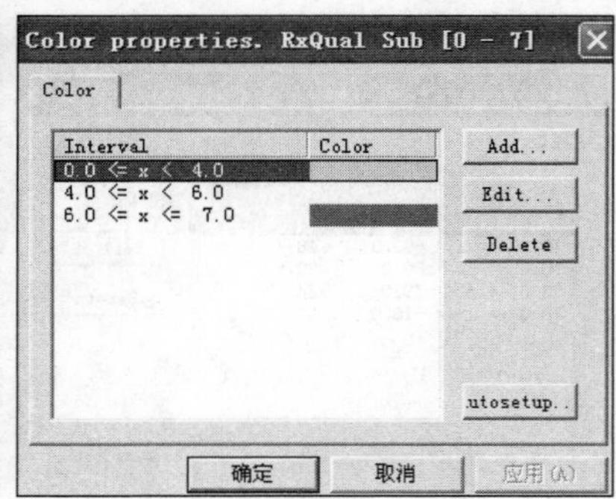

8	保存 Workspace

上述几个步骤完成后，及时保存好，以便下次直接使用，而不需要次次重复设置。上述所有操作步骤的结果，包括所有的窗口的结构、位置，以及参数范围、颜色、脚本、小区名、地图等都保存在 Workspace 中，保存后下次使用的时候就不需要所有东西都设一遍。

续表

保存 Workspace 的方法有两个：一是在 Files 菜单下有 Save Workspace 和 Save Workspace As 命令，选择 Save Workspace As 命令然后取个名字；二是在菜单下面的第二排快捷按钮中，不过这里只能保存不能另存为。一般退出 TEMS Investigation 时都会提示是否保存 Workspace，如果不需要保存 Workspace 就单击否按钮。

注：为方便教学和学习，关于路测终端的购买、软件资料的索取，可联系本书作者。

任　务　单

学习情境三	网优测试终端连接与测试软件操作		
3.2	TEMS 软件操作	学时	12
布 置 任 务			
实训目的	1. 掌握 TEMS 软件初始化步骤； 2. 熟悉 TEMS 软件界面。		
任务描述	各小组成员拟完成下列任务： 1. 打开 TEMS 软件，并完成初始化步骤，包括： (1) 打开窗口 Radio Parameters、C/I、Hopping Channels、Serving＋ Neighbors、Current Channel； (2) 加载小区名； (3) 加载地图并设置图层； (4) 打开 GSM 测试图形窗口，并调整每栏的属性； (5) 设置接收电平值大小及颜色范围、设置接收质量好差及颜色范围； (6) 保存 Workspace。 2. TEMS 软件能测试哪些频段？ 3. TEMS 软件主要用于测试哪些无线参数？ 4. 复习 3.1 节的"信息单"内容。		
提供资料	TEMS9.0 软件； 城市的基站小区名； 城市的 GPS 地图图层数据。		
对学生的要求	1. 操作时及时保存以免数据丢失； 2. 认真完成作业。		

实　施　单

学习情境三	网优测试终端连接与测试软件操作		
3.2	TEMS 软件操作	学时	12
作业方式	完成任务单中布置的任务		

1. TEMS 软件初始化步骤有哪些？详细写出操作过程。

2. TEMS 软件能测试哪些频段？

3. TEMS 软件主要测试哪些无线参数？

续表

作业要求	1. 各组员独立完成； 2. 格式规范，思路清晰； 3. 完成后各组员相互检查和共享成果； 4. 及时上交教师评阅。					
作业评价	班级		第　组		组长签字	
	学号		姓名			
	教师签字		教师评分		日期	
	评语：					

教学反馈单

学习情境三	网优测试终端连接与测试软件操作			
3.2	TEMS软件操作		学时	12
序号	调 查 内 容	是	否	理由陈述
1	TEMS软件能否正常打开			
2	TEMS软件初始化步骤是否熟练			
3	各小组配合是否愉快			
4	老师是否讲解清晰、易懂			
5	教学进度是否过快			

建议与意见：

被调查人签名		调查时间	

评　价　单

学习情境三	网优测试终端连接与测试软件操作				
3.2	TEMS软件操作		学时	12	
评价类别	项目	子项目	个人评价	组内互评	教师评价
专业能力 (70%)	计划准备 (20%)	搜集信息(10%)			
		软硬件准备(10%)			
	实施过程 (50%)	理论知识掌握程度(15%)			
		实施单完成进度(15%)			
		实施单完成质量(20%)			
职业能力 (30%)	团队协作(10%)				
	对小组的贡献(10%)				
	决策能力(10%)				

评价评语	班级		姓名		学号		总评	
	教师签字		第　组		组长签字		日期	
	评语：							

学习情境四

驱车路测及优化

了解了移动基站设备的组成、工作原理，掌握网优测试终端的使用及软件的灵活操作后，现在可以开始网优测试工作了。

驱车路测(Drive Test,DT)简称路测，是通过驱车沿一定道路行驶时测量无线网络性能的一种方法。在DT中模拟实际用户，不断地拨打电话或上传、下载文件，通过测试软件的统计分析，获得网络性能的一些指标。

DT测试是网络优化日常工作中的重点，是获取交通干道和区域信号覆盖情况的主要手段。移动通信运营商都会安排第三方专业测试公司对网络质量进行DT测试，并为网络优化提供决策参考。

学习情境描述

网优测试项目经理安排工程人员前往某国道驱车路测，测试该交通干道及两侧的信号覆盖情况，对于发现的网络故障问题，经数据分析及处理后，制定出网络优化决策并实施。因此，开展网络路测需经5个子任务：驱车路测发现网络故障；数据统计及分析；制订网络优化方案；实施网络优化方案；网络复测查看网络故障是否消失。

4.1 驱车路测

驱车路测是在汽车以一定速度行驶的过程中，借助测试仪表、测试手机，对车内信号强度是否满足正常通话要求，是否存在拥塞、干扰、掉话等现象进行测试。通常在DT中根据需要设定每次呼叫的时长，分为长呼(时长不限，直到掉话为止)和短呼(一般取60s左右，根据平均用户呼叫时长定)两种(可视情况调节时长)，为保证测试的真实性，一般车速不应超过40km/h。

4.1.1 GSM通信事件

课前引导单

<table>
<tr><td>学习情境四</td><td colspan="2">驱车路测及优化</td><td>4.1</td><td colspan="2">驱车路测</td></tr>
<tr><td>知识模块</td><td colspan="3">GSM通信事件</td><td>学时</td><td>1</td></tr>
<tr><td>引导方式</td><td colspan="5">请带着下列疑问在文中查找相关知识点并在课本上做标记。</td></tr>
<tr><td colspan="6">(1) 移动台空闲状态下有哪些通信事件？
(2) 移动台在通话状态下有哪些通信事件？</td></tr>
</table>

GSM移动通信系统的特点是移动终端MS随时随地可以通信，位置可以不断变化。为了与系统保持联系，MS就需要不停地和系统进行信息交互。而固定电话就不需要这些交互过程。

移动台MS可能处于几种不同状态，包括关机状态、开机状态、通话状态、空闲状态。这种状态都会与系统发生信息交互，即产生不同的通信事件。因此，了解并掌握GSM通信事件，对整个GSM通信过程及信令交互极为重要，为进一步开展网络优化提供理论指导，从而能灵活运用这些理论知识解决优化中遇到的各种问题。

(1) MS关机状态：这种状态下MS不能应答寻呼消息，网络不能达到MS。同时它也不能通知网络其所处的位置区的变化。此时MS被认为是“分离”状态。一旦MS关机，就没有通信事件可言了。

(2) MS空闲状态：这种状态下，系统可以成功地寻呼MS，MS被认为是“附着”。当MS移动时，能够通过测试检查连接到接收性能最好的BCCH载波上。MS具有漫游功能，并能通知网络其位置区的变化，即位置更新。另外，MS还要进行周期性位置登记。空闲状态包括网络选择、小区选择、小区重选、位置更新和寻呼事件。

(3) MS通话状态：网络分配给MS一个业务信道传送话音或数据，当MS移动时必须有能力进行定位和切换。通话状态下会出现信道立即指配、鉴权加密、主叫、被叫、短信、切换、模式改变、释放、呼叫重建、无线链路控制和功率控制等事件。表4.1为常见的通信事件。

表4.1 手机状态与通信事件

状态	通信事件	解　释
空闲	网络选择	手机选择和登记网络的过程(选择中国移动还是中国联通)
	小区选择	移动台在开机并进入空闲模式时，手机搜索BCCH频点，并选择合适服务小区的过程
	小区重选	MS在空闲模式下因位置变动，信号变化等因素引起的重新选择服务小区的过程
	位置更新	移动中的移动台从一个位置区移动至另一个位置区时，需要向系统登记其位置的变化信息
	呼叫重建	MS在无线链路失败后，重新恢复连接的过程
	寻呼	网络寻呼被叫手机
通话	信道立即指配	在Um接口建立MS与系统间的无线连接，即RR连接
	鉴权加密	认证移动用户的身份，并为信号进行加密处理
	主叫	移动用户拨打电话
	被叫	移动用户接听电话
	切换	在通话过程中，为保持通话的连续性而进行的服务小区改变

从通信事件可以看出，GSM网络的通信是非常复杂的，流程也是非常繁多的，因此下面就详细讲解一下GSM系统中的各种通信事件以及各自的流程。

4.1.2　网络选择

课前引导单

学习情境四	驱车路测及优化	4.1	驱车路测	
知识模块	网络选择		学时	1
引导方式	请带着下列疑问在文中查找相关知识点并在课本上做标记。			

(1) 什么叫网络选择?
(2) MS处于空闲模式下,将有哪些通信事件?

MS处于空闲状态时,并不像固定电话一样与外界没有联系,实际上一刻都不闲着,它要不断地和网络交互信息,收听BCCH消息和PCH消息,随时待命,一旦有寻呼消息就可立即接入系统中进行通信。

当MS处于空闲模式时,将进行下面4项通信事件,如图4.1所示。

(1) 网络选择。
(2) 小区选择。
(3) 小区重选。
(4) 位置更新。

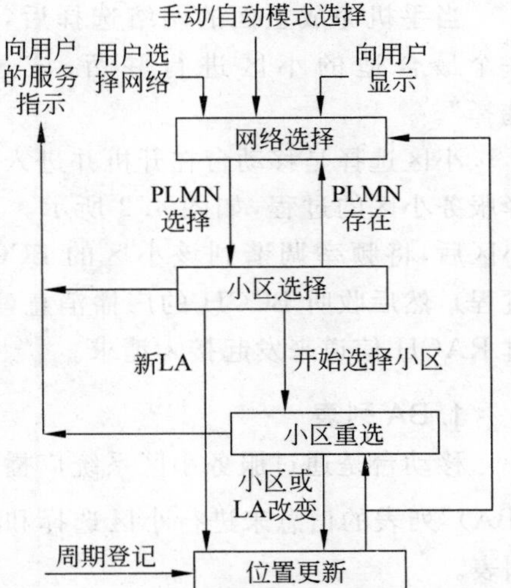

图4.1　空闲模式下的通信事件

GSM是一个全球性移动通信系统,各个国家依据国情分别建立了各自的GSM网络,例如,国内有中国移动和中国联通两个运营商建立了GSM网络。各个国家之间的GSM网络可以自由漫游。

网络选择就是指选择一个适合自己的GSM网络驻留。依据网络的需求、价格和服务来选择适合自己的GSM网络。目前,我国的中国移动和中国联通都建立了完善的GSM网络,提供了多种业务套餐供大家选择。

(1) 中国移动:神州行、动感地带、全球通、动力100。
(2) 中国联通:如意通、新势力、双打王、Q聊卡。

当MS驻留在一个网络中时,可以实现下面功能。

(1) MS从网络中收到系统消息。
(2) MS通过小区接入网络发起一个呼叫。
(3) 如果网络收到一个呼叫该MS的信号,那么系统知道该MS驻留在哪个位置区中,因此可以通过该位置区中的所有基站向MS发Paging信息,该MS由于驻留在该位置区中某小区的BCCH上,就可以收到给自己的Paging消息,并且可以通过控制信道进行回应。

而当MS不能找到一个合适的小区驻留时,或者没有插入SIM卡时,MS只能不考虑是否允许登记网络,此时,MS只能进行紧急呼叫。

紧急呼叫情况下,MS仍然可以进行小区切换,不进行位置更新操作。

4.1.3 小区选择

课前引导单

学习情境四	驱车路测及优化	4.1	驱车路测	
知识模块	小区选择		学时	2
引导方式	请带着下列疑问在文中查找相关知识点并在课本上做标记。			

(1) 什么叫BA列表？有几种BA列表？
(2) 什么叫小区选择？
(3) 小区选择的过程？
(4) 如何获得小区选择参数C1？

当手机完成上面的网络选择后，就需要寻找网络允许的所有BCCH频点，并且选择一个最合适的小区进行驻留，该过程就叫做“小区选择”。

小区选择是移动台在开机并进入空闲模式时优先选择服务小区的过程，如图4.2所示。当MS选择了某个小区后，将频率调谐到该小区的BCCH频率上(FCCH过程)，然后收听BCCH的广播消息，等待寻呼消息或通过RACH信道来发起接入请求。

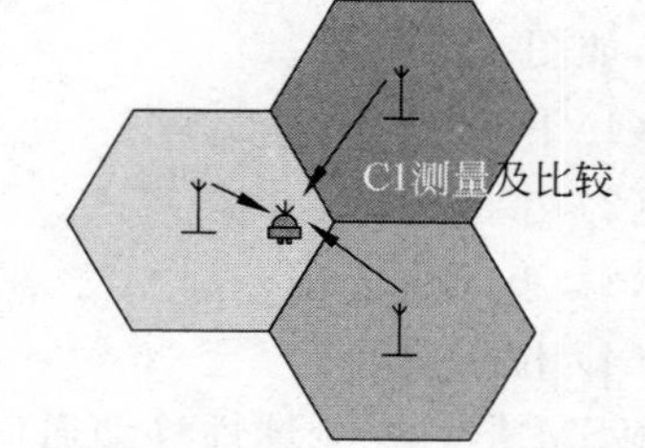
C1测量及比较
MS将根据C1来决定应与哪个小区连接。

图4.2 小区选择

1. BA列表

移动台是通过服务小区系统广播消息中“CCH分配(BA)”列表的信息来进行小区选择和重选的。GSM网络BA列表分为Idle列表和Active列表。

(1) Idle列表

该列表信息在BCCH上通过系统信息消息类型2(System Information Message Type 2)发送，用于MS在空闲模式时的小区选择和重选。它包含PLMN在某个物理区域中使用的BCCH载波，最多32个频点。

(2) Active列表

该列表在SACCH上通过系统信息消息类型5(System Information Message Type 5)发送。其中的频点是MS在通话状态下测量的邻小区频点，在小区切换时起作用。一共可以有32个列在该列表中。

2. 小区选择过程

小区选择有两种方式：MS有存储的BCCH信息的选择过程、MS无存储BCCH信息的选择过程。

(1) MS有存储的BCCH信息的选择过程

当手机关机时，把最后的PLMN网络存储在SIM卡中，同时也把最后的BA列表存储在手机的SIM卡中。

当手机再次开机进行小区选择，将首先搜索上次关机时存储在 SIM 卡中的 BCCH 载波，进行网络选择和小区选择，如果可以驻留，那么就选择该小区作为服务小区；如果不能驻留，那么将对存储在 BA 列表（Idle 表）中的 BCCH 频率进行搜索。

（2）MS 无存储的 BCCH 信息的选择过程

如果 MS 在 BA Idle 列表中仍然不能搜索到合适的 BCCH 载波，那么将进行接下来的小区选择，如图 4.3 所示。

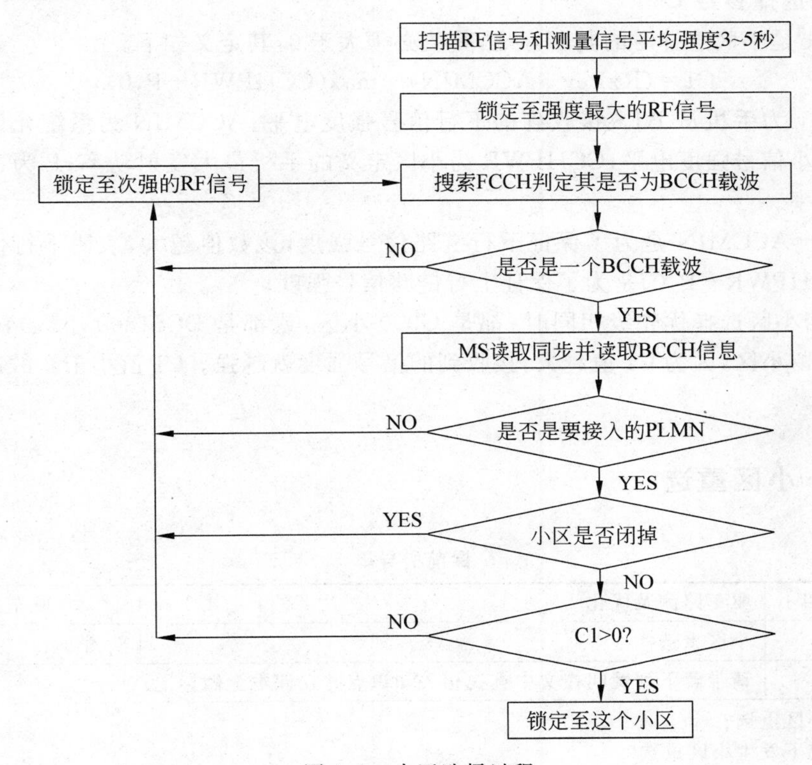

图 4.3　小区选择过程

这时 MS 将测量所有允许的频点，然后从不同的频点上抽取 5 个测试值进行平均，计算出每个频点的平均信号强度，根据不同的电平强度列出一个表，整个过程持续 3～5s。

MS 调谐到信号强度最高的频点上，然后搜索 FCCH 判断该频点是否为 BCCH 频点，如果判定为 BCCH 载波，那么 MS 将通过解码 SCH 来与该 BCCH 同步，然后读取 BCCH 上的系统消息。然后根据读取的系统消息来判断该小区是否属于所选择的网络，以及小区是否为禁止，小区的 C1 是否大于 0，如果这 3 项都通过，那么 MS 将驻留在该小区上，否则将从次强的频点上再次进行选择。

当列表中的频率信道都被搜索后仍然没有找到合适的小区，那么 MS 将继续监测所有的频信道，然后选择 C1＞0、未被禁止的小区，这时就不考虑是否属于所选择的网络了，找到合适的小区后，就驻留在该频点上。不过此时，MS 就只能进行紧急呼叫了。

MS 完成小区选择后，将接收到系统广播中的 BA 列表，BA 列表将被重置和更新。

3. 小区选择条件

要使MS选择到合适的小区，必须具备以下几点要求。

(1) 所选择的小区必须是属于所选择的网络。

(2) 该小区不是被禁止的(CBA=0)。

(3) 该小区的C1>0。

4. 小区选择参数C1

参数C1是小区选择时的判断标准，其值必须大于0，其定义如下。

$$C1=(RxLev-ACCMIN)-max(CCHPWR-P,0)$$

式中：RxLev为手机从BTS接收到的下行信号强度电平；ACCMIN为系统允许手机接入本小区的最小信号强度电平；CCHPWR为小区定义的手机最大发射功率；P为手机实际的最大发射功率。

RxLev－ACCMIN是为了保证下行链路信号强度，该数值越大，表明下行信号强度越好；max(CCHPWR－P,0)是为了保证上行链路信号强度；

因此，当小区选择优先级相同时(都是G900小区，或都是DCS1800小区)，选择C1值最大的作驻留小区，因为C1值越大，接收到的信号强度就越强。C1值小于0的都不会当成可选的小区。

4.1.4 小区重选

课前引导单

学习情境四	驱车路测及优化	4.1	驱车路测	
知识模块	小区重选		学时	2
引导方式	请带着下列疑问在文中查找相关知识点并在课本上做标记。			

(1) 什么叫小区重选？
(2) 什么情况下发生小区重选？
(3) 小区重选参数有哪些？

小区重选是MS在空闲模式下因位置变动，信号变化等因素引起的重新选择服务小区的过程。

1. 小区重选条件

小区重选是根据MS的测量报告进行判断的，在MS的测量程序中，包括了对6个邻小区的测量，至少每30s内对邻小区进行BSIC解码，以确定邻小区没有变化，如果发现BSIC发生了变化，则判定邻小区发生了变化，接着就将对其BCCH进行重新解读；每5min内对邻小区的BCCH进行重新解码，以保证小区重选数据的准确。

在下列情况下，MS将启动小区重选程序(如果C2算法没有被激活，那么C2=C1)。

(1) 当前小区变成禁止状态。

(2) 在最大重传MAXRET设定的次数内，MS仍然接入系统不成功。

(3) 下行链路上的误码率太高(MS不能够对寻呼的信息进行解码)，出现链路故障。

(4) 服务小区C1<0连续超过5s。

(5) 另一个小区的 C1 大于当前小区 C1 的时间超过 5s。

(6) 另一个位置区小区的 C2 大于当前小区(C2＋CRH)的时间超过 5s。

不过每次由 C2 引起的小区重选至少间隔 15s，其作用是为了避免 MS 频繁地进行小区重选，占用系统资源。MS 最少每 5s 计算一次服务小区和邻小区的 C2 值。

如图 4.4 所示，当前小区湖边村 3 的 C2 值为 20，小区湖边村 1 的 C2 值为 24，因此，MS 将发生重选，将湖边村 1 重选为当前小区，如图 4.5 所示。

GSM Serving + Neighbors [MS1]

Cellname	BSIC	ARFCN	RxLev	C1	C2	C31	C32
S14HBC3-S14湖边村3	5-6	47	-85	18	20		
S14XDI1-S14新地1	5-1	54	-80	19	11		
S14HBC1-S14湖边村1	1-7	51	-81	22	24		
S14XD21-S14新地二1	1-3	34	-85	11	11		
S14JHI3-S14竟海3	2-0	33	-88	13	13		

图 4.4　当前小区的 C1、C2 值

GSM Serving + Neighbors [MS1]

Cellname	BSIC	ARFCN	RxLev	C1	C2	C31	C32
S14HBC1-S14湖边村1	1-7	51	-68	35	37		
S14XDI1-S14新地1	5-1	54	-76	23	15		
S14HBC3-S14湖边村3	5-6	47	-79	24	26		
S14JHI2-S14竟海2	0-5	48	-80				
S14JHI3-S14竟海3	2-0	33	-85	16	16		

图 4.5　重选后小区的 C1、C2 值

2. 小区重选公式

小区重选依靠 C2 参数进行判断和进行(GSM05.08)，其定义为

$$C2 = C1 + CRO + CRH - TO \times H(PT - T), \quad PT \neq 31$$

$$C2 = C1 - CRO + CRH, \quad PT = 31$$

式中，CRO、CRH 和 PT 是小区重选的参数。

CRO(Cell RESELECT OFFSET)小区重选偏移：MS 对 C2 值的正偏移，鼓励进行小区重选(当 PT≠31)。

CRH(Cell ReSelection Hysteresis)小区重选滞后：迟滞 C2 重选，减少位置区边缘处的频繁重选和位置更新。

PT(PENALTY TIME)补偿时间：PENALTY_TIME 是 TEMPORARY_OFFSET 作用于参数 C2 的时间。即 BCCH 信号强度维持时间不足 PT 时，MS 不会重选小区。当 PT≠31 时，CRO 对 C2 正偏移，鼓励小区重选；当 PT＝31 时，迟滞小区重选。

函数 $H(x)$：

$H(x)=0$，当 $x<0$ 时，即 PT＜T，计数器 T 计数超过了 PT；

$H(x)=1$，当 $x\geqslant 0$ 时，即 PT＞T，计数器 T 计数未超过 PT。

TO(TEMPORARY OFFSET)临时偏移：从计数器 T 开始计数至计数器 T 的值达 PT 规定的时间期间，给 C2 的副作用偏移。

T 定时器：初值为 0，当某小区被 MS 记录在信号电平最大的 6 个小区表中时，则对应该小区的计数器 T 开始计数，精度为一个 TDMA 帧(4.62ms)，当该小区从 MS 信号电平最大的 6 个邻小区表中去除时，相应计数器 T 复位。

📖 C1的作用是MS自动搜索信号强度，选择信号强度较大的为服务小区，但如果这个小区容量有限或干扰较为严重时，不再适合作为当前服务小区时，人为地增加相邻小区的CRO值，而使相邻小区的C2值大于当前小区的C2(维持至少PT时间)，MS将会重新选择新小区作为服务小区。

当MS处于位置区边缘移动时，易频繁发生位置更新或小区重选，因此，人为地增加服务小区的CRH，从而使该小区的C2值增大，减少MS重选几率。

4.1.5 位置更新

课前引导单

学习情境四	驱车路测及优化	4.1	驱车路测	
知识模块	位置更新		学时	2
引导方式	请带着下列疑问在文中查找相关知识点并在课本上做标记。			

1. 什么叫位置更新？什么情况下会发生位置更新？
2. 位置更新基本流程是什么？
3. 正常位置更新流程是什么？
4. IMSI Attach/Detach基本流程是什么？
5. 为什么要进行周期性位置更新？
6. 周期性位置更新参数T3212如何设置？

为了确认移动台的位置，每个GSM覆盖区都被分为许多个位置区，一个位置区可以包含一个或多个小区。网络将存储每个移动台的位置区，并作为将来寻呼该移动台的位置信息。对移动台的寻呼是通过对移动台所在位置区的所有小区中寻呼来实现的。如果MSC容量负荷较大，它就不可能对所控制区域内的所有小区一起进行寻呼，因为这样的寻呼负荷将会很大，这就需引入位置区的概念。位置区的标识(LAC码)将在每个小区广播信道上的系统消息中发送。

1. 位置更新

当移动台由一个位置区移动到另一个位置区时，必须在新的位置区进行登记，也就是说一旦移动台出于某种需要或发现其存储器中的LAI与接收到当前小区的LAI号发生了变化，就必须通知网络来更改它所存储的移动台的位置信息。这个过程就是位置更新。MS在3种情况下发生位置更新。

(1) 正常位置更新：也称为越位置区的位置更新，是指MS到达一个新的位置区时，选择新的位置(登记区内的小区)作为服务小区。

(2) IMSI附着分离：MS在重新开机(或插入SIM卡后)，发现当前处在的位置登记区与MS内存储的LAI不一致时发生位置更新。

(3) 周期性位置更新：由小区参数T3212定义的周期性位置更新，使网络与移动用户保持紧密联系。

位置更新过程是位置管理中的主要过程，由MS引发，在GSM系统中有3个地方需要知道位置信息，即HLR、VLR和MS(SIM卡)，当位置信息发生变化时，需要保持三者的一致性。

位置更新的两种情况。

(1) 同 MSC/VLR 区不同 LAI 的位置更新(只需更新 VLR 中的位置)。

(2) 不同 MSC/VLR 区不同 LAI 的位置更新(需更新 HLR、VLR 中的位置信息)。

2. 位置更新流程

流程如图 4.6 所示。

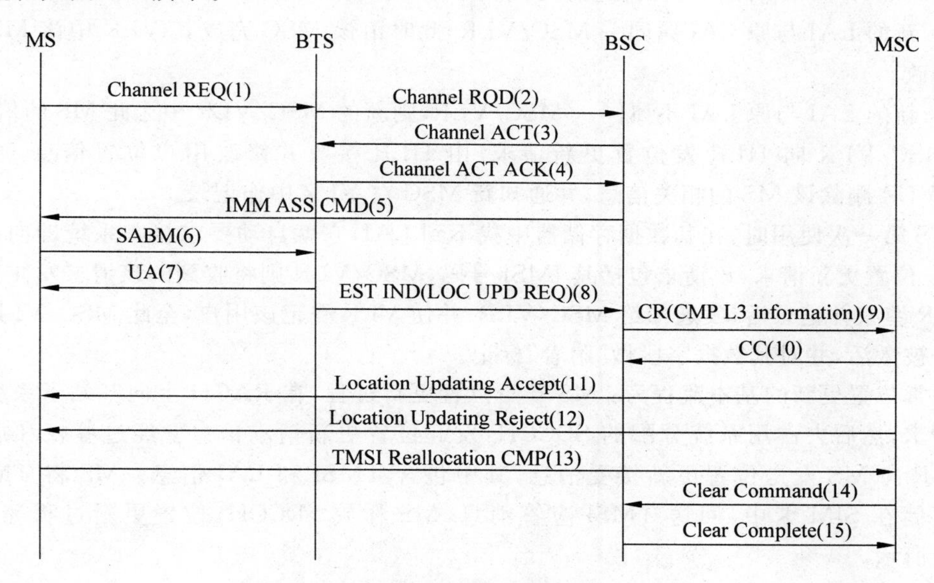

图 4.6　位置更新流程

(1) MS 在空中接口的接入信道上向 BTS 发送 Channel Request(该消息内含接入原因值为位置更新)。

(2) BTS 向 BSC 发送 Channel Required 消息。

(3) BSC 收到 Channel Required 后,分配信令信道,向 BTS 发送 Channel Activation。

(4) BTS 收到 Channel Activation 后,如果信道类型正确,则在指定信道上开功率放大器,上行开始接收信息,并向 BSC 发送 Channel Activation Acknowledge。

(5) BSC 通过 BTS 向 MS 发送 Immediate Assignment Command。

(6) MS 发 SABM 帧接入。

(7) BTS 回 UA 帧进行确认。

(8) BTS 向 BSC 发 Establishment Indication,该消息中包含了 Location Update Request 消息内容。

(9) BSC 建立 A 接口 SCCP 链接,向 MSC 发送 Location Update Request,该消息中包含了当前小区的 CGI 信息。

(10) MSC 向 BSC 回链接确认消息。

(11) MSC 向 MS 回位置更新接收消息,表明位置更新成功。

(12) 在网络侧拒绝本次位置更新时,网络侧下发消息给 MS。

(13) 若 MSC 侧选择“位置更新时分配 TMSI”为“否”,则在位置更新的过程中,MS 没有 TMSI Reallocation Complete 消息的上报。

(14) 网络侧启动信道释放流程。

3. 正常位置更新

正常位置更新是指在LAI发生变化时手机主动申请进行的位置更新。如果此时手机正在通话,那么将在本次通话结束后进行位置更新。

MS经SDCCH向系统发出位置更新请求,分两种情况。

① 新的LAI与原LAI属同一MSC/VLR,此时由该MSC完成其VLR中该MS位置信息修改。

② 新的LAI与原LAI不属同一MSC/VLR,则新的MSC/VLR中无此MS的信息,此时新MSC/VLR向HLR发位置更新请求,由HLR接收并修改用户位置信息,通知原MSC/VLR删除该MS的相关信息,并通知新MSC在VLR中作记录。

MS第一次使用时,在其数据存储器中找不到LAI,它就自动要求接入系统即向MSC/VLR发位置更新请求,该请求包括其IMSI号码,MSC/VLR则将收到的该请求发往HLR,由HLR鉴权并记录后,发通知给MSC/VLR,并使VLR登记该用户,至此MSC/VLR认为此MS被激活,并对其数据字段做“附着”标记。

正常位置更新的基本流程为:MS开始位置更新过程,在RACH上向基站子系统发送信道请求,然后去占用系统分配的SDCCH,发起位置更新请求信息。经过鉴权和加密过程,VLR向MS发送位置更新接受消息,其中包含TMSI和LAI信息。MS将TMSI和LAI存储在SIM卡中,回送TMSI应答消息,MS释放SDCCH,位置更新过程完成,如图4.7所示。

Layer 3

Source	Direc...	Message
MS1	Downlink	System Information Type 2
MS1	Uplink	Channel Request
MS1	Downlink	Paging Request Type 1
MS1	Downlink	Paging Request Type 1
MS1	Downlink	Paging Request Type 1
MS1	Downlink	Paging Request Type 1
MS1	Downlink	Paging Request Type 2
MS1	Downlink	System Information Type 3
MS1	Downlink	Immediate Assignment
MS1	Uplink	Location Updating Request
MS1	Uplink	Classmark Change
MS1	Downlink	System Information Type 5
MS1	Downlink	Authentication Request
MS1	Uplink	Authentication Response
MS1	Downlink	System Information Type 5
MS1	Uplink	Measurement Report
MS1	Downlink	Location Updating Accept
MS1	Uplink	Measurement Report
MS1	Downlink	Channel Release
MS1	Downlink	System Information Type 4
MS1	Downlink	System Information Type 3
MS1	Downlink	System Information Type 2
MS1	Downlink	System Information Type 3
MS1	Downlink	System Information Type 4
MS1	Downlink	System Information Type 1
MS1	Downlink	Paging Request Type 1

正常位置更新时的信令

图4.7 正常位置更新信令

(1) 相同VLR的位置更新

MS进入新位置区,新旧位置区在同一MSC覆盖区域内,即VLR并未改变。MS从BCCH上收听系统广播中的信息,然后把接收到的LAI与MS内存储的LAI比较,不一致则进行位置更新,如图4.8所示。

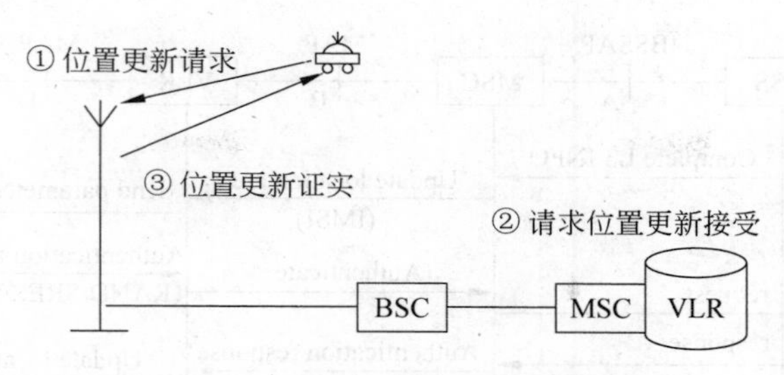

图 4.8　相同 VLR 的位置更新

(2) 不同 VLR 的位置更新

如果手机进入了另一个 VLR，MSC 地址也随之改变，因此此时的位置更新属于必须涉及 HLR 的位置更新，如图 4.9 所示。

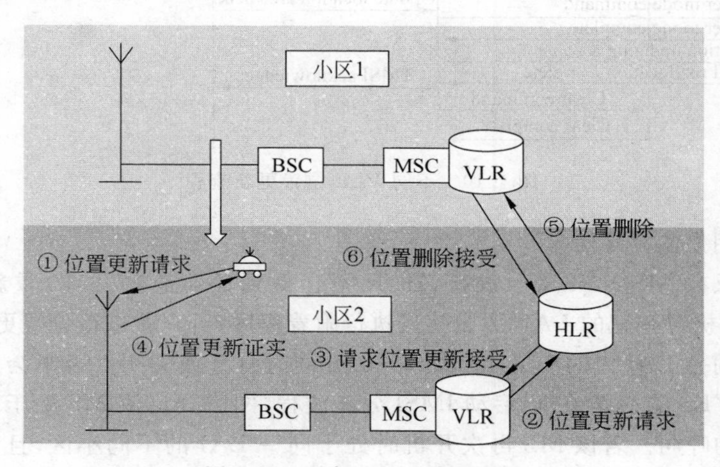

图 4.9　不同 VLR 的位置更新

下面几种情况下，必须涉及 HLR。

① MS 处于新的 VLR 位置区域，因此该位置区必须更新到 HLR。

② MS 首次开机登记网络。

③ HLR 中的相关信息丢失。

MS 从一个 BTS 小区移向不同 MSC 的另一个 BTS 小区时，由于 MSC 地址发生改变，所以 MSC/VLR 向 HLR 发出位置更新请求，给出 MSC 和 MS 的识别码，HLR 修改该客户数据，并回给 MSC 一个确认响应，VLR 对该客户进行数据注册，最后由新的 MSC 发送给 MS 一个位置更新确认，同时由 HLR 通知原来的 MSC 删除 VLR 中有关该 MS 的客户数据，如图 4.10 所示。

4. IMSI Attach/Detach

IMSI Attach 附着/Detach 分离是针对 IMSI 而言的，意思为手机开机以及关机时需要向系统报告。从前面可以知道，MS 接入网络后便附着在网络上，随时和网络进行信令交换，当拨打该 MS 时，根据其附着的信息进行寻呼。MS 正常关机时，将向网络发送最后一条消息，即分离信息，其中包括分离处理请求。MSC/VLR 收到此消息后，在该 MS 对应的 IMSI 上作“分离”标记，也就是让在 MSC/VLR 中标记该用户已经为无效用户，此后不再发

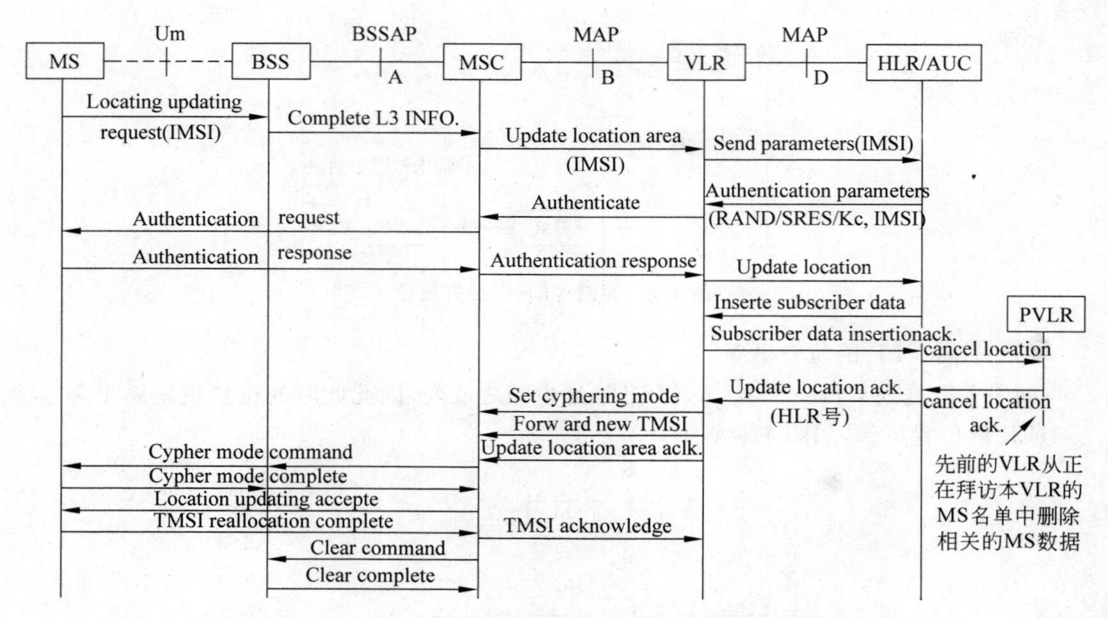

图 4.10　不同 VLR 位置更新流程

送寻找该移动用户的寻呼信息。

分离程序只在 MSC/VLR 中进行，HLR 不会得到任何通知。MS 重新开机时，如果 MS 仍然处于关机时登记的 LAI，那么就只执行附着程序；否则就进行位置更新程序。

必须保证同一 LAI 内的小区 Attach/detach 同时打开或关闭。否则会发生这种情况：MS 在 ATT=YES 的小区关机，启动 IMSI 分离过程，网络登记该 MS 处于分离状态，拒绝所有对该 MS 的呼叫。若该 MS 再次开机时处于同一 LAI 的不同小区，且该小区 ATT=NO，则该 MS 不会启动 IMSI 结合过程，也不会启动位置更新程序，系统仍然认为手机关机，不对该手机进行寻呼，该用户直到启动位置更新过程前，都无法接听到拨打自己的电话。

(1) Detach 流程(见图 4.11)

当 MS 切断电源关机时，MS 即向网路发送最后一条消息，其中包括分离处理请求。MSC 接收到后，即通知 VLR 对该 MS 对应的 IMSI 上作“分离”标记，而归属位置寄存器

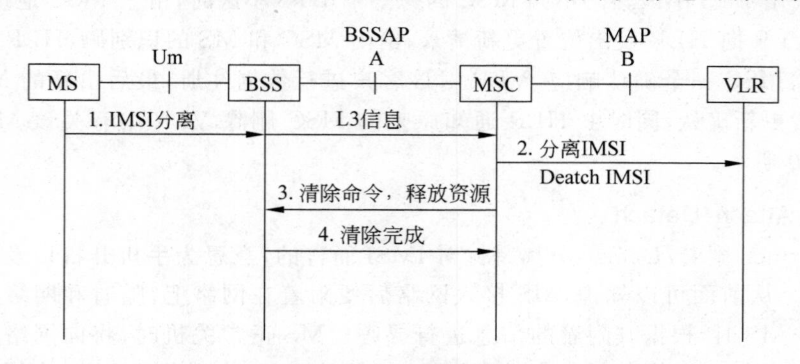

图 4.11　Detach 流程

(HLR)并没有得到该客户已脱离网路的通知。当该客户被寻呼,HLR向拜访MSC/VLR要漫游号码(MSRN)时,MSC/VLR通知HLR该客户已分离网路,不再需要发送寻找该客户的寻呼消息。

从图中可以看出,IMSI Detach时,MS只向MSC发送一条信息,而且不需要证实,一旦传送中出现故障,那么MS也无法重发消息,因为此时MS已经关机,和网络失去了联系。

(2) Attach流程

当MS开机(打开电源)后,它首先要在空中接口上搜索以找到正确的频率,并依靠搜索到的正确频率校正和同步频率,并将此频率锁定。该频率载有广播信息和可能的寻呼信息。

若MS是第一次开机,其在数据存储器(SIM卡)中找不到原来的位置区识别码(LAI),就立即要求接入网路,向MSC发送"位置更新请求"消息,通知GSM系统这是一个此位置区内的新客户,MSC根据该客户发送的IMSI,向该客户的归属位置寄存器(HLR)发送"位置更新请求",HLR记录发请求的MSC号码,并向MSC回送"位置更新接受"消息,至此MSC认为此MS已被激活,在拜访位置寄存器(VLR)中对该客户对应的IMSI上作"附着"标记,再向MS发送"位置更新证实"消息,MS的SIM卡中也同时记录此位置区识别码。

若MS不是第一次开机,而是关机后又开机的,MS接收到的LAI(LAI是在空中接口上连续发送的广播信息的一部分)与它SIM卡中原来存储的LAI不一致,那么它也是立即向MSC发送"位置更新请求",MSC要判断原有的LAI是否是自己服务区的位置,如判断为肯定,MSC只需对该客户的SIM卡原来的LAI码改写成新的LAI码,并在该客户对应的IMSI作"附着"标记即可;判断为否定,MSC需根据该客户的IMSI,向该客户的HLR发送"位置更新请求",HLR在该客户数据库内记录发请求的MSC号码,再回送"位置更新接受",MSC再对该客户的IMSI作"附着"标记,并向MS回送"位置更新证实"信息,MS将SIM卡原来的LAI码改写成新的LAI码,如图4.12所示。

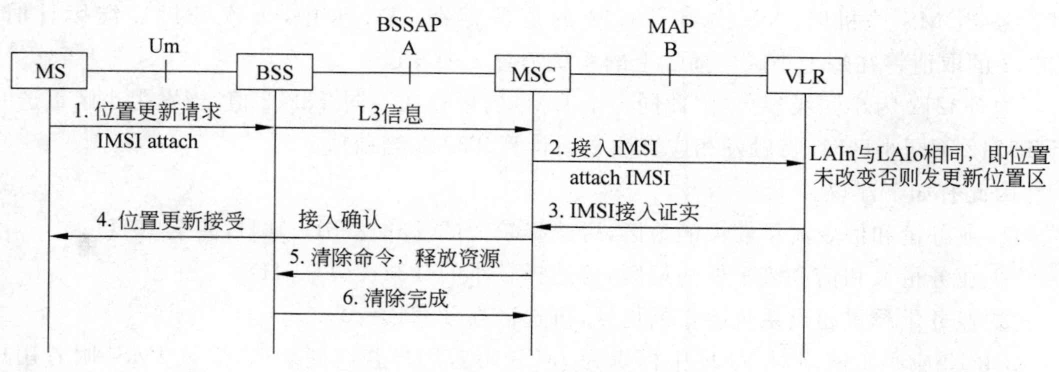

图4.12　Attach流程

5. 周期性位置更新

周期位置更新发生在当网络在特定的时间内没有收到来自移动台任何信息。如在某些特定条件下由于无线链路质量很差,网络无法接收移动台的正确消息,而此时移动台还处于开机状态并接收网络发来的消息，在这种情况下网络无法知道移动台所处的状态。为了解决这一问题，系统采取了强制登记措施。如系统要求移动用户在一特定时间内，例如一个小时，登记一次。这种位置登记过程就叫做周期位置更新。

周期性位置更新的目的有两个：①周期性的通知网络MS的可用性；②迫使移动台在经过一定时间后，自动向网络报告它目前的位置，这样网络就可以随时了解移动台的当前状态。

(1) 周期性位置更新参数T3212

小区参数T3212控制服务小区内的手机进行周期性的位置更新。当T3212逾时后，MS启动周期性位置更新，进入位置更新程序。

手机的位置更新时间系统参数T3212是人为设定的，T3212是一个6位的二进制数，000000表示不更新，000001表示6min，000010表示12min……具体采用哪个值根据小区的容量大小来决定。

① 当T3212逾时后，MS启动周期性位置更新，进入位置更新程序。并将T3212清零，从新计时。

② 当T3212逾时后，MS处于无可用小区、有限服务、搜索PLMN的状态时，MS将延时启动位置更新，直到脱离这些状态。

当MS处于无可用小区、有限服务、搜索PLMN的状态时，T3212的值当保持原值不能改变。

(2) T3212设置

周期性位置更新越短网络总体服务性能越好，但会加大网络信令流量，无线资源利用率降低，还会增大MS的功耗。注意以下几点。

① T3212不宜取得太小，小于30min(除0以外)可以对网络产生灾难性的影响。

② T3212应小于网络对VLR中标识为IMSI附着用户查询周期值，建议IMSI附着用户查询周期是T3212的两倍。

③ 当MS关机时，MS会将T3212的值保存在SIM卡中，下次开机后继续计时。T3212的取值将在每个小区广播信上的系统消息3中发送。

④ T3212为小区级参数，因此同一个LAC内可存在不同T3212值，当发生小区重选时至T3212不同小区时，将触发相应算法重新计算T3212当前值。

因此有如下建议。

① 业务量和信令流量较大的地区，可选择较大的T3212(6H、10H，甚至15H)。

② 业务量大和信令流量低的地区，可选择较小的T3212(1～3H)。

③ 业务量严重超出系统容量的地区，可选区择T3212=0。

T3212应小于网络对VLR中标识为IMSI附着用户查询周期值，建议IMSI附着用户查询周期是T3212的两倍，但如果IMSI附着用户查询周期远大于T3212将会影响到系统的寻呼成功率。

6. TEMS软件层三信令参照

图4.13所示为MS位置更新信令流程与TEMS软件层三信令对照图。

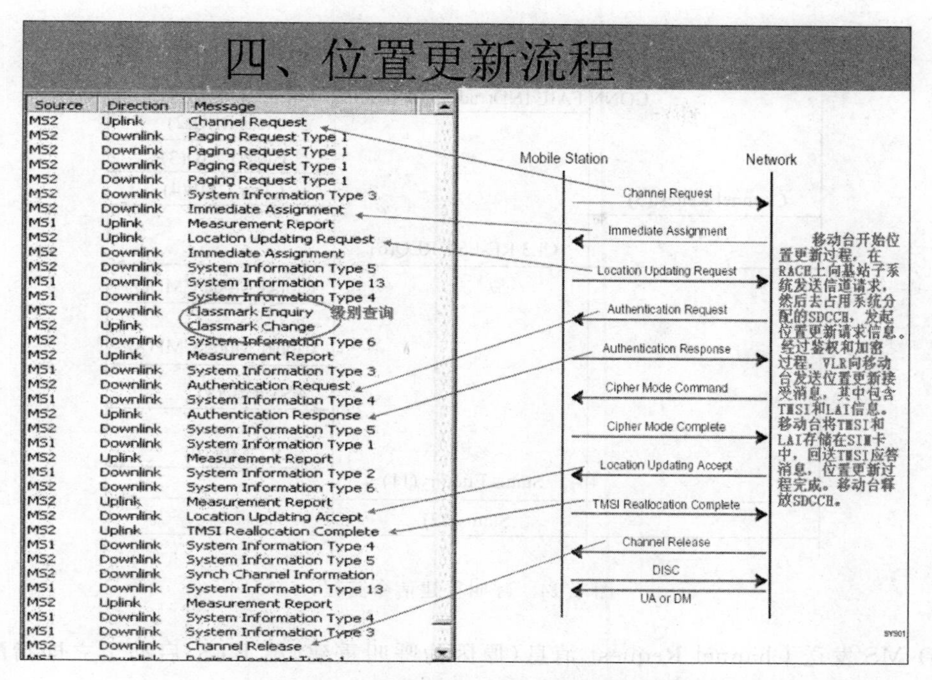

图 4.13　MS 位置更新信令流程与 TEMS 软件层三信令对照图

4.1.6　呼叫重建

课前引导单

学习情境四	驱车路测及优化	4.1	驱车路测	
知识模块	呼叫重建		学时	1
引导方式	请带着下列疑问在文中查找相关知识点并在课本上做标记。			

(1) 什么情况下发生呼叫重建?
(2) 呼叫重建流程?

呼叫重建是指 MS 在无线链路失败后，重新恢复连接的一个过程。呼叫重建可能会发生在一个新的小区或新位置区上。是否进行呼叫重建尝试取决于呼叫状态和小区是否允许进行呼叫重建。在呼叫重建过程中，呼叫的另一端，不知道呼叫重建的过程。短消息和呼叫独立的补充业务不能进行呼叫重建。

图 4.14 为呼叫重建的信令流程。

(1) BTS 发现无线链路失败后，发送一个 Connection Failure Indication 消息通知 BSC，消息中所带的原因值为 Radio Link Failure。

(2) BSC 向 MSC 发出一个 Clear Request 消息，消息中携带非正常释放的原因。

(3) MSC 收到消息则向 BSC 发送 Clear Command 命令，要求释放无线资源。

(4) BSC 开始释放流程，释放无线接口的物理信道资源，给 MSC 回 Clear Complete 消息。

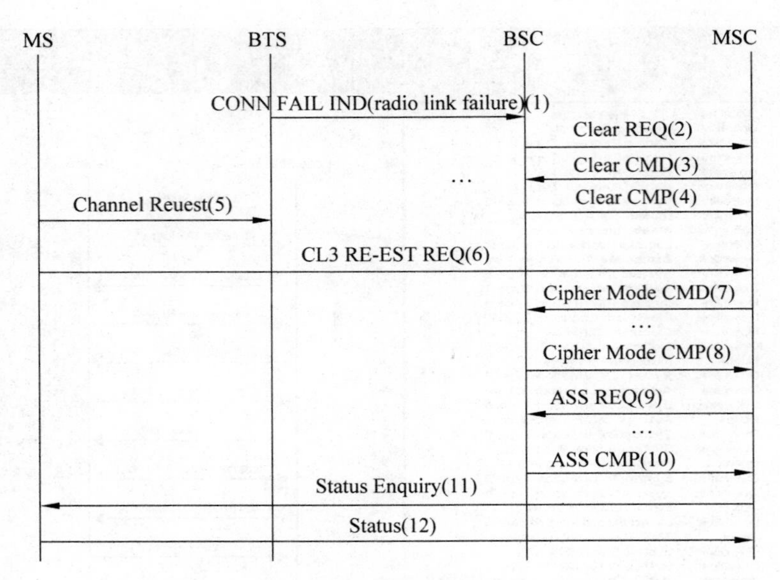

图 4.14 呼叫重建信令流程

(5) MS发送Channel Request消息(原因为呼叫重建)给BTS,启动了立即指配过程(占用信令信道)。

(6) MS给MSC发送CM Re-establishment Request消息,发起呼叫重建过程,MS的MM实体启动T3230定时器,向正在重建的CM实体发出指示,保持在MM"等待重建"状态。"CM Re-establishment Request"消息中包括IMSI或TMSI、Classmark 2、加密序列号。

(7) MSC启动加密设置过程下发Cipher Mode Command消息,具体信令处理过程见加密流程;MS在加密完成或收到CM Service Accepted消息时,停止T3230定时器,MS进入MM连接激活状态。

(8) BSC给MSC回Cipher Mode Complete消息。

(9) MSC给BSC发送Assignment Request消息,启动具体信令处理过程见主叫流程中的指配流程。

(10) BSC给MSC回Assignment Complete消息。

(11) MSC给MS下发Status Enquiry消息,发起状态查询;确认MS的呼叫状态或附属状态是否匹配。

(12) MS给MSC上报Status消息,上报呼叫状态或附属状态。

4.1.7 实训单据

(1) 信息单的内容以学生自学为主,老师指导为辅。学生依据信息单的步骤操作,遇到疑问及时向老师请教。

(2) 学生依据老师给定的任务单完成实施单,认真填写教学反馈单,同时组内互评。

(3) 老师评阅实施单,并把结果反馈在评价单上;同时仔细看教学反馈单信息,认真思考学生提出的问题及建议，提出整改措施，努力提高教学水平。

信　息　单

学习情境四	驱车路测及优化		
4.1	驱车路测	学时	10

序号	信 息 内 容
1	DT 路测简历

DT(Driver Test，驱车路测)指坐车在规定区域内采集通话信号，是通信网络运营商了解通信网络质量的一种途径，是为了掌握网络信号质量、电平、覆盖等状况，利用专门的测试设备对道路进行的测试。它通过驱车搭载无线测试设备沿一定道路行驶来测量无线网络的性能。在 DT 中模拟实际用户，用移动终端(一般指专用的测试手机)不停地拨打语音电话，不断地上传或下载不同大小的文件，通过测试软件信令采集和统计分析，获得网络性能的一些指标，发现网络中存在的问题，为优化提供数据支撑。

作为一名网络优化工程师，DT 是最基础的专业技术。

2	语音测试拨打设置

语音测试拨打前需要设置拨打号码、拨打次数、每次拨打时长。

(1) 打开之前初始化后的 TEMS 工程，单击底部导航栏 Ctrl&Config 按钮，打开 Command Sequence 窗口，如下图所示。

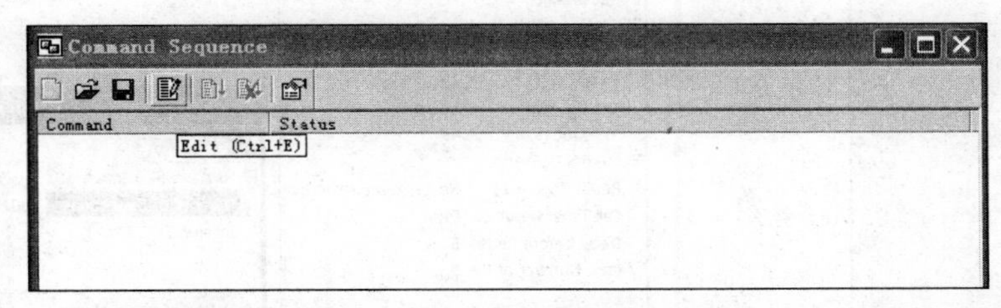

(2) 单击 Command Sequence 窗口的工具栏子项目按钮(Edit(Ctrl+E))，单击后如下图所示。

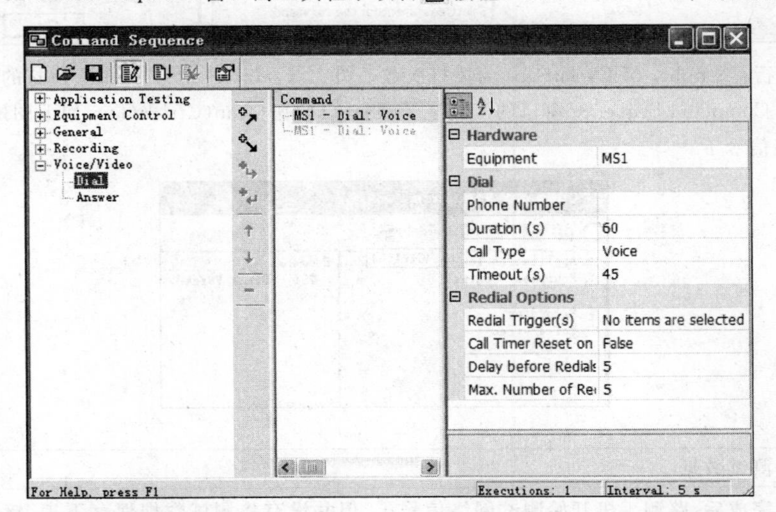

(3) 单击左侧导航栏子项目 Voice/Video→Dial 项，此时在 Command 栏就增加了一个新的 MS1-Dial：Voice 项。

(4) 在上图右侧添加上拨打电话号码，每次拨打时长，呼叫类型，如下页图所示。

续表

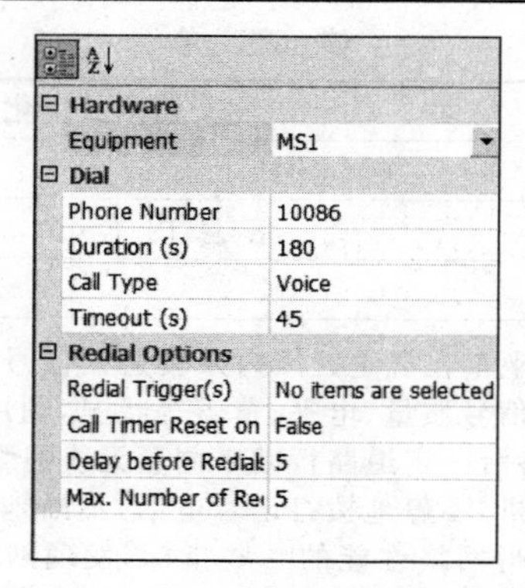

(5) 单击 Command Sequence 窗口的工具栏子项目按钮(Properties(Alt+Enter)),如下(左)图所示。单击后打开窗口 Command Sequence Properties,如下(右)图所示。

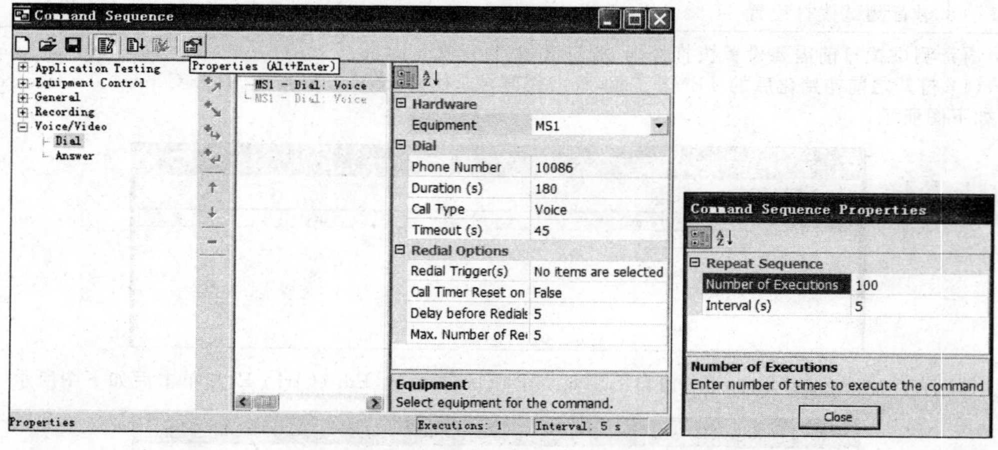

(6) 第一行：Number of Executions 为拨打次数。第二行：Interval(s) 为每次拨打的间隔长。

(7) 单击 Command Sequence 窗口的工具栏子项目按钮(Run(Ctrl+G)),如下图所示,测试手机开始测试网络信号了。

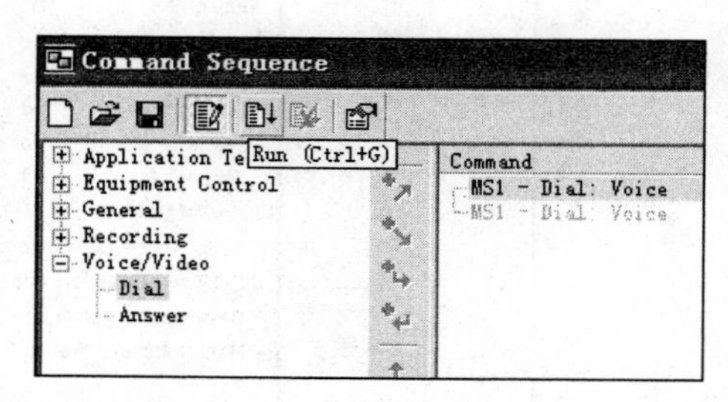

3	录制测试数据

上述步骤完成后,路测手机开始测试网络信号了,但并没有将测试数据保存下来,接下来将测试数据录制下来,以方便进一步开展网络数据分析工作。

(1) 单击 TEMS 软件工具栏 ● 按钮(Start recording),如下页(左)图所示,单击后出现“另存为”对话框,如下页(右)图所示。

续表

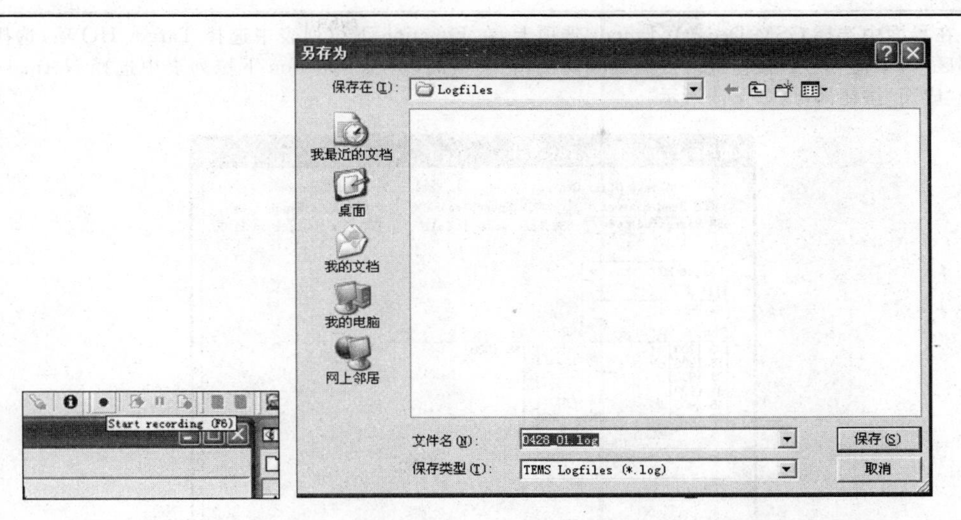

(2) 将录制数据存放于某一指定目录下，并命名。命名后 TEMS 重新开始测试网络信号。

注：一般命名规则为"路测路段名＋日期＋第几次测试"，以方便储存和搜索。例如：高速 DT 海门-河浦 20120408_01.log。

4	显示 MS 与服务小区的连线

在 map 窗口中单击按钮，出现如下 Theme Settings，选中 Cell Layer 复选框后单击 Add Theme 按钮，自动默认添加 Cell Line Theme 项，单击 OK 按钮，出现 Add Theme 对话框，第一行选择 GSM 项，其他默认，单击 OK 按钮即可。

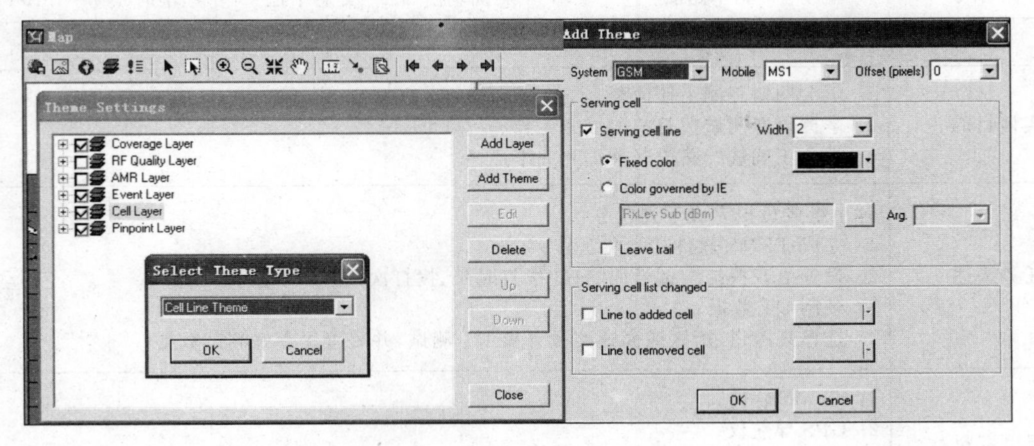

5	锁频

在拨号测试过程中，可以进行锁频强制切换，如下图所示，单击顶部工具栏 Equipment Properties 按钮(F8)。

续表

在界面中选择GSM Dedicated mode选项卡，在Function下拉列表中选择Target HO项，选择好目标邻区后，单击“应用”按钮进行强制锁频切换，想解锁的话，在Function下拉列表中选择Normal项，再单击“应用”按钮即可，如下图所示。

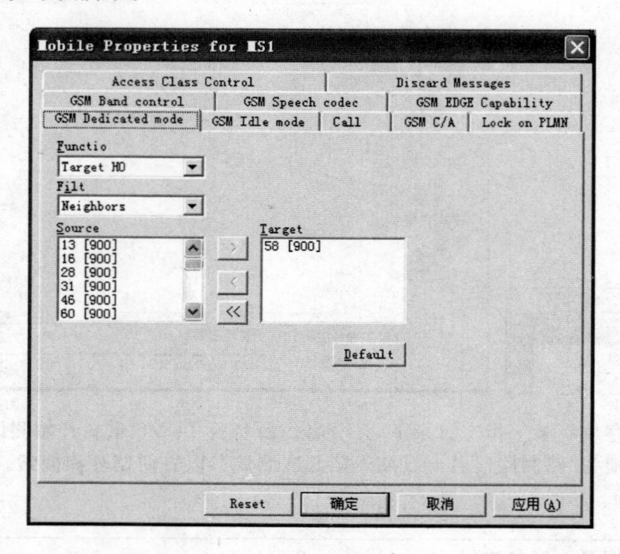

任 务 单

学习情境四	驱车路测及优化				
4.1	驱车路测	实训场所	交通干道	学时	10
布置任务					
实训目的	1. 学会网络路测工作流程； 2. 掌握语音测试拨打前的准备工作； 3. 学会正确选择路段开展DT工作。				
任务描述	各小组成员拟完成下列任务： 1. 完成TEMS软件初始化工作； 2. 设置语音拨打测试号码、每次拨打时长、拨打次数； 3. 录制DT数据； 4. 选择某国道、街区或高速路段开展DT测试，并妥善保存好测试数据。				
提供资料	1. TEMS软件； 2. GPS导航仪； 3. 笔记本电脑； 4. 路测手机。				
对学生的要求	1. 开车一定要注意安全，遵守交通规则，路测区域一定要很熟悉； 2. 如果没有小汽车可用，可选择电动车、自行车、公交车等交通工具； 3. 录制的测试数据一定要按命名规定来定。				

实　施　单

学习情境四	驱车路测及优化		
4.1	驱车路测	学时	10
作业方式	完成任务单中布置的任务。		

1. 试时间、测试次数；

2. TEMS 软件初始化；

3. 设置语音拨打测试号码、每次拨打时长、拨打次数；

4. 录制 DT 数据。

作业要求	1. 各组员独立完成； 2. 格式规范，思路清晰； 3. 完成后各组员相互检查和共享成果； 4. 及时上交教师评阅。					
作业评价	班级		第　组	组长签字		
	学号		姓名			
	教师签字		教师评分		日期	
	评语：					

教学反馈单

学习情境四	驱车路测及优化			
4.1	驱车路测		学时	10
序号	调查内容	是	否	理由陈述
1	是否掌握语音测试拨打前的准备工作			
2	是否能正确录制测试数据			
3	DT 测试时是否遇到什么困难			
4	小组合作是否愉快			
5	老师是否讲解清晰、易懂			
6	教学进度是否过快			

建议与意见：

被调查人签名		调查时间	

评 价 单

学习情境四	驾车路测及优化				
4.1	驱车路测		学时	10	
评价类别	项目	子项目	个人评价	组内互评	教师评价
专业能力（70%）	计划准备（20%）	搜集信息（10%）			
		软硬件准备（10%）			
	实施过程（50%）	理论知识掌握程度（15%）			
		实施单完成进度（15%）			
		实施单完成质量（20%）			
职业能力（30%）	团队协作（10%）				
	对小组的贡献（10%）				
	决策能力（10%）				
评价评语	班级		姓名		学号		总评	
	教师签字		第组		组长签字		日期	
	评语：							

4.2 数据统计与分析

网络优化需要大量的数据作为基础和依据，数据统计从各个方面反映了网络的运行状况和运行质量，如接通率、信号覆盖率、质量分布图、切换成功率等。

依据所采集的数据及数据统计结果，参照网络运行的要求，找出影响网络运行质量的原因。一般存在的问题有掉话、串话、切换失败、乒乓切换、越区切换、未接通、干扰大。因此可从4个方面来定位网络问题，即无线接通率分析、掉话分析、干扰分析、切换分析。

数据分析主要是分析空中接口的数据及测量覆盖，通过DT测试，可以了解：基站分布、覆盖情况，是否存在盲区；切换关系、切换次数、切换电平是否正常；下行链路是否有同频、邻频干扰；是否有小岛效应；扇区是否错位；天线下倾角、方位角及天线高度是否合理；分析呼叫接通情况，找出呼叫不通及掉话的原因，为制订网络优化方案和实施网络优化提供依据。

4.2.1 无线寻呼

课前引导单

学习情境四	驱车路测及优化	4.2	数据统计与分析	
知识模块	无线寻呼		学时	2
引导方式	请带着下列疑问在文中查找相关知识点并在课本上做标记。			

（1）什么叫寻呼？
（2）如何进行寻呼？
（3）有哪两种寻呼方式？

当 MS 完成小区重选、处于守候状态时，其频率调谐到小区 BCCH 频点上，并且不断收听系统广播消息，同时在属于自己的寻呼组中，监听发送给自己的寻呼，以便随时接听电话。

1. 寻呼原理

无线寻呼的过程即 MSC 通过寻呼寻找到 MS 的通信过程，只有在查找到移动用户后，MSC 才能进行下一步的呼叫接续工作。在 GSM 移动通信系统中，当 MSC 从 VLR 中获得 MS 当前所处的位置区号(LAI)后，将向这一位置区的所有 BSC 发出寻呼消息(Paging)。BSC 收到寻呼消息后，向该 BSC 下属于此位置区的所有小区发出寻呼命令消息(Paging Command)。当基站收到寻呼命令后，将在无线信道的该 IMSI 所在寻呼组的寻呼子信道上发出寻呼请求消息(Paging Request)，该消息中携带有被寻呼用户的 IMSI 或者 TMSI 号码。MS 在接收到寻呼请求消息后，通过随机接入信道(Rach)请求分配独立控制信道(Sdcch)。BSC 则在确认基站激活了所需的 Sdcch 信道后，在接入许可信道(Agch)通过立即指配消息(Imass)将该 Sdcch 信道指配给移动台。移动台则使用该 Sdcch 信道发送寻呼响应消息(Pagres)。BSC 将 Pagres 消息转发给 MSC，完成一次成功的无线寻呼。根据现网设置，如果 MSC 在发出 Paging 消息后，4s 内没有收到 Pagres 消息，MSC 则会再发送一次 Paging 消息，如果 4s 内仍没有收到 Pagres 消息，则此次无线寻呼失败，同时，MSC 将向主叫用户送被叫用户"暂时不能接通"的录音通知。

MS 必须至少每 30s 读取服务小区的 BCCH 信息一次。当呼叫 MS 时，MSC 向同一 LAI 内的所有小区发送寻呼命令，由各小区在 PCH 上发出寻呼消息。当寻呼组中没有寻呼消息发送给 MS 时，系统将传送空白寻呼消息。当系统发送的寻呼组不属于自己的寻呼组时，MS 将在这期间处于休眠状态，以最小功耗工作，直到属于自己的寻呼组到来，如图 4.15 所示。

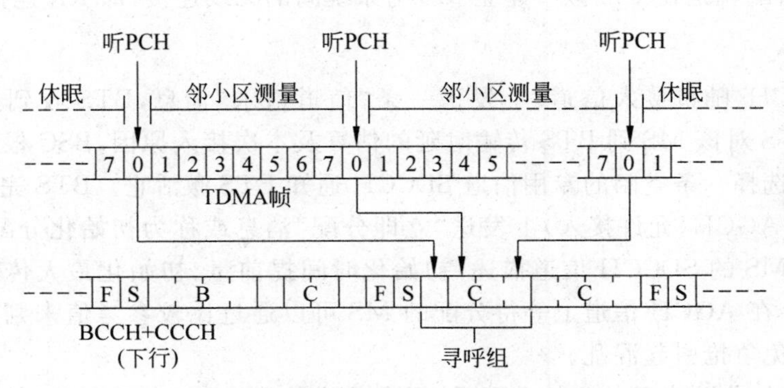

图 4.15　MS 在自己的寻呼组上监听寻呼消息

2. 寻呼策略

目前 GSM 网络存在 TMSI 寻呼和 IMSI 寻呼两种寻呼方式。在 GSM 系统中，每个用户都分配了一个唯一的 IMSI，IMSI 写在移动台的 SIM 卡中，长 8 字节，用于用户身份识别；TMSI 由 VLR 为来访的移动用户在鉴权成功后临时分配，仅在该 VLR 管辖范围内代替 IMSI 在空中接口中临时使用，且与 IMSI 相互对应，长 4 字节。因此空中接口的寻呼信道在使用 IMSI 方式寻呼时，寻呼请求消息中只能包含 2 个 IMSI 号码，而使用 TMSI 方式寻呼时，则可以包含 4 个 TMSI 号码。因此，使用 IMSI 方式寻呼带来的寻呼负荷会比使用

TMSI 方式寻呼增加一倍，是否使用 TMSI 由参数 TMSIPAR 来决定。

在用户的位置区信息已知的情况下，第一次寻呼会在该位置区进行，如果第一次寻呼失败，则第二次的寻呼方式则根据 PAGREP1LA 参数的设置进行，如果其值为 0，则不会进行第二次寻呼，直接产生 EOS400；如果其值为 1 或 2，则其使用 TMSI 或者 IMSI 在原位置区进行重复寻呼；如果其值为 3，则第二次寻呼使用 IMSI 在所有的位置区进行。

在用户的位置区信息未知的情况下，第一次寻呼会在所有的位置区进行，如果第一次寻呼失败，则第二次的寻呼方式则根据 PAGREPGLOB 参数的设置进行，如果其值为 0，则不会进行第二次寻呼，产生 EOS400；如果其值为 1，则其使用 IMSI 在所有位置区进行重复寻呼。

4.2.2 信道立即指配

课前引导单

学习情境四	驱车路测及优化	4.2	数据统计与分析	
知识模块	信道立即指配		学时	3
引导方式	请带着下列疑问在文中查找相关知识点并在课本上做标记。			

(1) 什么叫随机接入？
(2) 随机接入流程是什么？
(3) 立即指配包括哪两种？
(4) 如何正确选择信道分配方案？
(5) 立即指配参数如何设置？

信道立即指配就是在 Um 接口建立 MS 与系统间的无线连接，即 RR 连接。

1. 随机接入

MS 在 RACH（随机接入信道）上发送一条“信道请求”消息，BTS 收到此消息后通知 BSC，并附上 BTS 对该 MS 到 BTS 传输时延的估算及本次接入原因，BSC 根据接入原因及当前资料情况，选择一条空闲的专用信道 SDCCH 通知 BTS 激活它。BTS 完成指定信道的激活后，BSC 在 AGCH（允许接入）上发送“立即分配”消息或称为初始化分配消息，其中包含 BSC 分配给 MS 的 SDCCH 信道描述，初始化时间提前量、初始化最大传输功率以及有关参考值。每个在 AGCH 信道上等待分配的 MS 可以通过比较参考值来判断这个分配信息的归属，以避免争抢引起混乱。

当 MS 正确地收到自已的初始分配后，根据信道的描述，把自己调整到该信道上，建立一条传送信令的链路，发送第一个专用信道上的初始消息，其中含有客户的识别码（来自 SIM 卡上的信息）、本次接入的原因、登记和鉴权等内容。

当 BSC 没有空闲信道可供分配时，BSC 要向 MS 发出“立即分配拒绝”消息，其中可以含有一个限制 MS 继续呼出的时间指示，MS 在该时间指示内将无法再次进行呼叫，这是一种减少 RACH 信道过载的方法。

随机接入流程如图 4.16 所示。

2. 立即指配程序

当一个连接被确定，立即指配程序分配一条信道用于传送呼叫过程中的信令，这条信令

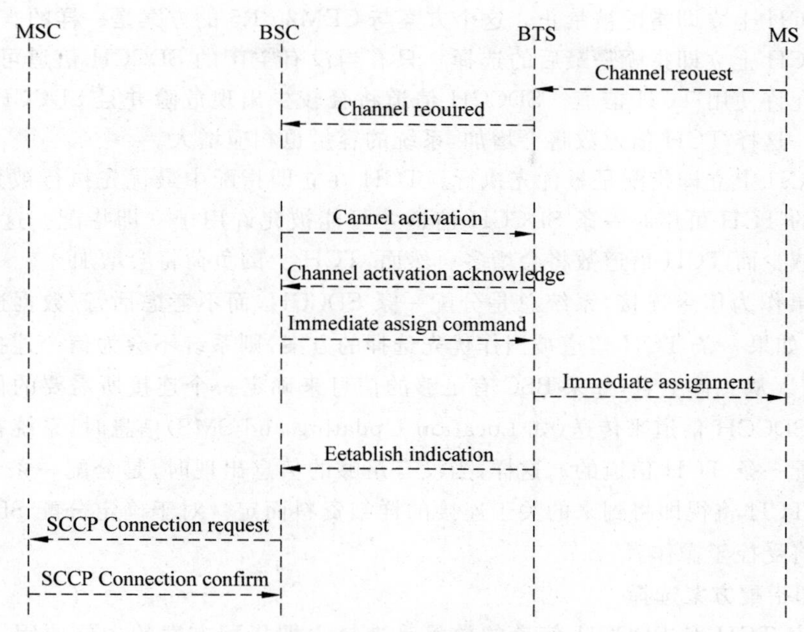

图 4.16　随机接入流程

信道可以是一条 SDCCH 信道，也可以是一条 TCH 信道。TCH 上的立即指配提供了几种不同的信道分配方法。它在信道管理部分被定义。

在 CME20 R5 中，呼叫建立过程中的信令传送只能在一条 SDCCH 上进行。由于在呼叫过程中信令的比特速率是十分低的。所以它能够把 8 个 SDCCH 信道安排在一个载频的时隙上(SDCCH/8)。因此使物理信道能够更有效地使用。信道资源的类型(SDCCH 和 TCH)是一个在低 SDCCH 拥塞和高 TCH 容量之间的折中方案。允许在立即指配中使用两种类型的信道将能够创建一个溢出机制，使信道资源的类型较少出现危险。

(1) 立即指配种类

立即指配包括在 SDCCH 上立即指配和在 TCH 上立即指配。

① 在 SDCCH 上立即指配：一条 SDCCH 信道在立即指配时被分配。如果为传送话音/数据需要一条信道，在指配时将会分配一条 TCH 信道。如果为传送信令需要一条信道，在指配时只能分配一条 SDCCH 信道。

② 在 TCH 上立即指配：一条 TCH 信道被允许用于立即指配。如果为传送话音/数据需要一条信道，这个连接在指配时要改变信道模式，但只能在被分配的 TCH 信道上。如果为传送信令需要一条信道，这个连接也只能在分配的 TCH 信道上，但信令业务有 SACCH 部分(SMS)或 FACCH 部分。

在立即指配中，MS 发送信道请求信息至 BTS，这个信息包含各种信道请求中的某一种确定的请求信息。它给出了请求的信道是用于传送话音/数据或是用于传送信令的明确指示。立即指配是分配一条 SDCCH 还是分配一条 TCH 是由这个信息决定的。

(2) TCH 指配

TCH 上的立即指配应考虑需要信道的业务情况。为了话音/数据连接，操作者能够在 3 种综合方案之间进行选择。

① 在TCH上立即指配被禁止。这个方案与CEM20 R5的方案是一样的。

② 在TCH上立即指配是最后的选择。只有当没有空闲的SDCCH信道可用时,在立即指配中才允许使用TCH信道。SDCCH信道将会较少出现危险并且SDCCH信道数目将可以减少。这样TCH信道数将会增加,系统的容量也相应增大。

③ 在TCH上立即指配是最优先执行。TCH在立即指配中最优先执行被允许。只有在没有空闲的TCH可用时一条SDCCH信道才可能被允许用于立即指配。这样SDCCH信道数将会减少而TCH信道数将会增多。然而,TCH上的负荷将会增加。

但是如果作为信令连接,系统总是分配一条SDCCH,而不考虑话音/数据连接的选择方案。然而,如果一条TCH信道被当作优先选择的方案,则系统不会为信令连接分配一条SDCCH信道。从总体上看,如果BSC有足够的信息来确定一个连接所需要的信道类型是要采用一条SDCCH信道来传送(如Location Updating and SMS)信息时,系统在立即分配时是不会分配一条TCH信道的。这样,当没有足够的信息出现时,是分配一条SDCCH还是分配一条TCH将视即将到来的关于连接的详细资料而定。对于确定分配SDCCH还是分配TCH,将受控于操作者。

(3) 立即指配方案选择

如何确定TCH和SDCCH信道的数目是选择立即指配方案的主要原因。如果选择TCH first方案,必须考虑一些其他附加的情况。这些附加的情况包括phase 1 MS数目与phase 2 MS数目之间的关系和网络中信令业务(主要是SMS)的总量。例如,如果网络中的phase 1 MS移动台的数目很多并且SMS业务量很大,而由于BSC没有足够的信息来区别这个信道请求信息需要的是SDCCH还是TCH,这样BSC不能够实现最佳的分案。减少出现这种情况对系统工作的影响可以用选择适当的信道分配方案来实现,这时如果选择TCH first方案,将会出现大量的SMS信息在TCH(SACCH)上被传送,这样从减少一条TCH带来大量的话音/数据业务方面来看,这个代价是值得的。

(4) 信道分配方案

在BSC中,信道的分配运算选择和分配一条合适的信道。每个小区都是通过参数CHAP来选择一种信道的分配方案(Chap)的,每一种CHAP都对所有的各种业务情况所采用的信道分配方案作了详细的规定。在立即分配时信道的分配方案可以是以下几种。

① 在TCH上立即指配是最优先执行方案(CHAP2、CHAP3和CHAP4)。

② 在TCH上立即指配是最后的选择(CHAP1和CHAP6)。

③ 在TCH上立即指配被禁止(CHAP0、CHAP5和CHAP7)。

最终选择哪一种CHAP应由phase1/phase2 MS的数值、网络中的SMS的总业务量和信道的分配方案3个方面的情况来决定。

(5) 紧急呼叫分配

紧急呼叫分配SDCCH信道还是分配TCH信道的方案与分配其他的话音/数据业务类型的情况一样,这种情况在所有的CHAP中都有规定。然而,对于CHAP4的TCH first方案,尝试减少SMS呼叫信息总量而被分配至TCH的可能性同样多。在一个网络中,除了紧急呼叫在立即分配时最先被分配到一条SDCCH信道上之外,控制phase1 MS的数量会影响到其他所有的呼叫。

(6) 参数设置

CHAP：定义一个信道分配方案，每一个小区可以独立设置。可以有 3 种立即指配方案通过 CHAP 来设置。

① CHAP＝0、5 或 7：在 TCH 上不能立即指配。

② CHAP＝1 或 6：TCH last(SDCCH first)。

③ CHAP＝2、3 或 4：TCH first。

4.2.3 鉴权与加密

课前引导单

学习情境四	驱车路测及优化	4.2	数据统计与分析	
知识模块	鉴权与加密		学时	3
引导方式	请带着下列疑问在文中查找相关知识点并在课本上做标记。			

(1) 为什么需要鉴权加密?
(2) 何谓鉴权和加密的三参数组?
(3) 鉴权流程是什么?
(4) 加密原理是什么?
(5) 加密流程是什么?

移动通信最关注的是通信的安全，人们不希望在打电话的时候有人在窃听，所以空中传递的信号必须加密。但加密之前必须知道通话的对方是谁，否则加密没有任何意义。为了防止非法用户访问该信息，必须首先鉴权。

1. 鉴权

日常生活中，鉴权的例子很多。如禁止别人操作自己的电脑，可以给电脑设置用户名和密码，只有输入正确的用户名和密码才能操作电脑。GSM 同样运用此原理，但实际过程复杂得多。

GSM 里有一个唯一识别 SIM 卡的标识，称为 IMSI 号，不妨将它当成用户名，如果将 Ki 号当密码，似乎可以完成一次鉴权过程。但实际上很不安全，因为用户名和密码都是明文传输，极易被非法用户窃取，因此必须完善。

(1) A3 算法

首先采用 A3 算法，将密码转换为暗文，如同输入电脑密码时看不到密码(用****替代)。用户名也不用真名 IMSI，而是用代号 TMSI。TMSI 是 VLR 临时分配给移动用户的识别码，每次呼叫建立、位置更新等过程中，可替代 IMSI 在空中接口的使用，完成操作后重新分配一次，有效地保护用户在无线通信道上不被识别。

GSM 安全性极高，采取进一步的措施加强鉴权，即让 MSC/VLR 数据库下发一个随机数给手机，手机和 MSC/VLR 同时用随机数 RAND 和密码 Ki 经过 A3 算法得出一个响应数 SRES，如手机算出的响应数和 MSC/VLR 算出的响应数一致，则判定鉴权成功，用户为合法用户。因为随机数每次都在变化，从而导致响应数在不断变化。GSM 中随机数 RAND 有 128 位，可以表示 2^{128} 个数字，要破解出来几乎是不可能的事。同时两个关键因素是密钥 Ki 值和 A3 算法是不对外公开的，属于商业机密。GSM 鉴权过程如图 4.17 所示。

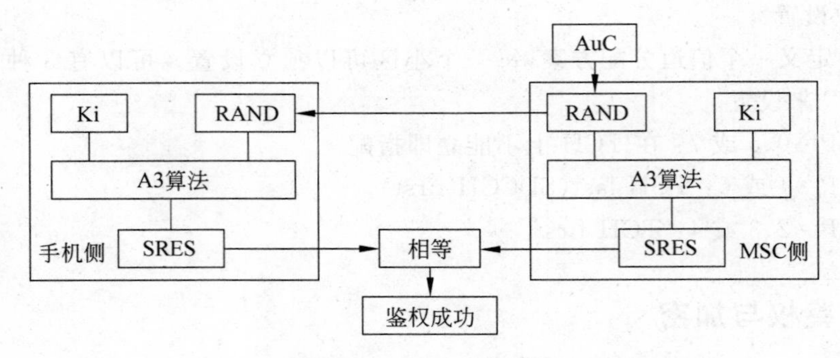

图 4.17 GSM 鉴权过程

上述完成了鉴权过程，接下来需要进行加密。鉴权过程是将手机侧产生的 SRES 传送到 MSC 中，主要工作都在 MSC 中完成，非常安全。但加密过程是在 BTS 上完成的，如果将商业机密 Ki 传送给 BTS 侧，显然是非常不安全的。因此 GSM 采用了 A8 算法来解决这一问题。

（2）A8 算法

A8 算法就是将 RAND 和 Ki 经过 A8 算法得出一个加密用的密钥 Kc，因为 RAND 是随机的，因此 Kc 也是随机的，增加了加密过程的安全性。AuC 通过 A3 算法和 A8 算法得出了 SRES、Kc，那么 SRES、Kc、RAND 形成三参数组，5 组三参数将一同送往 HLR。MSC/VLR 需要三参数时，就向 HLR 请求，HLR 每次发送 5 组三参数供 MSC/VLR 慢慢使用，当剩到两组时，就再次向 HLR 申请三参数。

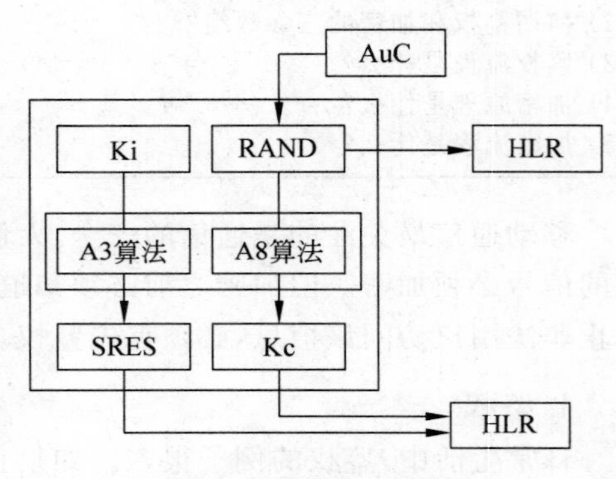

图 4.18 鉴权三参数

（3）鉴权信令流程

当 MS 请求业务时，如呼叫建立、位置更新、补充业务等，MS 向 MSC/VLR 鉴权请求，MSC 从 HLR 中得到鉴权三参数组（图 4.18），将其发给 MS，MS 根据自身的 IMSI、Ki 和 RAND 产生 SRES 送回给 MSC/VLR，MSC 将响应进行核对，如果一致则为合法用户，如果不一致为非法用户，如图 4.19 所示。

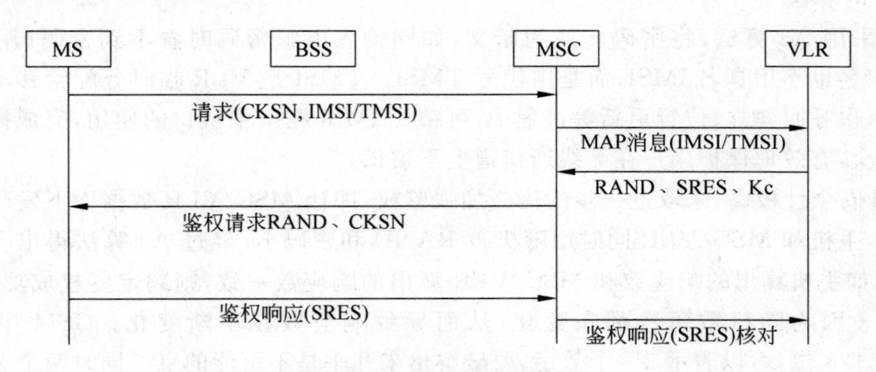

图 4.19 鉴权信令流程

2. 加密

鉴权之后紧跟着加密过程，加密过程仅仅发生在空口环节，而并不是所有话路中。从BTS到MSC都是采用明文传输的。

(1) 加密原理

GSM采用流加密法，即发送方和接收方拥有相同的密钥，发送方用该密钥对信号进行加密，接收方用该密钥对信号进行解密。关键问题是如何对信号进行加密。

假设传输一明文0111，密钥为1101，加密算法为异或，那么加密和解密的过程如图4.20所示。

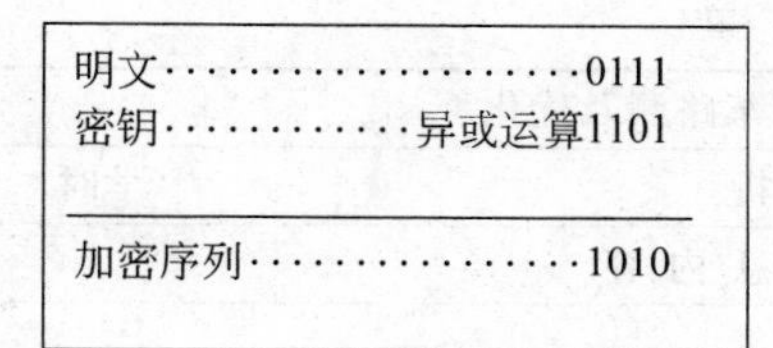

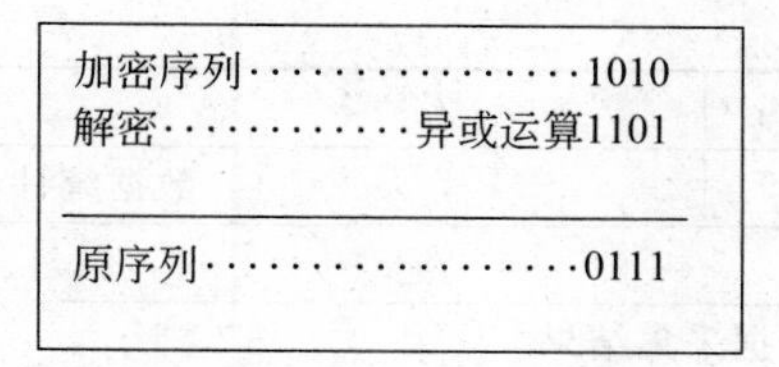

图4.20　加密解密原理

(2) A5算法

上述密钥来自鉴权三参数IMSI、Ki、RAND经A8算法产生的Kc，每一次鉴权产生一个Kc，随着RAND不同，每次产生的Kc也不同，因此破密难度加大。但GSM加密过程并不完全这么简单，为了加大破密难度，引用了A5算法。

GSM加密的密钥采用TDMA帧号(22bit)和Kc(64bit)一起通过A5算法来得到加密序列(114bit)，如图4.21所示。Kc是一个随机数，但相对而言占用时间较长，而TDMA帧号却只占4.615ms，即4.615ms时间加密序列变化一次，要破解几乎是不可能完成的任务。

帧号22bit　Kc(64bit)
A5算法
加密序列(114bit)

图4.21　加密过程

(3) 加密流程

① 鉴权程序中产生的密钥Kc随RAND和SRES一起送往MSC/VLR。

② MSC/VLR启动加密进程，发加密模式命令“M”(一个数据模型)经基站发往移动台。

③ 在移动台中对“M”进行加密运算(A5算法)，其输入参数为KC、M和TDMA当前帧号。加密后的信息送基站解密。

若解密成功(“M”被还原出来)，则从现在开始，双方交换的信息(话音、数据、信令)均需经过加密、解密步骤。

加密是通过对空中接口所传的码流加密，使得用户的通话和信令不被窃听。它使用加密密钥Kc，用A5算法同时在基站和手机加密和解密。

移动手机可用鉴权过程中得到的CKSN，产生密钥Kc。MSC在启动加密模式时，将密钥Kc告知BSS。这样Kc只在有线部分传送，空中接口送的是CKSN，使得加密消息更为安全。由此也可知道，加密功能总是和鉴权功能一起使用的。

4.2.4 实训单据

① 信息单的内容以学生自学为主，老师指导为辅。学生依据信息单的步骤操作，遇到疑问及时向老师请教。

② 学生依据老师给定的任务单，完成实施单，认真填写教学反馈单，同时组内互评。

③ 老师评阅实施单，并把结果反馈在评价单上；同时仔细看教学反馈单信息，认真思考学生提出的问题及建议，提出整改措施，努力提高教学水平。

信 息 单

学习情境四	驱车路测及优化		
4.2	数据统计与分析	学时	4

序号	信 息 内 容
1	数据采集结果

测试所采集的数据通过实时处理或后台处理，可以得到所需的直观方便的图示形式结果。

(1) 测试报告

整个DT测试过程中，详细的统计报告包括拨打次数、接通率、掉话率、话音质量、TA分布、功率分布等。

(2) BCCH信道覆盖图

根据测量点的BCCH场强，可以得到整个测试范围的BCCH覆盖情况。由BCCH场强分布情况可以判断有无信号强度非常弱的盲区。结合话务量分析及用户密集程度，再根据信令覆盖情况，就可以判断小区基站的覆盖范围是否合理、相邻基站覆盖区交叠范围是否合理。通过该图也可分析信令干扰情况。

(3) 话音质量覆盖图

由话音质量覆盖图可看出所经路径通话质量，结合接收电平覆盖图可判断网络是否存在同频干扰或基站天线发射是否正常、小区覆盖情况是否符合设计、有无盲区，有助于分析同频干扰和掉话问题。

(4) 信道切换分布图

信道切换分布图显示小区切换分布情况。切换点两侧的颜色表示切换前后的场强大小。由此可判断切换前后的场强是否正常，即是否属于正常切换。正常切换点的分布能说明小区的边缘范围和与邻近小区的交叉覆盖程度。根据信道切换分布图，可以判断网络覆盖是否合理，防止不必要的切换以及该切不切的情况产生。

(5) 邻频道载干比C/A

分析邻频道载干扰比，可以知道频率规划是否合理。

(6) 同频道载干比C/A

同频道载干扰测试结果，根据BCCH测试图和频谱分布图可判定是否存在同频道干扰比或其他干扰。

2	话务统计

话务统计包括统计拨打次数、接通率、掉话率、话音质量、信号覆盖率、TA分布、功率分布等。

(1) 关闭TEMS已打开的测试数据

选择菜单栏Logfile→Close Logfile命令，如下图所示。

(2) 添加路测数据

选择菜单栏Logfile→Report Generator命令，打开Report Wizard，Logfiles对话框，如下页(左)图所示。在此对话框中单击Add按钮，在“打开”对话框中选择路测数据(如果所测试的一条线路分几次共同完成，则全部添加，如下页(右)图所示)。

续表

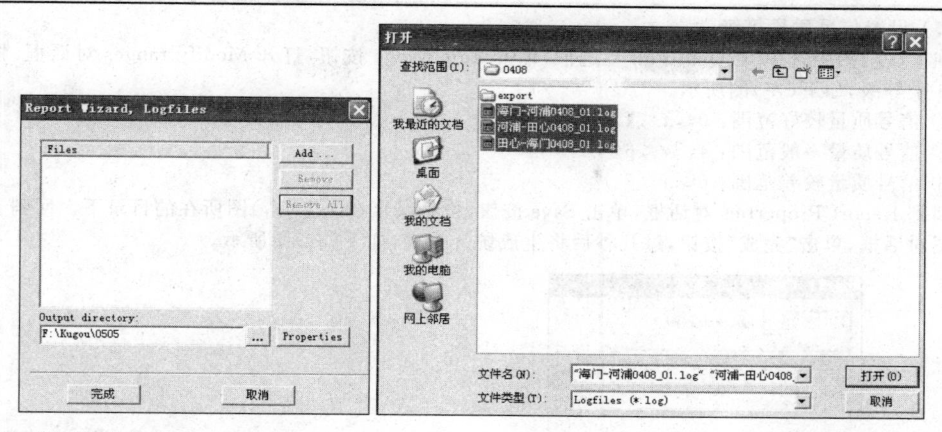

(3) 确定输出目录

上述步骤回到了 Report Wizard，Logfiles 对话框，选择统计报表输出路径，即单击 Properties 按钮，将数据存放于英文目录下(注意：必须在英文目录下)，如下图所示。

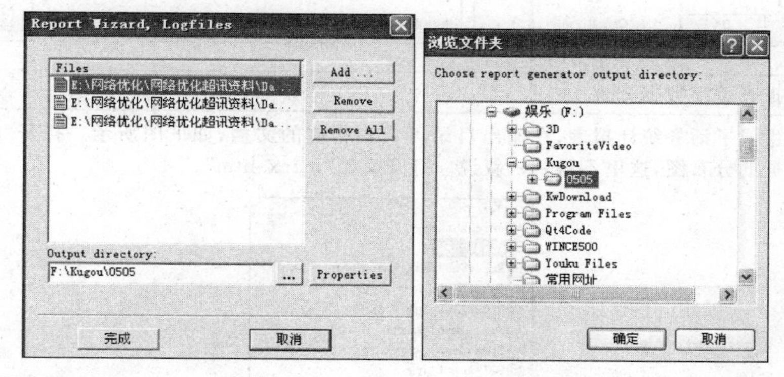

(4) 设置信号覆盖等级

单击上(左)图中 Properties 按钮，打开 Report Properties 对话框，如下(左)图所示，找到 IE 子项 Rxlev Sub(dBm)，并将其选中。

单击 Edit Range 按钮，打开 Modify ranges，将其划分为两个等级，如下(右)图所示。

① 盲区或未覆盖信号电平范围：$-120 \leqslant x < -94$。

② 覆盖区信号电平范围：$-94 \leqslant x < -10$。

上述两个等级表示统计信号盲区比率或信号电平的覆盖率，可依据运营商实际要求稍作调整。

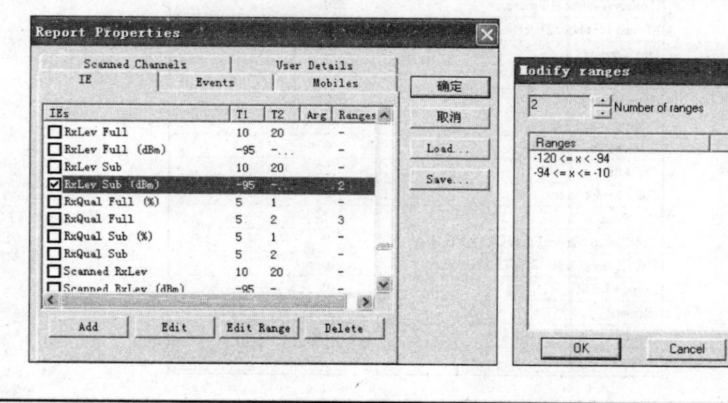

续表

（5）设置信号质量等级

在上（左）图中选中 RxQual Full 复选框，单击 Edit Range 按钮，打开 Modify ranges 对话框，将其划分为 3 个等级，如下（左）图所示。

① 信号质量较好范围：$0\leqslant x<4$。

② 信号质量一般范围：$4\leqslant x<6$。

③ 信号质量较差范围：$6\leqslant x\leqslant 7$。

回到 Report Properties 对话框，单击 Save 按钮，将其保存在上上（右）图所在的目录下。回到了上上（左）图对话框，单击“完成”按钮，过几秒后将生成统计报表，如下（右）图所示。

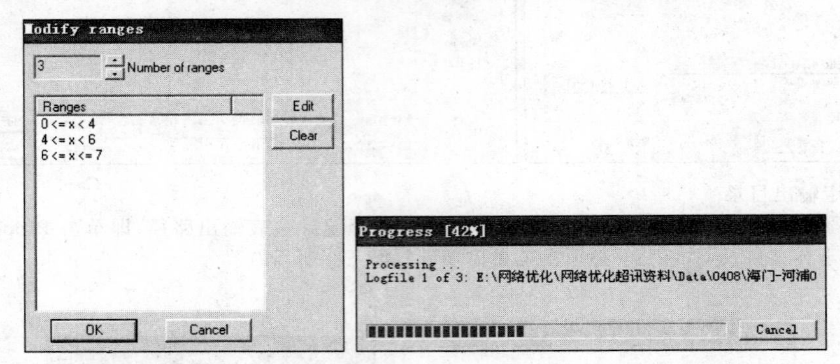

3　统计报表关键数据分析

上述步骤生成了话务统计报表，在输出目录可找到相应的文档，如下图所示。打开.jpg 图像，要查看多个测试数据的分布图，这里不再一一叙说。打开文档“index. htm”。

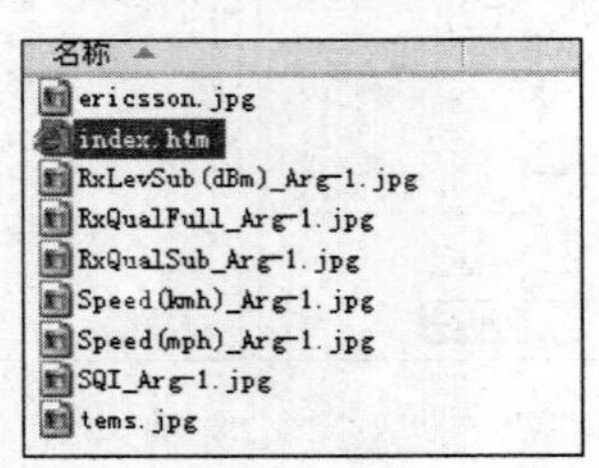

（1）查看 Event 数据

在表格 Event 中可查看呼叫次数（Call Attempt）、成功呼叫次数（Call Setup）、掉话次数（Dropped Call）、切换次数（Handover）、切换失败次数（Handover Failure）等信息，如下图所示。

Event	#[no.of]
Handover Intracell	0
Handover Intracell Failure	0
Missing Neighbor Detection, GSM Symmetry	3
Ping Timeout	0
RAS Error	0
Session Error	0
Authentication Failure	0
Blocked Call	0
Call Attempt	22
Call Attempt Retry	0
Call Setup	22
Cell Change Order From UTRAN Failure	0
Cell Change Order To UTRAN Failure	0
Dropped Call	0
Filemark	0
Handover	101
Handover Failure	1

续表

(2) 查看信号覆盖率

如下图所示，可查看未良好覆盖信号电平(−120≤x<−94)的测量点数(PDF[#])及所占比率(PDF[%])；较好覆盖信号电平(−94≤x<−10)的测量点数及所占比率。

下图信号电平的覆盖率为99.9%。

Interval	PDF [#]	PDF [%]	CDF [#]	CDF [%]
-120 ≤ x < -94	7	0.1	7	0.1
-94 ≤ x < -10	8756	99.9	8763	100.0

(3) 查看信号质量分布

如下图所示，可查看信号质量较好(0≤x<4)的测量点数(PDF[#])及所占比率(PDF[%])；信号质量一般(4≤x<6)的测量点数及所占比率；信号质量较差(6≤x≤7)的测量点数及所占比率。

下图中，信号质量=90.6%+8.3%×0.7=96.41%。系数0.7依据运营商实际要求稍作调整。

Interval	PDF [#]	PDF [%]	CDF [#]	CDF [%]
0 ≤ x < 4	7411	90.6	7411	90.6
4 ≤ x < 6	682	8.3	8093	99.0
6 ≤ x < 7	83	1.0	8176	100.0

任 务 单

学习情境四	驱车路测及优化				
4.2	数据统计与分析	实训场所	多媒体教室	学时	4
布置任务					
实训目的	1. 掌握话务统计报表的生成； 2. 学会分析话务统计报表中关键数据。				
任务描述	各小组成员拟完成下列任务： 1. 将4.1中实训单据中所路测到的数据作话务统计； 2. 找出拨打次数、接通率、掉话率、话音质量、信号覆盖率； 3. 找到网络故障点，如掉话地点、话音质量极差区域等，并依据现场情况分析原因。				
提供资料	1. 路测手机； 2. 笔记本电脑； 3. TEMS软件及手机驱动。				
对学生的要求	所选择的测试数量不能太短，太短无法正确反映出该路段的真实覆盖情况。				

实 施 单

学习情境四	驱车路测及优化				
4.2	数据统计与分析	实训场所	多媒体教室	学时	4
作业方式	完成任务单中布置的任务。				

1. 叙述制作话务统计报表的过程。

2. 填写下表。

DT测试线路	覆盖率/%	呼叫次数	接通次数	掉话次数	接通率/%	掉话率/%	信号质量/%

续表

3. 网络故障点，并分析原因。

<table>
<tr><td rowspan="1">作业要求</td><td colspan="6">1. 各组员独立完成；
2. 格式规范，思路清晰；
3. 完成后各组员相互检查和共享成果；
4. 及时上交教师评阅。</td></tr>
<tr><td rowspan="4">作业评价</td><td>班级</td><td></td><td>第　组</td><td>组长签字</td><td colspan="2"></td></tr>
<tr><td>学号</td><td></td><td>姓名</td><td colspan="3"></td></tr>
<tr><td>教师签字</td><td></td><td>教师评分</td><td></td><td>日期</td><td></td></tr>
<tr><td colspan="6">评语：</td></tr>
</table>

教学反馈单

<table>
<tr><td>学习情境四</td><td colspan="6">驱车路测及优化</td></tr>
<tr><td>4.2</td><td colspan="2">数据统计与分析</td><td>实训场所</td><td>多媒体教室</td><td>学时</td><td>4</td></tr>
<tr><td>序号</td><td>调 查 内 容</td><td>是</td><td>否</td><td colspan="3">理由陈述</td></tr>
<tr><td>1</td><td>是否能正确制作话务统计报表</td><td></td><td></td><td colspan="3"></td></tr>
<tr><td>2</td><td>是否能准确找到网络故障点</td><td></td><td></td><td colspan="3"></td></tr>
<tr><td>3</td><td>是否能查看网络关键数据</td><td></td><td></td><td colspan="3"></td></tr>
<tr><td>4</td><td>是否能正确分析网络故障原因</td><td></td><td></td><td colspan="3"></td></tr>
<tr><td>5</td><td>老师是否讲解清晰、易懂</td><td></td><td></td><td colspan="3"></td></tr>
<tr><td>6</td><td>教学进度是否过快</td><td></td><td></td><td colspan="3"></td></tr>
<tr><td colspan="7">建议与意见：</td></tr>
<tr><td>被调查人签名</td><td colspan="2"></td><td>调查时间</td><td colspan="3"></td></tr>
</table>

评　价　单

<table>
<tr><td>学习情境四</td><td colspan="5">驱车路测及优化</td></tr>
<tr><td>4.2</td><td colspan="2">数据统计与分析</td><td>学时</td><td colspan="2">4</td></tr>
<tr><td>评价类别</td><td>项目</td><td>子项目</td><td>个人评价</td><td>组内互评</td><td>教师评价</td></tr>
<tr><td rowspan="5">专业能力
（70%）</td><td rowspan="2">计划准备
（20%）</td><td>搜集信息（10%）</td><td></td><td></td><td></td></tr>
<tr><td>软硬件准备（10%）</td><td></td><td></td><td></td></tr>
<tr><td rowspan="3">实施过程
（50%）</td><td>理论知识掌握程度（15%）</td><td></td><td></td><td></td></tr>
<tr><td>实施单完成进度（15%）</td><td></td><td></td><td></td></tr>
<tr><td>实施单完成质量（20%）</td><td></td><td></td><td></td></tr>
</table>

续表

<table>
<tr><th>评价类别</th><th>项目</th><th colspan="3">子项目</th><th>个人评价</th><th>组内互评</th><th colspan="2">教师评价</th></tr>
<tr><td rowspan="3">职业能力（30%）</td><td colspan="4">团队协作(10%)</td><td></td><td></td><td colspan="2"></td></tr>
<tr><td colspan="4">对小组的贡献(10%)</td><td></td><td></td><td colspan="2"></td></tr>
<tr><td colspan="4">决策能力(10%)</td><td></td><td></td><td colspan="2"></td></tr>
<tr><td rowspan="3">评价评语</td><td>班级</td><td></td><td>姓名</td><td></td><td>学号</td><td></td><td>总评</td><td></td></tr>
<tr><td>教师签字</td><td></td><td>第　组</td><td></td><td>组长签字</td><td></td><td>日期</td><td></td></tr>
<tr><td colspan="8">评语：</td></tr>
</table>

4.3 制订网络优化方案

找到影响网络质量的问题后，需制定网络调整方案。网络方案的制订一般依据下列顺序。

(1) 首先通过调整 GSM 无线资源参数来解决网络故障（无线资源参数可通过 BSC 后台操作人机界面来进行动态调整，不需要调整硬件）。

(2) 当无法通过调整无线资源参数解决问题时，可考虑调整基站发射功率、天线高度、方位角、下倾角等工程措施来解决问题。

(3) 当上述方式仍无法解决问题时，可考虑调整信道数、增加直放站、调整基站位置等措施。

无线参数调整的基本原则是充分利用已有的无线资源，通过业务量分担的方式使全网的业务和信令流量尽可能均匀，以达到提高平均服务水平的目标。

4.3.1 主叫

课前引导单

<table>
<tr><td>学习情境四</td><td colspan="2">驱车路测及优化</td><td>4.3</td><td colspan="2">制订网络优化方案</td></tr>
<tr><td>知识模块</td><td colspan="3">主叫</td><td>学时</td><td>2</td></tr>
<tr><td>引导方式</td><td colspan="5">请带着下列疑问在文中查找相关知识点并在课本上做标记。</td></tr>
<tr><td colspan="6">(1) 主叫信令流程包括哪几个阶段？
(2) 各个阶段都起何作用？
(3) 各个阶段包括哪些流程？</td></tr>
</table>

移动用户做主叫（Mobile Originate，MO）时的信令过程从 MS 向 BTS 请求信道开始，到主叫用户 TCH 指配完成为止。一般来说主叫经过几个大的阶段：接入阶段，鉴权加密阶段，TCH 指配阶段，取被叫用户路由信息阶段。各个阶段过程如表 4.2 所示。

表4.2 移动用户主叫信令流程

阶段	过程	作用
接入阶段	1. 信道请求 2. 信道激活 3. 信道激活响应 4. 立即指配 5. 业务请求	手机和BTS(BSC)建立了暂时固定的关系
鉴权加密阶段	1. 鉴权请求 2. 鉴权响应 3. 加密模式命令 4. 加密模式完成 5. 呼叫建立	主叫用户的身份已经得到了确认,网络认为主叫用户是一个合法用户,允许继续处理该呼叫
TCH指配阶段	1. 指配命令 2. 指配完成	主叫用户的话音信道已经确定,如果在后面被叫接续的过程中不能接通,主叫用户可以通过话音信道听到MSC的语音提示
取被叫用户路由信息	1. 向HLR请求路由信息 2. HLR向VLR请求漫游号码 3. VLR回送被叫用户的漫游号码 4. HLR向MSC回送被叫用户的路由信息	MSC收到路由信息后,对被叫用户的路由信息进行分析,可以得到被叫用户的局向,然后进行话路接续

1. 第一阶段:接入阶段

当用户输入被叫号码完毕按下发射按钮后,MS将进行一系列动作。

首先,MS将在RACH向BSS发送信道请求消息,以便申请一个专用信道(SDCCH),

BSC为其分配相应的信道成功后(信道激活),在AGCH中通过立即分配消息通知MS为其分配专用信道,随后MS将在为其分配的SDCCH上发送一个层三消息——CM业务请求消息。在该消息中CM业务类型为移动发起呼叫,该消息被BSS透明地传送到MSC,MSC收到CM业务请求消息后,通过处理请求消息通知VLR处理此次MS的接入业务请求,同时MSC将向BSC回送接续确认消息。

2. 第二阶段:鉴权加密阶段

收到业务接入请求后,VLR将首先查看在数据库中该MS是否有鉴权三参数组,如果有,将直接向MSC下发鉴权命令,否则,向相应的HLR/AUC请求鉴权参数,从HLR/AUC得到三参数组,然后再向MSC下发鉴权命令。

MSC收到VLR发送的鉴权命令后,通过BSS向MS下发鉴权命令,在该命令中含有鉴权参数,MS收到鉴权命令后,利用SIM卡中的IMSI和鉴权算法,得出鉴权结果,通过鉴权响应消息送给MSC,MSC将鉴权结果回送VLR,由VLR核对MS上报的鉴权结果和从HLR取得的鉴权参数的结果,如两者不一致,拒绝接入;如果两者一致,则鉴权通过。VLR将首先向MSC发加密命令,然后通知MSC该MS此次接入请求已获得通过,MSC通过BSS通知MS业务请求获得通过,然后MSC向MS下发加密命令,该命令内含加密模式,MS收到此命令并完成加密后,回送加密完成消息。到此,MS完成了整个接入阶段的工作,如图 4.22 所示。

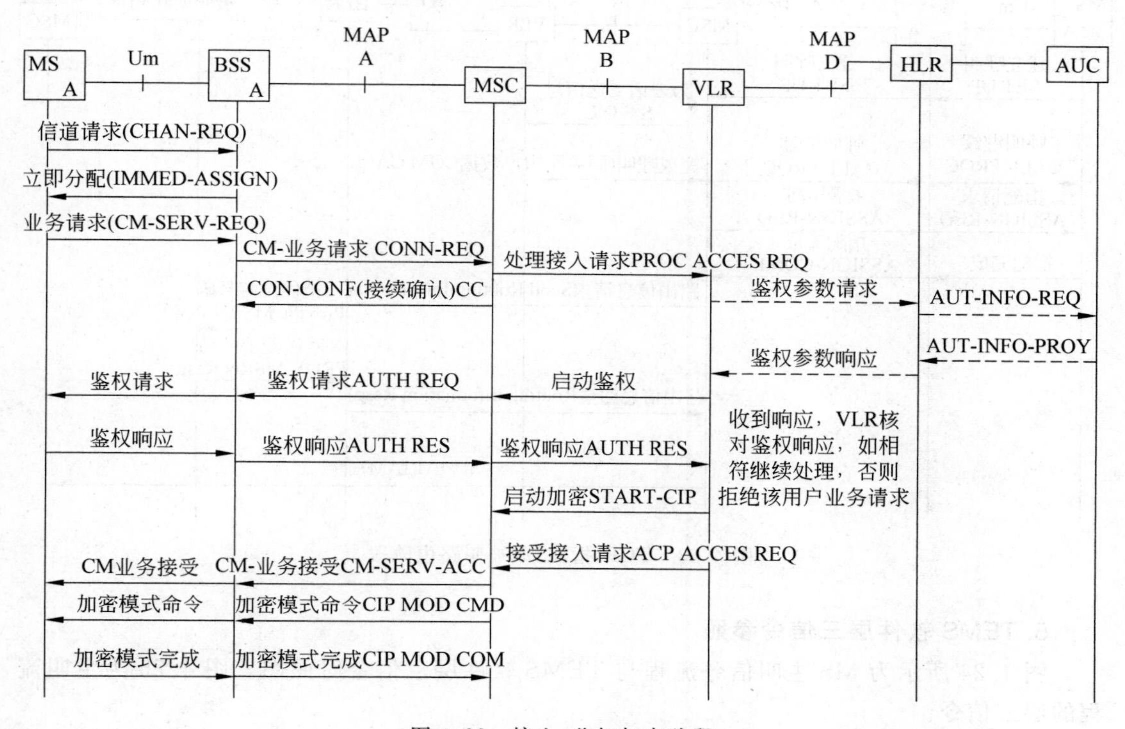

图 4.22　接入、鉴权加密阶段

3. 第三阶段：TCH 指配阶段

鉴权加密后，主叫合法接入了网络，为继续进行呼叫，需要更为详细的信息。此时 MS 将发送一个 Setup 消息，在此消息中，携带有被叫号码和主叫标识等更为详细的信息，MSC 收到消息后，首先通过 S. I. F. O. 消息向 VLR 查询该用户的相关业务信息，VLR 根据此次业务类型和开户时 MS 已经申请的业务信息，决定此次呼叫是否可以继续。

如果可以继续，通过完成呼叫消息向 MSC 回送该用户数据，MSC 收到该信息后，通过呼叫继续消息，经 BSS 通知 MS 呼叫在继续处理之中，然后根据 A 接口电路情况，MSS 向 BSC 发送指配请求消息，在该消息中选定某条 A 接口电路，BSC 收到该指令后，向 BTS、MS 指定无线资源，MS 收到该指令后，占用成功回送分配完成消息。

4. 第四阶段：取被叫用户路由信息

MSC 收到 MS 上报的指配完成消息后，进行被叫分析，根据被叫号码寻址到 HLR，MSC 发送路由信息请求消息，HLR 收到该消息后，根据被叫 IMSI 查询得到被叫所在的 VLR，向被叫所在的 VLR 请求漫游号码，被叫所在的 VLR 在收到请求漫游号码消息后，为对应的 MS 分配 MSRN，然后在请求漫游号码响应消息中回送给 HLR，HLR 得到该 MSRN 后，向主叫所在的 MSC 发送路由信息响应消息，MSC 从该消息中得到被叫的 MSRN，根据 MSRN 进行局间中继选路，并向被叫所在的 MSC 发送 IAI 消息，如图 4.23 所示。

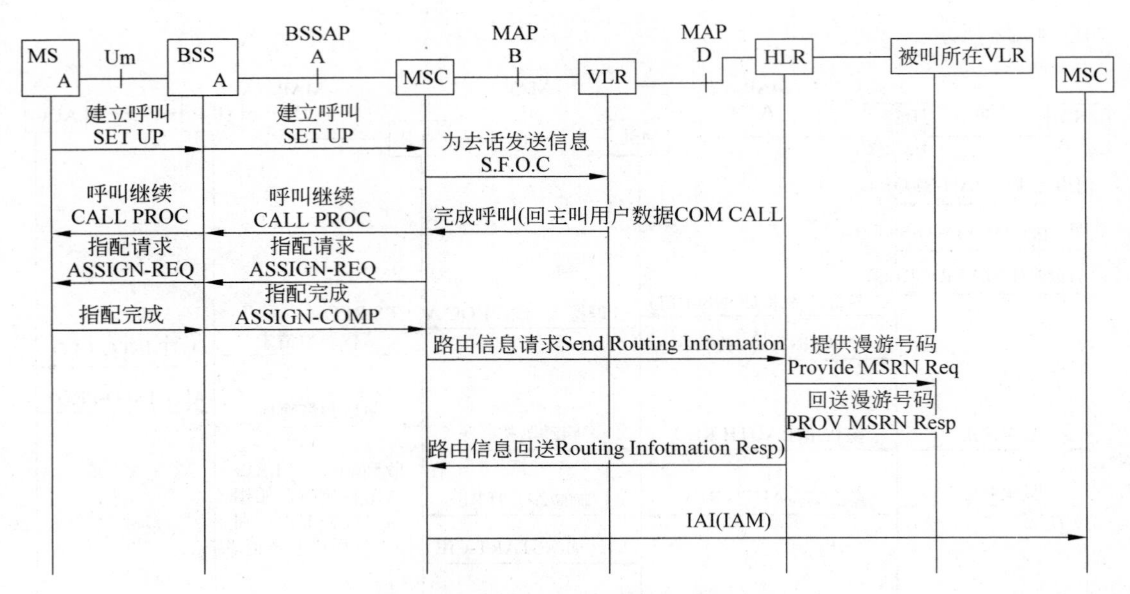

图 4.23 TCH 指配、取被叫路由阶段

5. TEMS 软件层三信令参照

图 4.24 所示为 MS 主叫信令流程与 TEMS 软件层三信令对照图。图 4.25 为主叫流程的层三信令。

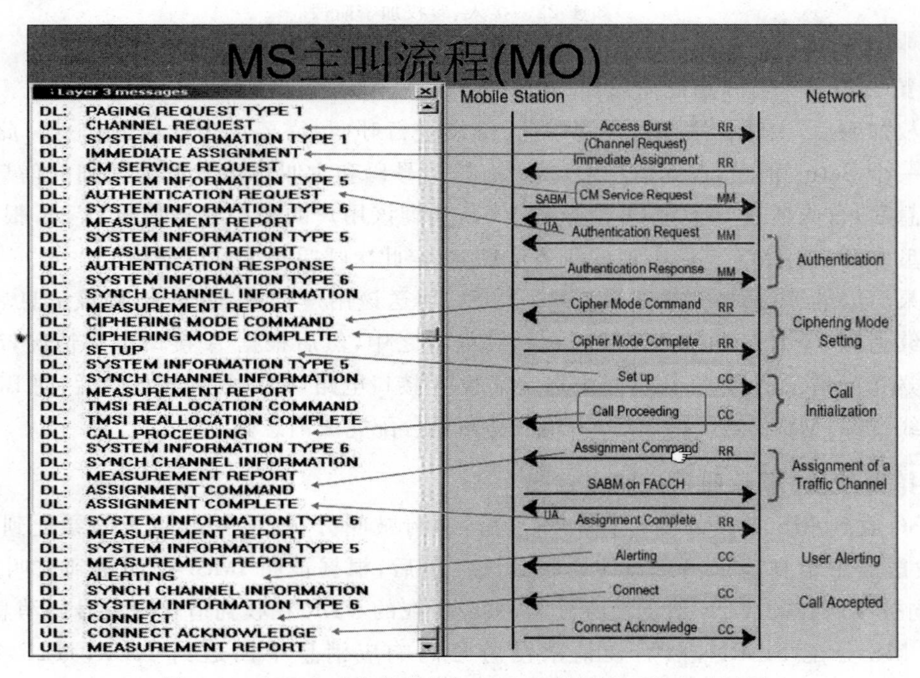

图 4.24 MS 主叫信令流程与 TEMS 软件层三信令对照图

从图 4.25 可见，由 Channel Request 起，MS 向系统发起呼叫请求，至 Connect Acknowledge 连接确认为止，是一个完整的呼叫流程，详细解释如表 4.3 所示。

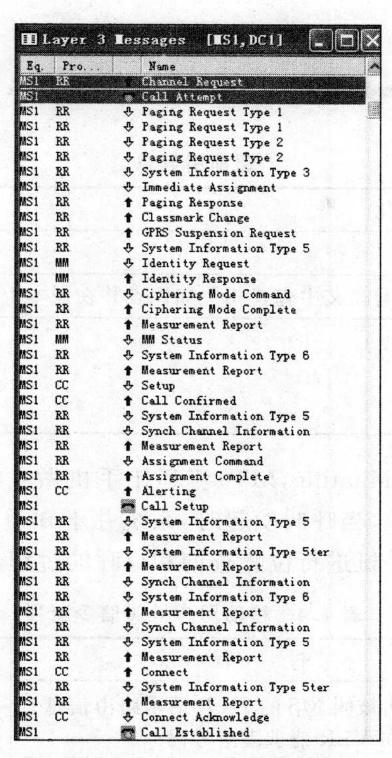

图 4.25　主叫流程的层三信令

表 4.3　层三信令说明

通话建立(MS作主叫)		
	信令过程	说　明
RR层连接的建立	RACH-UL：Channel Request	内容：建立原因和随机参考值(RAND)； 原因：MS发起呼叫、紧急呼叫、呼叫重建和寻呼响应等； RAND：有5位，用来区别不同MS所发起的请求
	AGCH-DL：Immediate Assingment	在Um接口(MS与BTS之间)建立MS与系统间的无线连接(分配SDCCH)，RR连接建立
MM层连接的建立	CCCH-UL：CM Service Request	请求业务如电路交换连接、短信业务等
	SDCCH-DL：Auth Request	鉴权请求
	SDCCH-UL：Auth Response	鉴权响应
	SDCCH-DL：Ciphering Request	加密命令
	SDCCH-UL：Ciphering Complete	加密完成
CC层连接的建立	SDCCH-UL：Setup	请求建立呼叫内容：呼叫请求的业务种类及MS发送方式、编码标准等
	SDCCH-DL：Call Proceeding	系统接受请求后开始处理呼叫
	SDCCH-DL：Assignment_Command	分配TCH
	SDCCH-UL：Assignment_Complete	分配确认
	SDCCH-DL：Alerting	振铃音
	SDCCH-DL：Connect/ Call Established	用户摘机或连接消息
	SDCCH-UL：Connect_Acknowledge	连接确认，表示MS接受连接

4.3.2 被叫

课前引导单

学习情境四	驱车路测及优化		4.3	制订网络优化方案
知识模块	被叫		学时	1
引导方式	请带着下列疑问在文中查找相关知识点并在课本上做标记。			

(1) 被叫信令流程包括哪几个阶段?
(2) 各个阶段都起何作用?
(3) 各个阶段包括哪些流程?

手机做被叫(Mobile Terminating,MT)流程比手机做主叫流程要复杂,这是由于移动网络手机位置的不固定性所致,当呼叫发起时,系统并不知道手机当时所处的具体位置,因此首先最重要的步骤就是对手机进行位置查询和寻呼的过程,如表4.4所示。

表4.4 移动用户被叫信令流程

阶段	过程	作用
取被叫用户路由信息阶段	1. MSC向被叫MS的HLR请求路由信息 2. HLR向VLR请求漫游号码 3. MSC对被叫用户的路由信息进行分析	获取被叫用户的路由信息
接入阶段	1. 信道请求 2. 信道激活 3. 信道激活响应 4. 立即指配 5. 寻呼响应	手机和BTS(BSC)建立了暂时固定的关系
鉴权加密阶段	1. 鉴权请求 2. 鉴权响应 3. 加密模式命令 4. 加密模式完成 5. 呼叫建立	被叫用户的身份已经得到了确认,网络认为被叫用户是一个合法用户,允许继续处理该呼叫
TCH指配阶段	1. 指配命令 2. 指配完成	被叫用户的话音信道已经确定,被叫振铃,主叫听回铃音
通话阶段		

1. 第一阶段:取被叫用户路由信息阶段

MSC根据MS发起呼叫携带的MSISDN(被叫号码)向被叫MS归属HLR请求路由信息。

HLR向VLR请求漫游号码(MSRN);VLR找到空闲的MSRN,回送被叫用户的漫游号码;HLR向MSC回送被叫用户的路由信息(MSRN)。

MSC收到MSRN后,对被叫用户的路由信息进行分析,可以得到被叫用户端局的地址。然后进行话路接续,建立端到端的链路,漫游号码MSRN释放。

移动台作被叫时,其MSC通过与外界的接口收到初始化地址消息(IAI)。这条消息的内容及MSC已经存在VLR中的记录，MSC可以取到如IMSI、请求业务类别等完成接续所需要的全部数据。

MSC然后对移动台发起寻呼，移动台接受呼叫并返回呼叫核准消息，此时移动台振铃。

MSC在收到被叫移动台的呼叫校准消息后，会向主叫网方向发出地址完成消息(ACM)。

2. 第二阶段：被叫接入阶段

被叫端MSC根据被叫的IMSI，在VLR中可以查询到相关的位置信息手机。这样MSC指挥BSC/BTS根据TMSI或IMSI在PCH信道上发送寻呼消息(Paging)。

MS在PCH信道上收到寻呼消息后，开始信道请求，信道激活，信道激活响应，立即指配，寻呼响应等一系列工作，如图4.26所示。经过这个阶段，手机和BTS(BSC)建立了暂时固定的关系。

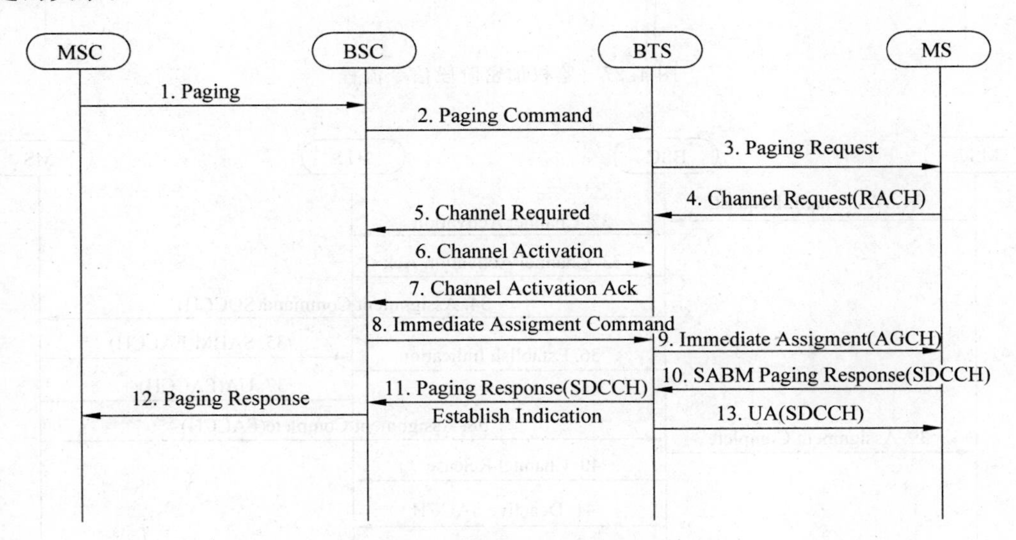

图4.26 被叫接入阶段信令流程

3. 第三阶段：鉴权加密阶段

这部分同语音主叫流程，主要包括鉴权请求、鉴权响应、加密模式命令、加密模式完成、呼叫建立，如图4.27所示。经过这个阶段，被叫用户的身份已经得到了确认，网络认为被叫用户是一个合法用户。

4. 第四阶段：TCH指配阶段

这个阶段主要包括指配命令、指配完成，如图4.28所示。经过这个阶段，被叫用户的话音信道已经确定，被叫振铃，主叫听回铃音。如果这时被叫用户摘机，主被叫用户进入通话状态。

5. 第五阶段：通话与拆线阶段

(1) 用户摘机进入通话阶段。

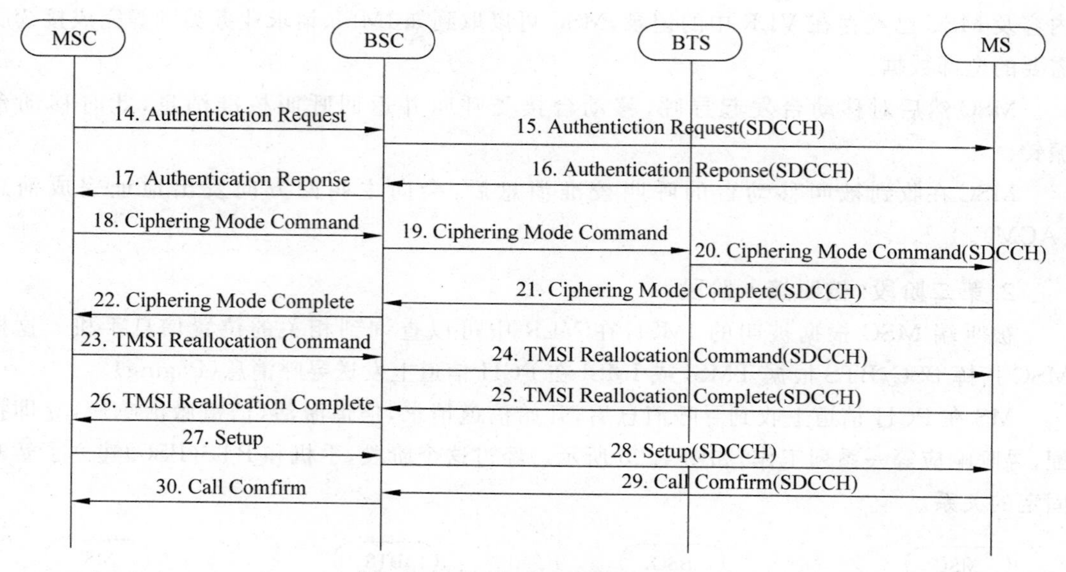

图 4.27 鉴权加密阶段信令流程

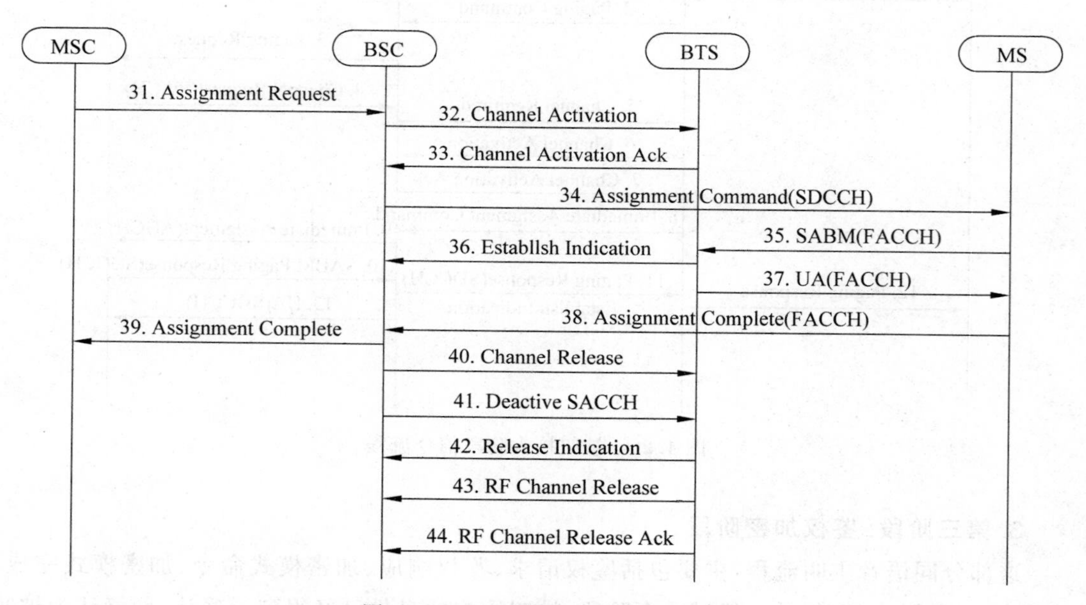

图 4.28 TCH 指配阶段信令流程

(2) 拆线阶段可能主叫发起,也可能被叫发起,流程基本类似:拆线、释放、释放完成。没有发起拆线的用户会听到忙音。

(3) 释放完成,用户进入空闲状态。

拆线阶段信令流程如图 4.29 所示。

6. TEMS 软件层三信令参照

图 4.30 所示为 MS 被叫信令流程与 TEMS 软件层三信令对照图。图 4.31 所示为被叫层三信令。

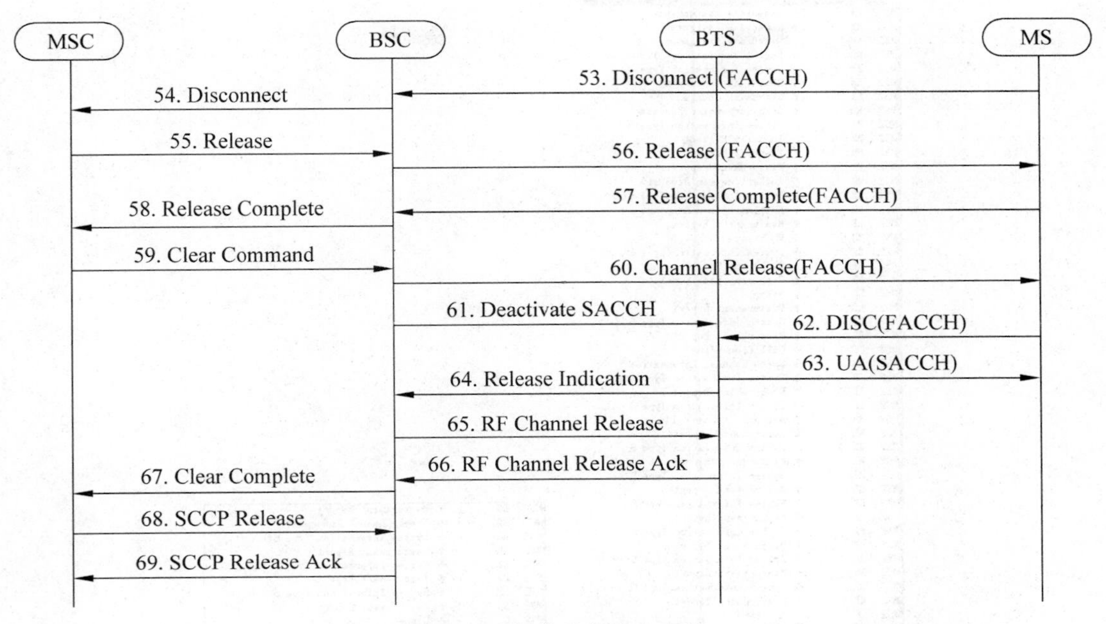

图 4.29　拆线阶段信令流程

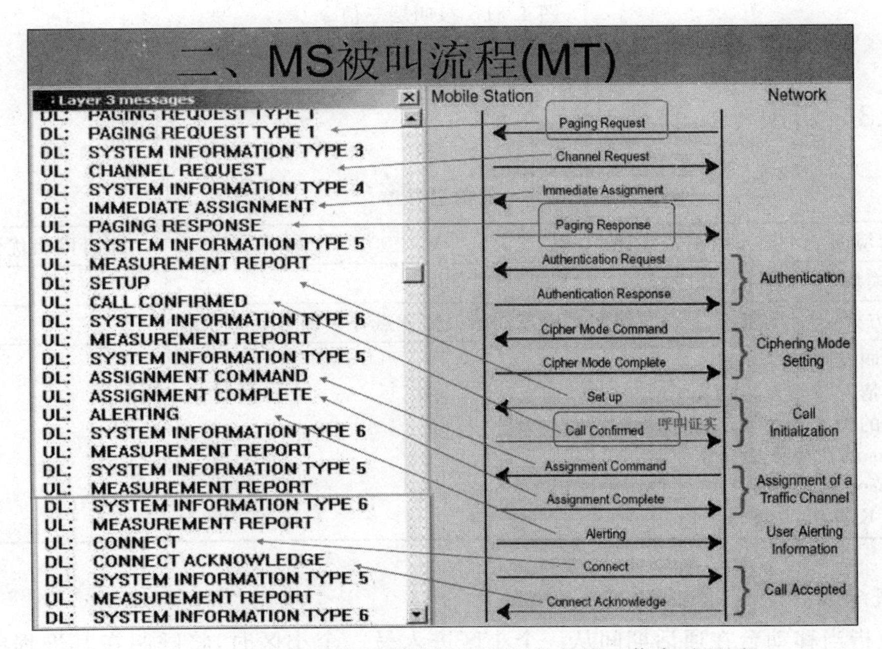

图 4.30　MS 被叫信令流程与 TEMS 软件层三信令对照图

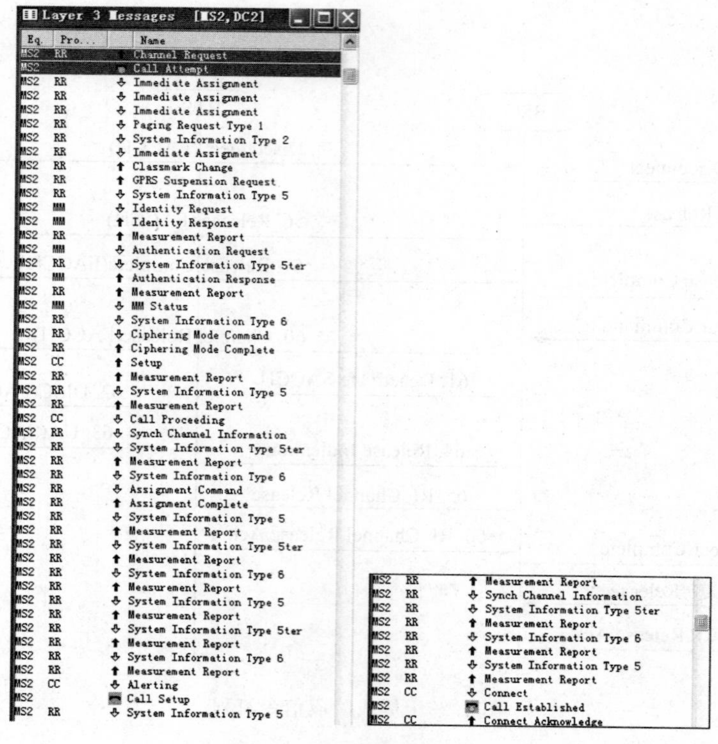

图 4.31　被叫层三信令

4.3.3　切换

课前引导单

学习情境四	驱车路测及优化	4.3	制订网络优化方案	
知识模块	切换		学时	3
引导方式	请带着下列疑问在文中查找相关知识点并在课本上做标记。			

(1) 什么叫切换？
(2) 什么情况下会发生切换？
(3) 切换的种类及切换流程是什么？
(4) Ericsson 切换算法有几种？
(5) Ericsson 切换类型有哪几种？
(6) 何谓 K 算法、L 算法？

1. 概念

切换指当移动台在通话期间从一个小区进入另一个小区时，将呼叫在其进程中从一个无线信道转换到另一个信道的过程。切换过程由 MS、BTS、BSC、MSC 共同完成。

(1) MS 负责测量下行链路性能和从周围小区中接收的信号强度。

(2) BTS 负责监测每个 MS 的上行接收电平的质量。

(3) BSC 完成切换的最初判决。

(4) 从其他 BSS 和 MSC 发来的信息,测量的结果由 MSC 来完成。

切换是由网络决定的,一般在下述 3 种情况下要进行切换。

(1) 通话过程中从一个基站覆盖区移动到另一个基站覆盖区。

(2) 由于外界干扰而造成通话质量下降时,必须改变原有的话音信道而转接到一条新的空闲话音信道上去,以继续保持通话。

(3) MS 在两个小区覆盖重叠区进行通话,可占用的 TCH 这个小区业务特别忙,这时 BSC 通知 MS 测试它邻近小区的信号强度、信道质量,决定将它切换到另一个小区,这就是业务平衡所需要的切换。

如果 MS 在达到释放值时,仍然没有进行小区切换,那么系统将自动断开 MS 的通话连接,这将造成一次掉话。

切换是移动通信系统中一项非常重要的技术,切换失败会导致掉话,影响网络的运行质量。因此,切换成功率(包括切入和切出)是网络考核的一项重要指标,如何提高切换成功率,降低切换掉话率是网络优化工作的重点之一。因此有必要对各种切换条件、流程进行了解。

2. 切换流程

MS 在通话过程中,不断地向所在小区的基站报告本小区和相邻小区基站的无线电环境参数,同时 BTS 也在不停测量上行信号质量和强度,以及 TA 值。

通过测量,BTS 生成了 UL/DL——RxQual(S),UL/DL——RxLev(S),DL——RxLev(n1),DL——RxLev(n2),DL——RxLev(n3),DL——RxLev(n4),DL——RxLev(n5),DL——RxLev(n6),TA(S),它们都是 480ms 内的平均值。

BTS 把测量报告送往 BSC 中进行 Locating 运算,由 BSC 决定是否进行切换。切换过程如图 4.32 所示。

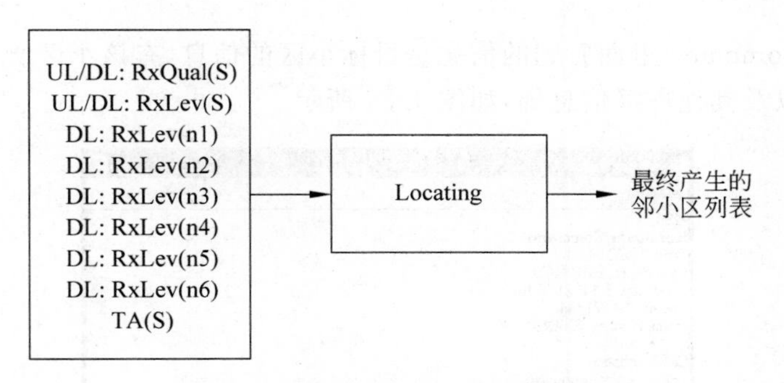

图 4.32　切换过程

切换包括 3 种:同一 BSC 内小区间的切换、同一 MSC/VLR 内不同 BSC 控制的小区间的切换、不同 MSC/VLR 控制的小区间切换。

(1) 同一 BSC 内小区间的切换

① BSC 令新小区所在的基站激活一 TCH 信道。BSC 根据 Locating 决定进行切换,向新小区发送 Channel Activation(信道激活)消息,要求提供一条 TCH 信道准备接收切换,如果新小区提供了一条空闲 TCH,那么将给 BSC 回送 Channel Activation Ack 消息。

② BSC 经原小区的基站向 MS 发送切换的信息,包括频率、信道等。BSC 通过 FACCH 向旧 BTS 发送 Handover Command 消息,其中包括新信道的频率、时隙及发射功

率参数，BTS把该命令下发给MS。

③ MS调谐到新频率上，在给定的时隙内发送切换接入脉冲序列。MS把频率调至新频率上，然后通过FACCH信道向新小区发送一个切换接入突发脉冲。

④ 当新的基站收到这一突发脉冲序列后，即经FACCH信道发送有关同步、输出功率、时间调整等参数信道至MS。新BTS收到此突发脉冲后，将时间提前量信息通过FACCH回送给MS。

⑤ MS接收此信息后，经新的基站向BSC发送切换完成消息。MS通过新BTS向BSC发送Handover Complete(切换成功)信息。

⑥ BSC通知老基站释放其TCH。

BSC内小区切换如图4.33所示。切换信令如图4.34所示。

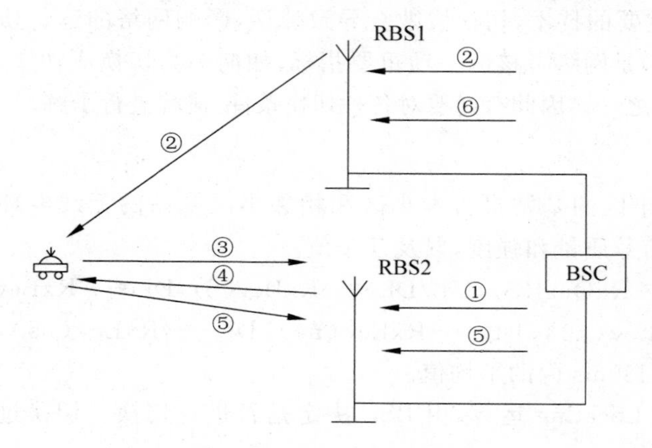

图4.33 BSC内小区切换

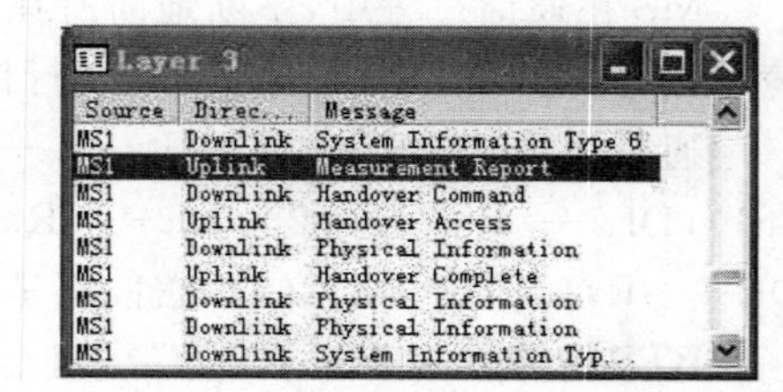

图4.34 切换信令

Handover Command里面看到的信息是目标小区的信息，有该小区所有的频点、跳频方式、跳频序列号以及其他广播信息等，如图4.35所示。

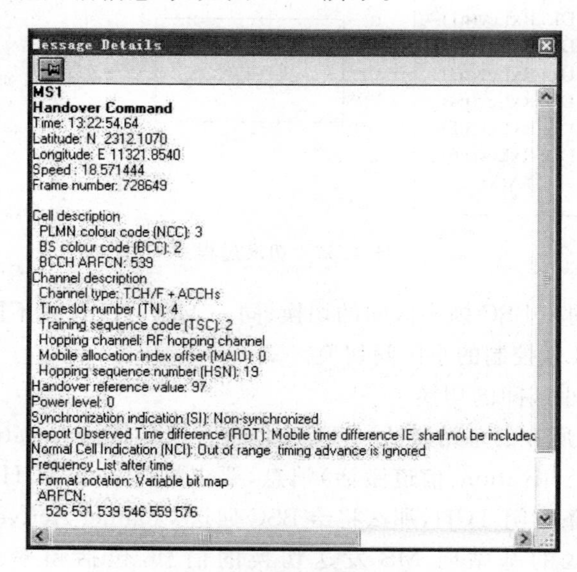

图4.35 切换详细说明

相同 BSC 内小区间切换信令流程如图 4.36 所示。

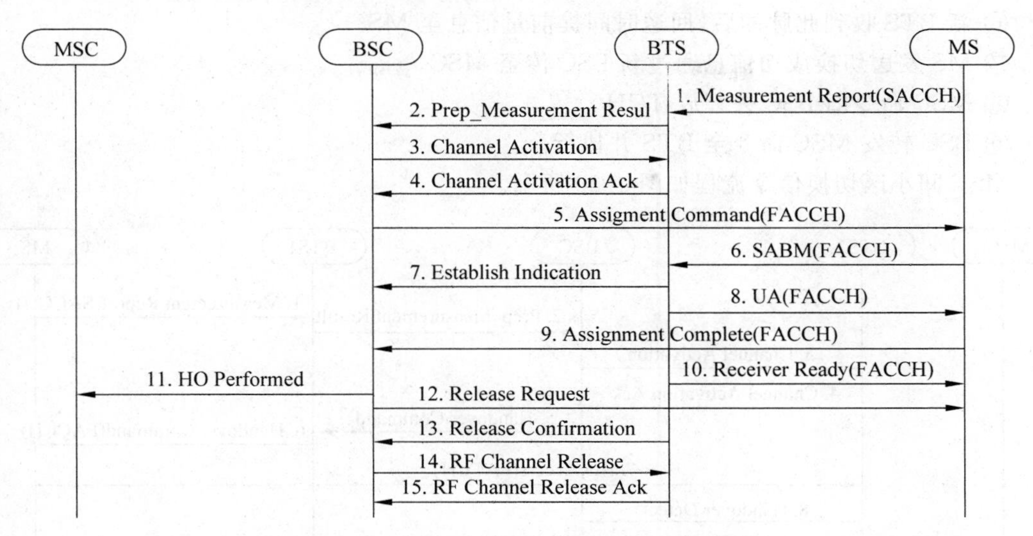

图 4.36　相同 BSC 内小区间切换信令流程

(2) 同一 MSC/VLR 内不同 BSC 控制的小区间的切换

此种切换过程中，BSC 需向 MSC 请求切换，然后再建立 MSC 与新的 BSC、新的 BTS 的链路，选择并保留新小区内空闲 TCH 供 MS 切换后使用，然后命令 MS 切换到新频率的新 TCH 上，如图 4.37 所示。切换成功后 MS 同样需要接收了解周围小区信息，如果切换时位置区发生了变化，在呼叫完成后还须进行位置更新。

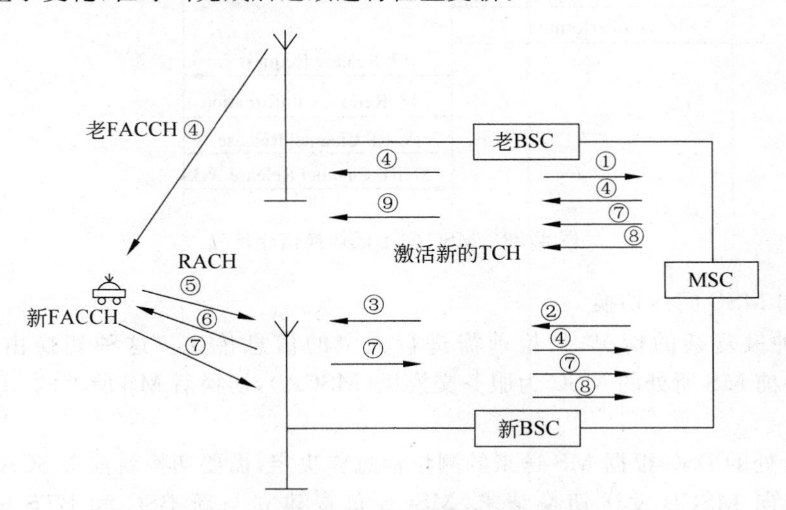

图 4.37　相同 MSC 内不同 BSC 之间的切换

① 旧 BSC 把切换请求及切换目的小区标识一起发给 MSC。

② MSC 判断是哪个 BSC 控制的 BTS，并向新 BSC 发送切换请求。

③ 新 BSC 要求 BTS 激活一个 TCH 信道。

④ 新 BSC 把包含有频率、时隙及发射功率的信息通过 MSC、旧 BSC 和旧 BTS 传到 MS。

⑤ MS在新频率上通过FACCH发送接入突发脉冲。

⑥ 新BTS收到此脉冲后，回送时间提前量信息至MS。

⑦ MS发送切换成功信息通过新BSC传至MSC。

⑧ MSC命令旧BSC去释放TCH。

⑨ BSC转发MSC命令至BTS并执行。

MSC间小区切换信令流程如图4.38所示。

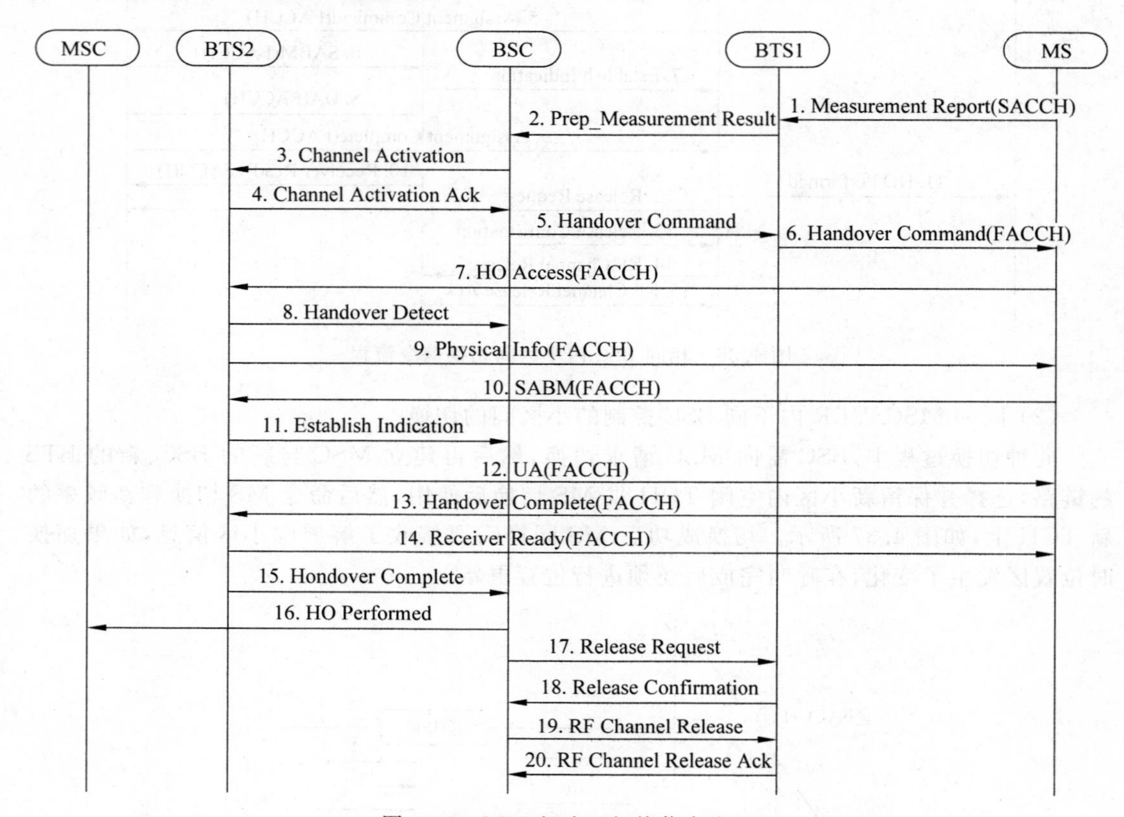

图4.38 MSC间小区切换信令流程

(3) 不同MSC间的切换

这是一种最复杂的情况，切换前需进行大量的信息传递。这种切换由于涉及两个MSC，称切换前MS所处的MSC为服务交换机(MSCA)，切换后MS所处的MSC为目标交换机(MSCB)。

MS原所处的BSC根据MS送来的测量信息作决定，需要切换就向MSCA发送切换请求，MSCA再向MSCB发送切换请求，MSCB负责建立与新BSC和BTS的链路连接，MSCB向MSCA回送无线信道确认。根据越局切换号码(HON)，两交换机之间建立通信链路，由MSCA向MS发送切换命令，MS切换到新的TCH频率上，由新的BSC向MSCB，MSCB向MSCA发送切换完成指令。MSCA控制原BSC和BTS释放原TCH。

MSC间的切换的切换流程如图4.39所示。

① 旧BSC经过Locating算法排队之后，发现当前通话的MS需要切换至另一MSC的小区上，于是向本MSC发送包含切换目标小区标识的切换请求消息。

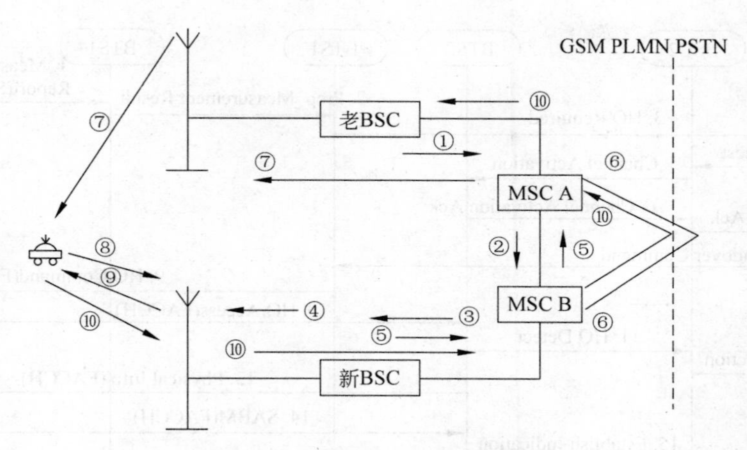

图 4.39　不同 MSC 间的切换

② 旧 MSC 判断出小区属另一 MSC 管辖,然后通过 MAP 协议建立联系。

③ 新 MSC 分配一个切换号码用做路由呼叫,并向新 BSC 发送切换请求消息。

④ 新 BSC 查看目标小区是否有空闲的 TCH 信道,如果有空闲 TCH 信道,那么要求 BTS 激活一个 TCH 信道。

⑤ 新 MSC 收到 BSC 回送信息并与切换号一起传送至旧 MSC。

⑥ 一个连接在新旧 MSC 间被建立,该链接也有可能通过 PSTN 网。

⑦ 旧 MSC 通过旧 BSC 向 MS 发送切换命令,其中包含频率、时隙和发射功率信息。

⑧ MS 通过 FACCH 信道在新频率上发送一接入突发脉冲。

⑨ 新 BTS 收到接入申请后,通过 FACCH 回送时间提前量信息。

⑩ MS 通过新 BSC 和新 MSC 向旧 SCM 发送切换成功信息。

⑪ 此后旧 TCH 被释放。

由于 LAI 发生了变化,因此通话结束后,手机就立即启动位置更新,HLR 通知原 MSC/VLR 删除该用户的信息,在新的 MSC/VLR 中存储用户信息。

不同 MSC 间切换信令流程如图 4.40 所示。

3. Ericsson 切换算法

切换的产生是 BTS 首先要通知 MS 将其周围小区 BTS 的有关信息及 BCCH 载频,信号强度进行测量,同时还要测量它所占用的 TCH 的信号强度和传输质量,再将测量结果发送给基站控制系统 BSC,BSC 根据这些信息对周围小区进行比较排队,这就是切换过程中的 Locating,最后由 BSC 做出是否需要切换的决定。另外,BSC 还需判别在什么时候进行切换,切换到哪个 BTS。

Locating 是 BSC 中决定切换的软件算法,是 GSM 切换的核心所在。通过 Locating,BSC 将选择好的链路提供给 MS 和 BTS 的连接。如果 BSC 通过 Locating 发现有比当前更好的链路,那么 BSC 将使当前的服务小区改变为更好的小区,这个过程就叫做小区切换(Handover),小区切换是根据系统中的两个测量报告进行的。

(1) 切换类型

爱立信网络的切换分为以下几种类型。

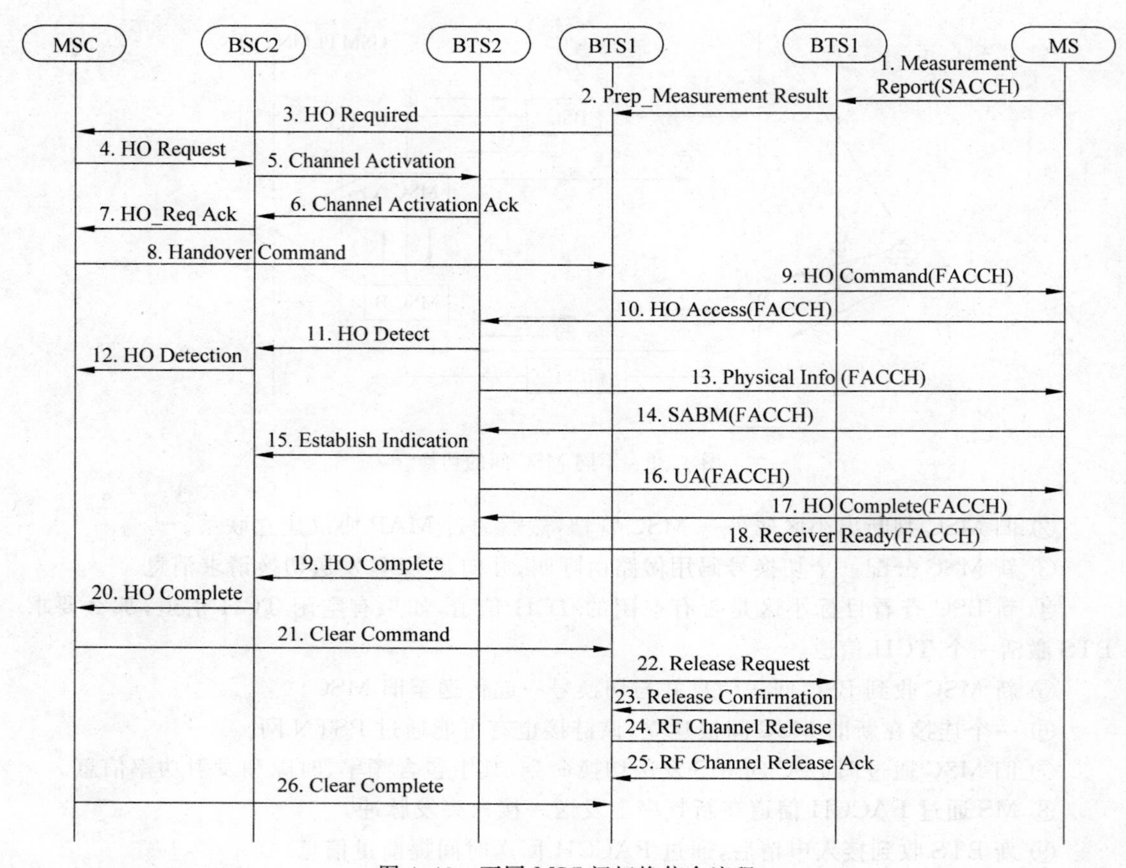

图 4.40 不同 MSC 间切换信令流程

① 更好小区切换。

a. 往低层切换(即优先级更高)的切换。

b. 在同层间的更好小区切换(切换主要基于信号强度大小)。

c. 往高层切换(即优先级更低)的切换。

② 紧急切换。

a. 质量差紧急切换(质量差紧急切换时,只用基本排序中的队列进行切换,不进行网络和分层网的调整)。

b. TA过远紧急切换。

③ O/U同心圆的切换(Overlaid/Underlaid Subcell Change)。

④ 小区内切换(Intra-Cell)。

⑤ 快速移动的处理。

⑥ 负荷分担(Cell Load Sharing)。

Ericsson切换算法的核心是“更好小区切换”,也就是往比服务小区信号更好的邻小区进行切换。因为移动通信网络结构的日益复杂,双频网络在更好小区切换中引入了分层设置的概念,该概念是基于网络覆盖的分层覆盖。

在一个大城市移动网络中,一般会有3种不同类型的小区:一种是大宏蜂窝小区,用于大面积的室外全覆盖(900M 宏蜂窝小区);一种是小宏蜂窝小区,用于热点区域的话务吸收覆盖用(1800M 宏蜂窝小区);一种是微蜂窝小区,用于室内覆盖用。

Ericsson 针对该网络结构,设计了分层网络概念,不同的层拥有不同的优先级,在不同层间的切换有单独的参数控制。分层网络中,layer=1 的优先级最高,为微蜂窝;layer=2 为次,主要是 1800M 宏蜂窝小区;layer=3 优先级最低,为 900M 宏蜂窝小区。

(2) 切换类型的触发条件

各个切换类型的触发条件分别如下。

① 更好小区持续 5s。

② TA、BQ。

③ 同心圆中的改变。

④ 由于干扰引起小区内切换。

⑤ 快速移动时切换到宏小区。

⑥ 负荷过大时采用负荷分担切换。

(3) Locating 排队

根据基站的测量计算结果对基站进行排队,可能通过两种算法进行小区排队:Ericsson1 和 Ericsson3,参数 EVALTYPE 决定系统采用了何种 Locating 算法:EVALTYPE=1 表示采用了 Ericsson1 算法,EVALTYPE=3 表示采用了 Ericsson3 算法。

① Ericsson1 号算法根据路径损耗(L 算法)和接收电平(K 算法)排序,比较复杂。

② Ericsson3 号算法只是根据接收电平进行排序,比较简单。

(4) 切换的处理过程

切换的处理过程包括下面几个步骤。

① 测量和报告的处理。

② 测量报告的时间评价。

③ 紧急要求。

④ 处罚处理。

⑤ 基站排队。

⑥ 内部特性评价。

⑦ 产生一份清单。

⑧ 发清单至呼叫处量程序。

⑨ 反馈结果评价。

4.3.4 拆线

课前引导单

学习情境四	驱车路测及优化	4.3	制订网络优化方案	
知识模块	拆线		学时	1
引导方式	请带着下列疑问在文中查找相关知识点并在课本上做标记。			
拆线基本信令流程是什么?				

拆线部分相对而言是个很独立的过程，不管是主叫先发起还是被叫先发起，流程基本是类似的：拆线、释放、释放完成、清除、清除完成，不同之处仅在于交换局之间的TUP消息。

拆线流程如图4.41所示。

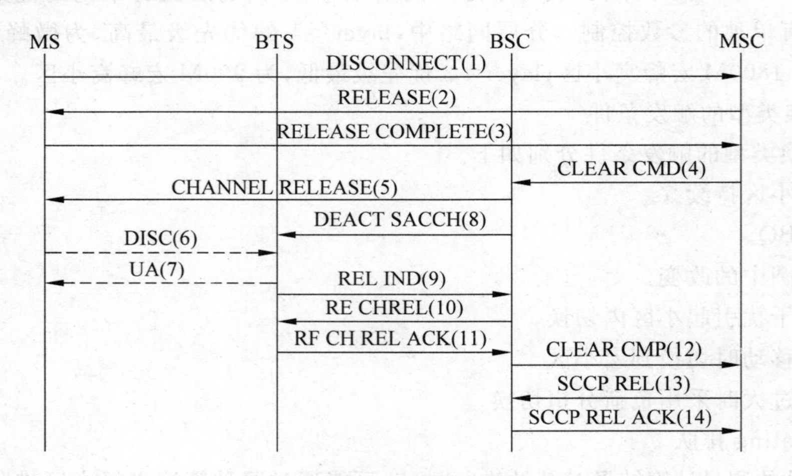

图4.41 拆线流程

(1) 呼叫结束，MS发Disconnect消息给MSC。

(2) MSC返回Release消息给MS，同时MSC发Disconnect消息给另一端MS。

(3) MS释放MM连接，给MSC发送Release Complete消息。

(4) MSC收到Release Complete消息后，释放MM连接，向BSC发送Clear Command消息通知释放占用的A口资源和无线接口逻辑信道。

(5) BSC向MS发送Channel Release消息，请求MS和BTS释放无线接口逻辑信道。

(6) MS向BTS发DISC帧指示逻辑信道已经被释放。

(7) BTS发送UA帧进行确认，MS收到UA帧后返回空闲模式。

(8) BSC向BTS发送Deactivate Sacch消息停止下行SACCH帧的发送。

(9) BTS收到MS发来的DISC帧后，BTS向BSC返回Release Indication消息，告知MS已经释放了无线接口逻辑信道。

(10) BSC向BTS发送RF Channel Release消息释放空中接口物理信道。

(11) BTS返回Channel Release Acknowledge消息给BSC，指示空中接口物理信道已经释放。

(12) BSC向MSC发送Clear Complete消息。

(13) MSC发RLSD消息给BSC，请求释放SCCP连接。

(14) BSC返回RLSD Complete消息给MSC，指示SCCP连接已经释放。

从图4.42可见，这是一个主叫先挂机的释放过程，由Disconnect（断连）开始，网络开始拆链，至Channel Release完成信道的释放。详细流程说明如表4.5所示。

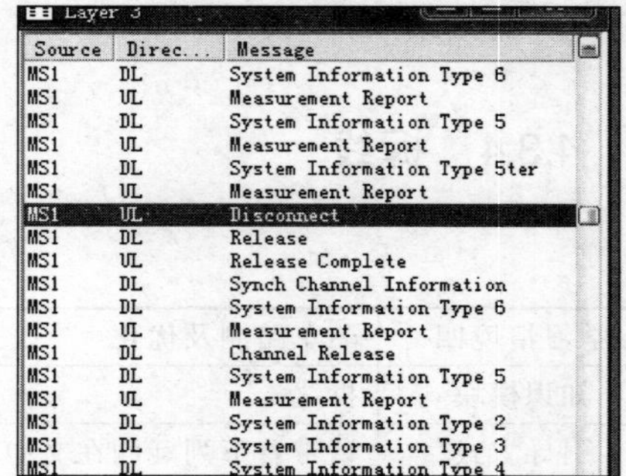

图4.42 释放流程的层三信令

表 4.5　主叫先挂机信令说明

呼叫清除(主叫先挂机)		
作　用	信令过程	说　明
清除 CC 层和 MM 层连接	TCH-UL：Disconnect	断开连接消息，指明呼叫清除发起端及清除原因，网络收到后开始清除业务信道的连接
	TCH-DL：Release	呼叫释放，通知 MS 网络正释放 CC 层连接，MS 收到 Release 消息后将停止 CC 连接定时同时开始释放 MM 连接
	TCH-UL：Release Complete	MS 释放 MM 并发送本信息，网络接收后释放 MM 层连接
释放 RR 层连接	TCH-DL：Channel Release	释放专用信道，专用信道释放后 MS 进入 IDEL 状态

如果是被叫先挂机，那么流程与主叫先挂机稍微有一点区别，如表 4.6 所示。

表 4.6　被叫先挂机信令说明

呼叫清除(被叫先挂机)		
作　用	信令过程	说　明
清除 CC 层和 MM 层连接	TCH-DL：Disconnect	断开连接消息，指明呼叫清除发起端及清除原因，MS 收到后开始清除业务信道的连接
	TCH-UL：Release	呼叫释放，通知 MS 正释放 CC 层连接，网络收到 Release 消息后将停止 CC 连接定时同时开始释放 MM 连接
	TCH-DL：Release Complete	网络释放 MM 连接并发送本信息释放 RR 层连接
释放 RR 层连接	TCH-DL：Channel Release	释放专用信道，专用信道释放后 MS 进入 IDEL 状态

4.3.5　实训单据

(1) 信息单的内容以学生自学为主，老师指导为辅。学生依据信息单的步骤操作，遇到疑问及时向老师请教。

(2) 学生依据老师给定的任务单完成实施单，认真填写教学反馈单，同时组内互评。

(3) 老师评阅实施单，并把结果反馈在评价单上；同时仔细看教学反馈单信息，认真思考学生提出的问题及建议，提出整改措施，努力提高教学水平。

信　息　单

学习情境四	驱车路测及优化		
4.3	制订网络优化方案	学时	6
序号	信息内容		
1	MapInfo7.0、MCOM4.2 软件安装		

(1) MapInfo7.0 软件安装

双击 setup，一步步安装即可并输入序列号。

安装完成后，运行 MapInfo，导入破解文件 MapInfoProLicense700.LIC。

续表

(2) MCOM4.2 软件安装

安装 MCOM4.2.exe,一步步安装即可。

安装完毕后用 MCOM.exe 覆盖安装目录下的同名文件,并发送一个快捷方式至桌面(删除桌面上原有的快捷方式)。

2	制作网络质量 Tab 数据

(1) 在 TEMS 软件中,先关闭测试数据(.log),选择菜单栏 Logfile→Export Logfile 命令,打开下(左)图。单击工具栏第一项按钮,新建一个 Export Order,打开下(右)图所示窗口。

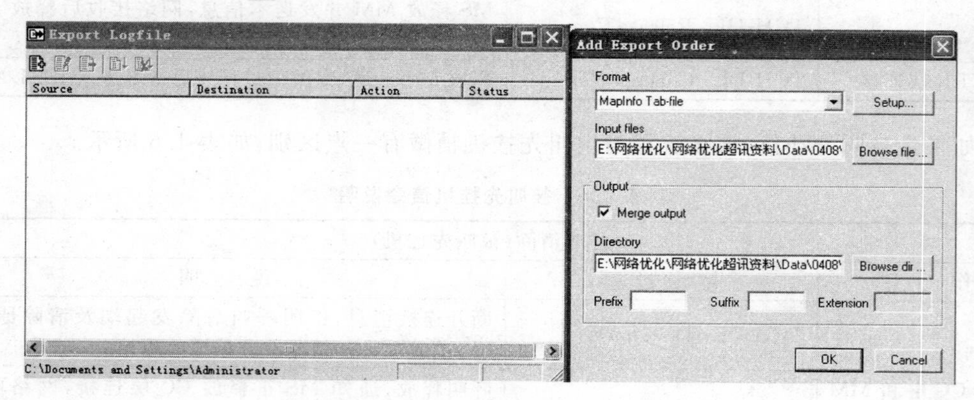

(2) 上(右)图中,Format 下拉列表选择 MapInfo Tab-file 项,单击按钮"Setup...",打开如下(左)图所示。

Available IEs 下拉列表选择 GSM 项,选中 RxLev Sub(dBm)和 RxQual Sub 两项。

在下(左)图中选择输入测试数据(如果所测试的一条线路分几次共同完成,则全部添加),然后选择生成目录(注:如果是多个数据,可合并输出,将 Merge output 勾选上)。最后生成下(右)图所示窗口。

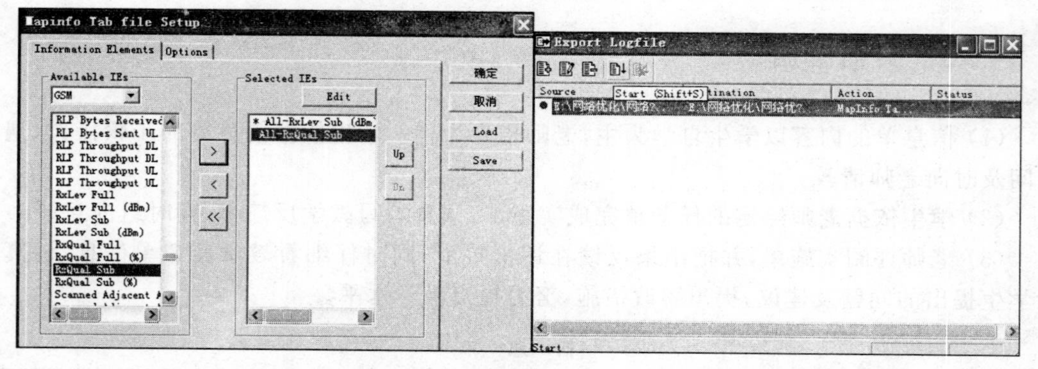

(3) 上(右)图窗口中选中刚刚设置好的数据,然后单击工具栏项目按钮,在输出目录下将生成 Tab 文件(这里生成"海门-河浦 0408_01.tab",下面都以此数据为例)。

3	显示信号质量图

(1) 导入地图图层

打开 MapInfo 软件,单击工具栏"打开"按钮,如下页(左)图所示。在图中选择"标准位置"单选按钮,首选视图选择"当前地图窗口"项,找到城市地图图层数据,将其导入。生成下页(右)图窗口。

续表

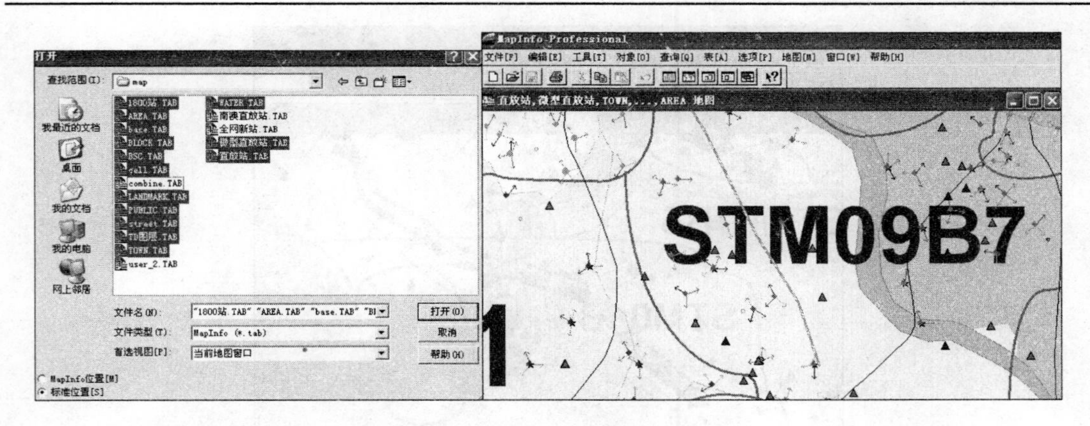

(2) 导入 Tab 数据

重复上述步骤,但导入的数据不是城市地图图层,而是 TEMS 软件生成的 Tab 文件(海门-河浦 0408_01.tab)。生成下图窗口。

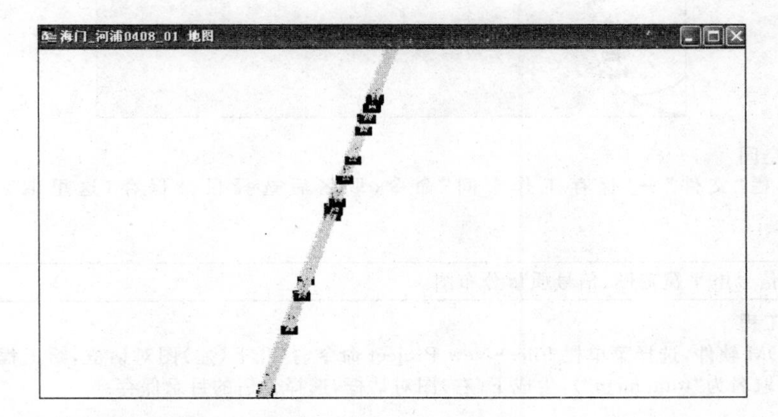

(3) 将 Tab 图层放置于地图图层数据中

关闭上述步骤生成的 Tab 图层,保留地图图层窗口,在上图窗口右击,选择“图层控制”命令,打开下(左)图对话框,单击“增加”按钮,弹出下(右)图对话框,选择 Tab 数据(海门-河浦 0408_01.tab)。

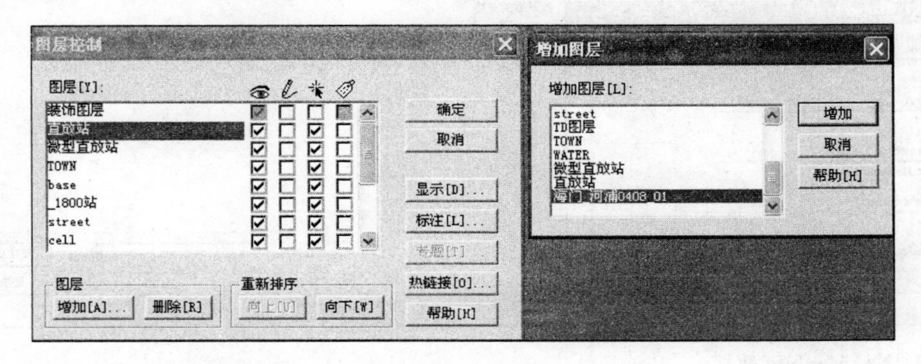

上述步骤后,回到地图图层窗口,单击“缩小”工具按钮,找到测试数据,如下页图所示。虽然该窗口显示了信号质量图,但此时仍无法看到信号质量如何分布。

续表

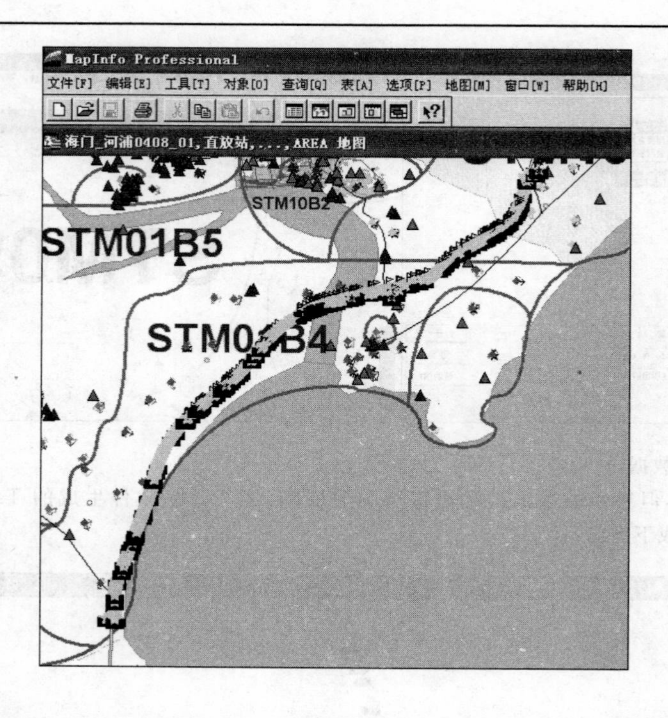

(4) 保存空间

选择菜单栏"文件"→"保存工作空间"命令,取名后选择目录保存(这里取名为"海门-河浦.WOR")。

4	制作信号电平覆盖图、信号质量分布图

(1) 新建工程

打开 MCOM 软件,选择菜单栏 File→New Project 命令,打开下(左)图对话框,给工程取名后,单击 OK 按钮(这里取名为"tom.mcm"),生成下(右)图对话框,选择合适的目录保存。

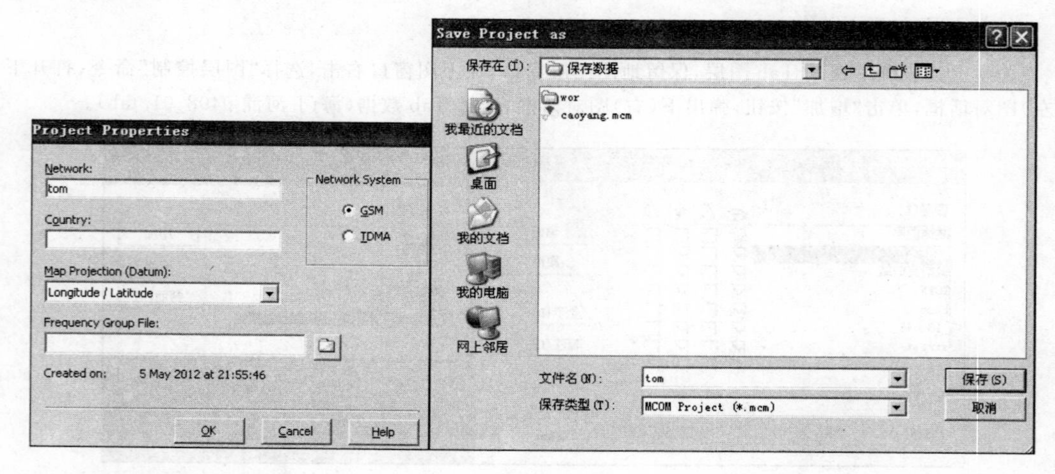

(2) 导入 MapInfo 数据

选择菜单栏 File→Mapinfo Workspace,Open 命令,打开下页(左)图对话框,选择上述步骤生成的 Mapinfo 数据(海门-河浦.WOR),生成下页(右)图窗口。

续表

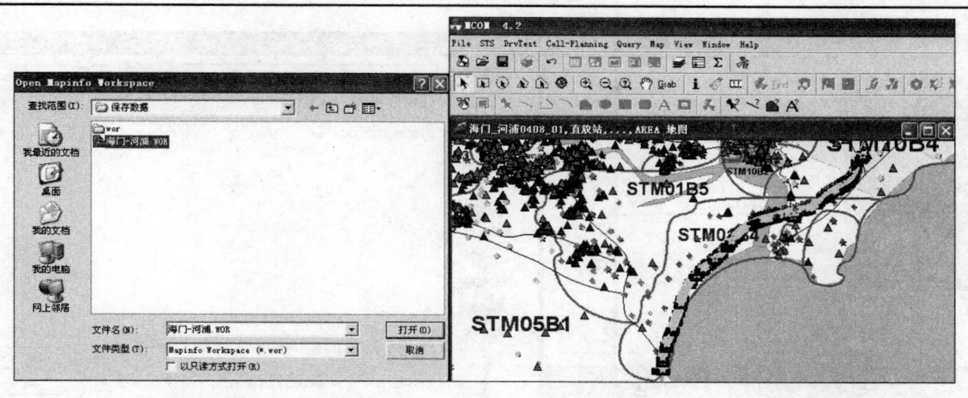

(3) 导入 MCOM 图层数据

选择菜单栏 File→Open Table 命令,打开下图对话框,选择 mcom 中 4 个图层数据。

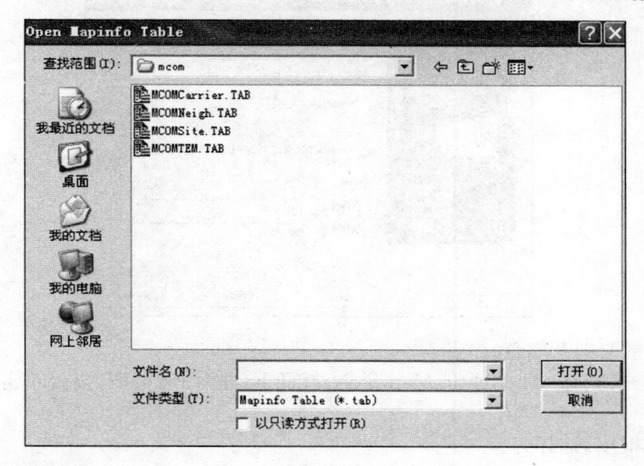

(4) 导入 Wizard 文件

选择菜单栏 Cell-Planning→Import Wizard 命令,打开下图对话框,选择 MCOM2000/1GSM Data Text File 项,下一步打开对话框。

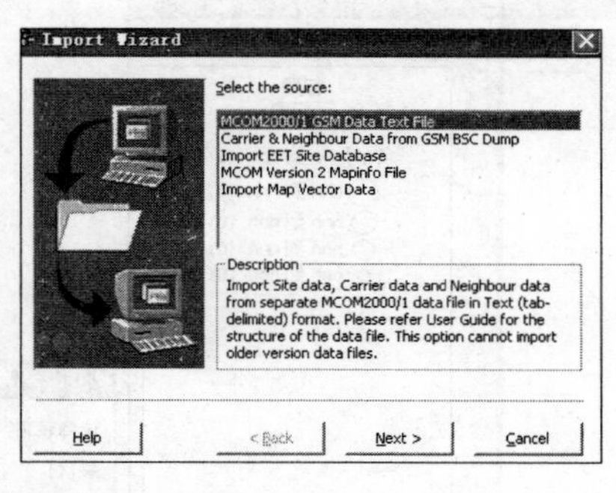

分别为 3 个 Wizard 导入相应的数据。

① Site Data: MCOM_SITE_DATA.txt。

② Carrier Data File: MCOM_CARRIR_DATA.txt。

③ Neighbour Data File: MCOM_NEIGHBOUR_DATA.txt。

设置好后,单击 next 按钮,确定输出目录后单击 next 按钮,打开 Import Wizard 对话框。将 Antenna Siza 中的 Use Existing 勾选上。单击 Finish 按钮。

续表

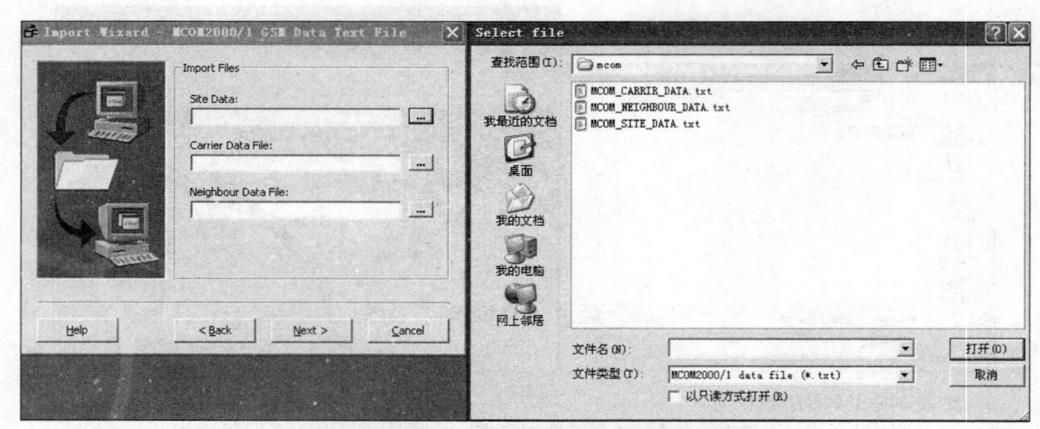

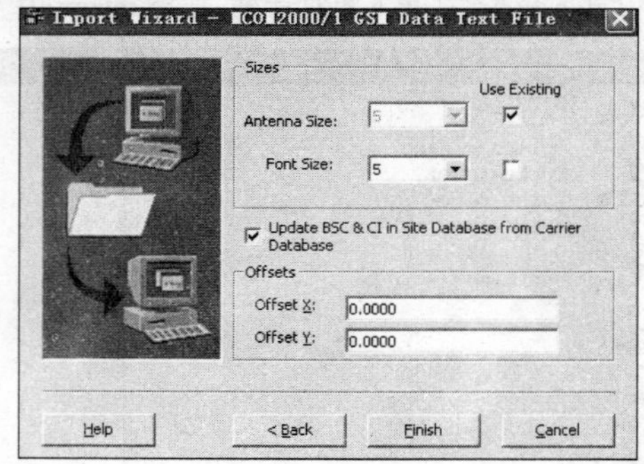

(5) 设置信号电平范围及颜色

选择菜单栏 map→Create Thermatic Map 命令,打开下(左)图对话框,直接单击"下一步"按钮,打开下(右)图对话框。

在下(右)图对话框中,选择为:

"表[T]"框选择"海门-河浦 0408_01"项;"字段[F]"框选择 RxLevSubdBm 项。

单击"下一步"按钮后,打开对话框。

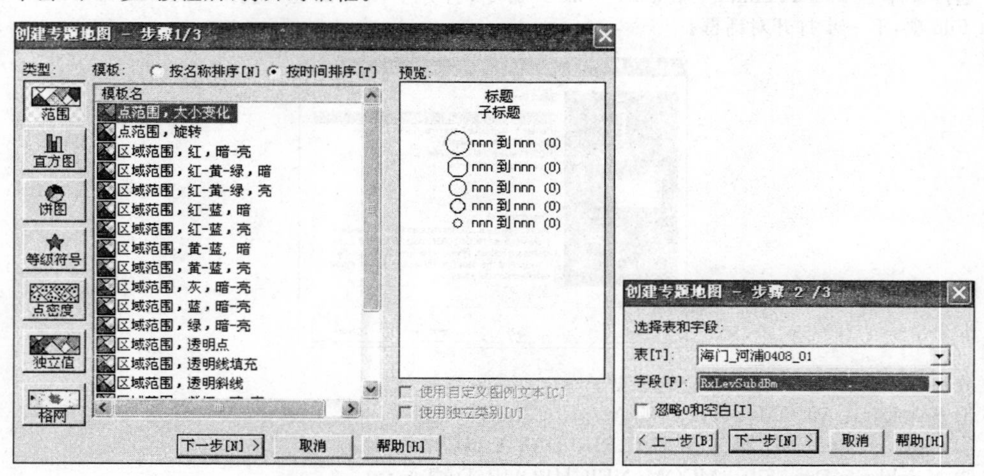

单击下页(左)图对话框中"范围"按钮,打开下页(右)图对话框。选择"自定义"项,并设置为4个等级,单击"重新计算"按钮。

续表

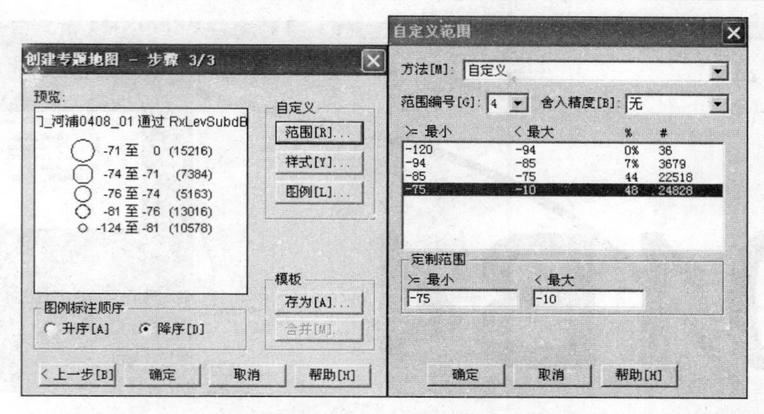

单击上(左)中“样式”按钮，打开下(左)图对话框，为相应的电平设置颜色。设置好范围及颜色后，如下(右)图所示。

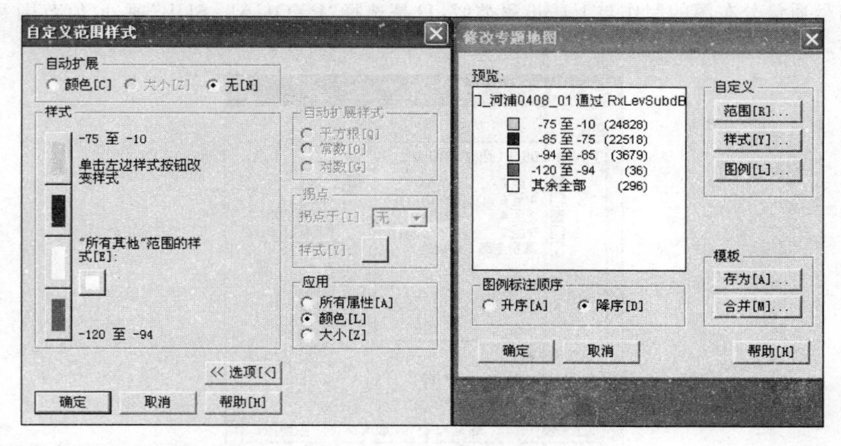

(6) 修改数据测试点样式

在 MCOM 地图窗口中右击，选择“图层控制”命令，打开下(左)图，双击“海门_河浦 0408_01”项，打开下(中)图，将★修改为○，并修改为绿色，如下(右)图所示。

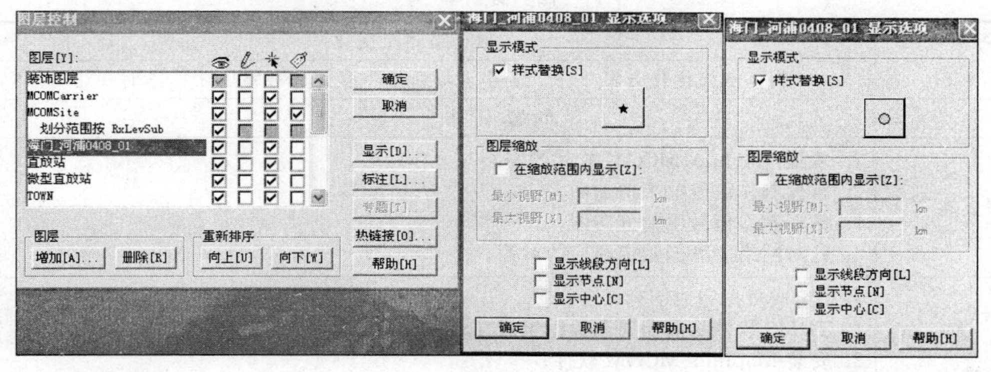

(7) 添加图例

单击 MCOM 软件工具栏按钮，显示图层。

打开下页(左)图，选择“划分范围按 RxLevSub”项，然后单击“专题”按钮，设置好颜色和范围后，生成图例。最终效果如下页(右)图所示。

续表

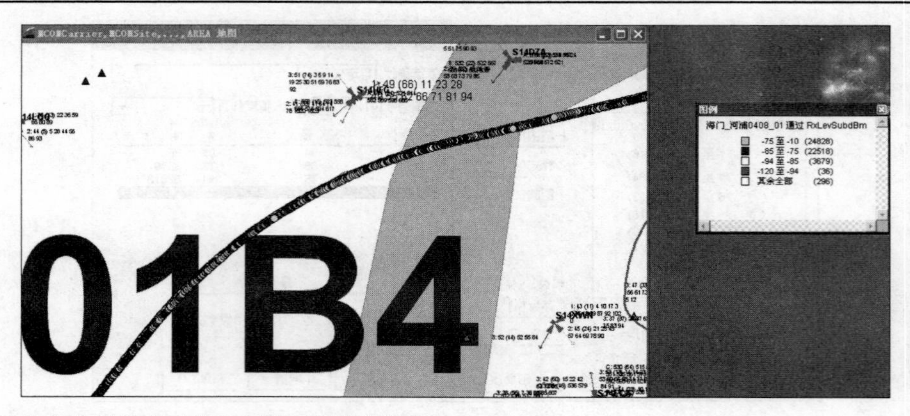

上述几个步骤完成了信号电平覆盖图的制作。

(8) 信号质量分布图制作

关于信号质量分布图的制作与上述步骤类似，只是选择“RXQUAL_SUB”项，取值范围及颜色设置如下图所示。

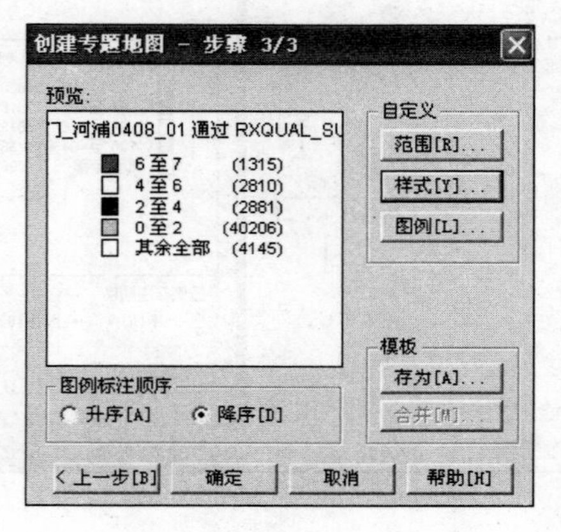

任 务 单

学习情境四	驱车路测及优化				
4.3	制订网络优化方案	实训场所	多媒体教室	学时	6
布置任务					
掌握技能	1. 掌握 MapInfo、MCOM 软件的安装与操作； 2. 掌握制作信号电平覆盖图； 3. 掌握制作信号质量分布图； 4. 针对网络故障能制定相应的对策。				
任务描述	各小组成员拟完成下列任务： 1. TEMS 软件将前期路测数据生成 Tab 文档； 2. 安装 MapInfo、MCOM 软件； 3. MapInfo 软件生成 WOR 文件； 4. MCOM 软件制作信号电平覆盖图； 5. MCOM 软件制作信号质量分布图。				

续表

提供资料	TEMS 软件 MapInfo、MCOM 安装程序 MCOM 图层数据 MCOM_CARRIR_DATA. txt MCOM_NEIGHBOUR_DATA. txt MCOM_SITE_DATA. txt
对学生的要求	所选择的测试数量不能太短，太短无法正确反映出该路段的真实覆盖情况。

实　施　单

学习情境四	驱车路测及优化		
4.3	制订网络优化方案	学时	6
作业方式	完成任务单中布置的任务。		

1. 制作信号电平覆盖图。

2. 制作信号质量分布图。

3. 针对网络故障，提出网优对策。

<table>
<tr><td>作业要求</td><td colspan="5">1. 各组员独立完成；
2. 格式规范，思路清晰；
3. 完成后各组员相互检查和共享成果；
4. 及时上交教师评阅。</td></tr>
<tr><td rowspan="4">作业评价</td><td>班级</td><td></td><td>第　组</td><td>组长签字</td><td></td></tr>
<tr><td>学号</td><td></td><td>姓名</td><td colspan="2"></td></tr>
<tr><td>教师签字</td><td></td><td>教师评分</td><td></td><td>日期</td></tr>
<tr><td colspan="5">评语：</td></tr>
</table>

教学反馈单

学习情境四	驱车路测及优化			
4.3	制订网络优化方案		学时	6
序号	调查内容	是	否	理由陈述
1	是否能用TEMS生成Tab文件			
2	是否能正确安装MapInfo、Mcom软件			
3	是否正确使用MapInfo软件			
4	是否能正确制作信号电平覆盖图			
5	是否能正确制作信号质量分面图			
6	老师是否讲解清晰、易懂			

建议与意见：

被调查人签名		调查时间	

评　价　单

学习情境四	驱车路测及优化					
4.3	制订网络优化方案		学时	6		
评价类别	项目	子项目	个人评价	组内互评	教师评价	
专业能力(70%)	计划准备(20%)	搜集信息(10%)				
		软硬件准备(10%)				
	实施过程(50%)	理论知识掌握程度(15%)				
		实施单完成进度(15%)				
		实施单完成质量(20%)				
职业能力(30%)	团队协作(10%)					
	对小组的贡献(10%)					
	决策能力(10%)					
评价评语	班级		姓名		学号	总评
	教师签字		第　组		组长签字	日期
	评语：					

4.4 实施网络优化方案

制订网络调整方案后，开始实施此方案。网优路测人员制订方案后，经项目主管人员同意后实施。如果需要调整无线资源参数，就与BSC后台操作员联络；如果需要调整天线等工程参数，就与基站代维工程人员联络；如果需要增加基站载波数、新建直放站、新建基站，将方案上报给运营商做决策。

4.4.1 短信流程

课前引导单

学习情境四	驱车路测及优化	4.4	实施网络优化方案	
知识模块	短信流程		学时	1
引导方式	请带着下列疑问在文中查找相关知识点并在课本上做标记。			

(1) 与短信有关的网络实体有哪些？
(2) 短信可以通过哪两个逻辑信道来发送？
(3) SDCCH上的短信主、被叫流程是什么？
(4) SACCH上的短信主、被叫流程是什么？

短信可以通过SDCCH也可以通过SACCH发送，根据发送短信与接收短信的不同，其流程可分为两种，短信主叫流程和被叫流程。

1. 短信相关的网络实体

SMS-GMSC：短信关口MSC，能够直接从短信中心接收短信，能够从HLR获取路由信息和短信信息，并将短信传递给VMSC。

SMS-IWMSC：在PLMN内部能够接收短信并提交给短信中心。

对于手机来说，移动台发送短信和移动台接收短信是完全独立的两个过程。

2. SDCCH上的短信主叫流程

信令流程如图4.43所示。

(1) 图中，(1)～(8)为随机接入、立即指配流程。在此流程中，BSS为MS分配信令信道。

(2) 图中，(14)～(21)为短信发送流程。

MS再次发送SABM帧，通知网络侧该用户需要建立短信服务。其后BSC将提供透明传输通道，供MS与MSC交换短信。在该流程中，有的厂家的MSC可以发送ASS REQ给BSC，请求指配短信的信道，其发送ASS REQ的时间点与普通呼叫相同，BSC可以分配其他的信道以提供短信服务，也可以使用原有的SDCCH信道提供短信服务。

(3) 图中，(22)～(32)为释放流程。

短信发送结束，由MS发起释放。

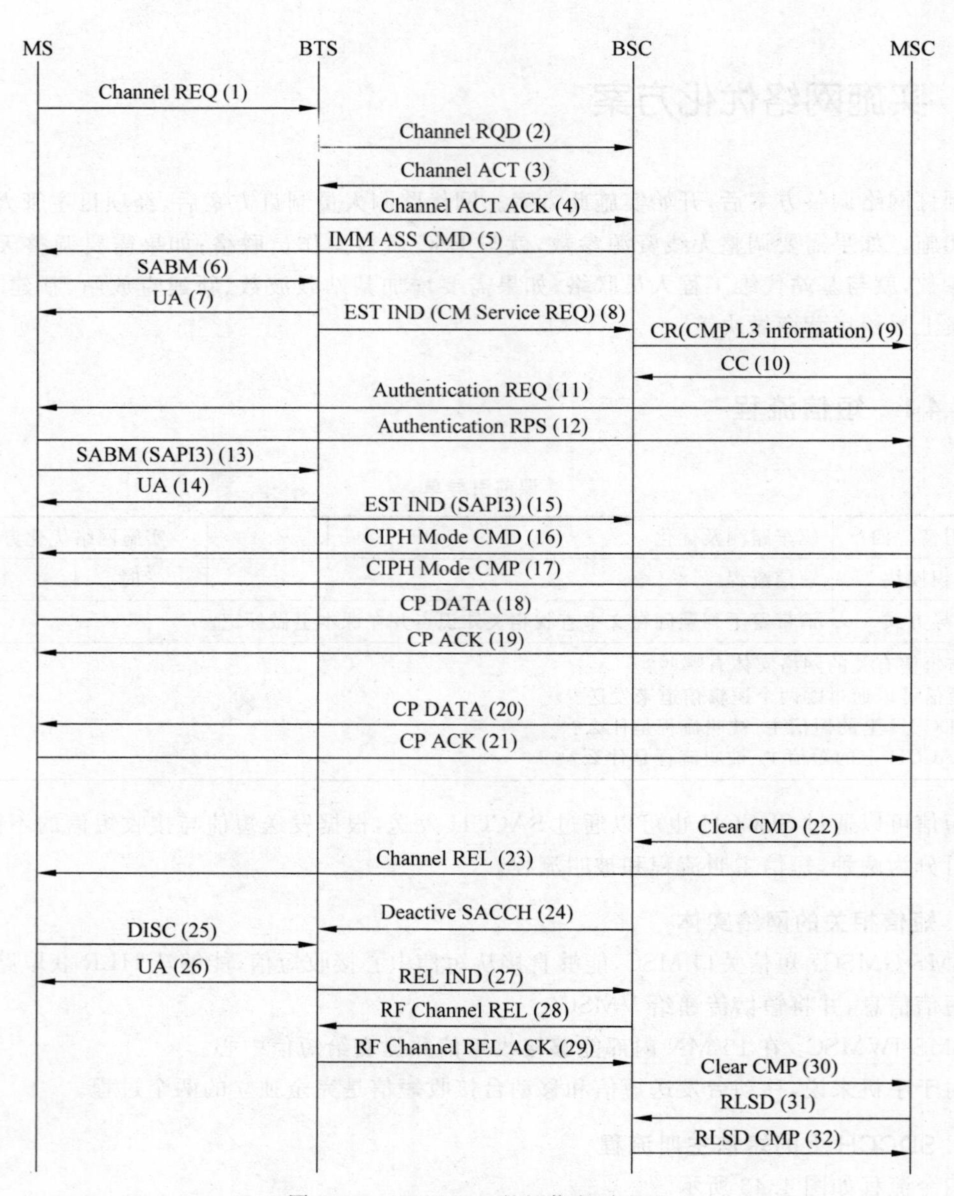

图 4.43　SDCCH 上的短信主叫流程

3. SDCCH 上的短信被叫流程

信令流程如图 4.44 所示。

(1) 图中,(1)～(10)为寻呼相应、立即指配流程。MSC 发送 Paging CMD,寻呼被叫,MS 请求 SDCCH 信道,并回应以 Paging Response。

(2) 图中,(17)～(24)为建立短信连接,进行短信发送的流程。对于短信的被叫流程,由 BSC 发送 EST REQ 请求 MS 建立短信连接,得到 MS 的 EST CNF 后,短信通道建立成功。BSC 透明传输短信,直到短信发送结束。其中,(14)、(15)为可选信令流程。

(3) 图中,(25)～(35)为释放流程。

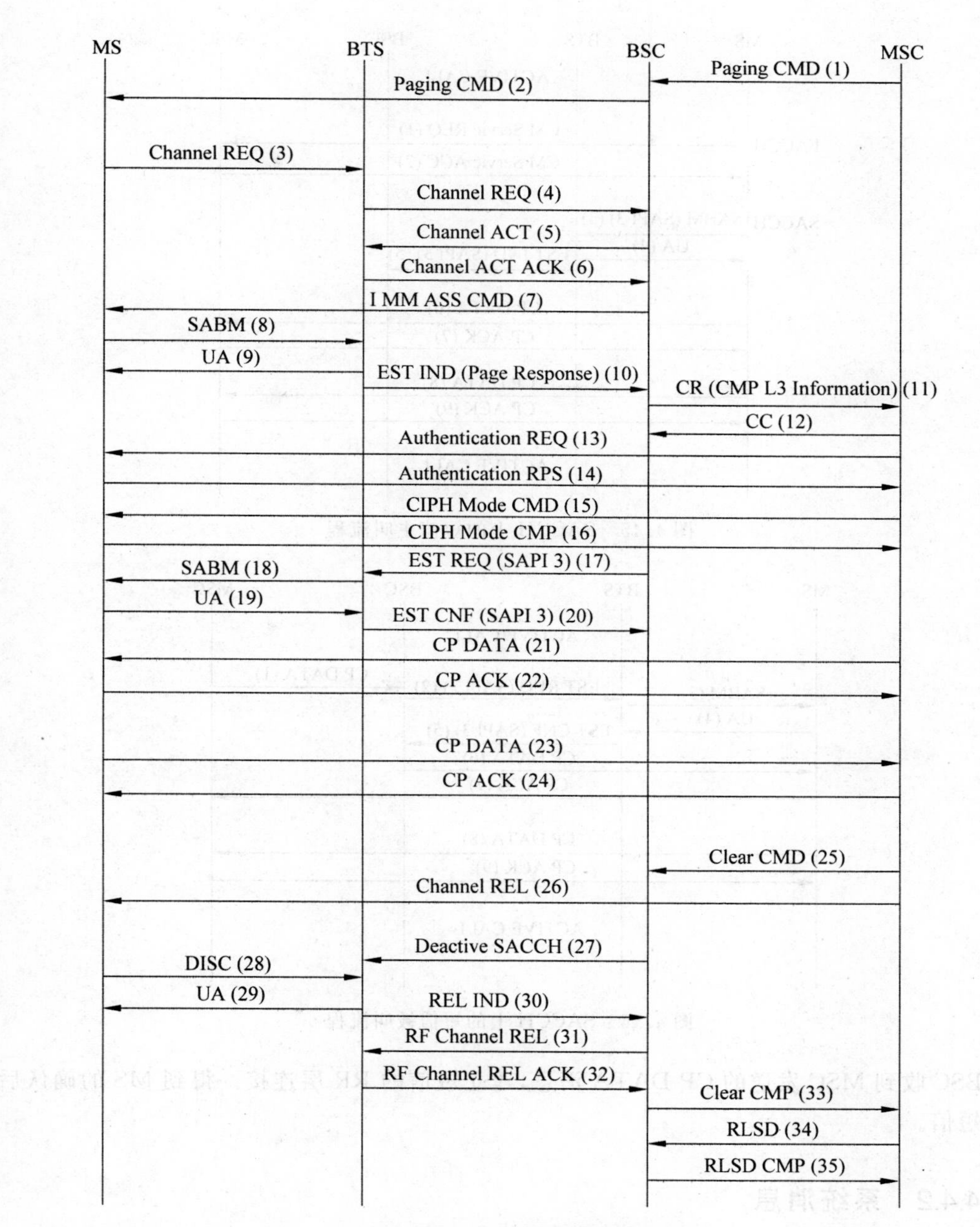

图 4.44　SDCCH 上的短信被叫流程

4. SACCH 上的短信主叫流程

信令流程如图 4.45 所示。

通话中的呼叫，通过 FACCH 发送 CM SERV REQ，MSC 回送 CM SERV ACC 消息，建立 CC 层连接。之后在 SACCH 上建立 RR 层连接，发送短信。

5. SACCH 上的短信被叫流程

信令流程如图 4.46 所示。

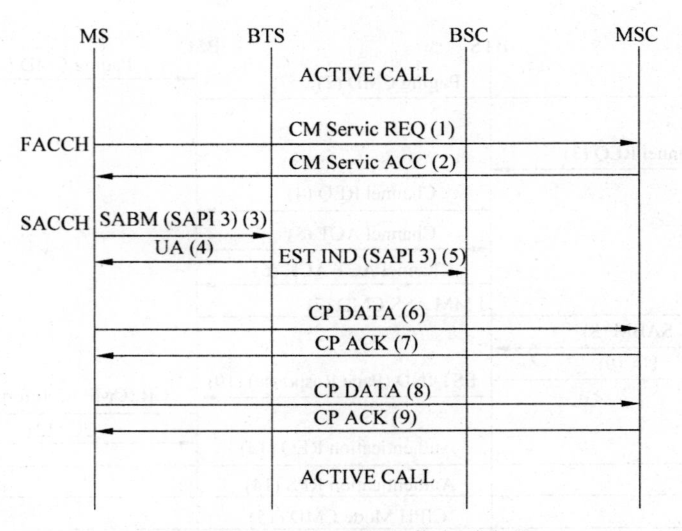

图 4.45 SACCH 上的短信主叫流程

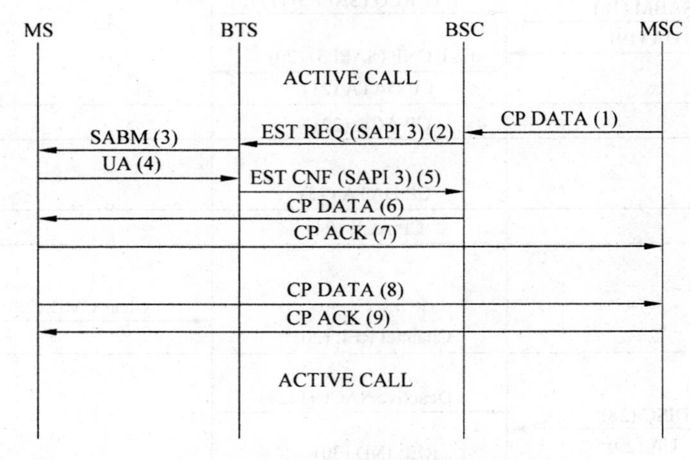

图 4.46 SACCH 上的短信被叫流程

BSC 收到 MSC 发送的 CP DATA 消息，建立短信的 RR 层连接。得到 MS 的确认后，发送短信。

4.4.2 系统消息

课前引导单

学习情境四	驱车路测及优化	4.4	实施网络优化方案	
知识模块	系统消息		学时	2
引导方式	请带着下列疑问在文中查找相关知识点并在课本上做标记。			

(1) 系统消息一共分为几类？
(2) 各种系统消息有何作用？
(3) 系统消息在哪儿传送？
(4) 通话状态下应传送哪种系统消息？

MS为了能得到或提供各种各样的服务通常需要从网络来获得许多消息。这些在无线接口广播的消息被称做系统消息。系统消息可分为12种类型：TYPE1、2、2bis、2ter、3、4、5、5bis、5ter、6、7、8。

系统消息提供以下信息。

(1) 当前网络、位置区、和小区的识别消息。

(2) 小区提供切换的测量报告消息和小区选择的进程消息。

(3) 当前控制信道结构的描述消息。

(4) 该小区不同的可选项的消息。

(5) 关于临小区 BCCH 频点的分配。

系统消息在两种逻辑信道中传送，BCCH 或 SACCH 信道。

(1) 在空闲模式下，网络通过 BCCH 信道传送系统消息 1～4、7、8。

(2) 在通信模式下，通过 SACCH 信道传送系统消息 5 和 6(包括 5bis 和 5ter 消息)。

1. 系统消息 1(频率信息)(图 4.47)

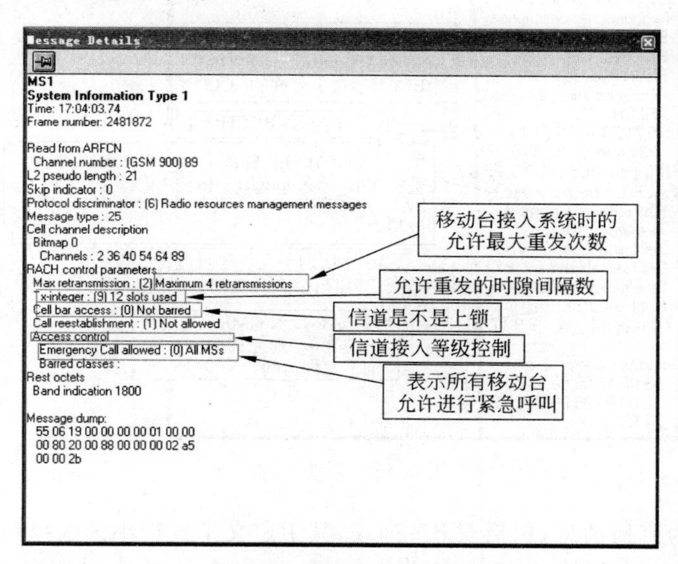

图 4.47　系统消息 1

此系统消息类型仅用于跳频时，发送内容如下。

(1) 小区信道描述，用于通知手机，小区采用的频带与可以供跳频用的频点。对于 GSM900 与 GSM1800 采用的格式是不同的。对于 GSM900，有一个 Bitmap 0(比特位图)用于描述两方面信息，分别如下。

① CA-NO，取值分别为：0、1、2，代表 GSM900、GSM1800、GSM1900。

② CA-ARFCN，采用的有效射频频点，当为 GSM900，将有一个相应于 124 个频点的 124 位图。

对于 GSM1800，情况有点不同，由于频点太多，不用位图，而用别的编码方式 FORMAD－IND=？来描述编码方式，后面跟一串编码比特来表示。

(2) RACH 控制参数，描述的两个数据为 ACC、EC，ACC 称为接入控制等级，分为 0～9 与 11～15。0～9 表示普通级，所有移动台被定义为 0～9；11～15 为优先级，10 表示 EC。

MS 处于空闲状态时，将产生下列四个事件：

CB——小区禁止标志，用一个比特表示；

RE——用一个比特表示是否可以进行呼叫重建，断开后的重新占用；

MAXRET——移动台接入系统时的允许最大重发次数；

TX——移动台接入系统时允许重发的时隙间隔数。

2. 系统消息 2(相邻小区的 BCCH、扩展频带、多频带)(图 4.48)

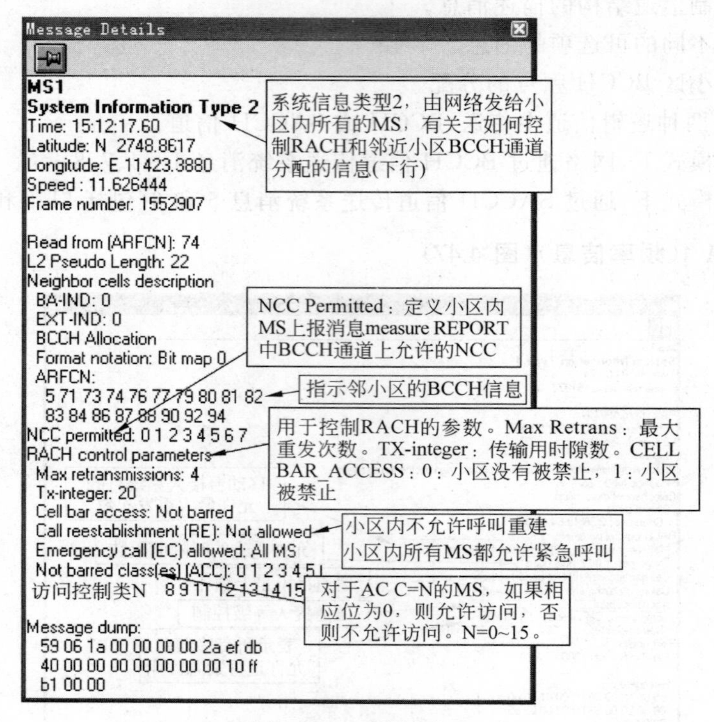

图 4.48 系统消息 2

系统消息 2 为广播消息，包括双 BA 列表，其中定义了进行小区选择和切换的 BCCH 频点，手机需要根据这个列表对邻小区进行测量；可能还包括系统消息 2Bis 和系统消息 2Ter，当 BA 列表太长时，将有可能用到系统消息 2Bis，如果网络中包括多个频段，那么其他频段的 BA 列表将通过系统消息 2Ter 传送。

系统消息 2Bis 和 2Ter 是可选的。系统消息 2、2Bis 和 2Ter 除了包含 BA 列表外，还包含邻小区描述、BCCH 分配序列号(BCCH Allocation Sequence Number，BAIND)、网络色码参数 NCCPERM、RACH 控制参数等。

3. 系统消息 3(用于 C2)(图 4.49)

系统消息 3 包含当前的 LA 和小区标识号，如果 LA 改变，那么 MS 必须进行位置更新，目的是为了计算自己的寻呼组，还包含周期性位置更新的时间指示。

系统消息 3 主要包含小区标识、位置区标识、国家代码、网络代码、控制信道描述、Attach/Detach 指示、信道组合情况、AGBLK、MFRMS、T3212、不连续发射 DTX、功率控制指示 PWRC、无线链路超时 RLINKT、小区选择参数、最小接入强度 ACCMIN、手机接入系统时的最大发射功率 CCHPWR、小区重选滞后 CRH、RACH 控制参数。

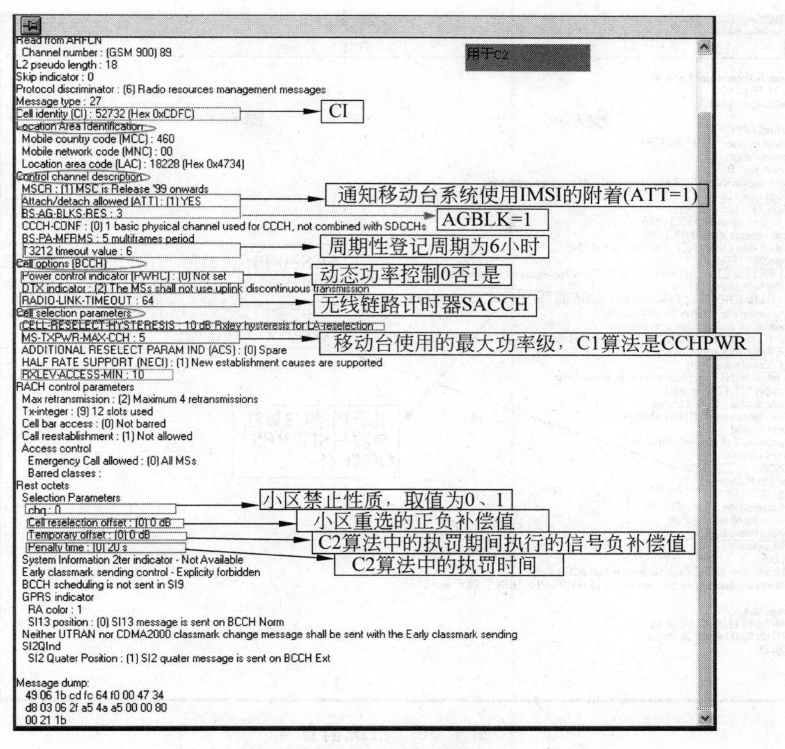

图 4.49　系统消息 3

4. 系统消息 4(短信息)(图 4.50)

如果小区广播打开,那么网络操作者能给小区中的所有空闲手机发送文本消息,手机必须每隔一定时间收听小区广播,同时必须知道小区广播在哪个频点上进行广播,该频点信息就包含在系统消息 4 中。

系统消息 4 还包含 CBCH 描述、CBCH 信道号、训练序列 TSC、基站色码 BCC、位置区指示 LAI、小区选择参数、RACH 控制参数。

5. 系统消息 5(SACCH 传送)(图 4.51)

系统消息 5 传送的内容和系统消息 2 一样,只是系统消息 5 在手机通话时,通过 SACCH 信道传送,因此属于随路消息。

系统消息 5 中还包括系统消息 5Bis 和系统消息 5Ter,其中系统消息 5 用于 GSM900 邻近小区 BCCH 频点描述;系统消息 5Bis 用于 G900E 邻近小区 BCCH 频点描述;系统消息 5Ter 用于 DCS1800 邻近小区 BCCH 频点描述。

6. 系统消息 6(SACCH 传送)(图 4.52)

系统消息 6 传送的内容和系统消息 3 一样,只是系统消息 6 在手机通话时,通过 SACCH 信道传送,因此属于随路消息。

在手机通话时,手机需要知道其 LAI 是否改变,如果改变,那么在通话结束时,必须进行位置更新。

7. 系统消息 7/8(小区重选)

系统消息 7/8 属于广播消息,包含小区重选参数,是系统消息 4 的扩展。

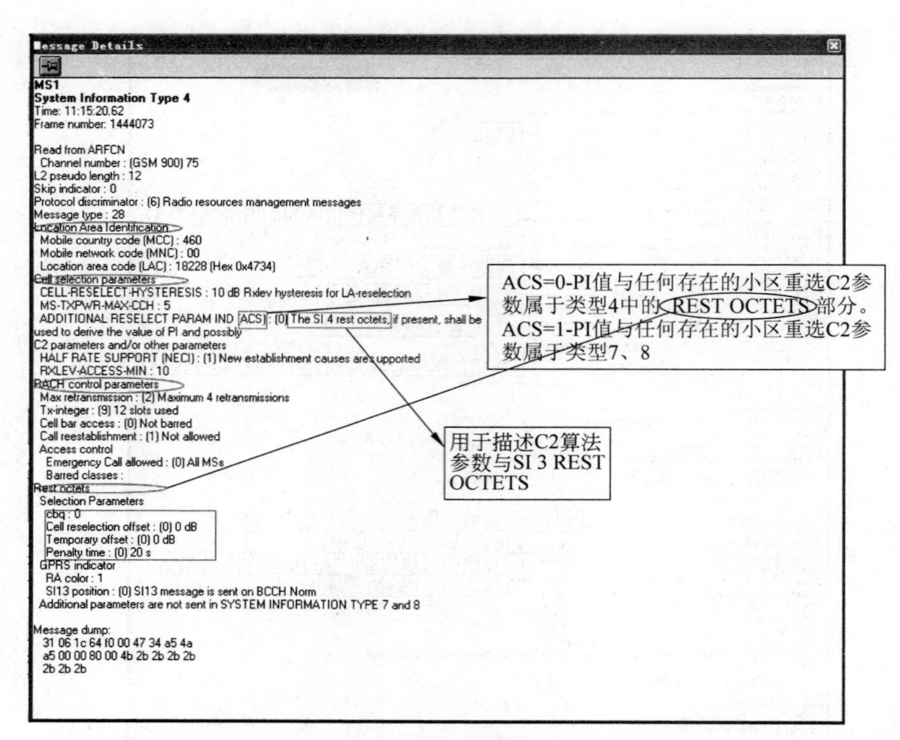

Message Details

MS1
System Information Type 4
Time: 11:15:20.62
Frame number: 1444073

Read from ARFCN
  Channel number : (GSM 900) 75
L2 pseudo length : 12
Skip indicator : 0
Protocol discriminator : (6) Radio resources management messages
Message type : 28
Location Area Identification
  Mobile country code (MCC) : 460
  Mobile network code (MNC) : 00
  Location area code (LAC) : 18228 (Hex 0x4734)
Cell selection parameters
  CELL-RESELECT-HYSTERESIS : 10 dB Rxlev hysteresis for LA-reselection
  MS-TXPWR-MAX-CCH : 5
  ADDITIONAL RESELECT PARAM IND (ACS) : (0) The SI 4 rest octets, if present, shall be used to derive the value of PI and possibly C2 parameters and/or other parameters
  HALF RATE SUPPORT (NECI) : (1) New establishment causes ares upported
  RXLEV-ACCESS-MIN : 10
RACH control parameters
  Max retransmission : (2) Maximum 4 retransmissions
  Tx-integer : (9) 12 slots used
  Cell bar access : (0) Not barred
  Call reestablishment : (1) Not allowed
  Access control
    Emergency Call allowed : (0) All MSs
    Barred classes :
Rest octets
  Selection Parameters
    cbq : 0
    Cell reselection offset : (0) 0 dB
    Temporary offset : (0) 0 dB
    Penalty time : (0) 20 s
  GPRS indicator
    RA color : 1
    SI13 position : (0) SI13 message is sent on BCCH Norm
  Additional parameters are not sent in SYSTEM INFORMATION TYPE 7 and 8

Message dump:
  31 06 1c 64 f0 00 47 34 a5 4a
  a5 00 00 80 00 4b 2b 2b 2b 2b
  2b 2b 2b

图 4.50　系统消息 4

Message Details

MS1
System Information Type 13
Time: 11:57:01.59
Frame number: 1362932

Read from ARFCN
  Channel number : (GSM 900) 85
L2 pseudo length : 0
Skip indicator : 0
Protocol discriminator : (6) Radio resources management messages
Message type : 0
Rest octets
  BCCH CHANGE MARK : 6
  SI CHANGE FIELD : (0) Update of unspecified SI message or SI messages
  PBCCH not present in cell
  Routing area code (RAC) : 1
  SPGC CCCH SUP : (0) SPLIT PG CYCLE is not supported on CCCH in this cell
  PRIORITY ACCESS THR : (6) Packet access is allowed for priority level 1 to 4
  NETWORK CONTROL ORDER : (0) NC0: MS controlled cell re-selection, no measurement reporting
  GPRS cell options
    NMO : (1) Network mode of operation II
    T3168 : (7) 4000 milliseconds
    T3192 : (0) 500 milliseconds
    DRX TIMER MAX : (7) 64 s
    ACCESS BURST TYPE : (0) 8 bit access burst shall be used
    CONTROL ACK TYPE : (0) Default format is 4 access bursts
    BS CV MAX : 15
    PAN DEC : 2
    PAN INC : 2
    PAN MAX : Maximum value allowed for counter N3102 is 20
    Extension information
      EGPRS support : (1) EGPRS supported in this cell
      EGPRS_PACKET_CHANNEL_REQUEST : (1) Two phase packet access with 'Packet Channel Request' shall be used on PRACH, or 'Channel Request' on R
      BEP_PERIOD : 0
      PFC_FEATURE_MODE : (0) The network does not support packet flow context procedures.
      DTM_SUPPORT : (0) The cell does not support DTM procedures.
      BSS_PAGING_COORDINATION : (1) The cell supports CS paging co-ordination.
  GPRS power control parameters
    Alpha : (3) 0.3
    T AVG W : 15
    T AVG T : 5
    PC MEAS CHAN : (0) Downlink measurements for power control shall be made on BCCH
    N AVG I : 10
  SGSNR : (1) SGSN R99 or onwards

Message dump:
  01 06 00 e0 00 58 78 e7 d2 93
  b0 38 1b ca a5 2b 2b 2b 2b 2b
  2b 2b 2b

图 4.51　系统消息 5

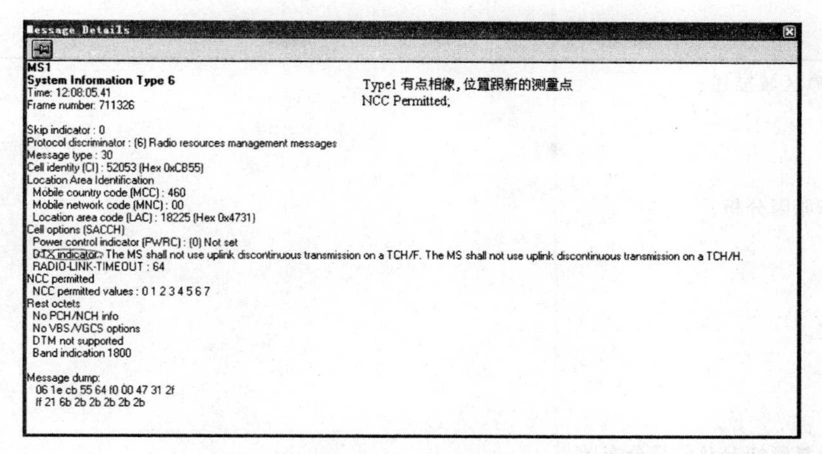

图 4.52　系统消息 6

4.4.3 实训单据

(1) 依据网络测试代维工作任务书，完成任务实施单。

(2) 依据移动运营商对处理过程及结果的回执，完成代维方回执。

(3) 项目经理对接单工程人员进行工作评价。

(4) 学生认真填写教学反馈单。老师认真思考学生提出的问题及建议，提出整改措施，努力提高教学水平。

网络测试代维工作任务书

编号：　　年　月

派单时间		任务类型	语音、数据
中国移动联系人		联系电话	
要求完成时间		负责人签名	
是否由 1860 确认			

任务描述：

为做好应急通信保障，请安排人员对××××进行测试、及时处理存在问题，并提交相关测试报告及原始测试数据。

任务实施单(处理过程)

1. 测试路段。

2. DT 测试情况：

(1) 道路周边环境介绍(请附图)。

(2) 测试区域基站小区分布情况及信号状况(附测试信号分布图)。

续表

(3) 网络故障区域描述。

3. 网络故障原因分析。

4. 优化方案。

5. 故障区域复测情况及信号分布图。

6. 测试信号数据统计。

语音业务	接通率/%	掉话率/%	切换成功率/%	通话质量/%	覆盖率/%
调整前					
调整后					

数据业务	上传速率	下载速率
调整前		
调整后		

7. 周围占用小区列表。

小区名	信号强度

完成时间		回执时间	
完成人		联系电话	

移动方回执(退单时填写)

1. 不符合要求原因：

2. 要求改进项目：

3. 要求完成时间：

退单时间		回执时间	
退单人		联系电话	

代维方回执(完成情况)

任务完成情况及处理建议：

完成时间		回执时间	
完成人		联系电话	

说明：如果本任务书需交代维公司继续处理，请自行复制上面的“移动方回执(退单时填写)”和“代维方回执”，并在其中填写，直至完全完成为止。

工作评价(完成后填写)

考核项目	扣分	扣分说明	考核标准
测试数据真实性			发现一项内容虚假或未按照测试要求测试的数据扣2分。
测试数据完整性			发现一项内容不完整的数据扣0.2分。
任务完成及时性			每延迟半日扣0.2分。
填报表格真实性			发现一项内容虚假的数据扣3分。
网络调整建议合理性			一项不合理内容扣0.2分。
分析报告的质量			根据对问题点的分析质量进行评分，缺一项或某一项的分析质量较差扣0.5分。
跟踪问题解决情况			一项问题未跟踪解决扣1分。
人员的工作态度及服务态度			代维人员不能虚心听取招标公司的建议及批评、态度较差，视情况扣分。
临时工作响应及处理			响应不及时或处理问题不认真，每次扣1分。
网络问题及时上报			未及时上报，每发现一次扣1分。
其他			如以上项目不能适用，请在此列明并提出考核建议。

完成人：

教学反馈单

学习情境四	驱车路测及优化			
4.4	实施网络优化方案		学时	4
序号	调 查 内 容	是	否	理由陈述
1	是否能开展DT语音测试			
2	是否能快速找到网络故障点			
3	是否能正确分析网络故障原因			
4	是否能进行话务统计			
5	是否能正确填写代维工作任务书			
6	是否需要专人指导			

建议与意见：

被调查人签名		调查时间	

评 价 单

学习情境四	驱车路测及优化				
4.4	实施网络优化方案		学时	4	
评价类别	项目	子项目	个人评价	组内互评	教师评价
专业能力(70%)	计划准备(20%)	搜集信息(10%)			
		软硬件准备(10%)			
	实施过程(50%)	理论知识掌握程度(15%)			
		实施单完成进度(15%)			
		实施单完成质量(20%)			
职业能力(30%)	团队协作(10%)				
	对小组的贡献(10%)				
	决策能力(10%)				

评价评语	班级		姓名		学号		总评	
	教师签字		第 组		组长签字		日期	
	评语：							

4.5 网络复测

4.5.1 接口简介

课前引导单

学习情境四	驱车路测及优化	4.5	网络复测	
知识模块	接口简介		学时	1
引导方式	请带着下列疑问在文中查找相关知识点并在课本上做标记。			

(1) 什么叫空中接口？
(2) 物理层接口、链路层接口、网络层接口的作用是什么？
(3) RR、MM、CM是什么意思？

BSS对外的接口都是标准接口，包括MS与BSS之间的Um接口、BSS与MSC之间的A接口，这些接口协议和规程都在ETSI协议中有严格和完备的规定。

BSS的各个网元(BTS、BSC)之间的接口以及BSS与OMC的接口都是内部接口，与设备供应商的实现有关。其中ETSI对BTS与BSC之间的Abis接口也做了许多规定，但不够完备。

图4.53是GSM系统信令模型，每个接口总体介绍如下。

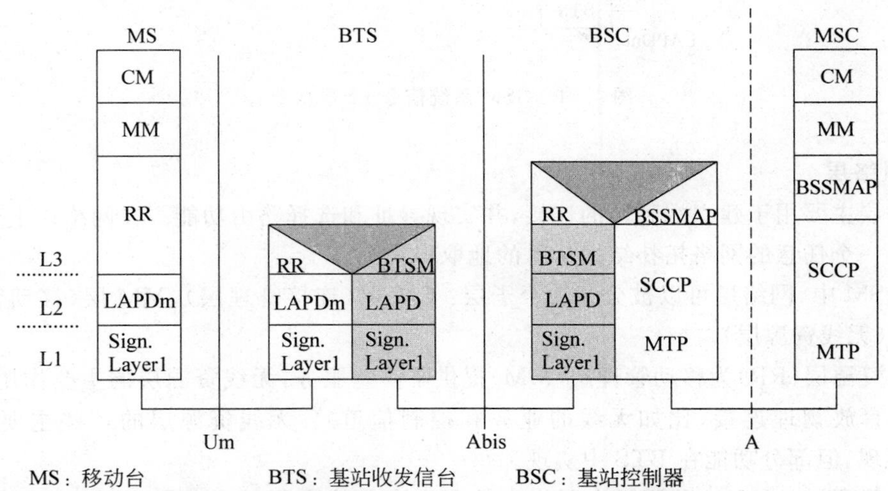

图4.53　GSM系统信令模型

在GSM中，BTS与MS之间的Um接口的数据链路层通过LAPDm(Dm信道的链路接入规程)实现；BTS与BSC之间的Abis接口的数据链路层通过LAPD(D信道的链路接入规程)实现；BSC与MSC之间的A接口的链路层主要通过MTP2和MTP3、SCCP实现。

1. 物理层

物理层主要负责物理数据单元的无错传送。物理层上定义了传输路径上的电气特性。

在ZTE-GSM数字移动通信系统中，BTS与MS之间的Um接口的物理层采用无线路径，BTS与BSC之间的Abis接口的物理层采用在不均衡的75Ω同轴电缆或120Ω双绞线上的2048b/s的CEPT数据流。

2. 链路层

链路层的主要功能有帧传递、无错传送以及通过物理层实现两连接实体之间的比特传送。链路层上的任务主要是打开、维持和关闭两连接实体之间的连接。其信令如图4.54所示。

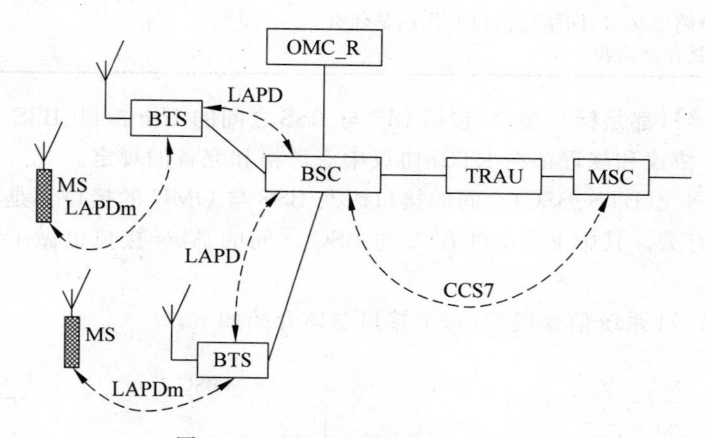

图4.54 GSM系统信令L2层信令

3. 网络层

网络层主要用于建立端到端的连接，并实现寻址和选择路由功能。在网络层上，它主要负责通过一个任意的网络拓扑结构从目的地取得消息。

在GSM中，网络层可以被分为3个子层：CM层（连接管理层）、MM层（移动管理层）和RR层（无线资源层）。

无线资源层（RR）为移动管理层（MM）提供了一些服务，无线资源层的主要作用包括建立、维持、释放物理连接（比如无线的业务和控制信道）。无线资源层的一些主要功能在BSC中实现，但部分功能在BTS中实现。

移动管理层（MM）主要用于在网络中的用户设备的注册和用户的鉴别，移动管理层的功能在MSC一侧实现。

连接管理层（CM）是GSM信令模型中的最高一层，这个从它在信令模型中的位置可以很清楚地看到（在MSC和MS的信令模型结构中，无线资源层都处在最高层）。在GSM系统中，无线资源层是与用户之间一个基本的接口。

连接管理层又可以被分为3个子层：CC（呼叫控制），主要负责呼叫的建立、维持和释放；SS（补充业务）；SMS（短消息业务）。

4.5.2　A 接口、Abis 接口

课前引导单

学习情境四	驱车路测及优化	4.5	网络复测	
知识模块	A 接口、Abis 接口		学时	1
引导方式	请带着下列疑问在文中查找相关知识点并在课本上做标记。			

(1) A 接口、Abis 接口定义是什么?
(2) Abis 接口的协议模型是什么?

1. A 接口

A 接口定义为网路子系统(NSS)与基站子系统(BSS)间的通信接口,就是移动业务交换中心(MSC)与基站控制器(BSC)之间的接口,物理链路采用标准的 2.048Mb/s 的数字传输链路实现。此接口传递的信息包括移动台管理、基站管理、移动性管理、接续管理等。

GSM 系统在 A 接口采用七号信令系统。A 接口在物理上是 BSC 与 MSC 之间的中继电路与中继接口,A 接口信令协议参考模型如图 4.55 所示。关于 A 接口各层的介绍可参照相关文献。

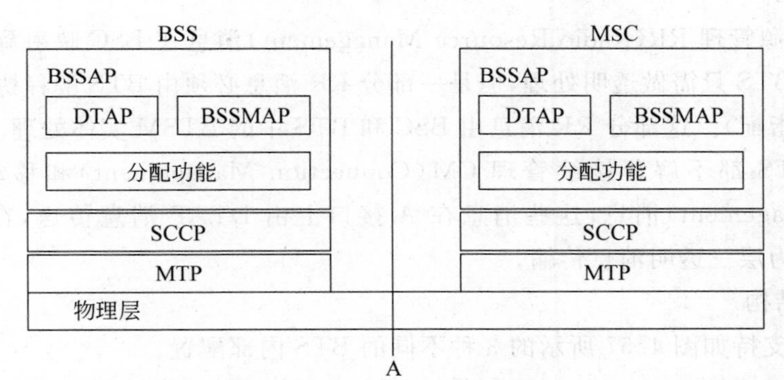

图 4.55　A 接口信令协议参考模型图

2. Abis 接口

Abis 接口定义了基站子系统(BSS)中基站控制器(BSC)和基站收发信台(BTS)之间的通信标准,用于远端互连方式。它们之间采用标准的 2.048Mb/s 的 PCM 数字链路来实现。此接口支持所有向用户提供的服务,并支持对 BTS 无线设备的控制和无线频率的分配。

Abis 接口只能算是一种内部接口,不同设备供应商的 BSC 设备和 BTS 设备还不能实现互通。Abis 接口中地面业务信道和 Um 接口的无线业务信道之间一一对应。

(1) 协议模型

Abis 接口的协议模型如图 4.56 所示。

① Abis 的层一是基于硬件的底层驱动程序,接收和发送数据至传送的物理链路。

② Abis 的层二协议基于 LAPD,LAPD 通过 TEI 对 TRX(或 BCF)寻址。对不同的消

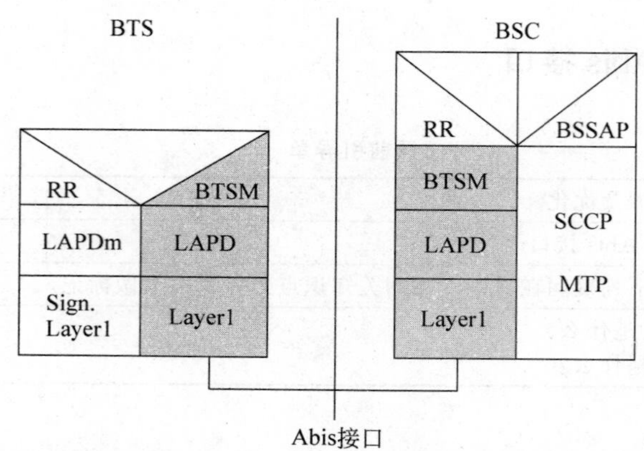

图 4.56　Abis 接口的协议模型图

息，LAPD 使用不同的逻辑链路：业务管理消息——RSL；网络管理消息——OML；L2 管理消息——L2ML。

③ 无线资源管理 RR(Radio Resource Management)消息在 BSC 映射到 BSSAP，大部分 RR 消息在 BTS 只需做透明处理，但是一部分 RR 消息必须由 BTS 解释执行(如加密、随机接入、寻呼、指配)。这部分 RR 消息由 BSC 和 BTS 中的 BTSM 实体处理。

BSC 和 BTS 都不解释接续管理 CM(Connection Management)和移动性管理 MM(Mobility Management)消息，这些消息在 A 接口上由 DTAP 消息传送，在 Abis 接口上 DTAP 消息作为层三透明消息传输。

(2) 接口结构

Abis 接口支持如图 4.57 所示的 3 种不同的 BTS 内部配置。

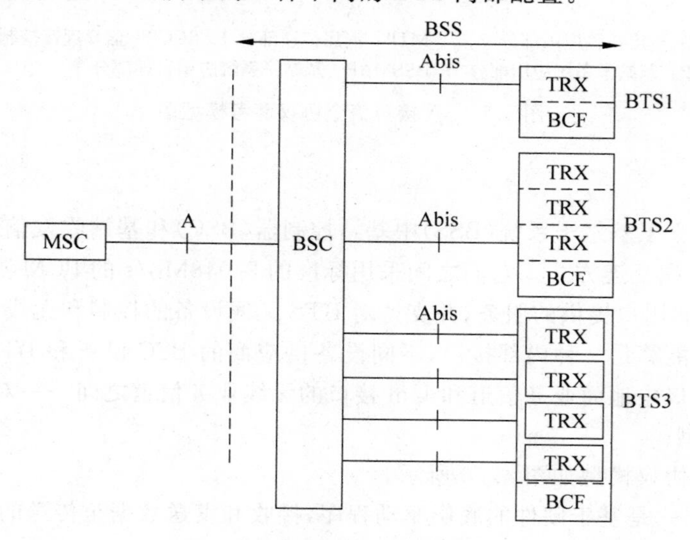

图 4.57　Abis 接口结构图

① 一个单独的 TRX。

② 多个 TRX 通过同一物理连接接入到 BSC。

③ 多个 TRX 通过各自的物理连接接入到 BSC。

④ TRX(Transceiver)是 GSM 公众陆地移动网络中支持属于同一 TDMA 帧的 8 个物理信道的功能实体。

⑤ BCF(Base Control Function)是在 BTS 中处理公共控制功能(如 BTS 初始化、软件下载、信道配置、操作维护等)的功能实体。

Abis 接口上存在两类信道。

⑥ 业务信道,按速率分为 8Kb/s、16Kb/s 和 64Kb/s 3 种,承载无线信道的语音或数据。

⑦ 信令信道,按速率分为 16Kb/s、32Kb/s 和 64Kb/s 3 种,承载 BSC-MS 和 BSC-BTS 之间的信令。

对 BCF 的寻址是通过终端设备标识 TEI(Terminal Equipment Identifier)来实现的,每个不同的 BCF 有不同的 TEI。而对每个 TEI 定义了 3 种逻辑链路,如图 4.58 所示。

① RSL,无线信令链路,用于支持业务管理规程,每个 TRX 一条。

② OML,操作维护链路,用于支持网络管理规程,每个 BCF 一条。

③ L2ML,层二管理链路,用于传送层二管理消息。

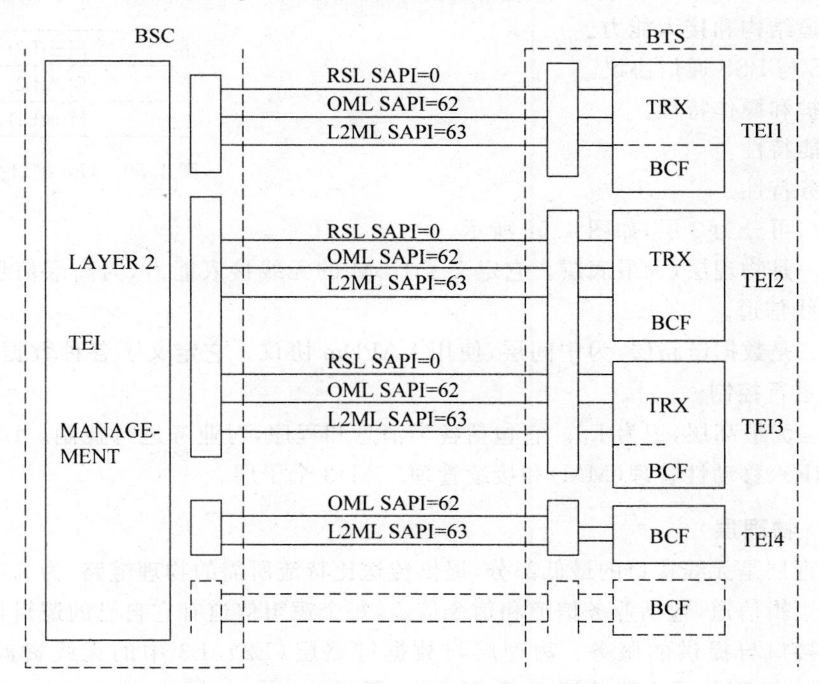

图 4.58　Abis 接口的层二逻辑链路图

4.5.3 Um 接口

课前引导单

学习情境四	驱车路测及优化	4.5	网络复测
知识模块	Um 接口	学时	1
引导方式	请带着下列疑问在文中查找相关知识点并在课本上做标记。		

(1) Um 接口分为几层,各层功能是什么?
(2) 网络分析重点关注第几层?

Um 接口(空中接口)定义为移动台与基站收发信台(BTS)之间的通信接口,用于移动台与 GSM 系统的固定部分之间的互通,物理链路是无线链路。此接口传递的信息主要包括无线资源管理、移动性管理和接续管理等。

1. 概述

在 GSM 网络中,MS 通过无线信道与网络的固定部分相连使用户可接入网内得到通信服务。为实现 MS 和 BSS 的互联,对无线信道上信号的传输必须作出一系列的规定,建立一套标准。这套关于无线信道信号传输的规范就是所谓的无线接口,又称 Um 接口。

Um 接口由下述特性所规定。

(1) 信道结构和接入能力。
(2) MS 与 BSS 通信协议。
(3) 维护和操作特性。
(4) 性能特性。
(5) 业务特性。

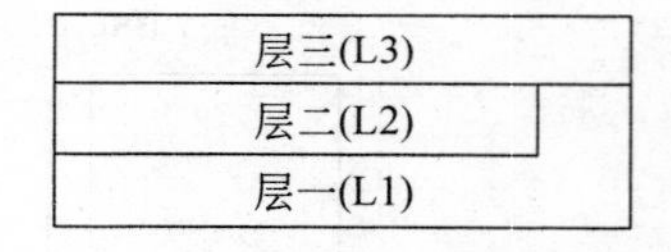

图 4.59 Um 接口分层结构图

Um 接口可分为 3 层,如图 4.59 所示。

(1) 层一是物理层,为最底层。它定义了 GSM 的无线接入能力,为高层信息的传输提供基本的无线信道。

(2) 层二是数据链路层,为中间层,使用 LAPDm 协议。它定义了各种数据传输结构,对数据传输进行控制。

(3) 层三为最高层,记为 L3。它包括各类消息和程序,对业务进行控制。L3 包括无线资源管理(RR)、移动性管理(MM)和接续管理(CM)3 个子层。

2. 层一(物理层)

层一物理层是无线接口的最低部分,提供传送比特流所需的物理链路,为高层提供各种不同功能的逻辑信道,包括业务信道和信令信道,每个逻辑信道有它自己的逻辑接入点。

物理层接口与提供的服务:物理层与数据链路层(L2)、L3 中的无线资源管理子层(RR)以及其他功能单元之间的接口,如图 4.60 所示。

物理层提供下述服务。

(1) 接入能力:物理层通过一系列有限的逻辑信道提供传输服务。逻辑信道复用在物理信道上。一块载频板(TRX)具有 8 个物理信道,通过数据配置,将逻辑信道映射到物理信道。

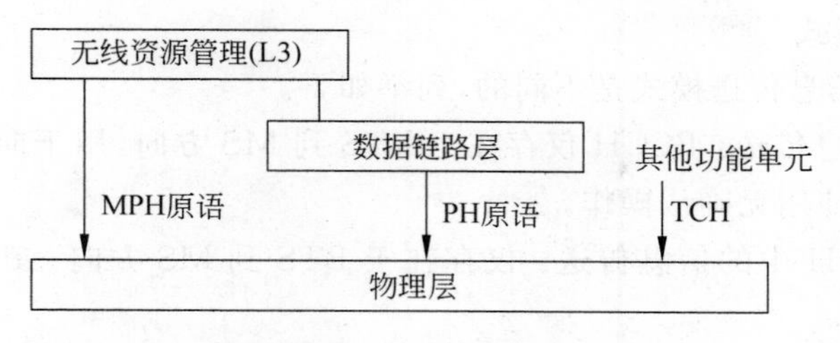

图 4.60　物理层接口图

(2) 误码检测：物理层提供带错误保护功能的传输服务，包括检错和纠错功能。

(3) 加密：按照选用的加密算法对传输的比特序列进行加密传输。

3. 层二（数据链路层）

层二的主要目的为建立移动台和基站间可靠的专用数据链路，GSM 系统在无线接口上使用的链路层协议是 LAPDm 协议，它从 LAPD 协议演化而来。它接收物理层的服务，并向层三提供服务。

数据链路层的业务接入点（SAP）是其向层三提供业务的连接点。SAP 由业务接入点标识符（SAPI）进行标志。每个 SAP 与一个或多个数据连接端点（DLCEP）相关联。LAPDm 协议中目前定义了两个 SAPI 值，即 0（主信令）和 3（短消息）。

LAPDm 通过 Um 接口使用 Dm 信道在层三实体之间传送信息。LAPDm 支持多个层三实体和多个物理层实体，支持 BCCH、PCH、AGCH 和 DCCH 上的信令。LAPDm 的功能包括以下几种。

① 在 Dm 信道上提供一个或多个数据链路连接（DLC）。这些 DLC 用数据链路标识符（DLCI）来区分。

② 允许帧类型识别。

③ 允许层三消息单元在层三之间透明传输。

④ 序列控制，用以维护通过 DLC 的帧序列顺序。

⑤ 数据链路上格式和操作错误的检测。

⑥ 流量控制。

⑦ 在 RACH 有接入请求后建立数据链路的争抢判决。

(1) 操作类型

用于传送层三消息的数据链路层操作有两种类型：无确认操作和确认操作。它们可以同时存在于一条 Dm 信道中。

① 无确认操作。在这种形式的操作下，层三信息以无编号信息帧（UI）来传送。在数据链路层，对 UI 帧不加以确认，不进行流量控制和差错恢复。无确认操作适用于除 RACH 以外的所有控制信道。

② 确认操作。在这种形式的操作下，层三信息以编号信息帧（Ⅰ）来传送。数据链路层对所传送的Ⅰ帧给出确认。对没有确认的帧，通过重发来实现错误恢复。在数据链路层无法恢复错误的情况下，向管理层报告错误指示。另外，对应确认操作还定义了流量控制规程。确认操作适用于 DCCH。

(2) 信息传送模式

不同信道上的信息传送模式是不同的,列举如下。

① BCCH 中信息传送:BCCH 仅存在于 BTS 到 MS 方向,用于向 MS 广播系统消息,在 BCCH 上仅可能使用无确认操作。

② PCH+AGCH 中的信息传送:仅存在于 BTS 到 MS 方向。PCH+AGCH 中仅可能使用无确认操作。

③ DCCH 中的信息传送:无确认操作和确认操作都有可能存在于 DCCH。在某个时间采用何种操作由层三决定。

(3) 数据链路的释放

多帧操作有以下两种释放方式。

① 正常释放:BTS 和 MS 交换 DISC 帧和 UA 帧或 DM 帧。

② 本端释放:无帧交换,一般用于异常情况下的链路释放。

数据链路层的释放均由层三发起。

4. 层三

(1) 概述

Um 接口的层三信令(L3)提供在一个蜂窝移动网和与其相连接的其他公众移动网中建立、维护和终止电路交换连接的功能。L3 还提供必要的支持补充业务和短消息业务的控制功能。另外,L3 还包括移动管理和无线资源管理的功能。

层三实体由大量功能程序块构成。这些程序块在层三各主体之间以及层三与相邻层之间传送携带各种信息的消息单元。层三信令完成的主要功能如下。

① 专用无线信道连接的建立、操作和释放(无线资源管理)。

② 位置注册更新、鉴权和 TMSI 再分配(移动管理)。

③ 电路交换呼叫的建立、维护和终止(呼叫控制)。

④ 补充业务的支持。

⑤ 短消息业务的支持。

层三由接续管理 CM(Connection Management)、移动管理 MM(Mobility Management)和无线资源管理 RR(Radio Resource Management)3 个子层构成。其中接续管理(CM)层中含有多个呼叫控制(CC)单元,提供并行呼叫处理;CM 子层中还有补充业务(SS)单元和短消息业务管理(SMS)单元,用于支持补充业务和短消息业务。

层三功能由 Um 接口的两侧,即移动台侧和网络侧之间的层三信令协议来完成。这里不考虑基站系统内不同实体间的功能分配。层三及其所支持的低层功能向更高层提供移动网络信令(MNS)服务。

层三与更高层和第二层之间的业务接口以及层三内相邻子层的相互作用可用原语和参数来描述。层三中对等实体之间的信息交换由 3 个子层来完成。

(2) 层三结构

如上所述,层三包含 3 个子层。其中处于最高子层的 CM 子层又由 3 个功能实体构成,即呼叫控制 CC(Call Control)、短消息业务支持 SMS(Short Message Service Support)和补充业务支持 SS(Supplementary Service Support)。这样无线接口的层三信令共包含 5 个功能实体。这些实体具有的功能简述如下。

① 无线资源管理(RR)：负责物理信道和逻辑信道的建立、维持与释放，还包括根据CM子层的请求而进行的越区转接。

② 移动管理(MM)：具有支持移动用户的移动特性所必需的功能，当移动台激活与去激活，或者改变位置区时通知网络，它还负责已激活无线通道的安全。

③ 呼叫控制(CC)：具有为建立与拆除移动台主呼和被呼时的电路交换连接所必需的功能。

④ 补充业务支持(SS)：具有支持GSM补充业务所必需的功能。

⑤ 短消息业务支持(SMS)：具有支持GSM点到点短消息业务所必需的功能。

除上述功能外，层三还包括与消息传输有关的其他功能，如复接和分发。这些功能由无线资源管理和移动管理规定，其任务是根据消息首部的协议识别码(PD)和处理识别码(TI)确定消息路由。

MM的路由功能将CM实体的消息以及MM本身的消息传送到RR子层的业务接入点，并且在多个消息并行发送时将它们复接起来。RR的路由功能根据被传送消息的PD和实际信道配置将消息分发出去。

RR子层路由功能对来自第二层不同业务接入点的消息根据PD进行分发处理。若PD等于RR，则将该消息送给本子层的RR实体。其余消息通过业务接入点RR-SAP提供给MM子层。MM子层的路由功能根据PD和TI将RR子层送来的消息传给MM实体或者通过各个MM-SAP送给CM子层中的各个实体。图4.61给出层三信令的协议模型。

处于层三中最底层的RR子层通过第二层的各个业务接入点(即各类型信道)接受第二层提供的服务，并且通过RR-SAP向MM子层提供服务。MM子层通过不同的业务接入点MMCC-SAP、MMSS-SAP和MMSMS-SAP分别向CM子层中的3个实体CC、SS和SMS提供服务，通过MMREG-SAP业务接入点给高层提供REG(注册)业务。CM子层中的3个独立实体分别通过MNCC-SAP、MNSS-SAP和MNSMS-SAP向更高层提供服务。

(3) 服务特性

① 移动台侧层三提供的业务

a. 登记业务，即IMSI的连接与分离操作。

b. 呼叫控制业务，包括MS主叫的正常呼叫建立、MS主叫的紧急呼叫建立、呼叫保持、呼叫结束和与呼叫有关的补充业务支持。

c. 与呼叫无关的补充业务支持。

d. 短消息业务支持。

② 网络侧层三提供的业务

a. 呼叫控制业务，包括呼叫建立、呼叫保持、呼叫结束和与呼叫有关的补充业务支持。

b. 与呼叫无关的补充业务支持。

c. 短消息业务支持。

d. 移动台侧和网络侧的层间服务。

e. 无线资源管理实体(RR)提供的业务，如图4.62所示。通过RR-SAP提供给MM，这些业务用于建立控制信道连接，建立话务信道连接、加密模式指示、释放控制信道连接和控制数据传输。

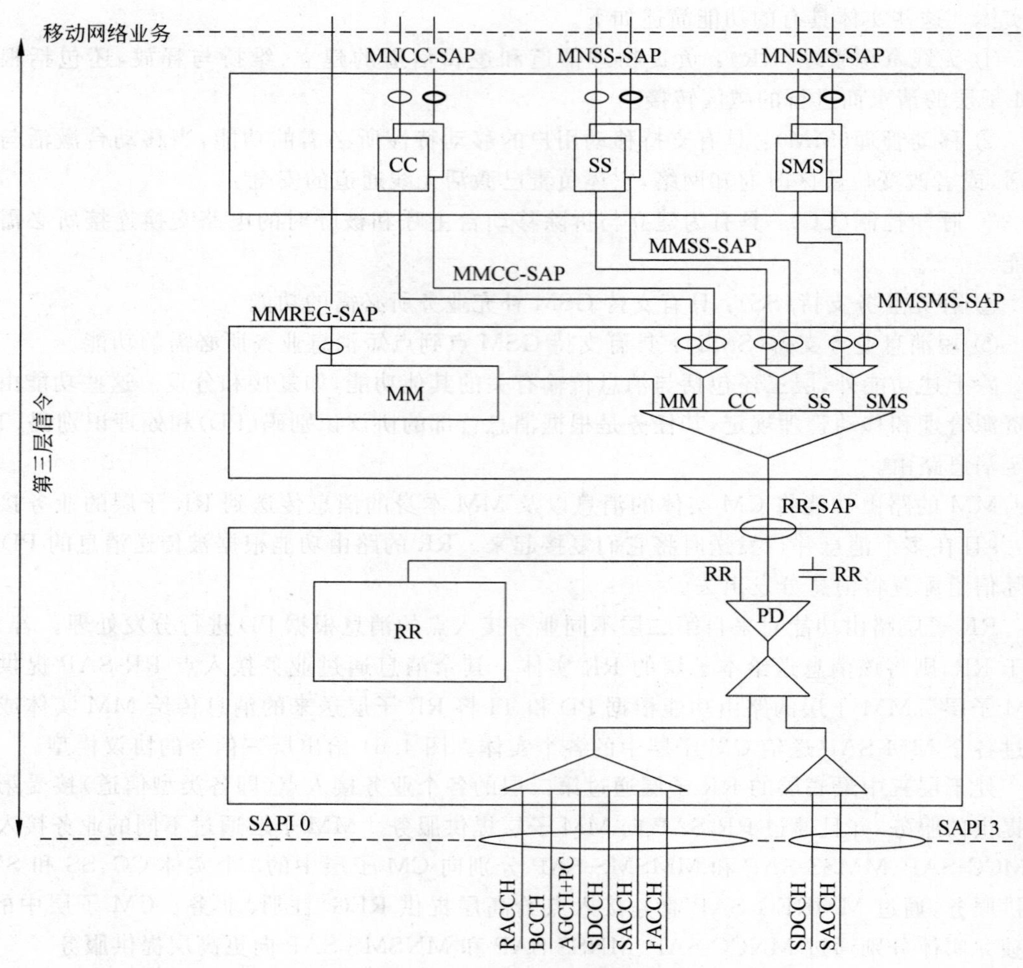

图 4.61　Um 接口层三协议模型图

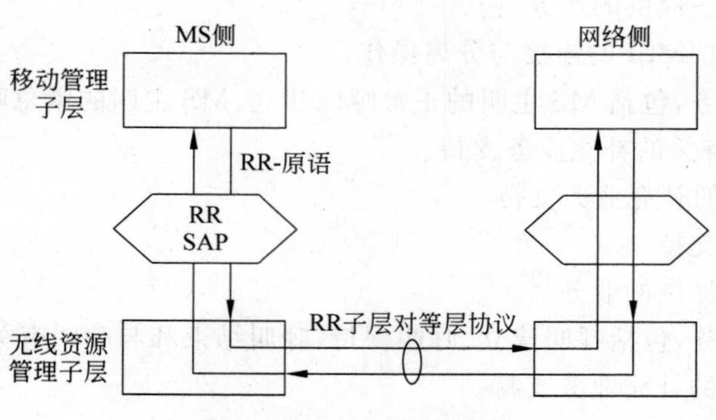

图 4.62　RR 子层通信图

⑥ 移动管理实体(MM)提供的业务如图 4.63 所示，通过 MMCC-SAP、MMSS-SAP 和 MMSMS-SAP 支持接续管理实体的呼叫控制、补充业务和短消息业务 3 个实体。

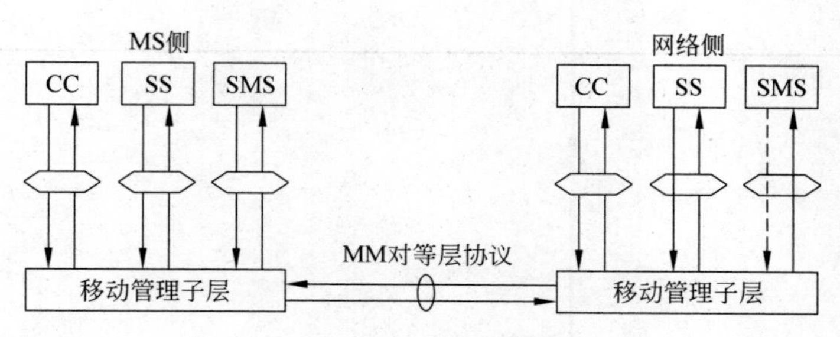

图 4.63　MM 子层通信图

4.5.4　实训单据

(1) 学生依据所学知识完成实施单,认真填写教学反馈单,同时组内互评。

(2) 老师评阅实施单,并把结果反馈在评价单上;同时仔细看教学反馈单信息,认真思考学生提出的问题及建议,提出整改措施,努力提高教学水平。

实　施　单

学习情境四	驱车路测及优化		
4.5	网络复测	学时	6
作业方式	完成下列任务		

1. 测试指标

测试路线汇总:

(1) 话音指标

DT 测试线路	覆盖率/%	呼叫次数	接通次数	掉话次数	接通率/%	掉话率/%	信号质量/%

(2) 语音质量图

2. 测试问题点情况

问题类别	路段	描述和分析	处理结果

本月共处理问题点____个,其中有____个问题点跟进处理中。

3. 其他工作内容

续表

4. 工作困难 5. 工作计划					
作业要求	1. 各组员独立完成； 2. 格式规范，思路清晰； 3. 完成后各组员相互检查和共享成果； 4. 及时上交教师评阅。				
作业评价	班级		第 组	组长签字	
	学号		姓名		
	教师签字		教师评分	日期	
	评语：				

教学反馈单

学习情境四	驱车路测及优化			
4.5	网络复测		学时	6
序号	调 查 内 容	是	否	理由陈述
1	是否能对一个月来的DT测试进行统计			
2	是否能正确找到一个月来DT话音或数据业务故障点			
3	是否已经解决了网络故障			
4	对整个DT测试过程是否清晰			

建议与意见：

被调查人签名		调查时间	

评 价 单

学习情境四	驱车路测及优化							
4.5	网络复测		学时	6				
评价类别	项目	子项目	个人评价	组内互评				教师评价
专业能力(70%)	计划准备(20%)	搜集信息(10%)						
		软硬件准备(10%)						
	实施过程(50%)	理论知识掌握程度(15%)						
		实施单完成进度(15%)						
		实施单完成质量(20%)						

续表

<table>
<tr><th>评价类别</th><th>项目</th><th colspan="2">子项目</th><th colspan="2">个人评价</th><th colspan="2">组内互评</th><th>教师评价</th></tr>
<tr><td rowspan="3">职业能力
(30%)</td><td colspan="3">团队协作(10%)</td><td colspan="2"></td><td colspan="2"></td><td></td></tr>
<tr><td colspan="3">对小组的贡献(10%)</td><td colspan="2"></td><td colspan="2"></td><td></td></tr>
<tr><td colspan="3">决策能力(10%)</td><td colspan="2"></td><td colspan="2"></td><td></td></tr>
<tr><td rowspan="3">评价评语</td><td>班级</td><td></td><td>姓名</td><td></td><td>学号</td><td></td><td>总评</td><td></td></tr>
<tr><td>教师签字</td><td></td><td>第　组</td><td></td><td>组长签字</td><td></td><td>日期</td><td></td></tr>
<tr><td colspan="8">评语：</td></tr>
</table>

4.5.5　典型案例分析

1. 网络故障统计

DT 测试常见现象可分为弱信号覆盖、弱信号质差、强信号质差、切换失败、切换不正常、掉话、接不通、硬件故障。造成这些故障根本原因可归纳为 4 点：覆盖问题、频率干扰问题、切换问题、硬件故障问题。

每个问题具体可细分为表 4.7 中所示。

表 4.7　网络问题统计表

覆盖问题	频率干扰问题	切换问题	硬件故障问题
弱信号覆盖过远	同频干扰 邻频干扰 上行干扰	乒乓切换不当切换引起强质差	直放站故障 载波故障 天馈线故障

2. 常见参数调整

无线参数众多，但大部分是系统默认设置的，不能随意更改。根据实际路测经验，归纳出常需调整的无线参数，如表 4.8 所示（注：详细参数说明可参考学习情境五）。

表 4.8　常修改的参数

功率	P_t	增大 P_t，扩大覆盖范围
小区选择重选参数	CRO、CRH、PT	PT＝0～30 时，增加 CRO 加快重选； PT＝31 时，增加 CRO 延迟重选； CRH 增加，加快不同位置区相邻小区的重选
Erisson1 算法切换参数	同层：KHYST、KOFFSETP、KOFFSETN	增加 KHYST，迟滞切换； 增加 KOFFSETP，迟滞切换； 增加 KOFFSETN，加快切换
	异层：layer、layerKHYST、layerTHR	Layer＝1 为 DCS1800 小区，Layer＝2 为 GSM900 小区； 增加 layerTHR、layerKHYST，迟滞切换
天线	高度、方位角、下倾角	天线高度下降，下倾角降低，减小覆盖范围

3. 覆盖问题

(1) 弱信号

① 现场测试(图 4.64)。

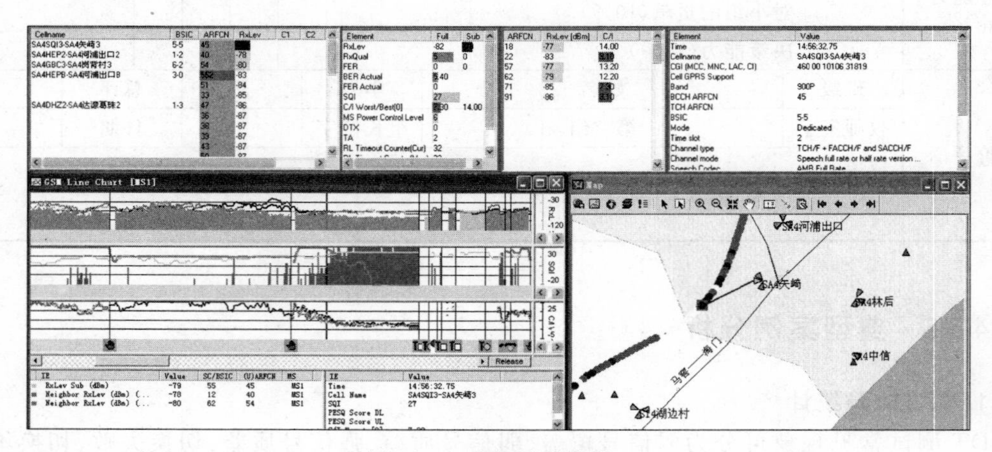

图 4.64 现场测试数据 1

② 问题描述。MS1 主叫在深汕高速矢崎基站附近,由北往南行驶占用 SA4 河浦出口 B 切换到 SA4 矢崎 3 通话,由于矢崎站较矮且周边基站较少,占用 SA4 矢崎 3 小区通话未及时切换到周边小区导致弱信号强质差掉话。

③ 问题分析。由于矢崎站较矮且周边基站较少,只能让基站 SA4 河浦出口多占用一段时间。如果远离基站 SA4 河浦出口时信号很弱,可考虑增加直放站。

④ 优化措施。

a. 将 SA4 河浦出口 2 的功率等级由 1 调到 0(0 表示为最大功率 60W)。

b. 将 SA4 河浦出口 B 的功率类型由 27W 调到 31W。

c. 增加直放站。

(2) 覆盖过远

① 现场测试(图 4.65)。

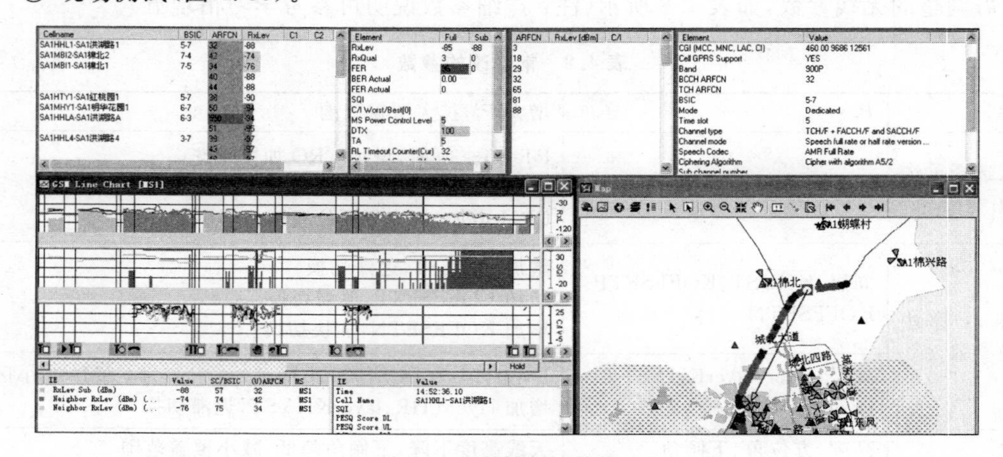

图 4.65 现场测试数据 2

② 问题描述。MS2 被叫在 324 国道棉被基站附近，由南往北行驶空闲重选到 SA1 洪湖路 1 起呼，电平在 -75dBm，TA=5，起呼后随 MS 向北移信号逐渐衰弱，未向邻区较好信号切换，最终导致弱信号掉话。

③ 问题分析。SA1 洪湖路 1 覆盖过远，希望能够重选到距离更近的 SA1 棉北 1、棉北 2 小区，可调整功率和 CRO 值。

④ 优化措施。

a. 将 SA1 洪湖路 1 功率由 45W 调到 41W，SA1 棉北 1、棉北 2 功率由 45W 调到 47W。

b. SA1 棉北 2 的 CRO 由 3 调到 1(PT=31)，以加快重选。

4. 频率干扰问题

(1) 同频干扰

① 现场测试(图 4.66)

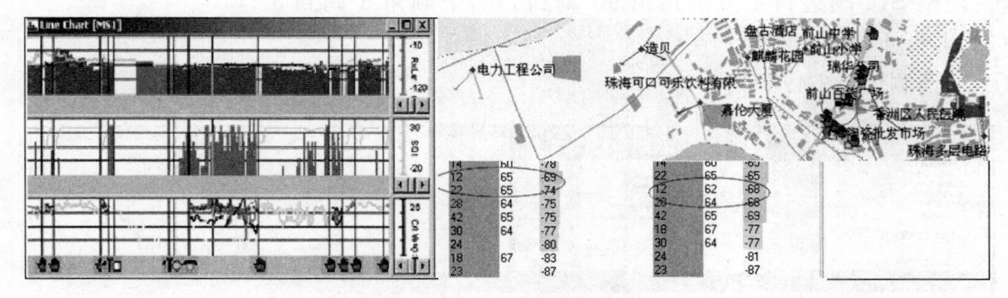

图 4.66　现场测试数据 3

② 问题描述。MS 占用小区前山中学 1(BCCH=12，BSIC=62)，出现连续 5～7 级的质差。

③ 问题分析。经查询，小区十二村 1(BCCH=12，BSIC=65)与前山中学 1 同频，其天线方向为 20°，其旁瓣信号射到问题点且信号场强在 -70dBm 左右，对前山中学 1 构成较严重的干扰。

④ 优化措施。修改小区前山中学 1 或十二村 1 的 BCCH 的频点。

(2) 邻频干扰

① 现场测试(图 4.67)。

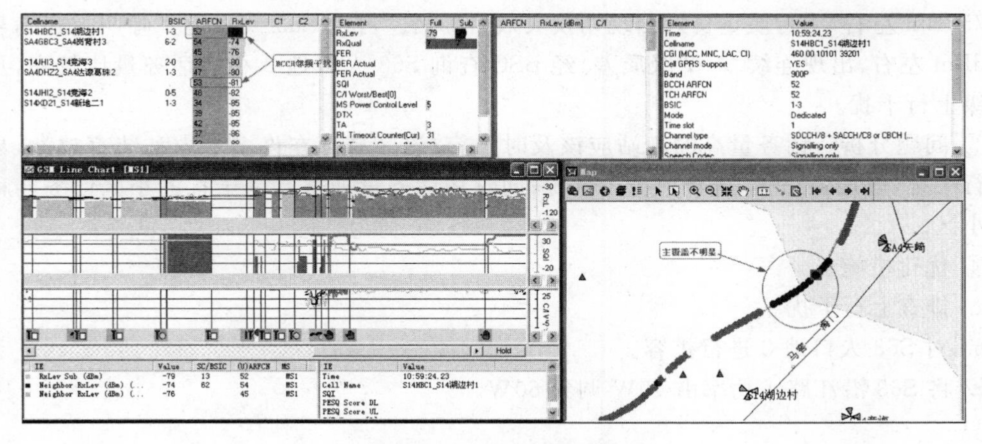

图 4.67　现场测试数据 4

② 问题描述。MS在深汕高速海门到河浦新地路段，由南往北行驶空闲重选到S14湖边村1小区起呼，信号在－80dBm左右，起呼出现7级连续质差，高误码导致起呼失败，该小区方位角为90°往正东方向覆盖，在深汕高速占用到的是S14湖边村1小区旁瓣信号。在问题点路段主覆盖不明显最近的SA4矢崎基站较矮(20m)，调整天线难于覆盖该路段，需调整新站S14湖边村1小区天线加强该路段覆盖。

③ 问题分析。重选到S14湖边村1小区信号较好(－80dBm)，但出现连续7级质差，很可能是同频、邻频干扰造成的。经查询附件小区，发现了邻频干扰。同时该路段无主覆盖，应调整天线的天线方位角和下倾角以加强覆盖。

④ 优化措施。

a. 建议调整S14湖边村1的BCCH由52改为51，BSIC由13改为17，将TCH＝13、67改为83、21。

b. 调整S14湖边村1方位角由90°调到25°，下倾角6°调到3°。

(3) 上行干扰

① 现场测试(图4.68)。

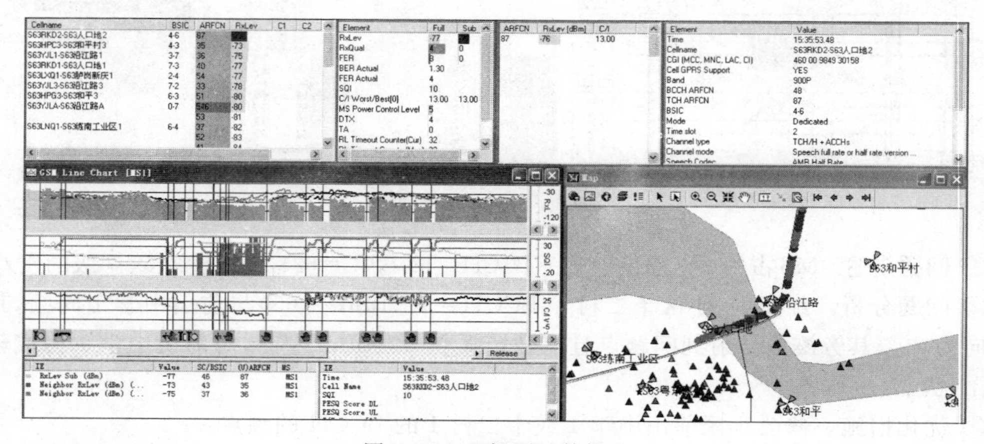

图4.68 现场测试数据5

② 问题描述。MS在324国道沿江路附近，由南往北行驶占用人口S63人口地2电平在－75dBm左右，下行质量良好出现切换失败后掉话。占用S63人口地2呼叫重建信号在－85dBm左右，出现连续5～7级质差，经BSC查询S63人口地2小区话务量比较高，且存在4级上行干扰。

③ 问题分析。话务量高的基站应该及时扩容；该区域存在许多室内私装直放站，易造成上行干扰，应加强扫频，排查上行干扰源；同时将话务量拥塞且受干扰的小区话务转移至相邻小区。

④ 优化措施。

a. 排查上行干扰。

b. 对S63人口地2进行扩容。

c. 将S63沿江路1功率由40W调到60W。

5. 切换问题

(1) 乒乓切换

① 现场测试(图 4.69)

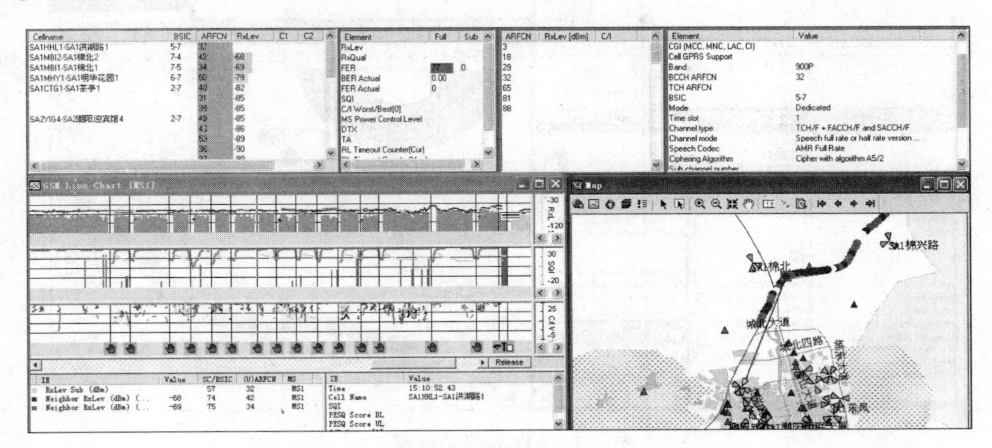

图 4.69　现场测试数据 6

② 问题描述。MS 在 324 国道在棉被基站附近，由北向南行驶占用 SA1 洪湖路 A、SA1 洪湖路 1 小区通话乒乓切换，切换过多会造成 SQI 值较低、通话断续，严重影响用户的使用情况。

③ 问题分析。当层间出现乒乓切换现象时，应该使高层小区来吸收话务，使低层加快切换到高层小区，高层小区迟滞切换，亦可降低低层小区的发射功率。

④ 优化措施。

a. SA1 洪湖路 A 的 layerTHR 由 76 调到 80(切进的难度减小)、layerKHYST 由 2 调到 4(切出的难度加大)。

b. SA1 洪湖路 1 小区发射功率由 45W 调到 41W。

(2) 不当切换引起强质差

① 现场测试(图 4.70)。

② 问题描述。MS 在国道 324 潮阳路段，由南往北，在石珠园附近，MS 在用 SA1 西门大酒店 C 切换到 SA1 西门大酒店 3 后出现连续 5～6 级强质差，存在掉话隐患。

③ 问题分析。经分析，SA1 西门大酒店 C 是 1800 站，主要用来分担话务，而 SA1 西门大酒店 3 是 900 站，当 MS 从 1800 站切换到 900 站时已经出现弱信号，出现连续 5～6 级质差。如果 SA1 西门大酒店 C 信号较强，可迟滞 1800 小区向 900 小区进行切换，若信号较弱，则切换到邻区 SA1 石珠园 C，该小区场强较高，可以作为该点的主覆盖小区。

④ 优化措施。

a. 若 SA1 西门大酒店 C 信号较强，则其 layerKHYST 由 2 调到 4(切出的难度加大)，同时 layerTHR 由 75 调整为 82(切进的难度减小)。

b. 若 SA1 西门大酒店 C 信号较弱，调整 SA1 西门大酒店 C 到 SA1 石珠园 C 的 KOFFSETN，从 0 调到 3(加快切换)。

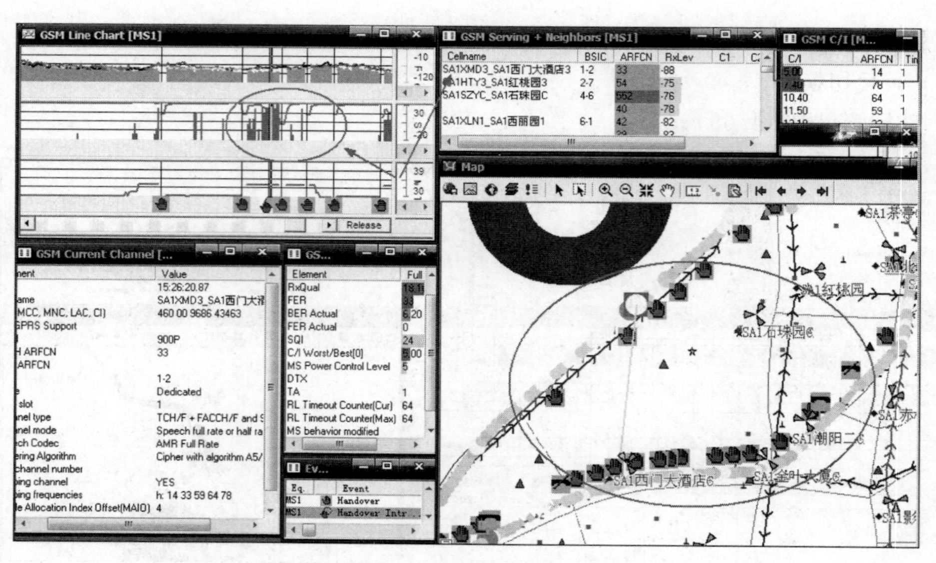

图 4.70 现场测试数据 7

6. 硬件故障问题

① 现场测试(图 4.71)。

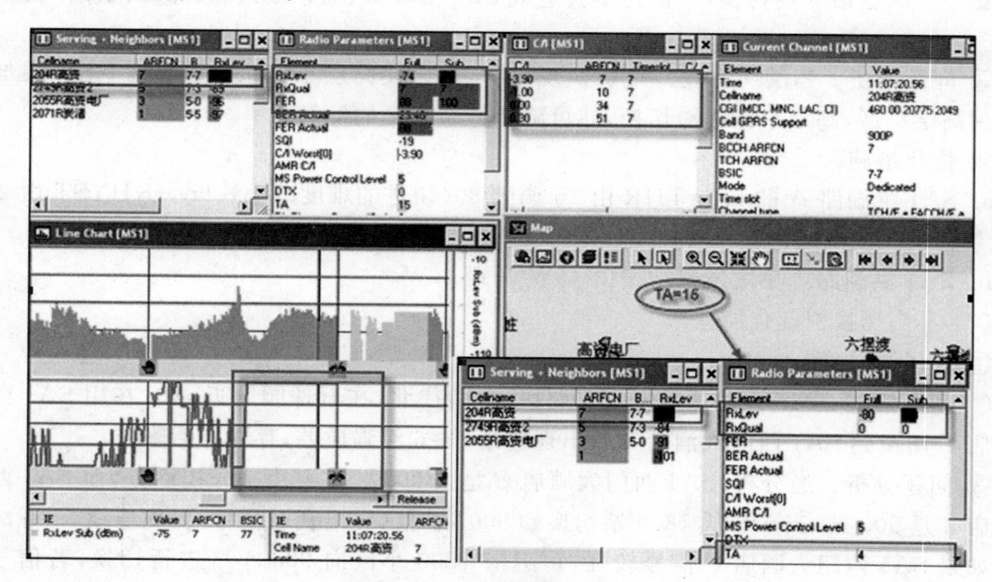

图 4.71 现场测试数据 8

② 问题描述。动车由上海开往南京，行驶至图中红圈位置时发生 1 次掉话现象，此时 MS 占用高资_204R 小区的信号，语音质量、信号强度和载干比都很差，TA 值为 15。

③ 问题分析。回放测试数据，发现当 MS 占用高资_204R 小区的信号时，语音质量、信号强度和载干比迅速恶化，最终导致掉话的发生。通过服务小区的 TA 差值，判断在问题点 MS 占用的是高资_204R 下带的直放站的信号。怀疑是该直放站硬件出现故障，从而导致在问题区域语音质量和载干比等都比较差，最终发生掉话。查看最近的话务统计(图 4.72)，发

现高资_204R 小区掉话次数较高。

DATE	Period	BSC	CELLI[	SiteName	总话务量	总掉话次数
080728	08000900	ZJBSC51R10	204R	高资	2.92	23
080728	09001000	ZJBSC51R10	204R	高资	3.28	31
080728	10001100	ZJBSC51R10	204R	高资	3.14	23
080728	18001900	ZJBSC51R10	204R	高资	3.17	31
080728	19002000	ZJBSC51R10	204R	高资	3.87	33
080728	20002100	ZJBSC51R10	204R	高资	3.70	24

图 4.72　话务统计

④ 优化措施。更换该型故障直放站。

基站设备硬件出现问题一般会告警，BSC 后台将第一时间发现问题并将问题反馈给网优工程师，一般是载波出现故障和天馈线出现故障。

对于载波出现故障，应及时更换载波，天馈线出现故障一般是天线驻波比出现问题，采用驻波比测试仪测出哪段馈线或天线出现问题。对于出现问题的天馈线应及时更换。

有时基站房空调设备出现故障，导致基站设备运行不正常，应及时修理空调设施。

学习情境五

呼叫质量拨打测试及优化

呼叫质量拨打测试(Call Quality Test,CQT)指在固定的地点测试无线数据网络性能,例如:体育馆、商场、宾馆、车站、游乐场、办公大楼等场所。

CQT测试是网络优化日常工作中的重点,是获取重点区域及其他室内环境信号覆盖情况的主要手段,并依据此测试信号分析网络运行质量和存在的问题。移动通信运营商都会安排第三方专业测试公司对网络质量进行CQT测试,并为网络优化提供决策参考。

学习情境描述

某篮球馆即将举行CBA联赛,该篮球最多能容纳人员1.2万名,需要提前测试该场馆及周边区域信号强度、信号质量、容量是否能满足赛时需求。

网优测试项目经理安排工程人员前往该场馆CQT测试,测试场馆的信号覆盖情况,对于赛时人员较多,通信需求激增时,网络如何扩容,如何调整小区减少干扰、加强信号等问题都要提出针对性方案。

因此,开展网络路测需经3个子任务:①采集体育场馆各个区域及周边环境的信号数据以找到网络存在的问题;②数据分析及处理;③制订和实施网络优化方案;④网络复测。

5.1 CQT测试数据采集

CQT测试数据采集主要以用户的主观评测为主,即用主观评价方法测试信道的话音质量。具体方法是携带手机,按预定的测试方案在小区指定地点内进行拨打通话测试,并记录拨打接通情况、通话的话音质量情况、掉话情况等。

5.1.1 无线参数概述

课前引导单

<table>
<tr><td>学习情境五</td><td colspan="2">呼叫质量拨打测试及优化</td><td>5.1</td><td colspan="2">CQT测试数据采集</td></tr>
<tr><td>知识模块</td><td colspan="3">无线参数概述</td><td>学时</td><td>1</td></tr>
<tr><td>引导方式</td><td colspan="5">请带着下列疑问在文中查找相关知识点并在课本上做标记。</td></tr>
</table>

续表

(1) 无线参数调整的目的是什么？ (2) GSM 无线参数分为哪两类？网络调整时优先考虑调整哪种类型参数？ (3) 无线资源参数如何分类？

GSM900/1800MHz TDMA 数字蜂窝移动通信系统是一个集网络技术、数字程控交换技术、各种传输技术和无线技术等领域的综合性系统。从网络的物理结构分析，GSM 系统一般可分为 3 个部分，即网络分系统(NSS)、基站分系统(BSS)和移动台(MS)。从信令结构分析，GSM 系统中主要包含了 MAP 接口、A 接口(MSC 与 BSC 间的接口)、Abis 接口(BSC 与 BTS 间的接口)和 Um 接口(BTS 与 MS 间的接口，通常也称作空中接口)。所有这些实体和接口中都有大量的配置参数和性能参数。其中的一些参数在设备的开发和生产过程中已经确定，但更多的参数是由网络运营部门根据网络的实际需求和实际运作情况来确定的。而这些参数的设置和调整对整个 GSM 网的运作具有相当的影响。因此，GSM 网络的优化在某种意义上是网络中各种参数的优化设置和调整的过程。

作为移动通信系统，GSM 网络中与无线设备和接口有关的参数对网络的服务性能的影响最为敏感。GSM 网络中的无线参数是指与无线设备和无线资源有关的参数。这些参数对网络中小区的覆盖、信令流量的分布、网络的业务性能等具有至关重要的影响，因此合理调整无线参数是 GSM 网络优化的重要组成部分。根据无线参数在网络中的服务对象，GSM 无线参数一般可以分为两类，一类为工程参数，另一类为资源参数。工程参数是指与工程设计、安装和开通有关的参数，如天线增益、电缆损耗等，这些参数一般在网络设计中必须确定，在网络的运行过程中一般不易更改。资源参数是指与无线资源的配置、利用有关的参数，这类参数通常会在无线接口(Um)上传送，以保持基站与移动台之间的一致。资源参数的另一个重要特点是：大多数资源参数在网络运行过程中可以通过一定的人机界面进行动态调整。

当网络运营者准备建设一个移动通信网络时，首先必须根据特定地区的地理环境、业务量预测和测试得到的无线信道的特性等参数进行系统的工程设计，包括网络拓扑设计，基站选址和频率规划等。然而与固定系统相比，由于移动通信中用户终端是移动的，因此无论是业务量还是信令流量或其他一些网络特性参数，都具有较强的流动性、突发性和随机性。这些特性决定了移动通信系统设计与实际情况在话务模型、信令流量等方面一般存在较大的差异。所以，当网络运行以后，营运者需要对网络的各种结构、配置和参数进行调整，以使网络更合理地工作。这是整个网络优化工作中的重要部分。

1. 无线参数调整的目的

无线参数调整是指对正在运行的系统，根据实际无线信道的特性、话务量特性和信令流量承载情况，通过调整网络中局部或全局的无线参数来提高通信质量，改善网络平均的服务性能和提高设备的利用率的过程。实际上，无线参数调整的基本原则是在有效的资源下，得到最佳的服务性能，利用最经济和最简洁的手段提高网络的平均服务质量，利用最小的投资获得最佳的经济效益。

2. 无线参数调整的前提

网络操作员必须首先对各个无线参数的意义、调整方式和调整的结果有深刻的了解，对网络中出现问题所涉及的无线参数类型有相当的经验。这是作有效的无线参数调整的必要条件。另一方面，无线参数的调整将依赖于实际网络运行过程中的大量实测数据。一般而言，这些参数可以由两种手段获得，一是在网络的操作维护中心(OMC)或无线段的操作维护中心(OMC-R)上获取的统计参数，如CCCH信道的承载情况、RACH信道的承载情况以及其他信道(包括有线和无线信道)的信令承载情况等；另一些参数，如小区覆盖情况、移动台通信质量等，需通过实际的测量和试验获得。因此营运者欲有效地调整无线参数必须对网络的各种特性进行长期的、经常性的测量。

在GSM系统中，大量的无线参数是基于小区或局部区域设置的，而区域间的参数通常有很强的相关性，因此在作参数调整时必须考虑到区域的参数调整对其他区域尤其是相邻区域的影响，否则参数的调整会发生很强的负面影响。

此外，当网络中局部区域出现问题时，首先需确定是否由于设备故障(包括连接问题)造成，只有在确定网络中的问题确实是由于业务原因引起时，才能进行无线参数的调整。

3. 无线资源参数分类

目前众多通信设备厂商都提供了各自的无线参数，参数名称及网络要求不一致，但总体结构大同小异。例如，中兴、华为、爱立信、诺基亚等。本章主要讲解爱立信设备的无线参数。其他设备的无线参数可参考其他文献。

(1) 网络识别参数

网络识别参数有CGI(小区全球识别)、BSIC(基站识别码)、IMEI(国际移动设备识别码)。

(2) 系统参数

系统参数有BSPWRB(BCCH载波发射功率)、MSTXPWR(移动台最大发射功率)、BCCHNO(BCCH载波频率)、CCHPWR(控制信道最大发射功率)、DCHNO(TCH载波频率)、CCCH_CONF(公共控制信道配置)、AGBLK(接入允保留块数)、MFRMS(寻呼信道复帧数)、FNOFFSET(帧偏置)、BCCHTYPE(BCCH组合类型)、SDCCH/8信道数、ATT(IMSI结合和分离允许)、MAXRET(最大重发次数)、TX INTEGER(发送分布时隙数)、邻小区描述(NCD)、SIMSG和MSGDIST(系统消息开关)、T3122(等待指示)、MRCR(多频段指示)、干扰带门限、MBCCHNO(BCCH频率表)、LISTTTYPE(频率表类型)等。

(3) 小区选择与重选参数

小区选择与重选参数有ACCMIN(最小接入电平)、CRH(小区重选滞后)、NCCPERM(允许的网络色码)、CB(小区接入禁止)、CBQ(小区禁止限制)、CRO(小区重选偏滞)、TO(临时偏置)、PT(惩罚时间)、PI(小区重选参数指示)、ACS(附加重选参数指示)等。

(4) 系统功能参数

系统功能参数有T3212(周期位置更新定时器)、RLT(无线链路超时)、HOP(跳频状态)、HSN(跳频序列号)、动态功率控制、DTX(不连续发射)、切换参数、IHO(小区内切换开关)、NECI(新建原因指示)、PSSTEMP/PTIMTEMP参数等。

5.1.2　网络识别参数

课前引导单

学习情境五	呼叫质量拨打测试及优化	5.1	CQT测试数据采集	
知识模块	网络识别参数		学时	1
引导方式	请带着下列疑问在文中查找相关知识点并在课本上做标记。			

(1) CGI由哪几部分组成?
(2) LAI由哪几部分组成?
(3) BSIC用于什么状况下?
(4) IMEI起什么作用?

1. 小区全球识别码(Cell Global Identity,CGI)

(1) 定义

作为一个全球性的蜂窝移动通信系统,GSM对每个国家的每个GSM网络,乃至每个网络中的每一个位置区、每个基站和每个小区都进行了严格的编号,以保证全球范围内的每个小区都有唯一的号码与之对应。采用这种编号方式可以达到下列目的。

① 使移动台可以正确地识别出当前网络的身份,以便移动台在任何环境下都能正确地选择用户(和运营者)希望进入的网络。

② 使网络能够实时地知道移动台的确切地理位置,以便网络正常地接续以该移动台为终点的各种业务请求。

③ 使移动台在通话过程中向网络报告正确的相邻小区情况,以便网络在必要的时刻采用切换的方式保持移动用户的通话过程。

CGI由位置区识别(LAI)和小区识别(CI)组成,其中LAI又包含移动国家号(MCC)、移动网号(MNC)和位置区码(LAC),如图5.1所示。CGI的信息在每个小区广播的系统信息中发送。移动台接收到系统信息后,将解出其中的CGI信息,根据CGI指示的移动国家号(MCC)和移动网号(MNC)确定是否可以驻留于(Campon)该小区。同时判断当前的位置区是否发生了变化,以确定是否需要作位置更新过程。在位置更新过程时,移动台将LAI信息通报给网络,使网络可以确切地知道移动台当前所处的小区。

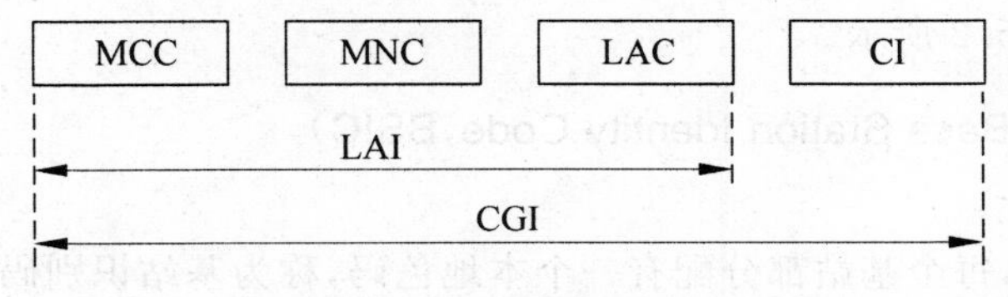

图5.1　小区全球识别(CGI)的组成

(2) 格式

CGI的格式为：MCC-MNC-LAC-CI。

① MCC(Mobile Country Code)：移动国家号，唯一地识别移动用户所属的国家，取值范围为十进制的000～999。中国的MCC为460。

② MNC(Mobile Network Code)：移动网号，用于识别移动用户所归属的移动通信网(PLMN)，取值范围为十进制的00～99。中国移动为00、02，中国联通为01。

③ LAC(Location Area Code)：位置区识别码，用于识别GSM网络中的位置区，范围为1～65535。

④ CI(Cell Identity)：范围为0～65535。

(3) 传送

CGI在每个小区的系统消息中周期广播。

(4) 参数调整及影响

作为全球唯一的国家识别标准，MCC的资源由国际电联(ITU)统一分配和管理。

MNC一般由国家的有关电信管理部门统一分配，目前中国有两个GSM网络，分别由中国移动和中国联通公司营运。

LAC的编码方式每个国家都有相应的规定，中国移动/联通对其拥有的GSM网上LAC的编码方式也有明确的规定(参见邮电部有关GSM的体制规范)。一般在建网初期都已确定了LAC的分配和编码，在运行过程中较少改动。

位置区(LAC)的大小(即一个位置区码(LAC)所覆盖的范围大小)在系统中是一个相当关键的因素。一般而言，建议在可能的情况下应使位置区尽可能大。

对于小区识别CI的分配，一般没有特殊的限制条件，可以在0～65535(十进制)之间任意取值，但必须保证在同一个位置区中不可以有两个小区有相同的小区识别码，通常在网络的系统设计中已经确定。除特殊情况外(如系统中增加基站等)，系统运行过程中不应该改变小区的CI值。

(5) 注意

MCC不可改变。MNC不可改变。

位置区码的设置必须严格按照有关规定执行，切忌在网络中(全国范围)出现两个或两个以上的位置区采用相同的位置区码。

CI取值应注意在同一个位置区不允许有两个或两个以上的小区使用相同的CI。

(6) tems软件查看

打开tems软件，选择菜单栏Presentation→GSM→Current Channel命令，即可查看当前小区的CGI，如图5.2所示。

2. 基站识别码(Base Station Identity Code，BSIC)

(1) 定义

在GSM系统中，每个基站都分配有一个本地色码，称为基站识别码(BSIC)。若在某个物理位置上，移动台能同时收到两个小区的BCCH载频，且它们的频道号相同，则移动台以BSIC来区分它们。在网络规划中，为了减小同频干扰，一般都保证相邻小区的BCCH载频

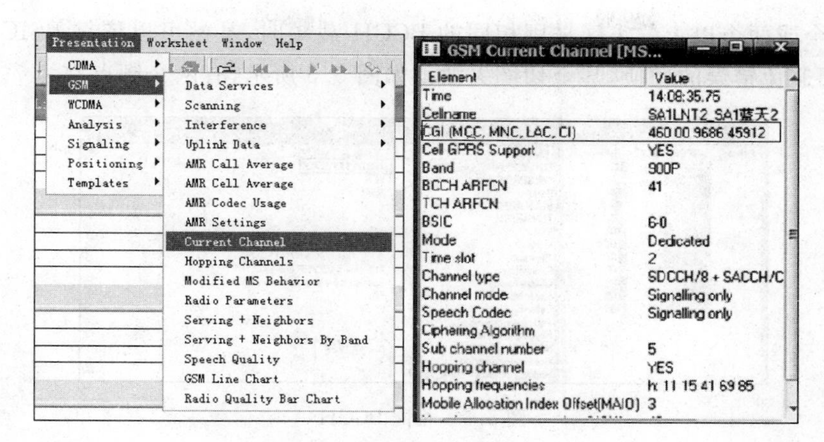

图 5.2　查看当前小区的 CGI

使用不同的频率，而蜂窝通信系统的特点决定了 BCCH 载频必然存在复用的可能性。对于这些采用相同 BCCH 载频频率的小区，应保证它们的 BSIC 的不同，如图 5.3 所示。

图中小区 A、B、C、D、E 和 F 的 BCCH 载频具有相同的绝对频道号，其他小区则采用不同的频道号作为 BCCH 载频。一般要求小区 A、B、C、D、E 和 F 采用不同的 BSIC。当 BSIC 的资源不够时，应优先考虑它们中相近的小区采用不同的 BSIC。以小区 E 为例，若 BSIC 的编号资源不够，应优先考虑小区 D 和 E、B 和 E、F 和 E 之间采用不同的 BSIC，而小区 A 和 E、C 和 E 之间可采用相同的 BSIC。

基站识别码(BSIC)由网络色码(NCC)和基站色码(BCC)组成，如图 5.4 所示。BSIC 在每个小区的同步信道(SCH)上发送。其作用主要有以下几个。

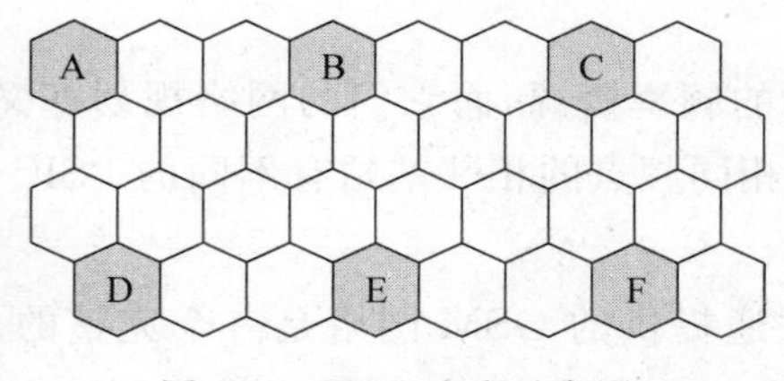

图 5.3　BSIC 选取示意图

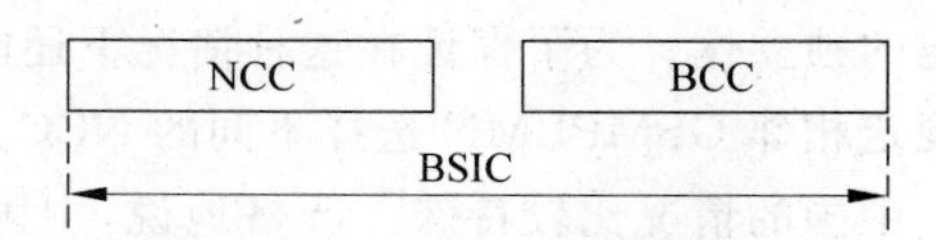

图 5.4　基站识别码(BSIC)的组成

① 通知移动台本小区公共信令信道所采用的训练序列号(TSC)。移动台收到 SCH 后，即认为已同步于该小区。但为了正确地译出下行公共信令信道上的信息，移动台还必须知道公共信令信道所采用的训练序列码。按照 GSM 规范的规定，训练序列码有 8 种固定的格式，分别用序号 0～7 表示。每个小区的公共信令信道所采用的 TSC 序列号由该小区的 BCC 决定。

② 由于 BSIC 参与了随机接入信道(RACH)的译码过程，因此它可以用来避免基站将移动台发往相邻小区的 RACH 误译为本小区的接入信道。

③ 当移动台在连接模式下(通话过程中)，它必须根据 BCCH 上有关邻区表的规定，对邻区 BCCH 载频的电平进行测量并报告给基站。同时在上行的测量报告中对每一个频率点，移动台必须给出它所测量到的该载频的 BSIC。当在某种特定的环境下，即某小区的邻

区中包含两个或两个以上的小区采用相同的 BCCH 载频时，基站可以依靠 BSIC 来区分这些小区，从而避免错误的切换，甚至切换失败。如图 5.5 所示，有两个频点都为 7。

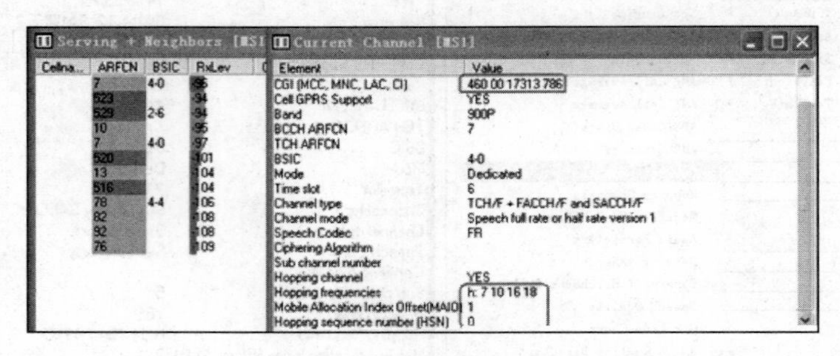

图 5.5　相同 BCCH

移动台在通话过程中必须测量邻区的信号，并将测量结果报告给网络。由于移动台每次发送的测量报告中只能包含 6 个邻区的内容，因此必须控制移动台仅报告与当前小区确实有切换关系的小区情况。BSIC 中的高 3 位(即 NCC)用于实现上述目的。网络运营者可以通过广播参数“允许的 NCC”控制移动台只报告 NCC 在允许范围内的邻区情况。

(2) 取值

BSIC 的格式为：NCC-BCC。

① NCC 取值范围为：0～7。

② BCC 取值范围为：0～7。

(3) 传送

BSIC 在每个小区的同步信道(SCH)上传送。

(4) 参数调整及影响

在许多情况下，不同的 GSMPLMN 采用了相同的频率资源，而它们的网络规划却又有一定的独立性。为了保证在这种情况下还能使具有相同频点的相邻基站有不同的 BSIC，一般规定相邻 GSMPLMN 选择不同的 NCC。

中国的情况比较特殊。严格地说，中国移动/联通提供的 GSM 网络是一个完整的、独立的 GSM 网络，尽管中国移动/联通下属有众多的当地移动局，但它们属于同一个运营者。然而，由于中国幅员辽阔，实现完全意义上的统一管理是相当困难的。因此整个 GSM 网络按地区划归各省、市的移动局(或相当的机构)管理。而各地的移动局在进行网络规划时是相对独立的。为了保证各省市边界地区使用相同 BCCH 频率的基站具有不同的基站识别码(BSIC)，中国各省市的 NCC 应由中国移动/联通统一协调。

基站色码(BCC)是 BSIC 的组成部分，它用于在同一个 GSMPLMN 中识别 BCCH 载频号相同的不同基站。其取值应尽可能满足上述要求。另外按照 GSM 规范的要求，小区中广播信道(BCCH)载频的训练序列号应与该小区的基站色码(BCC)相同。通常生产厂商应保证该一致性。

(5) 注意

必须保证使用相同 BCCH 载频的相邻或相近小区具有不同的 BSIC，尤其当某小区的邻区集合中有两个甚至两个以上的小区采用相同的 BCCH 载频时，必须保证这两个小区有不同的 BSIC，应特别注意各省、市交界处小区的配置情况，否则可能造成越区切换失败。

(6) tems 软件查看

打开 tems 软件，选择菜单栏 Presentation→GSM→Serving＋Neighbors 命令，即可查看小区的 BSIC，如图 5.6 所示。其中第二列为小区的 BSIC。

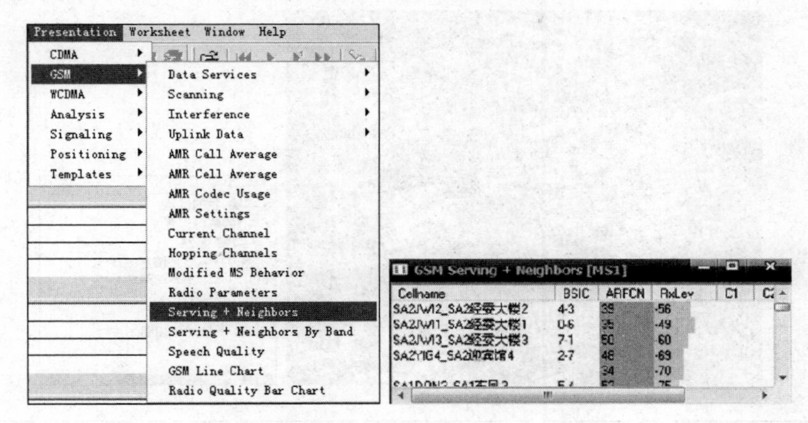

图 5.6　查看 BSIC

3. IMEI（国际移动设备识别码）

IMEI（International Mobile Equipment Identifier）是由 15 位数字组成的电子串号，是每一个手机的“身份证号”。它的主要目的是防止被窃的手机登录网络及监视或防止手机使用者恶意干扰网络。详细内容可参考 3.1.2 小节。

5.1.3　实训单据

(1) 信息单的内容以学生自学为主，老师指导为辅。

(2) 依据网络测试代维工作任务书，完成任务实施单。

(3) 依据移动运营商对处理过程及结果的回执，填写代维方回执。

(4) 项目经理对接单工程人员进行工作评价。

(5) 学生认真填写教学反馈单。老师认真思考学生提出的问题及建议，提出整改措施，努力提高教学水平。

信　息　单

学习情境五	呼叫质量拨打测试及优化		
5.1	CQT 测试数据采集	学时	4
序号	信 息 内 容		
1	Google Earth 安装		

人们都使用过 Google Earth，用此软件可快速找到用户所在的位置。现在用此软件来查找基站位置分布图及查看各个基站扇区信息。

上网下载最新版本的 Google Earth，并安装。

续表

2	加载 Google Earth 基站小区数据

安装完毕后，打开 Google Earth 软件，选择菜单栏“文件”→“打开”命令，找到某城市的 Google 基站图层数据(后缀名为 kml)。

在左侧导航栏可找到基站信息，如下图所示。

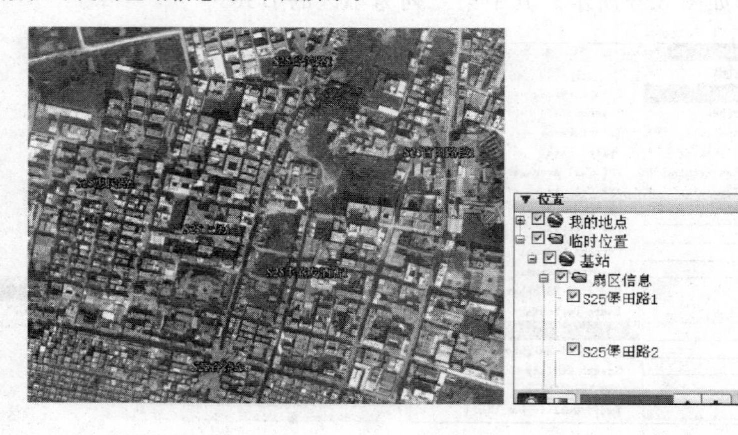

3	查看基站扇区信息

点击上述任意一个基站小区，可查看小区的各种参数信息，如下图所示。

S25堡田路3

基站扇区信息 2011-3-31

小区名称	S25堡田路3		
编号	经度	纬度	高度
37203	116.41644	23.35208	22
下倾角	方位角	半功率角	半径(m)
8	250	10	75
其他信息1	其他信息2	其他信息3	其他信息4
Cell:S25BTL3	LAC:10104	BSC:STM02B5	BCCH:49

任务实施单(处理过程)

中国移动 GSM 网络室内拨打测试表

单号：	主叫号码：	被叫号码：
测试地点：		测试时间：

1. 语音信号强度和语音质量分布图

2. 语音业务存在问题

续表

3. 下载数据速率图

4. 数据业务存在问题

5. 其他问题

完成时间		回执时间	
完成人		联系电话	

移动方回执(退单时填写)

1. 不符合要求原因

2. 要求改进项目

3. 要求完成时间

退单时间		回执时间	
退单人		联系电话	

代维方回执(完成情况)

任务完成情况及处理建议:

完成时间		回执时间	
完成人		联系电话	

说明:如果本任务书需交代维公司继续处理,可自行复制上面的“移动方回执(退单时填写)”和“代维方回执”,并在其中填写,直至完全完成为止。

工作评价(完成后填写)

考核项目	扣分	扣分说明	考核标准
测试数据真实性			发现一项内容虚假或未按照测试要求测试的数据扣2分。
测试数据完整性			发现一项内容不完整的数据扣0.2分。
任务完成及时性			每延迟半日扣0.2分。
填报表格真实性			发现一项内容虚假的数据扣3分。
网络调整建议合理性			一项不合理内容扣0.2分。
分析报告的质量			根据对问题点的分析质量进行评分,缺一项或某一项的分析质量较差扣0.5分。

续表

考核项目	扣分	扣分说明	考核标准
跟踪问题解决情况			一项问题未跟踪解决扣1分。
人员的工作态度及服务态度			代维人员不能虚心听取招标公司的建议及批评，态度较差视情况扣分。
临时工作响应及处理			响应不及时或处理问题不认真，每次扣1分。
网络问题及时上报			未及时上报，每发现一次扣1分。
其他			如以上项目不能适用，请在此列明并提出考核建议。

完成人：

教学反馈单

学习情境五	呼叫质量拨打测试及优化			
5.1	CQT测试数据采集		学时	4
序号	调查内容	是	否	理由陈述
1	网络识别参数功能含义是否全部掌握			
2	能否正确运用Google Earth在网优工作中			
3	教学进度是否适中			

建议与意见：

被调查人签名		调查时间	

评　价　单

学习情境五	呼叫质量拨打测试及优化					
5.1	CQT测试数据采集		学时	4		
评价类别	项目	子项目	个人评价	组内互评	教师评价	
专业能力（70%）	计划准备（20%）	搜集信息（10%）				
		软硬件准备（10%）				
	实施过程（50%）	理论知识掌握程度（15%）				
		实施单完成进度（15%）				
		实施单完成质量（20%）				
职业能力（30%）	团队协作（10%）					
	对小组的贡献（10%）					
	决策能力（10%）					
评价评语	班级		姓名	学号	总评	
	教师签字		第　组	组长签字	日期	
	评语：					

5.2 数据统计与分析

5.2.1 系统参数

课前引导单

学习情境五	呼叫质量拨打测试及优化	5.2	数据统计与分析	
知识模块	系统参数		学时	6
引导方式	请带着下列疑问在文中查找相关知识点并在课本上做标记。			

(1) 系统参数有哪些?
(2) 寻呼组如何确定?
(3) BSPWRT、BSPWRB 、BSPWR 、BSTXPWR之间有何区别?

1. BCCH 载波发射功率(BSPWRB)

(1) 描述

BTS 输出的功率电平一般是可调的,并且对于 BCCH 载频和非 BCCH 载频可以设置不同的功率电平。功率电平指的是功率放大器输出的功率。BSPWRB 设置的是基站 BCCH 载频的发射功率电平。此参数对基站的覆盖范围有很大影响。

(2) 取值

BSPWRB 以十进制数表示,单位为 dBm,范围为 0～63。

对于 ERICSSON 设备 RBS200,以下功率值有效。

① GSM900：31～47dBm,奇数有效。

② GSM1800：33～45dBm,奇数有效。

对于 ERICSSON 设备 RBS2000,以下功率值有效。

① GSM900(TRU：KRC 131 47/01)：35～43dBm,奇数有效。

② GSM900(TRU：KRC 131 47/03)：35～47dBm,奇数有效。

③ GSM1800：33～45dBm,奇数有效。

(3) 传送

此参数为内部使用。

(4) 参数调整及影响

BSPWRB 对小区的实际覆盖范围有较大的影响。

此参数设置过大,会造成小区实际覆盖范围变大,对邻区造成较大干扰;此参数设置过小,会造成相邻小区之间出现缝隙,造成“盲区”。

所以 BSPWRB 应严格按照网络规划的设计设定。一旦设定,在运行过程中一般应尽量不作改动。

当网络发生扩容或由于其他原因(如地理环境发生变化)应该修改此参数时,在修改此参数前后,均应在现场进行完整的场强覆盖测试,根据实际情况来调整小区的覆盖范围。

(5) 注意

一般不建议修改BSPWRB来解决临时的网络问题。

BSPWRT、BSPWRB、BSPWR、BSTXPWR

(1) BSPWRT、BSPWRB是载频的实际发射功率,其中,BSPWRT是TCH信道对应的载频的实际发射功率,BSPWRB是BCCH信道对应的载频的实际发射功率,后台工程人员调整发射功率的话一般都是按照需要来调整BSPWRT/BSPWRB的。

(2) BSPWR、BSTXPWR是天线口发射的功率,即有效功率,BSPWR是BCCH对应的有效发射功率,BSTXPWR是TCH对应的有效发射功率。

(3) 这两组功率参数的关系如下。

BSPWR=BSPWRB+Gb(天线增益)−L馈线(馈线损耗)
−L合路器(合路器损耗)

BSTXPWR=BSPWRT+Gb(天线增益)−L馈线(馈线损耗)
−L合路器(合路器损耗)

上面公式说明了BSPWRB/BSPWRT可以通过需要来直接设置,而BSPWR/BSTXPWR不能随意设置其值,而是要根据BSPWRB/BSPWRT这个参数以及天线增益和其他损耗来计算出来。

2. 移动台最大发射功率(MSTXPWR)

(1) 描述

移动台在通信过程中所用的发射功率是受BTS控制的。BTS根据上行信号的场强、上行信号的质量,以及功率预算的结果控制移动台提高或降低移动台的发射功率(在任何情况下,BSS都首先以功率控制优先于相应的切换处理,只有在功率控制后依然无法得到所需的上行信号场强和规定的话音质量时,BSS才启动切换过程)。

为了减小邻区之间的干扰,移动台的功率控制一般都设有上限,即BTS控制移动台的发射功率不可以超过该门限。

参数"移动台最大发射功率(MSTXWR)"规定了在连接模式下,BTS可控制的MS的最大发射功率。

(2) 取值

MSTXPWR以十进制数表示,单位为dBm,取值范围如下。

① 对GSM900系统:13～43dBm,奇数有效。

② 对GSM1800系统:4～30dBm,偶数有效。

(3) 传送

MSTXPWR为系统内部使用。

(4) 参数调整及影响

MSTXPWR的设置主要是为了控制邻区间的干扰。MSTXPWR过大会增加邻区间的干扰;而MSTXPWR过小可能导致话音质量的下降,甚至产生不良的切换动作。

在实际的网络中,若BTS不采用天线分集,则移动台的最大发射功率应与BTS的最大发射功率相当,而BTS的最大发射功率则是根据网络的实际情况由网络设计确定的。若BTS采用天线分集技术，则移动台的最大功率应设置为 BTS 最大发射功率与分集增益 G 的差值。

3. BCCH 载波频率(BCCHNO)

(1) 描述

按照 GSM 系统要求，在每个小区中必须有且只有一个载频用于发送一些广播消息。MS 应经常聆听驻留小区和邻小区的广播消息，这些广播消息包括以下内容。

① 同步消息——包括频率同步和时间同步。

② 系统配置——包括 CCCH 信道组合、邻近小区描述等。

③ 系统参数——包括随机接入控制参数、小区参数等。

在这个小区的邻小区的系统消息的邻小区描述中，应该包含此小区的 BCCH 载波频率，以便 MS 对该小区的 BCCH 进行测量和聆听。

BCCHNO 表示的就是 BCCH 载频的绝对频道号。

(2) 取值

BCCHNO 以十进制数表示，取值范围如下。

① 对于 GSM900：1～124。

② 对于 GSM1800：512～885。

(3) 传送

此参数用于系统内部，且在邻小区的系统消息中的邻小区描述中发送。

(4) 参数调整及影响

BCCH 载频的设置在网络规划时决定，在选择某个小区的 BCCH 载频时，应遵循以下原则。

① 使 BCCH 载频与附近所有使用的载频距离尽可能大。

② 与使用相同 BCCH 载频的小区尽可能远。

在设置或改变了 BCCH 载频之后，应注意在该小区的所有邻小区中均应进行相应的设置或修改。

当两个相邻小区的 BSIC 相同时，应注意设置它们的 BCCH 载频不同。

(5) tems 软件查看

图 5.7 所示为 GSM Serving＋Neighbors 对话框，其中 ARFCN 为 BCCH 频点，深色的为 DCS1800 基站的频点，淡色的为 GSM900 基站的频点。

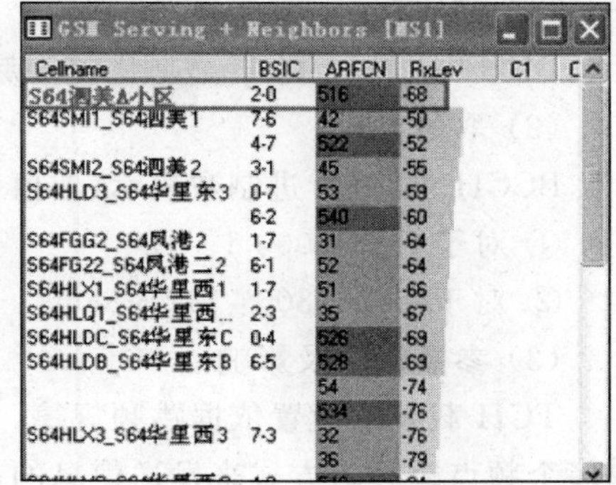

图 5.7　查看频点

4. 控制信道最大发射功率(CCHPWR)

(1) 描述

移动台与 BTS 的通信过程中，其发射功率是受网络控制的。网络通过功率命令(Power Command)对移动台进行功率设置，该命令在慢速随路控制信道(SACCH)上传送(SACCH 有两个头字节，一个是功率控制字节，另一个是时间提前量)。移动台必须从下行的 SACCH 中提取功率控制头，并以其规定的发射功率作为输出功率，若移动台的功率等级无法输出该功率值，则以能输出的最相近的发射功率输出。

由于SACCH是随路信令，它必须与其他信道如SDCCH、TCH等组合使用。因此网络对移动台的功率控制实际上是在移动台接收SACCH以后才开始的。移动台在收到SACCH前使用的功率（即在发送RACH时使用的功率）则由控制信道最大功率电平（CCHPWR）决定。

（2）取值

控制信道最大功率电平采用十进制表示，单位为dBm，范围如下。

① GSM900：13～43，步长为2dBm。

② GSM1800：4～30，步长为2dBm。

（3）传送

控制信道最大功率电平包含于信息单元"小区选择参数"中。该信息单元在每个小区广播的系统消息中周期发送。

（4）参数调整及影响

控制信道最大功率电平是关系移动台接入成功率和邻信道干扰的重要参数，可以由网络操作员设定。该参数设置过大（指移动台输出的功率）时，在基站附近的移动台会对本小区造成较大的邻信道干扰，影响小区中其他移动台的接入和通信质量；反之，若该参数设置过小（指移动台输出的功率）则会使在小区边缘的移动台接入成功率降低。

控制信道功率电平的设置原则为：在确保小区边缘处移动台有一定的接入成功率的前提下，尽可能减小移动台的接入电平。显然，小区覆盖面积越大，要求移动台输出的功率电平越大。该参数一般的设置建议为33dBm（对应GSM900移动台）和26dBm（对应GSM1800移动台）。在实际应用中，设定该参数后，可以通过实验方式，即在小区边缘做拨打试验，在不同的参数设置下测试移动台的接入成功率和接入时间以决定提高或降低该参数的数值。

5. TCH载波频率（DCHNO）

（1）描述

DCHNO表示TCH载频的绝对频点号。

（2）取值

BCCHNO以十进制数表示，取值范围如下。

① 对于GSM900：1～124。

② 对于GSM1800：512～885。

（3）参数调整及影响

TCH载频的设置依据跳频规律。语音或数据信息并不是固定在一定频点发送，而是采取多个频点跳频的方式来发送信息的，从而减少同频、邻频干扰的几率。

（4）tems软件查看

打开tems软件，选择菜单栏Presentation→GSM→Hopping Channel命令，即可查看小区的DCHNO及其对应的接收电平和C/I值，如图5.8所示。

6. 公共控制信道配置（CCCH_CONF）

（1）描述

在GSM系统中，公共控制信道主要包含准许接入信道（AGCH）和寻呼信道（PCH），它

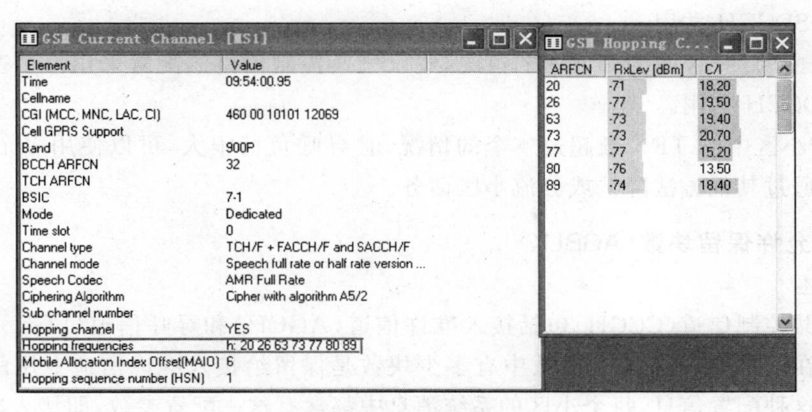

图 5.8　查看跳频列表

的主要作用是发送准许接入(立即支配)消息和寻呼消息。每个小区中所有业务信道共用 CCCH 信道。根据小区中业务信道的配置情况和小区的话务模型,CCCH 可以由一个物理信道承担,也可以有多个物理信道共同承担,且 CCCH 可以与 SDCCH 信道共用一个物理信道。小区中的公共控制信道采用何种组合方式,由公共控制信道配置参数(CCCH_CONF)决定。

(2) 取值

CCCH_CONF 由 3bit 组成,其编码方式见表 5.1。由于每个 BCCH 复帧含 51 帧,这 51 帧有多少帧是预留给 CCCH 消息的,如表 5.1 第三列所示。

表 5.1　公共控制信道配置编码表

CCCH_CONF 编码	意　义	一个 BCCH 复帧中 CCCH 消息块数
000	CCCH 使用一个基本的物理信道,不与 SDCCH 共用	9
001	CCCH 使用一个基本的物理信道,与 SDCCH 共用	3
010	CCCH 使用两个基本的物理信道,不与 SDCCH 共用	18
100	CCCH 使用三个基本的物理信道,不与 SDCCH 共用	27
110	CCCH 使用四个基本的物理信道,不与 SDCCH 共用	36
其他	保留不用	—

(3) 传送

CCCH_CONF 包含于信息单元“控制信道描述”中,在每个小区广播的系统消息 3 中传送。

(4) 参数调整及影响

当 CCCH 信道使用一个物理信道且与 SDCCH 共用时,CCCH 的信道容量最小,当 CCCH 使用一个物理信道且不与 SDCCH 共用时,CCCH 的信道容量大。CCCH 使用的物理信道数越多,其容量越大。

CCCH_CONF 的配置是由营运部门根据小区的话务模型决定的,通常在系统设计阶段就已经确定,根据实际话务负荷情况配置 CCCH 信道。依据经验,可按下列原则设置。

① 对于小区中的 TRX 数为 1 或 2 的情况,建议公共控制信道的配置采用一个基本物

理信道且与SDCCH共用。

② 小区中的TRX数为3或4的情况，建议公共控制信道的配置采用一个基本物理信道且不与SDCCH共用。

③ 对于小区中的TRX数超过4个的情况，且寻呼负荷很大，可以使用多个CCCH的物理信道或通过其他方法降低或分流小区话务。

7. 接入允许保留块数(AGBLK)

(1) 描述

由于公共控制信道(CCCH)包括接入准许信道(AGCH)和寻呼信道(PCH)，因此网络中必须设定在CCCH信道消息块数中有多少块数是保留给接入准许信道专用的。为了让移动台知道这种配置信息，每个小区的系统消息中都含有这一配置参数，即接入准许保留块数(AGBLK)。

(2) 取值

AGBLK以十进制数表示，取值范围如下。

① BCCH信道不与SDCCH信道组合：0～7。

② BCCH信道与SDCCH信道组合：0～2。

默认值为1。

AGBLK的取值表示在CCCH信道中AGCH信道的占用数。其意义如表5.2所示。

表5.2 参数AGBLK编码

CCCH_CONF	AGBLK编码	每个BCCH复帧中保留给AGCH信道的块数	每个BCCH复帧中保留给PCH信道的块数
001	0	0	3
	1	1	2
	2	2	1
其他(如000)	0	0	9
	1	1	8
	2	2	7
	3	3	6
	4	4	5
	5	5	4
	6	6	3
	7	7	2

(3) 传送

AGBLK包含于信息单元“控制信道描述”中，在每个小区广播的系统消息中传送。

(4) 参数调整及影响

在确定BCCH信道与SDCCH信道组合情况以后，参数AGBLK实际上是分配AGCH和PCH在CCCH上占用的比例。网络操作员可以通过调整该参数来平衡AGCH和PCH的承载情况。在调整时可以参考下列原则。

① AGBLK的取值原则是：在保证AGCH信道不过载的情况下，应尽可能减小该参数

以缩短移动台响应寻呼的时间，提高系统的服务性能。

② AGBLK 的一般取值建议为 1(BCCH 信道与 SDCCH 信道组合时)、2 或 3(BCCH 信道与 SDCCH 信道不组合时)。

③ AGCH 的过载情况下应适当增加 AGBLK。

8. 寻呼复帧数(MFRMS)

(1) 描述

根据 GSM 规范，每个移动用户(即对应每个 IMSI)都属于一个寻呼组。每个小区中每个寻呼组都对应于一个寻呼子信道，移动台根据自身的 IMSI 计算出它所属的寻呼组，进而计算出属于该寻呼组的寻呼子信道位置，在实际网络中，移动台只"收听"它所属的寻呼子信道而忽略其他寻呼子信道的内容，甚至在其他寻呼子信道期间关闭移动台中某些硬件设备的电源以节约移动台的功率开销(DRX 原理)。寻呼信道复帧数(MFRMS)是指以多少复帧数作为寻呼子信道的一个循环。实际上该参数确定了将一个小区中的寻呼信道分配成多少寻呼子信道。

(2) 取值

MFRMS 以十进制数表示，取值范围为 2～9，单位为复帧(51 帧)，默认值为 2。其意义如表 5.3 所示。

表 5.3　MFRMS 的意义

MFRMS	同一寻呼组在寻呼信道上循环的复帧数	MFRMS	同一寻呼组在寻呼信道上循环的复帧数
2	2	6	6
3	3	7	7
4	4	8	8
5	5	9	9

(3) 传送

MFRMS 包含于信息单元"控制信道描述"中，在每个小区广播的系统消息中传送。

(4) 参数调整及影响

根据 BCCH 信道与 SDCCH 信道的组合情况、AGBLK 和 MFRMS 的定义，可以计算出每个小区寻呼子信道的个数。

① 当 CCCH_CONF＝001 时：(3－AGBLK)×MFRMS。

② 当 CCCH_CONF＝000 时：(9－AGBLK)×MFRMS。

由上述分析可知，参数 MFRMS 越大，小区的寻呼子信道数也越多，相应属于每个寻呼子信道的用户数越少，因此寻呼信道的承载能力加强(注意：理论上寻呼信道的容量并没有增加，只是在每个 BTS 中缓冲寻呼消息的缓冲器被增大，使寻呼消息发送密度在时间上和空间上更均匀)。但是，上述优点的获得是以牺牲寻呼消息在无线信道上的平均时延为代价的，即 MFRMS 增大，寻呼消息在空间段的时间延迟增大，系统的平均服务性能降低。可见，MFRMS 是网络优化的一个重要参数。

网络操作员在设置 MFRMS 时建议参考下列原则。

① MFRMS 的选择以保证寻呼信道不发生过载为原则，在此前提下应使该参数尽可能小。

② 对寻呼信道负载很大的地区(通常指话务量很大的区域),MFRMS设置为8或9(即以8个或9个复帧作为寻呼组的循环)。

③ 对寻呼信道负载一般的地区(通常指话务量适中的区域),MFRMS设置为6或7(即以6个或7个复帧作为寻呼组的循环)。

④ 对寻呼信道负载较小的地区(通常指话务量较小的区域),MFRMS设置为4或5(即以4个或5个复帧作为寻呼组的循环)。

⑤ 在运行的网络中应定期测量寻呼信道的过载情况,并以此为根据适当调整MFRMS的数值。

【例5-1】 假如现在有36个用户需要寻呼,假设现在PCH块数为3,把MFRMS设为2,那么就有3×2=6组寻呼子信道。36个用户就分布到这6组寻呼子信道中进行寻呼;将MFRMS设为4,那么就有3×4=12组寻呼子信道,相对来说子信道的压力就小一点,但随着MFRMS值的增加,时延也增加了。

(5) 注意

由于同一个位置区中任何一个寻呼消息必须同时在该位置区内的所有小区中发送,因此同一位置区中每个小区的寻呼子信道数应尽可能相同或接近。

9. 帧偏置(FNOFFSET)

(1) 描述

此参数规定了由一个BTS构成的多个小区之间的帧号偏差。

(2) 取值

此参数以十进制数表示,单位为TDMA帧,范围为0～1325,默认值为0。

(3) 传送

此参数为内部使用。

(4) 参数调整及影响

一个BTS往往用来构成多个小区。这些小区一般采用同一时钟,相互之间是同步的,甚至帧号也是相同的,这样这些小区均在同一时间发送SCH和BCCH。在这种情况下,由于MS只有一套收发信机,当一个MS收听这些小区的SCH和BCCH时,需要较长时间才能得到所有信息。通过对这些小区设置一个帧号的偏差,可以使这些小区发送SCH和BCCH的时间错开,减少MS得到这些信息的时间。

(5) 注意

在设置帧号偏差时,应注意不要取10、20、30、40、51和51的倍数。因为在取这些数值时,仍然会造成SCH或BCCH的同时间发送,可能没有效果。

10. BCCH组合类型(BCCHTYPE)

(1) 描述

广播消息在BCCHNO定义的载频上发送。根据小区中业务信道的配置情况和业务需要,在这个物理信道上可以有多种组合方式。

(2) 取值

BCCHTYPE用字符串表示,范围为COMB,COMBC,NCOMB 3种。其意义如下。

① COMB:表示BCCH与独立专用控制信道(SDCCH/4)组合。

② COMBC：表示 BCCH 与 SDCCH/4 组合，带有小区广播信道(CBCH)信道。

③ NCOMB：表示 BCCH 不与 SDCCH/4 组合。

默认值为 NCOMB。

(3) 传送

此参数为系统内部使用。

(4) 参数调整及影响

当采用 COMBC 的方式时，由于 CBCH 占用了 SDCCH 的第二个子块，共用信令信道的数目最少，所以小区的容量也最小。

采用 COMB 的方式时，有 4 个 SDCCH 信道，小区容量稍大；采用 NCOMB 的方式时，小区可能有一个或多个 SDCCH/8 的信道组合，小区容量可以很大。

在设置这个参数时，应该根据小区的容量来确定取值。根据一般的经验，有以下两点。

① 对于小区中的 TRX 数为 1 个或 2 个的情况，建议 BCCHTYPE 采用一个基本物理信道且与 SDCCH 共用(COMB 或 COMBC)；

② 小区中的 TRX 数大于 2 个的情况，建议 BCCHTYPE 采用不与 SDCCH 共用(NCOMB)。

11. SDCCH/8 信道数

(1) 描述

此数表示系统中 SDCCH/8 信道组合的数目。在 ERICSSON 的设备中，由 BCCHTYPE，SDCCH 和 CBCH 3 个参数决定了 BCCH 和 SDCCH 的信道组合情况。可能的组合有以下几种。

① 采用与 BCCH 共用一个物理信道的 SDCCH/4，不包含 CBCH 信道(BCCHTYPE＝COMB)，此时小区有 4 个 SDCCH 子信道。

② 采用与 BCCH 共用一个物理信道的 SDCCH/4，包含 CBCH 信道(BCCHTYPE＝COMBC)，此时小区有 3 个 SDCCH 子信道。

③ 采用不与 BCCH 共用一个物理信道的 SDCCH/8，不包含 CBCH 信道(BCCHTYPE＝NCOMB，CBCH＝NO)，SDCCH/8 的数目由参数 SDCCH 决定，SDCCH 子信道的数目为 SDCCH×8。

④ 采用不与 BCCH 共用一个物理信道的 SDCCH/8，其中 SDCCH/8 信道包含一个 CBCH 信道(BCCHTYPE＝NCOMB，CBCH＝YES)，SDCCH/8 的数目由 SDCCH 决定，SDCCH 子信道的数目为 SDCCH×8－1。

(2) 取值

SDCCH 以十进制表示，范围为 0～16，默认值为 1。

(3) 传送

此参数在系统内部使用。

(4) 参数调整及影响

BCCH 信道和 SDCCH 信道的组合情况，决定了小区内公共控制信道(CCCH)和 SDCCH 信道的数目。由于这些资源是小区内公用的，所以应该根据小区的话务量和配置情况给予适当的设置。

根据一般的经验，有以下两点。

① 对于小区中的TRX数为1个或2个的情况，建议公共控制信道的配置采用一个基本物理信道且与SDCCH共用。

② 小区中的TRX数为3个或4个的情况，建议公共控制信道的配置采用一个基本物理信道且不与SDCCH共用。对于小区中的TRX数超过4个的情况，依据负载情况而定。

12. IMSI结合分离允许（ATT）

(1) 描述

IMSI分离过程是指移动台向网络通告它正从工作状态进入非工作状态（通常指关机过程），或SIM卡已从移动台中取出的过程。网络在收到移动台的通告后将指示该IMSI用户处于非工作状态，因此以该用户作为被叫的接续请求将被拒绝。

IMSI结合过程是指移动台向网络通告它已进入工作状态（通常指开机过程），或SIM卡插入移动台。移动台重新进入工作状态后将检测当前所在位置区（LAI）是否和最后记录在移动台中的LAI相同，若相同则移动台启动IMSI结合过程，否则移动台启动位置更新过程（代替IMSI结合过程）。网络接收到位置更新或IMSI结合过程后，将指示该IMSI用户正处于工作状态。

参数ATT用于通知移动台在本小区内是否允许进行IMSI结合和分离过程。

(2) 取值

ATT以字符串表示，取值范围如下。

① 0：表示不允许移动台启动IMSI结合和分离过程。

② 1：表示移动台必须启用结合和分离过程。

(3) 传送

ATT包含于信息单元"控制信道描述"中，在每个小区广播的系统消息3上传送。

(4) 参数调整及影响

ATT标志通常应设置为1，以便在移动台关机后网络不再处理以该用户为被叫的接续过程，这样不仅节约了网络各个实体的处理时间，还可以大大节约网络的许多资源（如寻呼信道等）。

(5) 注意

在同一位置区的不同小区其ATT设置必须相同。因为，移动台在ATT为1的小区中关机时启动IMSI分离过程，网络将记录该用户处于非工作状态并拒绝所有以该用户为被叫的接续请求。若移动台再次开机时处于它关机时的同一位置区（因此不启动位置更新过程）但不同的小区，而该小区ATT设置为0，因此移动台也不启动IMSI结合过程。在这种情况下，该用户将无法正常成为被叫直到它启动位置更新过程。

13. 最大重发次数（MAXRET）

(1) 描述

移动站在启动立即指配过程中（如移动台位置更新、启动呼叫或响应寻呼时），将在RACH信道上向网络发送"信道请求"消息。由于RACH是一个随机信道，为了提高移动台接入的成功率，网络允许移动台在收到立即指配消息前发送多个信道请求消息。

参数MAXRET确定网络最多允许的重发次数。

(2) 取值

MAXRET以十进制数表示，取值有4种，即1、2、4和7，默认值为7。

(3) 传送

最大重发次数包含于信息单元“RACH 控制参数”中,在每个小区广播的系统消息中周期发送。

(4) 参数调整及影响

网络中每个小区的最大重发次数是可以由网络操作员设置的。

① MAXRET 越大,试呼的成功率越高,接通率也越高,但同时 RACH 信道、CCH 信道和 SDCCH 信道的负荷也随之增大。在业务量较大的小区,若最大重发次数过大,容易引起无线信道的过载和拥塞,从而使接通率和无线资源利用率大大降低。

② 若最大重发次数过小,会使移动台的试呼成功率降低而影响网络的接通率。因此合理地设置每个小区的最大重发次数是充分发挥网络无线资源和提高接通率的重要手段。最大重发次数 M 的设置通常可以参考下列方法。

a. 对于小区半径在 3km 以上,业务量较小地区(一般指郊区或农村地区),MAXRET 可以设置为 11(即最大重发次数为 7)以提高移动台接入的成功率。

b. 对于小区半径小于 3km,业务量一般的地区(指城市的非繁忙地区),MAXRET 可以设置为 10(即最大重发次数为 4)。

c. 对于微蜂窝,建议 MAXRET 设置为 01(即最大重发次数为 2)。

d. 对于业务量很大的微蜂窝区和出现明显拥塞的小区,建议 MAXRET 设置为 00(即最大重发次数为 1)。

14. 发送分布时隙数(TX)

(1) 描述

由于 GSM 系统中 RACH 信道是一种随机信道,为了减少移动台接入时 RACH 信道上的冲突次数(多台手机同时发送 RACH),提高 RACH 信道的效率,GSM 中规定了移动台必须采用的接入算法。该算法中应用了 3 个参数,即发送分布时隙数 TX、最大重发次数 MAXRET 和与参数 TX 及信道组合有关的参数 S。

其中参数 MAXRET 在上面已有描述。参数 TX 表示移动台连续发送多个信道请求消息时,每次发送之间间隔的时隙数,参数 S 是接入算法中的一个中间变量,由参数 TX 和 CCCH 与 SDCCH 的组合方式确定。

(2) 取值

TX 以十进制数表示,其取值范围为 3～12、14、16、20、25、32 和 50,默认值为 50。参数 S 取值方式由表 5.4 确定。

表 5.4　参数 S 的取值

TX	CCH 信道组合方式	
	CCCH 不与 SDCCH 共用	CCCH 与 SDCCH 共用
3,8,14,50	55	41
4,9,16	76	52
5,10,20	109	58
6,11,25	163	86
7,12,32	217	115

(3) 传送

TX包含于信息单元“RACH控制参数”之中，在每个小区广播的系统消息中周期发送。

(4) 参数调整及影响

当移动台接入网络时需启动一次立即指配过程，该过程的开始，移动台将在RACH信道上发送(MAXRET+1)个信道请求消息。为了减少RACH信道上的冲突次数，移动台发送信道请求消息的时间必须遵循下列规则：

移动台启动立即指配过程开始到第一个信道请求消息发送之间的时隙数(不包括发送消息的时隙)是一个随机数。这个随机数是属于集合{0,1,…,MAX(TX,8)−1}中的一个元素。移动台每次启动立即指配过程时，按均匀分布概率从上述集合中取数。

任意两次相邻的信道请求消息之间间隔的时隙数(不包括消息发送的时隙)由移动台以均匀分布概率方式从集合{S,S+1,…,S+TX−1}中取出。

由上述分析可知，参数TX越大，移动台发送信道请求消息之间的间隔的变化范围越大，RACH冲突的次数相应减少。参数S越大，移动台发送信道请求消息之间的间隔越大，RACH信道上的冲突减少，同时AGCH信道和SDCCH信道的利用率提高(网络每收到一次信道请求，只要有空闲信道都会分配一个信令信道，而不论信道请求消息是否由同一个移动台发出)。然而，参数TX和S的增大却会延长移动台的接入时间，从而导致整个网络的接入性能下降，因此必须选择合适的TX和S。

参数S实际上是由移动台根据参数TX和CCH信道的组合情况自行计算得到的，而参数TX则在小区广播的系统消息中周期发送。网络操作员可以根据系统的实际应用情况设置适当的TX值以使网络的接入性能最佳。TX值的选择一般可参考下列原则。

在一般情况下，应取参数TX使参数S尽可能小(以减小移动台接入时间)，但必须保证AGCH信道和SDCCH信道不出现过载。操作过程中，对业务量不明的小区可以任意取一个TX值使参数S最小，若小区的AGCH或SDCCH信道出现过载，则改变TX使S增大一次(参照表)直到小区不再出现AGCH或SDCCH信道过载情况。

根据上述原则，可以确定TX值的取值范围(对应参数S的每个取值参数TX可以取数个)，当小区RACH冲突数较大时，应取较大的TX值(在上述范围内)；在RACH冲突数较少(定量分析需在实验以后进行)的情况下，应使TX值尽可能小。

(5) 注意

RACH信道上的冲突次数是一个相当关键的性能参数。

15. 邻小区描述(NCD)

(1) 描述

移动台必须测量本小区和邻小区的BCCH载频电平。为了知道与当前小区相邻的小区有哪些，在每个小区的系统消息中都会周期广播邻小区的描述信息，该小区列出了相邻小区的BCCH载频电平和绝对频道号。

(2) 取值

NCD可以有多种格式表示。表5.5为常见的一种邻小区描述表。

① RxLev代表电平：46应该对应=−110+46=64dbm。

② BSIC代表NCC+BCC。

表 5.5　邻小区描述

小区编号	RxLev	BSIC	BCCH-INDEX
0	46	0～6	28
1	36	1～6	08
2	35	0～6	26
3	34	4～5	12
4	29	3～4	18
5	26	2～4	02

③ BCCH-INDEX 指的是 BCCH 频点索引号，要从就近的系统消息 5 里面查询频点索引号对应的 BCCH 频点。

(3) 传送

邻小区描述在每个小区广播的系统消息中传送。

(4) 参数调整及影响

GSM 网络中，小区间的相邻关系在网络拓扑设计时就已经确定。如新建基站或改变了网络的频率配置，网络操作员必须严格地按照改变后的小区相邻关系重新设置邻小区描述信息。

邻小区描述设置不当，往往容易造成掉话。

16. BCCH 系统消息开关(SIMSG 和 MSGDIST)

(1) 描述

GSM 规范中定义了多种在 BCCH 信道上发送的系统消息，这些系统消息有一些是系统必须发送的，有一些则不是必须的。那些不是必须发送的系统消息由网络操作者根据网络的情况，决定是否发送，系统消息 1、7、8 就是这一类系统消息。

系统消息类型 1 在系统采用跳频时必须发送，发送的位置为 BCCH 信道。系统消息类型 7 和系统消息类型 8 在系统消息类型 4 不能包含所有的小区重选参数时必须发送，发送位置在 CCCH 信道上。在不满足上述条件时，这些系统消息可以发送，也可以不发送。

通过对参数 SIMSG 和 MSGDIST 的组合使用，网络操作者可以设置系统是否发射系统消息 1、7 或 8。

(2) 取值

SIMSG 此参数以十进制数表示，取值范围如下。

① 1：代表系统消息类型 1。

② 7：代表系统消息类型 7。

③ 8：代表系统消息类型 8。

MSGDIST 以字符串表示，取值范围如下。

① ON：发送 SIMSG 指示的系统消息。

② OFF：不发送 SIMSG 指示的系统消息。

(3) 传送

这两个参数为内部使用。

(4) 参数调整及影响

系统消息类型 1 的发送位置为 BCCH 信道的某个特定时间，在这个时间里只能发送系统消息类型1。若不发送系统消息类型1,只能发送填充消息,也没有其他用途。所以在不一定要发送时,建议发送系统消息类型1。

系统消息类型7和系统消息类型8的发送位置为CCCH信道,发送系统消息类型7和类型8必须占用一定的CCCH信道资源,所以在不一定要发送时,建议不发送系统消息类型7和类型8。

(5) 注意

在系统采用跳频时,注意一定要将系统消息类型1打开。

在系统采用小区广播信道(CBCH)时,系统消息类型4可能不能包含所有的小区重选参数。这时应注意系统消息类型4是否能包含所有的小区重选参数,若不能,则应将系统消息类型7和类型8打开。

17. 等待指示(T3122)

(1) 描述

当网络收到移动台发送的信道请求消息后,若没有合适的信道分配给移动台,则网络发送立即指配拒绝消息给移动台。为了避免移动台不断进行信道请求而造成无线信道的进一步阻塞,在立即指配拒绝消息中包含定时参数T3122,即所谓的等待指示信息单元。移动台在收到立即指配拒绝消息后,必须经过T3122指示的时间后才能发起新的呼叫。

(2) 取值

T3122的定时长度为0～255s,二进制编码,一个字节组成。

(3) 参数调整及影响

T3122实际上是当网络中的无线资源缺乏时,强制移动台在一次试呼失败后,发起另一次试呼前必须等待的时间。因此它的取值对网络性能的影响比较大。

① T3122设置过短,则在无线信道负荷较大时容易引起信道的进一步阻塞。

② T3122设置过大,则会使网络平均接入时间增加而导致网络的平均服务性能下降。

T3122设置的原则是,在网络的CCCH不发生过载的情况下,应使T3122尽可能小,一般建议设置为10～15s,在业务量密集的地区设置为15～25s。

18. 多频段指示(MBCR)

(1) 描述

在单频段的GSM系统中,移动台向网络报告邻区测量结果时,只需报告一个频段内信号最强的6个邻区的内容。当多频段共同组网时,运营者通常根据网络的实际情况希望移动台在越区切换时,优先进入某一个频段。因此希望移动台在报告测量结果时不仅根据信号的强弱,还需根据信号的频段。参数"多频段指示(MBCR)"即用于通知移动台需报告多个频段的邻区内容。

(2) 取值

多频段指示(MBCR)由十进制数字表示,范围为0～3,意义如下。

① 0:移动台需根据邻区的信号强度,报告6个信号最强的NCC已知的且是允许的邻区测量结果,而不管邻区处于哪个频段。

② 1:移动台需报告邻区表中包含的每个频段(不包含当前服务区所用频段)的、信号强度最强、NCC已知且是允许的一个邻区测量结果。在剩余位置上报告当前服务区所用频

段中的邻区。若还有剩余位置，则报告其余邻区的情况，而不管邻区处于哪个频段。

③ 2：移动台需报告邻区表中包含的每个频段（不包含当前服务区所用频段）中、信号强度最强、NCC已知且是允许的两个邻区的测量结果。在剩余位置上报告当前服务区所用频段中的邻区。若还有剩余位置，则报告其余邻区的情况，而不管邻区处于哪个频段。

④ 3：移动台需报告邻区表中包含的每个频段（不包含当前服务区所用频段）中、信号强度最强、NCC已知且是允许的三个邻区的测量结果。在剩余位置上报告当前服务区所用频段中的邻区。若还有剩余位置，则报告其余邻区的情况，而不管邻区处于哪个频段。

默认值为0。

（3）传送

MBCR包含于信息单元"邻小区描述"中，在每个小区广播的系统消息2ter和5ter中发送。

（4）参数调整及影响

多频段指示（MBCR）的取值范围是0～3。在多频段应用的环境下，它的取值与各个频段中的业务量有关。一般在设置时可以参考下列原则。

① 各频段的业务量基本相同，运营者对频段无选择性时，应设置多频段指示为"0"。

② 各频段的业务量明显不同，运营者希望移动台能优先进入某一频段，应设置多频段指示为"3"。

③ 介于上述两种情况间时，可设置多频段指示为"1"或"2"。

目前，我国GSM网络DCS1800系统与GSM900系统共同组网。由于DCS1800系统用于吸收话务量，一般希望移动台能尽可能地工作于该频段上，因此应设置DCS1800小区的切换优先级较高，相应的多频段指示应选择"3"。

（5）注意

在单频系统中，不应该使用系统消息2ter和5ter，因此不存在参数"多频段指示"。

19. 干扰带门限

（1）描述

网络中存在大量上行干扰的状况，如家庭私装信号放大器等。BTS就必须测量所有空闲信道上行链路的干扰电平，目的是为无线资源的管理和分配提供依据。

BTS对所测结果进行分析，将干扰电平分为5个等级报告给BSC。

（2）取值

干扰等级1～5的取值范围为－110～－47dBm。分别为：band0＝－110dBm、band1＝－100dBm、band2＝－95dBm、band3＝－90dBm、band4＝－85dBm、band5＝－47dBm。

上述值确定了5个干扰区间，即5个干扰等级。

（3）传送

干扰等级为系统内部参数，在相应的OM信道上传送。

（4）参数调整及影响

干扰等级的划分可由操作人员通过BSC后台操作进行设置，根据小区所处的环境设置。假如此地区人口密集且基站较少，使得许多家庭私装手机信号放大器，造成上行干扰，该小区干扰等级就较大，一般为4或5级。正常小区干扰等级一般为1或2级。

20. 双BA表

(1) BCCH频率表(MBCCHNO)

① 描述。GSM系统中的BCCH分配(BA)是每个小区所有邻区的BCCH载频频道号的集合。

参数MBCCHNO定义了所有相邻小区的BCCH载频所用的绝对频道号,它用于移动台的小区选择和切换。

② 取值。此参数以十进制数表示,单位为绝对频道号(AFRCN),范围如下。

a. GSM900：1～124。

b. GSM1800：512～885。

③ 传送

MBCCHNO以BA表的形式在小区的系统消息中发送。

BA频率表在小区BCCH信道的系统消息2、2bis和2ter中周期广播。当移动台处于通话模式时,BA表还会在SACCH信道上的系统消息5、5bis和5ter中发送。

④ 参数调整及影响

MBCCHNO必须按网络实际上的邻区情况设置,否则可能引起切换失败或小区选择与重选的障碍。

⑤ 注意

由于中国移动/联通GSM网没有占用GSM系统可用的所有频段,因此设置时必须注意不能超越可用的频段。

每个MA集合中的元素个数不可以超过32个。

MBCCHNO必须与相邻小区的BCCH载频所用的绝对频道号相同。

(2) 频率表类型(LISTTYPE)

① 描述。处于空闲状态的移动台,必须接受小区广播的系统消息2、2bis和2ter中的BA表,以确定邻区的BCCH载频频道号。

当MS处于连接模式(即所谓激活状态)时,MS将无法提取系统消息2、2bis和2ter中有关邻区的参数。为了保证MS正常的切换过程,在连接模式下的MS将从SACCH信道上广播的系统消息5(或系统消息5bis、5ter)中提取邻区的BCCH分配表(BA)。根据网络的实际情况,系统消息5、5bis和5ter中的BA表可以与系统消息2、2bis和2ter的相同,也可以与之不同。

参数LISTTYPE指明了通过MBCCHNO设置的BCCH频率是用于哪一个BA表的。

② 取值。此参数以识别符表示,范围如下。

a. ACTIVE：表示设置的BCCH频率仅影响系统消息5(或系统消息5bis、5ter)中的BA表。

b. IDLE：表示设置的BCCH频率仅影响系统消息2(或系统消息2bis、2ter)中的BA表。

如果没有设置LISTTYPE,表示设置的BCCH频率影响两个BA表。

③ 传送。此参数为内部使用。

④ 参数调整及影响。

一般情况下系统消息5(或系统消息5bis、5ter)中的BA表和系统消息2(或系统消息2bis、2ter)中的BA表是一致的,因此应该不设置LISTTYPE。在一些特殊的情况下,可以使上述两种情况中定义的邻区有所区别。例如:在双频组网时,为了使双频MS在空闲模式下尽可能驻留于GSM1800系统,可以设置GSM1800系统的系统消息2、2bis和2ter中不包含相邻的GSM900的小区,但为了保证MS在连接模式下维持正常的通信必须作的正常切换,在系统消息5、5bis和5ter中必须包含相邻的GSM900的小区频率表。

5.2.2 小区选择重选参数

课前引导单

学习情境五	呼叫质量拨打测试及优化	5.2	数据统计与分析	
知识模块	小区选择重选参数		学时	6
引导方式	请带着下列疑问在文中查找相关知识点并在课本上做标记。			

(1) 小区选择参数有哪些?
(2) C2计算公式是什么?
(3) CRO作用是什么?
(4) CRH作用是什么?

1. 最小接入电平(ACCMIN)

(1) 描述

为了避免移动台在接收信号电平很低的情况下接入系统(接入后的通信质量往往无法保证正常的通信过程),而无法提供用户满意的通信质量且无谓地浪费网络的无线资源,GSM系统中规定,移动台需接入网络时,其接收电平必须大于一个门限电平,即:移动台允许接入的最小接收电平(ACCMIN)。

(2) 取值

ACCMIN以十进制表示,取值范围为47～110,默认值为110,其意义如表5.6所示。

表5.6　参数ACCMIN的编码

ACCMIN	意　义	ACCMIN	意　义
47	＞－48dBm(等级63)	108	－109～－108dBm(等级2)
48	－49～－48dBm(等级62)	109	－110～－109dBm(等级1)
⋮	⋮	110	＜－110dBm(等级0)

(3) 传送

允许接入的最小接收电平包含于信息单元"小区选择参数(CellSelectionParameter)"中。该信息单元在每个小区广播的系统消息中周期发送。

(4) 参数调整及影响

ACCMIN是网络操作员可以设置的,它的设置需遵从路径损耗准则C1的要求,通常建议的数值应近似于移动台的接收灵敏度。由于ACCMIN还影响到小区选择参数C1,因此灵活地设置该参数对网络业务量的平衡和网络的优化至关重要。

对于某些业务量过载的小区，可以适当提高小区的ACCMIN，从而使该小区的C1和C2值变小，小区的有效覆盖范围随之缩小。

但ACCMIN的值不可取得过大，否则会在小区交界处人为造成“盲区”。采用这一手段平衡业务量时，建议ACCMIN的值不超过－94dBm。

(5) 注意

除了在一些基站密度较高、无线覆盖较好的地区外，一般不建议采用ACCMIN来调整小区的业务量。

2. 允许的网络色码(NCCPERM)

(1) 描述

在连接模式下(通话过程中)，移动台需向基站报告它测量得到的邻小区的信号情况，但每次的报告中最多只能容纳6个邻小区，因此应尽可能使移动台只报告有可能成为切换目标小区的情况，而非毫无选择地、仅按信号电平大小来报告(通常应使移动台不报告其他GSMPLMN的小区)。上述功能可以通过限制移动台仅测量网络色码为某些固定值的小区来实现。参数NCCPERM给出了移动台需测量的小区的NCC码。

由于每个小区的SCH信道上不断传送BSIC，而BSIC的高3比特正是网络色码NCC，因此移动台只需将测量得到的邻区的NCC与参数PLMN比较。若此NCC在该集合中，就报告给基站，否则将测量的结果丢弃。

(2) 取值

此参数以十进制数表示，取值范围为0～7。当设置NCCPERM为某个值时，表示移动站需对NCC码为这个值的小区进行测量。

(3) 传送

参数“允许的网络色码”在每个小区广播的系统消息中周期传送。

(4) 参数调整及影响

在我国，一般每个地区分配有一个(或数个)网络色码，在该地区的所有小区中的参数“允许的网络色码”中必须包含本地区的网络色码，否则会引起大量的越区掉话和小区重选失败。此外，为了保证地区间的正常漫游，在每个地区的边缘小区中应包含邻近区域的NCC码。

(5) 注意

该参数的设置不当可能是引起掉话的主要原因之一。

3. 小区接入禁止(CBA)

(1) 描述

在每个小区广播的系统消息中有一比特信息指示该小区是否允许移动台接入，即小区接入禁止。参数CBA用于表示小区是否设置小区接入禁止。

(2) 取值

此参数以字符串表示，取值范围如下。

① 1：设置小区接入禁止。

② 0：不设置小区接入禁止。

默认值为0。

(3) 传送

参数CB包含于信息单元“RACH控制参数”之中，在每个小区广播的系统消息中周期发送。

(4) 参数调整及影响

小区接入禁止比特是网络操作员可以设置的参数。通常所有的小区均允许移动台接入，因此该比特置为0。但在特殊情况下，营运者可能希望某个小区只能用于切换业务，这种要求可以通过设置该比特为1来实现(此时CBQ=0)，如图5.9所示。

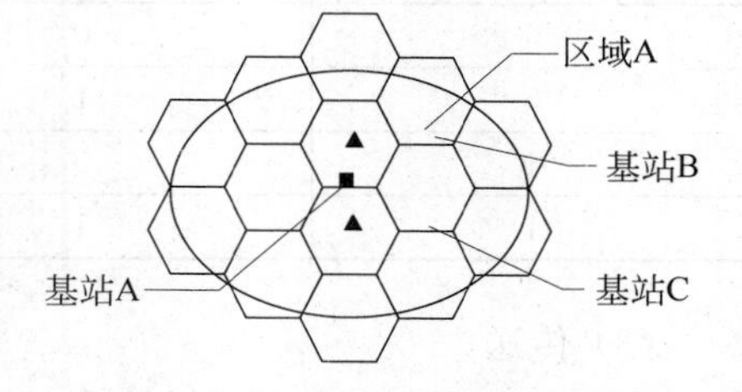

图5.9　小区接入禁止示意图

假设图中区域A(图中的阴影部分)为繁忙区(大城市商业区等)，为了在有限的频率资源下提高该区域的接入性能，通常采用微蜂窝的覆盖方式。同时为了使移动台在高速移动时减少越区切换的次数，通常采用双频网的概念(即GSM900和DCS1800)，即建立基站A(容量可以较小)覆盖整个区域A。一般情况下，移动台均工作于微蜂窝中(可以设置小区的优先级和适当的重选参数来达到此目的)，当移动台在通话过程中高速移动时，网络将强制移动台切换至基站A。若通话完毕时移动台恰好停留在基站A附近且处于微蜂窝小区的边缘，由于基站A的信号质量将远远优于微蜂窝基站的信号(图5.9)，根据GSM规范的规定，移动台不会启动小区重选过程，因此移动台将无法返回微蜂窝小区中。由于基站A的容量一般都较小，上述情况的发生会导致基站A的拥塞。解决这一问题的方法是将基站A的小区接入禁止位设置为1，即禁止移动台直接接入基站A，只允许切换业务进入基站A的覆盖区。

小区接入禁止设为1且小区禁止限制设为0时，则该小区只允许切换业务，而不允许移动台直接接入，这种做法常用在微蜂窝和双频网的覆盖环境中。

在双频网覆盖情况下，可用DCS1800来吸收话务量而用GSM900保证覆盖，即GSM900容量较小且覆盖面积大，用于切换业务，不让移动台直接接入；DCS1800容量较大且覆盖面积小，可用于切换，可让移动台优先接入。

因此，常遇见如图5.10所示现象，虽然DCS1800小区信号强度弱于GSM900小区，但仍选择DCS1800小区作为优先接入小区或切换小区。

GSM Serving + Neighbors [MS1]

Cellname	BSIC	ARFCN	RxLev	C1	C2
SA2XGGC_SA2新宫C	4-2	548	-81		
SA1LNT2_SA1蓝天2	6-0	41	-63		
SA2LHC2_SA2龙辉商场2	3-5	54	-74		
SA2XGG3_SA2新宫3	0-3	47	-76		

图5.10　双频网选择

4. 小区禁止限制(Cell Bar Qualify，CBQ)

(1) 描述

对于小区重叠覆盖的地区，根据每个小区容量大小、业务量大小及各小区的功能差异，营运者一般都希望移动台在小区选择中优先选择某些小区，即设定小区的优先级，这一功能可以通过设置参数“小区禁止限制”(CBQ)来实现。

(2) 取值

CBQ以字符串表示，取值范围为1、0，默认值为1。CBQ与参数“小区接入禁止CBA”

共同组成小区的优先级状态,如表5.7所示。

表5.7 小区优先级

小区禁止限制	小区接入禁止	小区选择优先级	小区重选状态
0	0	正常	正常
0	1	禁止	禁止
1	0	低	正常
1	1	低	正常

(3) 传送

小区禁止限制(CBQ)包含于信息单元“小区选择参数”中,在每个小区广播的系统消息中周期发送。

(4) 参数调整及影响

在通常情况下,所有的小区应设置优先级为“正常”,即CBQ=0。但在某些情况下,如微蜂窝应用、双频组网等,运营者可能希望移动台优先进入某种类型的小区,此时网络操作员可以将这类小区的优先级设为“正常”,而将其他小区的优先级设为“低”。

移动台在小区选择过程中,只有当优先级为“正常”的小区不存在时(所谓合适,是指各种参数符合小区选择的条件,即C1>0且小区没有被禁止接入等),才会选择优先级较低的小区。

下述的两个例子说明了合理应用参数CBQ的意义。

【例5-2】 GSM900与DCS1800不共站的情况。

假设如图5.11的小区覆盖情况,图中每个圆表示一个小区。由于某种原因小区A和B的业务量明显高于其他相邻的小区,为了使整个地区的业务量尽可能均匀,可以将小区A和B的优先级设置为低,而其他小区优先级为正常,从而使图中重叠区中的业务被相邻小区吸收。必须指出,这种设置的结果是小区A和B的实际覆盖范围减小,但它不同于将小区A和B的发射功率降低,后者可能会引起网络覆盖的盲点和通话质量的下降。

【例5-3】 GSM900与DCS1800共站的情况。

如图5.12所示,假设某微小区B与一宏小区A重叠覆盖一区域(图中阴影区)。

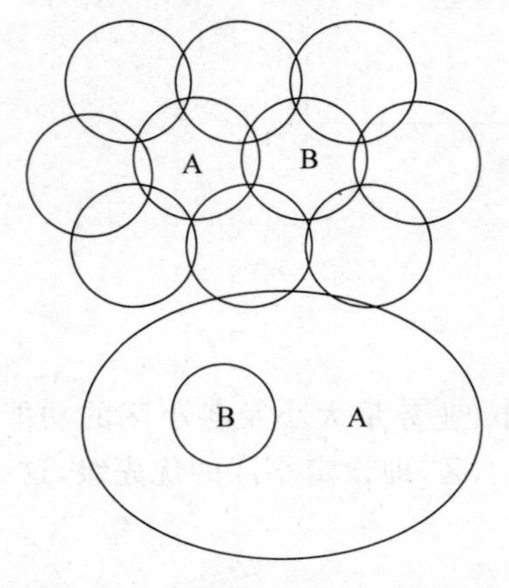

图5.11 CBQ用于均匀小区业务量

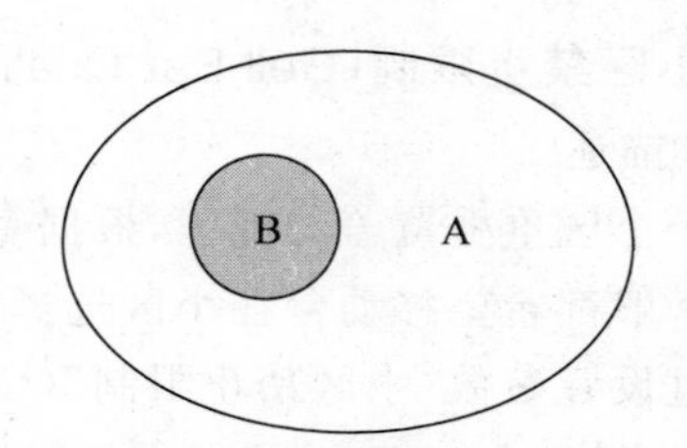

图5.12 微小区情况下CBQ的应用

为了使微蜂窝B尽可能多地吸收B区的业务量(尤其是B区的边缘),可以设置小区B(DCS1800小区)的优先级为“正常”,小区A(GSM900小区)的优先级为“低”。这样在小区B的覆盖范围内无论其电平是否比小区A的低,只要符合小区选择的门限,移动台将优先选择小区B。

(5) 注意

在用小区优先级为手段对网络优化时需注意,CBQ仅影响小区选择,而对小区重选不起作用。因此要真正达到目的,必须结合使用CBQ和C2。

5. 接入控制等级(ACC)

(1) 描述

在某些特殊的情况下,营运者希望在某些特殊区域中禁止全部或部分移动台发出接入请求或寻呼响应请求。例如,在某些地区出现紧急状态或某个GSM公用陆地移动网发生严重故障等。因此,GSM规范(02.11)规定一般给每一个GSM用户(一般用户)分配一个接入等级。接入等级分为等级0至等级9等十种,它们储存于移动用户的SIM卡中。对于一些特殊用户GSM规范保留有5个特殊的接入等级,即等级11至等级15。这些等级通常具有较高的接入优先级。特殊用户同时可以拥有一个或多个接入等级(11~15之间),它们的接入等级同样储存于用户的SIM卡中。接入等级的分配如下。

① 等级0~9:普通用户。

② 等级11:用于PLMN的管理等。

③ 等级12:安全部门应用。

④ 等级13:公用事业部门(如水、煤气等)。

⑤ 等级14:紧急业务。

⑥ 等级15:PLMN职员。

⑦ 接入等级为0~9的用户,其接入权力同时适用于归属的PLMN和拜访的PLMN;接入等级为11和15的用户,其接入权力仅适用于归属的PLMN;接入等级为12、13、14的用户,其接入权力适用于归属PLMN所属的国家区域内。

接入等级为11~15的用户比接入等级为0~9的用户具有较高的接入优先级,但对于接入等级0~9以及接入等级11~15,接入等级数值的大小并不表示接入优先级的高低。

(2) 取值

接入等级控制参数以十进制数或字符串表示,范围如下。

① 0~15:表示16个接入等级中(其中10表示紧急呼叫允许)某一个被禁止接入。

② CLEAR:表示16个接入等级允许接入。

(3) 传送

接入等级控制参数包含于信息单元“RACH控制参数”之中,在每个小区广播的系统消息中周期发送。

(4) 参数调整及影响

C0~C15(不包括C10)可以由网络操作员设定,一般情况下这些比特应被设置成1。合理地设置这些比特对网络的优化具有很大的影响,主要表现在下列两个方面。

① 在基站的安装、开通过程中或在对某些小区的维护测试过程中，操作员可以将C0～C9设置为0，以强行禁止普通用户的接入从而减小对安装工作或维护工作的不必要影响。

② 在一些业务量很高的小区，忙时会出现拥塞现象，表现为RACH冲突次数较高、AGCH流量过载、Abis接口流量过载等。在GSM规范中，有许多方式处理过载与拥塞现象，但大多数方式会影响设备资源的利用率。网络操作员可以采用设置适当的接入控制参数(C0～C15)来控制小区内的业务量。例如当小区出现业务量过载或拥塞时，设置某些Ci为0，强制这些接入等级的移动台不可以接入本小区(Ci的改变对正在通信过程中的移动台没有影响)，从而减少小区内的业务量。上述方式的缺点在于使某些移动台得到"不公平"的待遇，为解决这一问题，可以周期地改变小区中C0～C9的数值，如以5min为间隔，交替允许接入等级为奇数和偶数的移动台接入。

6. 小区重选偏置(CRO)、小区重选滞后(CRH)、临时偏置(TO)、惩罚时间(PT)

(1) 描述

移动台选择小区后，在各种条件不发生重大变化的情况下，移动台将停留在所选的小区中，同时移动台开始测量邻近小区的BCCH载频的信号电平，记录其中信号电平最大的6个相邻小区，并从中提取出每个相邻小区的各类系统消息和控制信息。在满足一定的条件时移动台将从当前停留的小区转移到另一个小区，这个过程称为小区重选。所谓一定的条件包含多方面的因素，如小区的优先级、小区是否被禁止接入等。其中有一个重要的因素是无线信道的质量，当邻区的信号质量超过本区时会引起小区重选。

① 原小区和目标小区属于同一位置区。移动台在进行小区重选时，若原小区和目标小区属于同一位置区，移动台将测量这两个小区的C1值和CRO值，从而确定C2值(C2＝C1＋CRO)，如果目标小区C2值大于原小区C2值，则即将发生重选过程(注：只是即将，而不是立即发生重选，如果目标小区C2值比原小区C2值大且持续PT时间，才开始发生重选，即延迟PT时间后才开始重选，防止乒乓重选)。

小区重选时采用的信道质量标准为参数C2，其计算方式如下。

$$C2 = C1 + CRO - TO \times H(PT - T), \quad PT \neq 31 \tag{5.1}$$

$$C2 = C1 - CRO, \quad PT = 31 \tag{5.2}$$

式中：CRO、TO、PT分别为小区重选的参数。

a. CRO(Cell RESELECT OFFSET)小区重选偏置。

MS对C2值的正偏置，CRO的取值如表5.8所示。

表5.8 CRO、CRH编码表

CRO编码表			CRH编码表	
CRO编码(二进制)	十进制	CRO代表的相对电平值(dB)	CRH编码(二进制)	滞后电平值(dB)
000000	0	0	000	0
000001	1	2	001	2
000010	2	4	010	4
⋮	⋮	⋮	⋮	⋮
111101	62	124	110	12
111111	63	126	111	14

当 PT≠31 时，CRO 的目的是使目标小区的 C2 值增加，鼓励进行小区重选（式 5.1）；

当 PT=31 时，CRO 的目的是使目标小区的 C2 值减小，增加小区重选困难（式 5.2）。

b. PT（PENALTY TIME）补偿时间。

PT 是 TO 作用于参数 C2 的时间，即 BCCH 信号强度维持时间不足 PT 时，MS 不会重选小区，防止乒乓重选，浪费网络信令资源。当 BCCH 信号强度维持时间超过 PT 时，MS 将发生重选小区。PT 的取值如表 5.9 所示。

表 5.9　TO、PT 编码表

TO 编码表			PT 编码表		
TO 编码（二进制）	十进制	CRO 代表的相对电平值（dB）	PT 编码（二进制）	十进制	时间/s
000	1	0	00000	0	20
001	2	10	00001	1	40
010	3	20	00010	2	60
⋮	⋮	⋮	⋮	⋮	⋮
110	7	60	11110	30	620
111	8	无穷大	11111	31	保留

c. 函数 H(X)。

H(X)=0，当 X<0 时，即 PT<T，H(PT−T)=0，计数器 T 计数超过了 PT，发生重选；

H(X)=1，当 X⩾0 时，即 PT>T，H(PT−T)=1，计数器 T 计数未超过 PT，不发生重选。

因为 H(PT−T)=1，因此式 5.1 变为：C2=C1+CRO−TO，TO 为一个较大数值，C2 将降为极低，所以不发生重选，只有当计数器 T 超过了 PT 时间后，H(PT−T)=0，式 5.1 变为 C2=C1+CRO，将发生重选。

d. TO（TEMPORARY OFFSET）临时偏置。

从计数器 T 开始计数至计数器 T 的值达 PT 规定的时间期间，给 C2 的副作用偏移，因此叫做临时偏置。TO 的取值如表 5.9 所示。

e. T 定时器。

初值为 0，当某小区被 MS 记录在信号电平最大的 6 个小区表中时，则对应该小区的计数器 T 开始计数，精度为一个 TDMA 帧（4.62ms），当该小区从 MS 信号电平最大的 6 个邻小区表中去除时，相应计数器 T 复位。

② 原小区和目标小区属于不同位置区。移动台在进行小区重选时，若原小区和目标小区属于不同位置区，则移动台在小区称重选后必须启动一次位置更新过程。由于无线信道的衰落特性，通常在相邻小区的交界处测量得到的两个小区 C2 值会有较大的波动，从而使移动台频繁地进行小区重选，这将使网络的信令流量大大增加，系统的接通率降低。

为了降低上述问题的影响，GSM 设定参数 CRH。

CRH（Cell ReSelection Hysteresis）小区重选滞后：迟滞 C2 重选，减少位置区边缘处的频繁重选和位置更新。上述式5.1、式5.2可修改为下列公式。

$$C2 = C1 + CRO + CRH - TO \times H(PT - T), \quad PT \neq 31 \tag{5.3}$$

$$C2 = C1 - CRO + CRH, \quad PT = 31 \tag{5.4}$$

(2) 取值

小区重选偏置(CRO)以十进制数表示,单位为dB,取值范围为0～63,表示0～126dB(以2dB为步长)。默认值为0。

临时偏置(TO)以十进制数表示,单位为dB,取值范围为0～7,表示0～70dB(以10dB为步长),其中70表示无穷大。默认值为0。

惩罚时间(PT)以十进制数表示,单位为s,取值范围为0～31,其中0～30表示20～620s(以20s为步长)。取值31保留用于改变CRO对参数C2的作用方向。默认值为0。

小区重选滞后(CRH)以二进制数表示,单位为dB,取值范围为000～111,表示0～14dB(以2dB为步长)。默认值为100或101。

(3) 传送

参数CRO、TO、CRH和PT在每个小区广播的系统消息中传送。

(4) 参数调整及影响

由无线信道质量引起的小区重选以参数C2作为标准。C2是基于参数C1并加入一些人为的偏置参数而形成的。加入人为影响是为了鼓励移动台优先进入某些小区或阻碍移动台进入某些小区,通常这些手段都用来平衡网络中的业务量。

依据重选公式(5.3)、(5.4),可得,

当PT=31时,CRO增大,CRH减小,迟滞重选;CRO减小,CRH增加,加快重选。

当PT=0～30时,CRO减小,CRH减小,迟滞重选;CRO增加,CRH增加,加快重选。

上述几个参数的调整可以分为下面几种情况。

① 对于业务量很大或由于某种原因使小区中的通信质量较低时,一般希望移动台尽可能不要工作于该小区(即对该小区具有一定的排斥性)。这种情况下,可以设置PT为31,因此参数TO失效。C2的数值等于C1减CRO,因此对应于该小区的C2值被人为地降低,从而使移动台以该小区作为重选的可能性降低。此外,网络操作员根据对该小区的排斥程度,可以设置适当的CRO。CRO越大,排斥越大;反之,CRO越小,排斥越小。

② 对于业务量很小,设备利用率较低的小区,一般鼓励移动台尽可能工作于该小区(即对该小区具有一定的倾向性)。这种情况下,建议设置CRO在0～20dB之间,根据对该小区的倾向程度,设置CRO。倾向越大,CRO越大,反之,CRO越小。TO一般建议设置与CRO相同或略高于CRO。PT主要作用是避免移动台的小区重选过程过于频繁,一般建议的设置为20s或40s。

③ 对于业务量一般的小区,一般建议设置CRO为0,PT为31,从而使C2=C1,也即不对小区施加人为影响。

④ 当某地区的业务量很大,经常出现信令流量过载现象时,建议将该地区属于不同LAC的相邻小区的CRH增大。

⑤ 若属于不同位置的相邻小区重叠覆盖范围较大时,建议增大CRH。

⑥ 若属于不同位置区的相邻小区在邻接处的覆盖较差,即出现覆盖盲区时,建议减

小 CRH。

【例 5-4】 小区重选简单地理解即是比较 6 个优先级相等的相邻小区的 C2 值，C2 值最大的即为重选小区。图 5.13 所示为空闲状态下各小区的 C2 值，可以看出小区“湖边村 1”C2 值最大，将发生重选，重选后如图 5.14 所示。

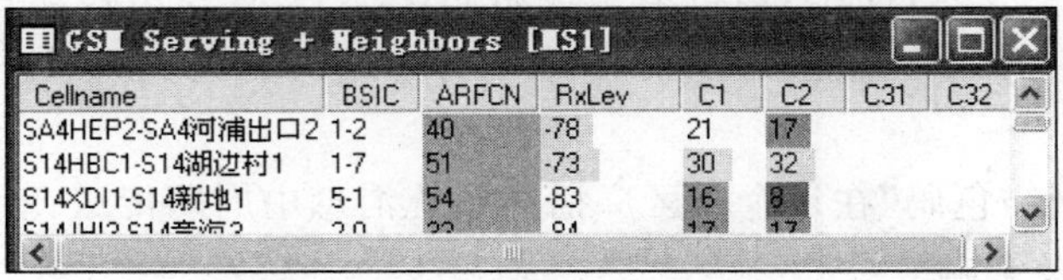

GSM Serving + Neighbors [MS1]

Cellname	BSIC	ARFCN	RxLev	C1	C2	C31	C32
SA4HEP2-SA4河浦出口2	1-2	40	-78	21	17		
S14HBC1-S14湖边村1	1-7	51	-73	30	32		
S14XDI1-S14新地1	5-1	54	-83	16	8		

图 5.13　重选前各小区 C2 值

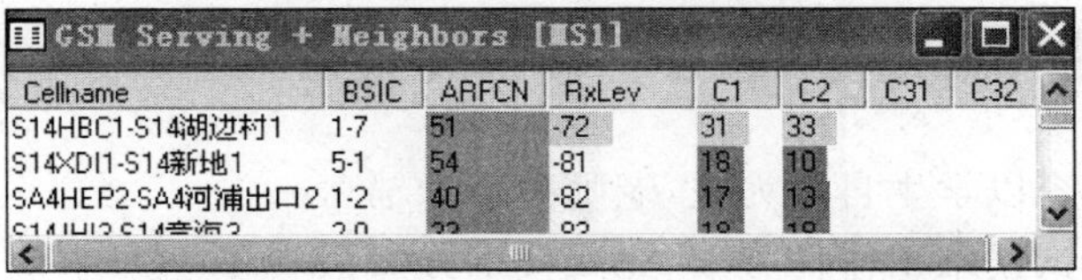

GSM Serving + Neighbors [MS1]

Cellname	BSIC	ARFCN	RxLev	C1	C2	C31	C32
S14HBC1-S14湖边村1	1-7	51	-72	31	33		
S14XDI1-S14新地1	5-1	54	-81	18	10		
SA4HEP2-SA4河浦出口2	1-2	40	-82	17	13		

图 5.14　重选后各小区 C2 值

(5) 注意

上述参数的调整必须注意下列问题。

① 无论在何种情况下不建议设置 CRO 的数值超过 25dB，因为过大的 CRO 会使网络发生一些不稳定的现象。

② 上述参数的设置是基于每个小区的，但由于参数 C2 的性质与邻区有密切的关系，因此在设置这些参数时必须注意相邻小区之间的关系。

7. 小区重选参数指示(PI)

(1) 描述

小区重选参数指示(PI)用于通知移动台是否采用 C2 作为小区重选参数及计算 C2 的参数是否存在。

(2) 取值

小区重选参数指示(PI)由 1bit 组成，1 表示移动台应从小区广播的系统消息中提取参数来计算 C2 的值，并用 C2 的值作为小区重选的标准；0 表示移动台应以参数 C1 作为小区重选的标准(相当于 C2=C1)。

(3) 传送

参数“允许的网络色码”在每个小区广播的系统消息中周期传送。

(4) 参数调整及影响

若采用 C2 作为小区重选的参数，则 PI 必须置 1，否则为 0。

8. 附加重选参数指示(ACS)

(1) 描述

附加重选参数指示(ACS)用于通知移动台是否采用 C2。

(2) 取值

附加重选参数指示(ACS)由 1bit 组成,其意义如下。

① 在系统消息 3 中,ACS 无意义,设备制造商应设该位为 0。

② 在系统消息 4 中,ACS=0 表示若系统消息 4 的剩余字节存在,则移动台从中取出有关小区重选的参数 PI 和与计算 C2 的有关参数;ACS=1 时表示移动台从系统消息 7 或 8 的剩余字节中取出有关小区重选的参数 PI 和与计算 C2 的有关参数。

(3) 传送

参数"允许的网络色码"在每个小区广播的系统消息中周期传送。

(4) 参数调整及影响

由于在一般小区的组态中很少使用系统消息 7 和 8,因此 ACS 一般设置为 0。

5.2.3 实训单据

① 信息单的内容以学生自学为主,老师指导为辅。

② 依据网络测试代维工作任务书,完成代维方回执单。

③ 依据移动运营商对处理过程及结果的回执,填写代维方回执。

④ 项目经理对接单工程人员进行工作评价。

⑤ 学生认真填写教学反馈单。老师认真思考学生提出的问题及建议,提出整改措施,努力提高教学水平。

信 息 单

学习情境五	呼叫质量拨打测试及优化		
5.2	数据统计与分析	学时	12

首先,选择 Scanning→Properties 命令进行扫描频点的选择,并且记住要把 Decode BSIC 复选框勾选,如下图所示。

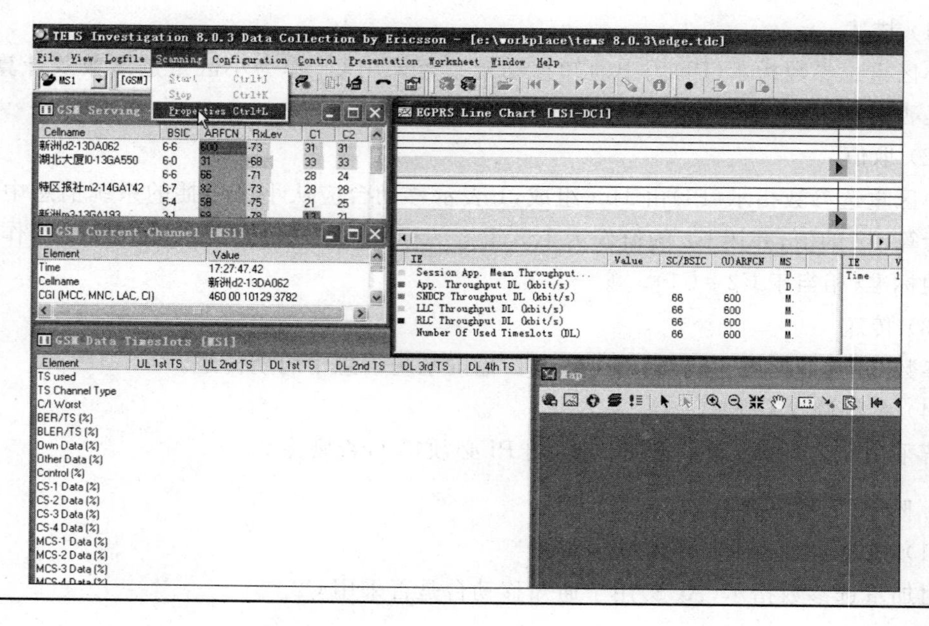

续表

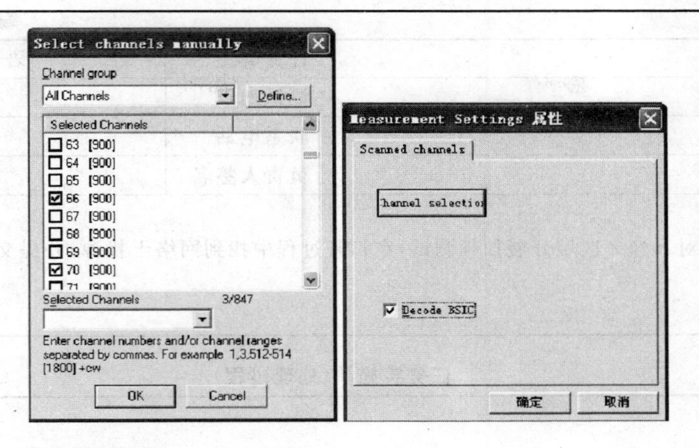

最后，选择 Start 命令进行扫频。

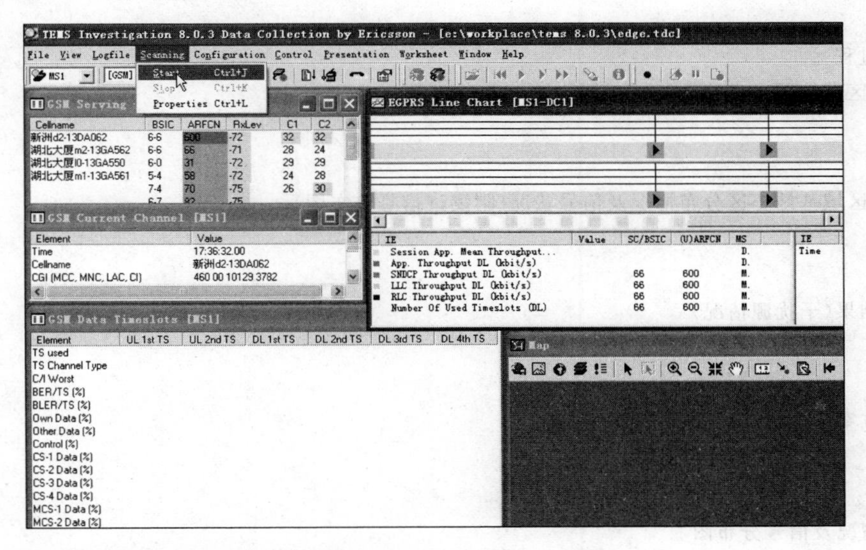

扫频界面可在 Presentation 菜单栏中的 Scan Bar Chart 项中调出。

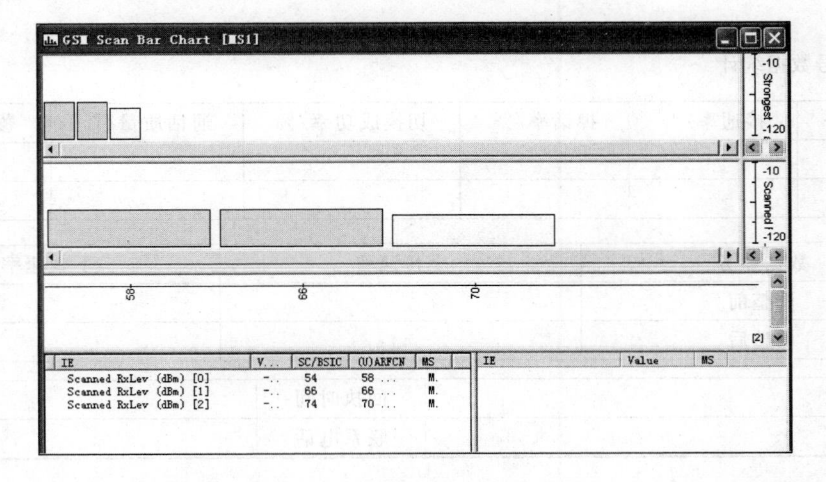

网络测试代维工作任务书

编号：　　年　月

派单时间		任务类型	语音、数据
测试场所		测试地点	
客户经理		联系电话	
要求完成时间		负责人签名	

任务描述：

请安排人员对×××区域开展扫频测试，在扫频过程中找到网络干扰源，并提交相关测试报告及原始测试数据。

任务实施单(处理过程)

1. 扫频区域

2. 扫频过程

(1) 扫频区域和周边环境介绍(请附图)

(2) 扫频区域基站小区分布情况及信号状况(附测试信号分布图)

3. 扫频结果(干扰源情况)

4. 整改方案

5. 复测情况及信号分布图

6. 测试信号数据统计

语音业务	接通率/%	掉话率/%	切换成功率/%	通话质量/%	覆盖率/%
调整前					
调整后					

数据业务	上传速率	下载速率
调整前		
调整后		

完成时间		回执时间	
完成人		联系电话	

移动方回执(退单时填写)

1. 不符合要求原因

2. 要求改进项目

3. 要求完成时间

退单时间		回执时间	
退单人		联系电话	

代维方回执(完成情况)

任务完成情况及处理建议:

完成时间		回执时间	
完成人		联系电话	

说明:如果本任务书需交代维公司继续处理,可自行复制上面的"移动方回执(退单时填写)"和"代维方回执",并在其中填写,直至完全完成为止。

工作评价(完成后填写)

考核项目	扣分	扣分说明	考核标准
测试数据真实性			发现一项内容虚假或未按照测试要求测试的数据扣2分。
测试数据完整性			发现一项内容不完整的数据扣0.2分。
任务完成及时性			每延迟半日扣0.2分。
填报表格真实性			发现一项内容虚假的数据扣3分。
网络调整建议合理性			一项不合理内容扣0.2分。
分析报告的质量			根据对问题点的分析质量进行评分,缺一项或某一项的分析质量较差扣0.5分。
跟踪问题解决情况			一项问题未跟踪解决扣1分。
人员的工作态度及服务态度			代维人员不能虚心听取招标公司的建议及批评,态度较差视情况扣分。
临时工作响应及处理			响应不及时或处理问题不认真,每次扣1分。

续表

考核项目	扣分	扣分说明	考核标准
网络问题及时上报			未及时上报，每发现一次扣1分。
其他			如以上项目不能适用，请在此列明并提出考核建议。

完成人：

教学反馈单

学习情境五	呼叫质量拨打测试及优化			
5.2	数据统计与分析		学时	12
序号	调查内容	是	否	理由陈述
1	系统参数的作用、调整是否全部掌握			
2	小区选择、重选参数如何调整是否掌握			
3	是否能开展扫频测试			
4	工作任务是否顺利完成			

建议与意见：

被调查人签名		调查时间	

评价单

学习情境五	呼叫质量拨打测试及优化				
5.2	数据统计与分析		学时	12	
评价类别	项目	子项目	个人评价	组内互评	教师评价
专业能力（70%）	计划准备（20%）	搜集信息（10%）			
		软硬件准备（10%）			
	实施过程（50%）	理论知识掌握程度（15%）			
		实施单完成进度（15%）			
		实施单完成质量（20%）			
职业能力（30%）	团队协作（10%）				
	对小组的贡献（10%）				
	决策能力（10%）				
评价评语	班级	姓名	学号		总评
	教师签字	第　组	组长签字		日期
	评语：				

5.3 制订和实施优化方案

5.3.1 网络功能参数

课前引导单

学习情境五	呼叫质量拨打测试及优化	5.3	制定和实施优化方案
知识模块	网络功能参数	学时	5
引导方式	请带着下列疑问在文中查找相关知识点并在课本上做标记。		

(1) 网络功能参数有哪些?
(2) 跳频作用是什么?
(3) 不连续发送作用是什么?
(4) Erission1 切换算法参数有哪些,如何调整?
(5) 何时启用 PSSTEMP/PTIMTEMP 参数?

1. 周期位置更新定时器(T3212)

(1) 描述

GSM 系统中发生位置更新的原因主要有 3 种,第一种是移动台发现其所在的位置区发生变化(LAC 不同);第二种是 IMSI 附着(开机过程)进行位置更新;第三种是网络规定移动台周期地进行位置更新。周期位置更新的频率是由网络控制的,周期长度由参数 T3212 确定。

(2) 取值

T3212 以十进制数表示,取值范围为 0～255,单位为 6min(1/10h),如 T3212＝1,表示 0.1h;T3212＝255,表示 25h30min。

T3212 设置为 0 表示小区中不用周期的位置更新。默认值为 240。

(3) 传送

T3212 包含于信息单元“控制信道描述”中,在每个小区广播的系统消息中传送。

(4) 参数调整及影响

周期位置更新是网络与移动用户保持紧密联系的一种重要手段,因此周期时间越短,网络的总体服务性能越好。但频繁的周期更新有两个副作用:一是网络的信令流量大大增加,对无线资源的利用率降低,在严重时会直接影响系统中各个实体的处理能力(包括 MSC、BSC 和 BTS);二是使移动台的功耗增大,使系统中移动台的平均待机时间大大缩短。因此 T3212 的设置需权衡网络各方面的资源利用情况而定。

T3212 可以由网络操作员设置,参数的具体取值取决于系统中各部分的流量和处理能力。

① 一般建议在业务量和信令流量较大的地区,选择较大的 T3212(如 16h、20h,甚至 25h 等)。

② 对于业务量较小、信令流量较低的地区,可以设置 T3212 较小(如 3h、6h 等)。

③ 对于业务量严重超过系统容量的地区,建议设置 T3212 为 0。

为适当地设置 T3212 数值，在运行的网络上应对系统中各个实体的处理能力和流量做全面的、长期的测量（如 MSC、BSC 的处理能力，A 接口、Abis 接口、Um 接口以及 HLR、VLR 等）。上述任何一个环节出现过载时，都可以考虑增大 T3212 的值。

（5）注意

T3212 不宜取得太小，因为它不仅使网络各个接口上的信令流量大大增加并且使移动台（特别是手提电话）的耗电量急剧上升。小于 30min 的 T3212（除 0 以外）可能对网络产生灾难性的影响。

2. 跳频参数

（1）跳频状态（HOP）

① 描述。根据 GSM 规范，规定 GSM 无线设备应支持跳频功能。理论分析表明，跳频可以改善空间的频谱环境，提高全网的通信质量。网络中是否应用跳频，可以通过设置参数“跳频状态（HOP）”来实现。

② 取值。此参数采用字符串表示，取值范围为 ON、OFF 和 TCH，其意义如下。

a. ON：在信道组中，所有的 TCH 信道和 SDCCH 信道均采用跳频。

b. OFF：在信道组中，所有的信道均不采用跳频。

c. TCH：在信道组中，所有的 TCH 信道均采用跳频，SDCCH 信道不采用跳频。

默认值为 TCH。

③ 传送。此参数为内部参数，但它的取值会影响参数“跳频应用（H）”。跳频应用包含于信息单元“信道描述”之中，在“立即指配命令”、“指配命令”等消息中由基站发送给移动台。

④ 参数调整及影响。一般建议采用跳频功能。

⑤ tems 软件查看。在 GSM Current Channel 对话框中，可查看小区是否应用了跳频方式。

（2）跳频序列号（HSN）

① 描述。GSM 系统中，每个小区所使用的载频的集合用“小区分配（CA）”表示，记为{R0，R1，…，Rn－1}，其中 Ri 表示绝对频道号。对于每次通信过程，基站和移动台所用的载频的集合用“移动分配（MA）”表示，记为{M0，M1，…，Mn－1}，其中 Mi 表示绝对频道号。显然 MA 是 CA 的一个子集。

在通信过程中，空中接口上采用的载频号是集合 MA 中的一个元素。变量“移动分配索引（MAI）”即用来确定集合 MA 中一个确切的元素。根据跳频算法，MAI 是由 TDMA 帧号 FN（或缩减帧号 RFN）、跳频序列号（HSN）和移动分配索引偏置（MAIO）组成的函数。其中，HSN 确定了跳频过程中频点运行的轨迹，相邻的采用相同 MA 的小区，取不同的跳频序列号以保证在跳频过程中频率的利用不发生冲突。MAIO 用于确定跳频的初始频点。

② 取值。此参数以十进制数表示，范围为 0～63，其中：0 为循环跳频；1～63 为伪随机跳频。

③ 传送。跳频序列号 HSN 包含于信息单元“信道描述”之中，在“立即指配命令”、“指配命令”等消息中由基站发送给移动台。

④ 参数调整及影响。在采用跳频的小区中可任选跳频序列号，特殊情况是 HSN＝0，循环跳频，频率一个个按顺序使用。但其跳频效果不如 HSN 为其他值时理想。

⑤ 注意。但必须注意采用相同频率组的小区必须采用不同的跳频序列号。

⑥ tems 软件查看。在 GSM Current Channel 对话框中，可查看小区 HSN。

(3) 跳频序列偏移量(MAIO)。

① 描述。用于确定跳频的初始频点。

② 取值。由 6 个比特组成，0～63 的编码，其高位包含在“信道描写信元”中 octet 3 的 bit 4、3、2、1 中，低位包含在“信道描写信元”中 octet 4 的 bit 7、8 中(在跳频参数 H 为 1 时)。

③ 传送。跳频序列偏移量 MAIO 包含于“信道描述信元”中，在“立即指配命令”、“指配命令”等消息中由基站发送。

④ 参数调整及影响。当使用跳频时，移动台根据“信道描写信元”中的 FN、HSN、MAIO 和跳频序列表(RNTABLE)算出每个时隙所用的 MAI，再进行跳频。使用 MAIO 的目的是防止多个信道在同一时间争抢同一频率。

⑤ 注意。一个跳频 TRX 内的所有信道的 MAIO 必须相同，同一个小区内的不同跳频 TRX 内的同一时间的信道的 MAIO 必须不同。

⑥ tems 软件查看。如图 5.15 所示，在 GSM Current Channel 对话框中，可查看小区 MAIO。

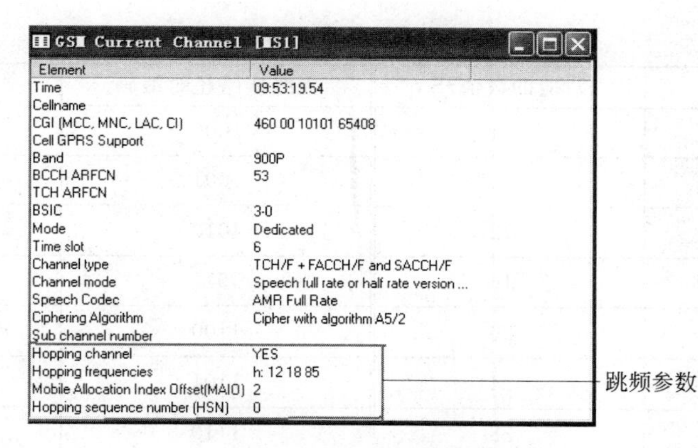

图 5.15 查看跳频参数

跳频序列偏移量 MAIO 和跳频序列号 HSN 一般是成对设置的，决定一个跳频序列。

一个跳频序列就是在给定的包含 N 个频点的频点集(MA)内，通过一定算法，由跳频序列号(HSN)和(MAIO)唯一确定所有(N 个)频点的一个排列。不同时隙(TN)上的 N 个信道可以使用相同的跳频序列，同一小区相同时隙内的不同信道使用不同的(MAIO)。

HSN(0～63)是规定跳频时采用那种算法进行循环，而 MAIO 则是从哪个频点开始循环的指示，即起跳点。一般一个基站可以使用一套 HSN 但每套载频的 MAIO 要进行区分，如果跳频序列内的频点有临频，那 MAIO 最好也要有间隔。

需要注意的是同一个小区 HSN 取值相同，仅仅给每个用户分配不同的 MAIO；对于同频邻区，一定要保证 HSN 不同，这样可以最大限度地减小同频干扰。

3. 无线链路超时(RLINKTIMEOUT)

(1) 描述

当网络在通信过程中话音(或数据)质量恶化到不可接受,且无法通过射频功率控制或切换来改善时(即所谓的无线链路故障,如在电梯内),网络可以强行拆链。由于强行拆链实际上引入一次"掉话"的过程,因此必须保证只有在通信质量确实已无法接受(通常的用户已不得不挂机)时,网络才认为无线链路故障。网络检测无线链路故障的方法在 GSM 规范没有硬性规定,但提出了两种选择,一种是基于无线链路质量的检测;另一种是基于对无线链路的 SACCH 的译码成功率。Ericsson 设备采用第二种方法判断无线链路故障,其具体过程与手机使用的判断下行无线链路故障的过程相一致:网络中需有一计数器 S,该计数器在通话开始时被赋予一个初值,即参数——"无线链路超时"的值。若每次网络在应该收到 SACCH 的时刻无法译出一个正确的 SACCH 消息时,S 减 1;反之,网络每接收到一正确的 SACCH 消息时,S 加 2,但 S 不可以超过参数无线链路超时的值。当 S 计到 0 时,网络报告无线链路故障。

(2) 取值

此参数以二进制数表示,范围为 0000～1111,默认值为 0011。其对应的数值如表 5.10 所示。

表 5.10 无线链路超时编码

无线链路超时编码	对应的数值/S	无线链路超时编码	对应的数值/S
0000	4	1000	36
0001	8	1001	40
0010	12	1010	44
0011	16	1011	48
0100	20	1100	52
0101	24	1101	56
0110	28	1110	60
0111	32	1111	64

(3) 传送

此参数为内部使用。

(4) 参数调整及影响

参数"无线链路超时"的大小会影响网络的断话率和无线资源的利用率,如图 5.16 所示。

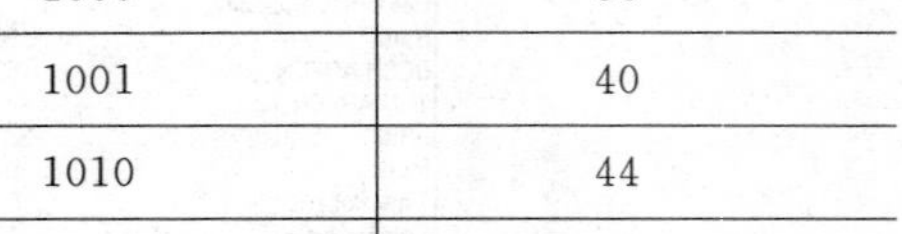

若小区 A 和 B 是两个相邻的小区,假设一移动台在通话过程中由 M 点移动至 N 点,通常将发生一次越区切换。如果下行无线链路参数设置过小,则因为在 A、B 小区交界处信号质量较差,很容易在启

图 5.16 无线链路超时参数应用示意图

动越区切换前引起无线链路故障而造成断话。反之，若该参数设置过大，则当移动台停留在M点附近通话时，尽管话音质量已无法接受，网络却需很长时间（等到无线链路超时）才能释放相关的资源，从而使资源的利用率变低。因此网络操作员设置适当的数值至关重要。该参数的设置与系统的实际应用情况密切相关，一般可以参考下列规则。

① 在业务量稀少地区（一般指边远地区），该参数建议设置为52～64。

② 在业务量较小，覆盖半径较大（农村或郊区），建议该参数设置为36～48。

③ 在业务量较大的地区（城市），建议该参数设置为20～32。

④ 在业务量很大的地区（微蜂窝），建议该参数设置为4～16。

⑤ 对于存在明显盲点的小区，或掉话严重的小区，建议增大此参数。

（5）注意

在基站一侧，同样有无线链路故障的监测，但其监测方式可以是基于SACCH错误情况，也可以基于接收电平和接收信号质量。按GSM规范，基站一侧无线链路故障监测方式由营运者决定，因此与营运者购置的系统相关。注意，上、下行的监测标准应在同一个水平上。

4. 动态功率控制

（1）MS动态功率控制状态（DMPSTATE）

① 描述。为了在一定的通信质量下，尽量减小无线空间的干扰，GSM系统中具有MS的功率控制能力。功率控制是否运用则可以通过设置参数“MS动态功率控制状态（DMPSTATE）”来确定。

② 取值。此参数以识别符表示，范围为ACTIVE或INACTIVE，其意义如下。

a. ACTIVE：MS使用动态功率控制。

b. INACTIVE：MS不使用动态功率控制。

默认值为INACTIVE。

③ 传送。此参数为内部使用。

④ 参数调整及影响。采用MS动态功率控制可以减少网络中的无线干扰，可以提高网络的服务质量，所以一般应采用MS的功率控制，即DMPSTATE应设置为“ACTIVE”。

（2）BTS动态功率控制状态（DBPSTATE）

① 描述。为了在一定的通信质量下，尽量减小无线空间的干扰，GSM系统中一般都具有BTS的功率控制能力。功率控制是否运用则可以通过设置参数“BTS动态功率控制状态（DBPSTATE）”来确定。

② 取值。此参数以识别符表示，范围为ACTIVE或INACTIVE，其意义如下。

a. ACTIVE：BTS使用动态功率控制。

b. INACTIVE：BTS不使用动态功率控制。

默认值为INACTIVE。

③ 传送。此参数为内部使用。

④ 参数调整及影响。采用BTS动态功率控制可以减少网络中的无线干扰，可以提高网络的服务质量，所以一般应采用BTS的功率控制，即DBPSTATE应设置为“ACTIVE”。

5. 不连续发射

(1) 下行不连续发射(DTXD)

① 描述。下行非连续发送(DTXD)方式是指网络在与手机的通话过程中,话音间歇期间,网络不传送信号的过程。

② 取值。此参数以字符串表示,范围为ON或OFF,其意义如下。

a. ON:下行链路使用DTX。

b. OFF:下行链路不使用DTX。

默认值为ON。

③ 传送。此参数为内部使用。

④ 参数调整及影响。下行链路DTX的应用使通话的质量受到相当有限的影响,但它的应用有两个优越性,即:无线信道的干扰得到有效的降低,从而使网络的平均通话质量得到改善;同时下行DTX的应用可以减少基站的处理器负载。因此在可能的情况下,建议采用下行DTX。

⑤ 注意。根据GSM规范,下行的非连续发送是一种选项。若基站设备支持该选项,则建议使用该功能,但必须注意,该功能需有语音编码器(Transcoder)的支持。

(2) 上行不连续发射(DTXU)

① 描述。上行非连续发送(DTXU)方式是指移动用户在通话过程中,话音间歇期间,手机不传送信号的过程。

② 取值。网络中是否允许上行链路使用DTX是由网络操作员设置的,即设置参数DTXU。该参数以十进制数字表示,范围为0~2,其意义如下。

a. 0:MS可以使用上行不连续发射。

b. 1:MS应该使用上行不连续发射。

c. 2:MS不能使用上行不连续发射。

③ 传送。参数DTXU包含于信息单元"小区选项"中,在每个小区广播的系统消息和SACCH中周期传送。

④ 参数调整及影响。上行链路DTX的应用使通话的质量受到相当有限的影响,但它的应用有两个优越性,即:无线信道的干扰得到有效的降低,从而使网络的平均通话质量得到改善;同时,DTX的应用可以大大节约移动台的功率损耗。因此,建议在网上采用DTX。

6. 小区内切换开关(IHO)

(1) 描述

移动站在连接模式下,基站需不断测量移动站的上行电平和上行通话质量。一般情况下,上行接收质量与上行接收电平成正比,但当上行信道有外部干扰时会出现上行接收电平很高而接收质量却很差的情况。BTS在通话过程中不断地向网络发送下行测量报告,报告的内容包括服务小区的接收电平和接收质量、服务小区的基站识别码、邻小区的接收电平、邻小区的基站识别码等。一般情况下,服务区的接收质量与其接收电平成正比,但当下行信道有外部干扰时会出现接收电平很高而接收质量却很差的情况。

以上两种情况均将导致一个切换过程。这个切换可以是小区内切换,也可以是小区间切换。系统是否使用小区内切换功能是由参数“小区内切换开关(IHO)”决定的。

(2) 取值

此参数以字符串表示，范围如下。

① ON：系统开启小区内切换功能。

② OFF：系统不开启小区内切换功能。

默认值为ON。

(3) 传送

此参数为内部使用。

(4) 参数调整及影响

接收电平很高，接收质量却很差的情况一般是由于存在一个外部干扰，这种干扰一般也仅仅存在于个别频率点上。采用小区内切换可以减少对通话过程的影响，所以一般应采用小区内切换，IHO应设置为ON。

7. 新建原因指示(NECI)

(1) 描述

根据GSM规范，GSM系统中的业务信道可分为全速率和半速率信道。一般的GSM系统均支持全速率信道，网络是否支持半速率业务则由网络营运部门决定。新建原因指示参数(NECI)，用以告知移动台该地区是否支持半速率业务。

(2) 取值

NECI由十进制数字表示，范围为0～1，其意义如下。

① NECI为0表示本小区不支持半速率业务的接入。

② NECI为1表示本小区支持半速率业务的接入。

默认值为0。

(3) 传送

NECI包含于信息单元“小区选择参数”中，在每个小区广播的系统消息中传送。

(4) 参数调整及影响

由于中国移动/联通的GSM网目前并没有开通半速率业务，因此NECI应设置为0。

8. Ericsson 1切换算法

(1) 描述

Ericsson 1算法来源于GSM规范，可以选择路径损耗、信号强度或者两者的结合来作为切换准则。Ericsson 1切换算法包括K算法和L算法两种。

(2) Locating排队过程

① 当上下行信号均满足最小信号电平条件(RxLev_MS>MS_RxLev_Min并且RxLev_BS>BS_RxLev_Min)的时候，才会进入排队序列，否则压根就不会参与排队——这就是所谓的M算法。

② 满足了上下行最小信号电平条件进入排序时，手机接收到的各邻区的下行信号强度会有强弱不同，各邻小区接收到的手机的上行信号强度也会有强弱不同——此时以RXSUFF参数(包括MSRXSUFF和BSRXSUFF两个参数)为分界线，将这些信号强度分

为强弱两挡。

a. RxLev_MS＞MSRXSUFF且RxLev_BS＞BSRXSUFF归入强信号区的一挡，进入L算法排队。

b. 述条件不满足的小区归入弱信号区的一挡，进入K算法排队。

③ K排序与L排序。

a. 对于归入强的一挡的邻小区，按照路径损耗进行排序，路径损耗小的排在前，路径损耗大的排在后。这就是所谓的L算法。

b. 对于归入弱的一挡的邻小区，按照接收信号强度(包括上行信号强度和下行信号强度)进行排序，信号强的排在前，信号弱的排在后。这就是所谓的K算法。

c. 排序结果是以上两类排序(K排序和L排序)的并集。当然，参与L排序的那些邻小区会全部排在参与K排序的那些小区前面。

(3) 同层切换算法参数

GSM包括GSM900频段和GSM1800频带，同层切换指的是GSM900小区与GSM900小区切换，或者GSM1800小区与GSM1800小区切换。

① K算法参数：KHYST(切换迟滞)、KOFFSET(包括KOFFSETP正偏置、KOFFSETN负偏置)。

a. KHYST：K小区边界信号强度迟滞，目的是产生一个切换走廊，防止乒乓切换。对于切换频率较高的小区，增加KHYST以减少切换次数；郊区小区边界处信号较弱，希望尽快切换出去，适当减小KHYST。

b. KOFFSET：K小区信号强度边界偏移，是将小区切换边界人为地进行移动，但偏移量不能超过KHYST。其中KOFFSETP为正偏置，当KOFFSETP增大时，原小区的切换边界加长，即延迟小区的切换。KOFFSETN为负偏置，当KOFFSETN增大时，原小区的切换边界缩短，即加快小区的切换。

【例5-5】 假设：KHYST＝5dB，KOFFSETP＝3dB，KOFFSETN＝2dB，切换门限＝－80dB。若当前服务区A为GSM900小区，邻小区B也为GSM900小区，若要使A小区切换到B小区：

MS收到A小区的信号强度＜切换门限－KHYST－KOFFSETP
＝－80－5－3＝－88dB

或

MS收到A小区的信号强度＜切换门限－KHYST＋KOFFSETN
＝－80－5＋2＝－83dB

若KOFFSETP增大或KOFFSETN减小，则A小区延迟切换。

② L算法参数：LHYST、LOFFSET(包括LOFFSETP正偏置，LOFFSETN负偏置)。类似于上述K算法参数，不常用，因此不再详细述说。

(4) 层间切换算法参数

GSM包括GSM900频段和GSM1800频带，层间切换指的是GSM900小区与GSM1800小区切换。切换参数：Layer、LayerKHYST、LayerTHR。

a. Layer：切换优先级，一般 GSM1800 优先级更高，则 GSM1800 小区 Layer＝1，GSM900 小区 Layer＝2。层间切换只能由低层向高层切换。

b. LayerKHYST：层间切换门限值。

c. LayerTHR：层间切换迟滞值。

如果高层级小区的电平≥层间切换门限＋层间切换迟滞，则由低层小区切换到高层小区。

【例 5-6】 假设：A 小区为 GSM900 小区，B 小区为 GSM1800，且 Layer(A)＝1，Layer(B)＝2；LayerTHR＝－85dB，LayerKHYST＝5dB。

若 MS 接收到 B 小区信号电平≥LayerTHR＋LayerKHYST＝－85＋5＝－80dB 时，A 小区切换到 B 小区。

若增大 LayerTHR，则延迟小区切换。

(5) 注意

Ericsson 1 切换算法中 K 算法和层间切换算法较常见，是日常网优调整的主要参数之一，L 算法基本没有在使用了。

9. Erission 3 切换算法

(1) 描述

GSM 硬切换存在话音中断，对话音质量造成直接影响，切换将影响到用户感知。但是切换又是保持接续和保持较好的通信链路所必需的，所以优化的重点是减少一些不必要的强信号切换。这里所谓的不必要的强信号切换，是指原本在服务小区就能提供较好的服务水平，但是由于存在几个和服务小区接收信号强度相当或者略大于服务小区的邻区，而这时如果发生了切换，则可以认为此次切换是多余的切换。如果频繁发生此类的切换，将严重影响到用户感知，所以必须尽可能避免此类情况发生。

Ericsson 3 并不是 GSM 规范算法，而是爱立信公司在 R7 开始自发研究的一套定位算法，其设计思想是减少一些不必要的强信号切换，从而减少总切换数、减少切换掉话。

市区环境中人口密集，基站密度很大，小区之间的相互交叠相当多，不可避免地将发生反复切换的请求。反复切换将分别引起 BSC 和 MSC 的交换负荷大量增加。Ericsson 3 算法设计的初衷就是减少一些不必要的强信号切换，从而减少总切换数、减少切换掉话。3 算法的参数较少，更容易控制无线网络。

(2) 取值

Ericsson 3 算法主要包括 4 个参数：OFFSET、HIHYST、LOHYST、HYSTSEP。

① OFFSET 为偏移值，用于移置小区的边界，一般不使用，为 0，包括 OFFSETN(正偏置)和 OFFSETP(负偏置)。

② HIHYST 为强信号小区的滞后值，为了减少乒乓切换，一般不大于 12dB。

③ LOHYST 为弱信号小区的滞后值，为了减少乒乓切换，一般不大于 5dB，且值比 HIHYST 小。

④ HYSTSEP 用于判断接收到的服务小区的信号强度是高还是低，一般为－70～－76dB。如果服务小区的信号强度高于 HYSTSEP，则认为是强信号小区，此时使用滞后值 HIHYST；如果服务小区的信号强度低于 HYSTSEP，则认为是弱信号小区，使用滞后值

LOHYST。为了控制强信号切换,HIHYST 必须大于 LOHYST。

(3) 参数调整及影响

① HYSTSEP 的设置与调整。统计出各个小区的信号强度覆盖情况,得出所有小区的信号强度统计的测量报告峰值所处的信号强度范围,初步得出一个 HYSTSEP 设置值,大概在−70～−76 范围内,初始计划设置的 HYSTSEP 可以偏小,然后计算出大于此信号强度的测量报告所占百分比,如果百分比值过小,则说明相对设置保守,可以适当减小 HYSTSEP,但是不要少于−76,不然会出现信号强度的高估,容易出现弱信号没有及时切出而吊死的情况。如果百分值过大,则相应增加 HYSTSEP。

② HIHYST 及 LOHYST 的设置与调整。两小区间的 HIHYST 初始设置可以设置为 5,LOHYST 初始设置可以设置为 3,原则上 LOHYST 最大建议不超过 5,HIHYST 根据 HYSTSEP 的设置情况可以有所不同,最大值最好不要超过 12。

【例 5-7】 假设:HYSTSEP=−73dB、HIHYST=8dB、LOHYST=3dB。

① 当服务小区的信号强度大为−71dB>HYSTSEP:因此该小区为强信号小区,只有当邻小区信号强度大于−71dB+10dB(−61dB)时,才能切换出去。

② 当服务小区的信号强度为−75dB<HYSTSEP:因此该小区为弱信号小区,当邻小区信号强度大于−75dB+3dB(−72dB)时,即刻切换出去。

上述两种情况说明,如果该小区被认为是强信号小区,则切换迟滞较大,不易切换出去;如果该小区被认为是弱信号小区,则切换迟滞较小,较易切换出去。

③ OFFSET 的设置与调整。OFFSET 建议不进行调整,初始设置为 0,如果有突发性的话务需求,可以进行适当的调整。否则,不管是路测还是 BSC 参数修改,都不建议调整 OFFSET。

(4) 注意

目前(2012 年)主要使用 Ericsson 1 切换算法,但 Ericsson 3 切换算法较 Ericsson 1 算法简单,开始逐步使用 Ericsson 3 切换算法。

10. PSSTEMP/PTIMTEMP 参数

(1) 描述

为了避免快速移动台切入覆盖过小的低层小区或切入室内覆盖信号外泄的微蜂窝而造成掉话,例如,当通话状态下步行经过一酒店门口,很有可能室外信号切换到室内微蜂窝,但离开酒店不远,室内信号突然急剧下降,来不及切换到室外信号而造成掉话,此时应该对室内信号作 PSSTEMP 信号惩罚(只限于 PTIMTEMP 时间内)。

假设移动台在 900 小区起呼,当移动台测量到 1800 的信号并处于邻区六强,测量报告送上 BSC 时,定位程序会对 1800 小区在 PTIMTEMP 时间内执行 PSSTEMP 的信号强度惩罚,以防止快速移动台快速切入低层小区,因此 PSSTEMP 要设置行较大,PTIMTEMP 要设置得小。

(2) 取值

PSSTEMP/PTIMTEMP 这两个参数需要针对不同的优化目标小区有不同的设置,特别是惩罚时间。对于 900～1800 小区,一般是广域覆盖,1800 信号延伸比较长,在惩罚时间和强度上需要因地制宜。对于存在外泄的微蜂窝室内小区，就要看下外泄信号存在区域移动台的速度了，如果是拥挤的城市街道，建议惩罚时间设置为 30 以上；如果门口比较开阔车辆来往迅速，应该把惩罚强度变高，惩罚时间变低。

(3) 参数调整及影响

在高速公路上，由于车辆较快，只需要在较短的 PTIMTEMP 时间作 PSSTEMP 的惩罚；在拥塞的公路上，由于车辆较慢，就需要在较长的 PTIMTEMP 时间作 PSSTEMP 的惩罚。

(4) 注意

惩罚时间不能太大，如果太大，容易造成本来步行进入覆盖区域(酒店大堂)的用户切换缓慢，导致通话质量变低。

5.3.2 双频网优化

课前引导单

学习情境五	呼叫质量拨打测试及优化	5.3	制定和实施优化方案	
知识模块	双频网优化		学时	2
引导方式	请带着下列疑问在文中查找相关知识点并在课本上做标记。			

(1) 为什么要采用双频网组网？
(2) 双频网优化原则是什么？
(3) 双频网组网结构分为几种？各自特点是什么？
(4) 双频网优化时可调整哪些参数？

为了满足 GSM 用户的迅速增长，缓解 GSM900 的容量压力，网络引入了 1800MHz 频段，采用 GSM900/GSM1800 双频段操作，组建双频网已经成为许多城市网络运营商为提高网络容量及改善网络质量所采用的重要手段。由于 GSM1800 与 GSM900 在系统组网、工程实施、网络维护及支持的业务等方面比较一致，在网络结构、语音编码、调制技术、信令规程等方面亦是相同的，不同点在于频率范围、无线传播特性、馈线损耗、覆盖范围等。因此，采用双频段操作，能经济有效地解决 GSM900 系统频率较窄，容量受限和话务负荷不足等问题。

1. 双频网优化原则

如何处理好 GSM900 与 GSM1800 系统之间的关系(如组网方式、话务流向、切换关系、优先等级等)，对提高网络质量和容量都是十分重要的。

GSM1800 作为 GSM900 的补充，尽量让其吸收更多话务，而 GSM900 保证覆盖，可通过调整系统间的层间切换电平门限等方法来实现。空闲状态下，尽量优先选择 1800 小区；在通话状态下，尽量保留在发起呼叫时所处的层面上，避免在层间不必要的切换。运用小区选择、重选和切换过程中的相关参数，根据网络覆盖及容量要求控制手机在保证通话质量的前提下使通话保持在 GSM1800 上，分担 GSM900 网络负荷。

2. 双频网组网结构

GSM900/1800 共同组网的网络结构有以下 3 种。

（1）独立的MSC和BSC结构，共用HLR/AUC、EIR、OMC和SMC。

（2）共用交换子系统。

（3）共用交换子系统和基站控制器。

独立的MSC和BSC结构在对GSM900或GSM1800进行扩容时不需对网络结构做大的改动，避免了大量的基站割接工作，对于两个网络各自新的业务管理也比较方便。不过，由于GSM900及GSM1800基站分别属于不同的MSC，位置区不同，会造成双频移动台移动时的频繁位置更新和跨MSC的切换，从而易造成小区SDCCH拥塞和HLR负荷增大。

共用交换子系统的结构由于GSM900及GSM1800基站属于相同的MSC，所以GSM900和GSM1800基站可以属于相同的位置区，这样减少了位置更新和跨MSC的切换，但仍存在较频繁的BSC间切换。

共用交换子系统和基站控制器的结构由于GSM900及GSM1800基站属于相同的MSC，所以GSM900和GSM1800基站可以属于相同的位置区，这样可以避免大量的位置更新和MSC间、BSC间的切换。这不仅减少了处理机以及信令、话务链路负荷，而且使网络切换时间短，成功率高。另外这种结构减少了BSC外部小区的数量，并容易进行话务控制。

3. 双频网核心参数选取

依据网络测试工程经验及无线信道传播特性，双频网网络优化的主要方法有：控制小区优先级C1，控制小区重选C2，控制同层网的切换，控制双频网层间切换，调整切换优先级，调整多频段指示，即通过调整上述几个方法所关联的一组参数，在GSM900保证覆盖的前提下，使GSM1800尽可能吸收话务量，发挥双频网的优势。

（1）小区选择C1关联参数：ACCMIN。

（2）小区重选C2关联参数：CR0、CRH、PT。

（3）Erisson1同层网切换关联参数：KHYST、Koffsetp、Koffsetn。

（4）Erisson1双频网层间切换关联参数：layerKHYST、layerTHR。

（5）Erisson3切换算法关联参数：OFFSET、HIHYST、LOHYST、HYSTSEP。

（6）切换优先级关联参数：layer。

（7）多频段指示：Multiband_Peporting。

上述参数的意义及调整前面已经详细述说，这里不再介绍。

5.3.3 实训单据

（1）信息单的内容以学生自学为主，老师指导为辅。

（2）依据网络测试代维工作任务书，完成代维方回执单。

（3）依据移动运营商对处理过程及结果的回执，填写代维方回执。

（4）项目经理对接单工程人员进行工作评价。

（5）学生认真填写教学反馈单。老师认真思考学生提出的问题及建议，提出整改措施，努力提高教学水平。

信　息　单

学习情境五	呼叫质量拨打测试及优化		
5.3	制定和实施优化方案	学时	10

(1) 添加网络连接

① 打开“网络邻居”窗口，单击“查看网络连接”按钮，单击左侧工具栏中的“创建一个新的连接”按钮，单击“下一步”按钮，再单击“下一步”按钮，出现如下窗口。

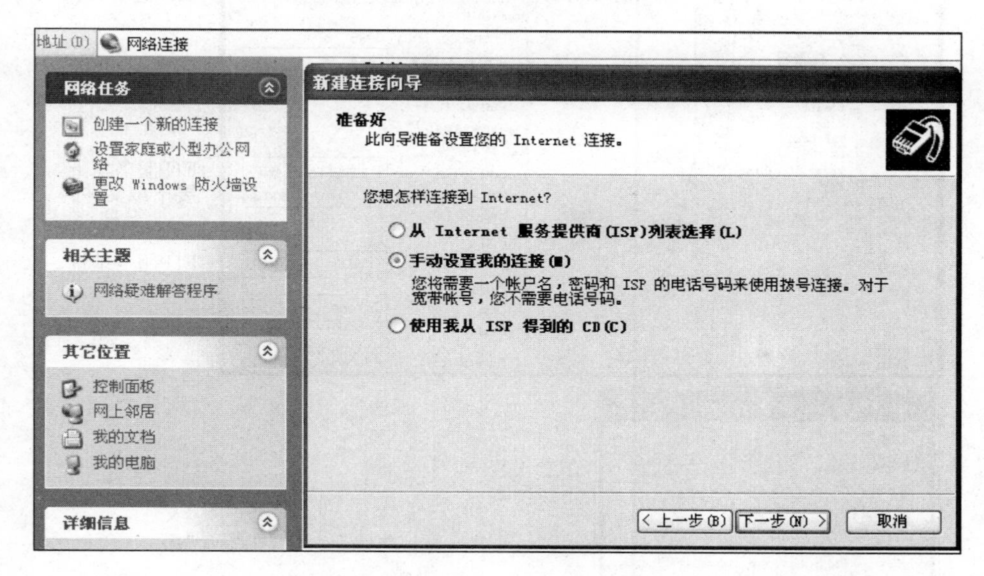

② 选中“手动设置我的连接”单选按钮，单击下一步后出现如下窗口，创建一个 ISP 名称(可任意写)，下面几步全部为默认设置。

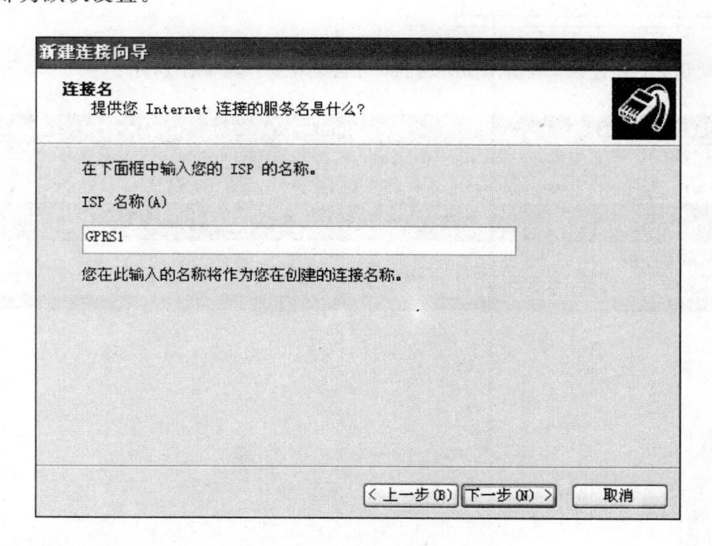

③ 连接手机设备后，在刚刚创建的 ISP(GPRS1)完成拨号即可。

(2) TEMS 拨打测试

① 选择 Control→Command Sequence 命令，按照如下页图所示进行设置。

续表

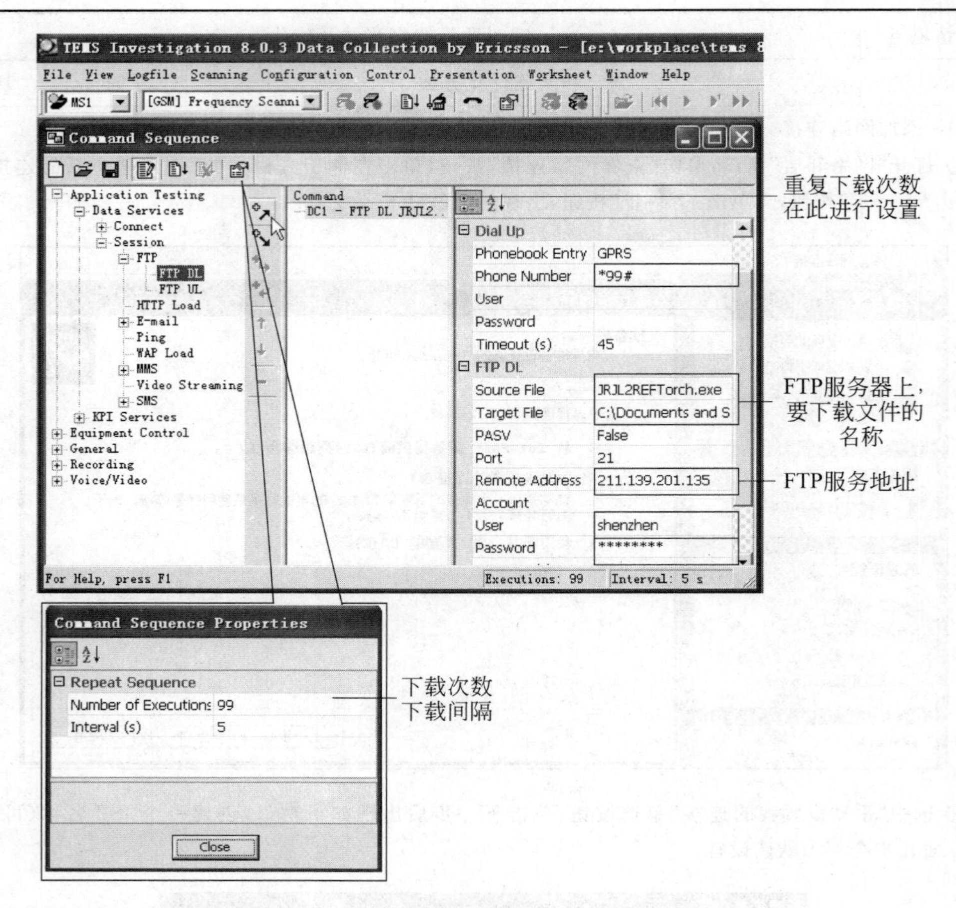

② 其他参数默认，设置好后，单击Run按钮即可自动下载，如下图所示。

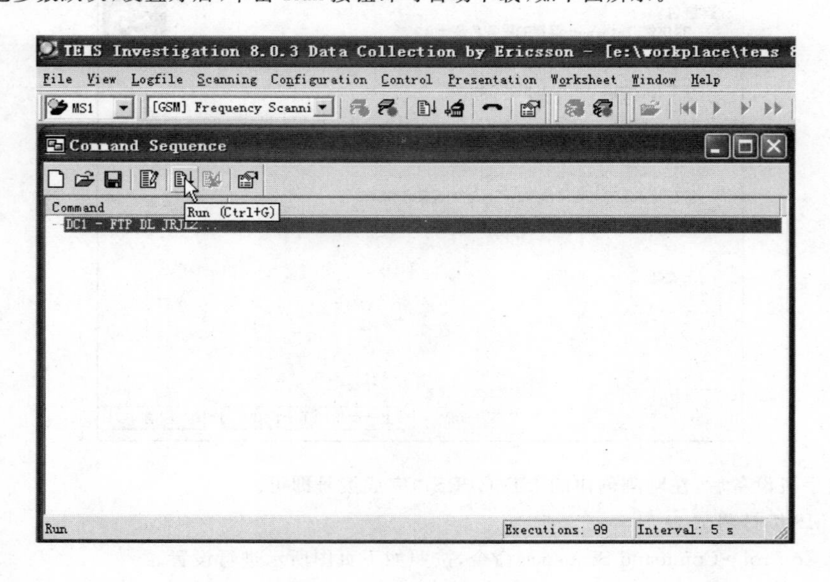

续表

③ 类似地，PING 测试如下图设置。

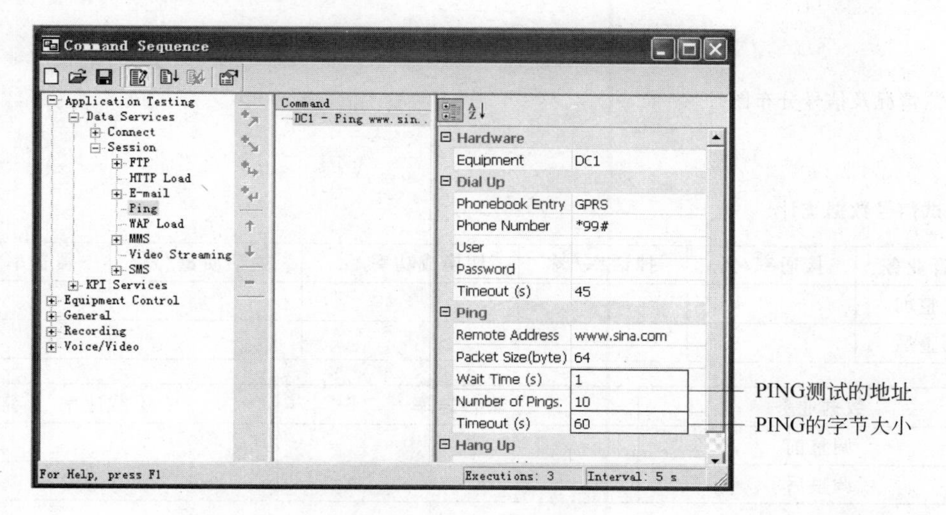

网络测试代维工作任务书

编号：　　年　月

派单时间		任务类型	语音、数据
测试场所		测试地点	
客户经理		联系电话	
要求完成时间		负责人签名	

任务描述：

请安排人员对×××进行测试、在测试中及时处理存在问题，并提交相关测试报告及原始测试数据。

任务实施单（处理过程）

1. 测试区域

2. CQT 测试情况

(1) 测试区域和周边环境介绍（请附图）

(2) 测试区域基站小区分布情况及信号状况（附测试信号分布图）

3. 网络需加强信号或增加载波数目情况描述

续表

4. 优化方案

5. 复测情况及信号分布图

6. 测试信号数据统计

语音业务	接通率/%	掉话率/%	切换成功率/%	通话质量/%	覆盖率/%
调整前					
调整后					

数据业务	上传速率	下载速率
调整前		
调整后		

完成时间		回执时间	
完成人		联系电话	

移动方回执(退单时填写)

1. 不符合要求原因

2. 要求改进项目

3. 要求完成时间

退单时间		回执时间	
退单人		联系电话	

代维方回执(完成情况)

任务完成情况及处理建议:

完成时间		回执时间	
完成人		联系电话	

说明:如果本任务书需交代维公司继续处理,可自行复制上面的“移动方回执(退单时填写)”和“代维方回执”,并在其中填写,直至完全完成为止。

工作评价(完成后填写)

考核项目	扣分	扣分说明	考核标准
测试数据真实性			发现一项内容虚假或未按照测试要求测试的数据扣2分。
测试数据完整性			发现一项内容不完整的数据扣0.2分。
任务完成及时性			每延迟半日扣0.2分。
填报表格真实性			发现一项内容虚假的数据扣3分。
网络调整建议合理性			一项不合理内容扣0.2分。
分析报告的质量			根据对问题点的分析质量进行评分,缺一项或某一项的分析质量较差扣0.5分。
跟踪问题解决情况			一项问题未跟踪解决扣1分。
人员的工作态度及服务态度			代维人员不能虚心听取招标公司的建议及批评,态度较差视情况扣分。
临时工作响应及处理			响应不及时或处理问题不认真,每次扣1分。
网络问题及时上报			未及时上报,每发现一次扣1分。
其他			如以上项目不能适用,请在此列明并提出考核建议。

完成人:

教学反馈单

学习情境五	呼叫质量拨打测试及优化				
5.3	制定和实施优化方案			学时	10
序号	调查内容	是	否	理由陈述	
1	网络功能参数含义、功能、调整是否掌握				
2	双频网优化原理是否清晰				
3	是否可以开展数据业务(EDGE)的路测工作				

建议与意见:

被调查人签名		调查时间	

评 价 单

<table>
<tr><td>学习情境五</td><td colspan="8">呼叫质量拨打测试及优化</td></tr>
<tr><td>5.3</td><td colspan="3">制定和实施优化方案</td><td colspan="2">学时</td><td colspan="3">10</td></tr>
<tr><td>评价类别</td><td>项目</td><td colspan="2">子项目</td><td colspan="2">个人评价</td><td colspan="2">组内互评</td><td>教师评价</td></tr>
<tr><td rowspan="5">专业能力（70%）</td><td rowspan="2">计划准备（20%）</td><td colspan="2">搜集信息（10%）</td><td colspan="2"></td><td colspan="2"></td><td></td></tr>
<tr><td colspan="2">软硬件准备（10%）</td><td colspan="2"></td><td colspan="2"></td><td></td></tr>
<tr><td rowspan="3">实施过程（50%）</td><td colspan="2">理论知识掌握程度（15%）</td><td colspan="2"></td><td colspan="2"></td><td></td></tr>
<tr><td colspan="2">实施单完成进度（15%）</td><td colspan="2"></td><td colspan="2"></td><td></td></tr>
<tr><td colspan="2">实施单完成质量（20%）</td><td colspan="2"></td><td colspan="2"></td><td></td></tr>
<tr><td rowspan="3">职业能力（30%）</td><td colspan="3">团队协作（10%）</td><td colspan="2"></td><td colspan="2"></td><td></td></tr>
<tr><td colspan="3">对小组的贡献（10%）</td><td colspan="2"></td><td colspan="2"></td><td></td></tr>
<tr><td colspan="3">决策能力（10%）</td><td colspan="2"></td><td colspan="2"></td><td></td></tr>
<tr><td rowspan="3">评价评语</td><td>班级</td><td></td><td>姓名</td><td></td><td>学号</td><td></td><td>总评</td><td></td></tr>
<tr><td>教师签字</td><td></td><td>第 组</td><td></td><td>组长签字</td><td></td><td>日期</td><td></td></tr>
<tr><td colspan="8">评语：</td></tr>
</table>

5.4 网络复测

5.4.1 GPRS简介

课前引导单

学习情境五	呼叫质量拨打测试及优化	5.4	网络复测	
知识模块	GPRS简介		学时	10
引导方式	请带着下列疑问在文中查找相关知识点并在课本上做标记。			

（1）什么叫GPRS？有何用途？
（2）GPRS最大传输速率可达多少？
（3）GPRS网络结构增加了哪些功能实体？
（4）GPRS信道与GSM信道有何区别？

互联网的蓬勃发展带动了移动互联网的快速发展，随着智能机的兴起，较之前PC上网，如今人们更习惯用手机上网游戏娱乐，人们更为关注的是网络速率，因此这给网优工程人员提出了更高的新要求，网络优化不再只关注语音业务的需求，更多的是满足人们对数据业务的需求。

1. 概述

GPRS(General Packet Radio Service，通用分组无线服务技术)通常被描述成“2.5G”，它是GSM移动电话用户可用的一种移动数据业务，可说是GSM的延续。GPRS和以往连续在频道传输的方式不同，是以封包(Packet)方式传输的。GPRS的传输速率可提升至56Kb/s甚至114Kb/s。

GPRS首先引入了分组交换的传输模式，使得原来采用电路交换模式的GSM传输数据方式发生了根本变化，这在无线资源稀缺的情况下显得尤为重要。按电路交换模式来说，在整个连接期内，用户无论是否传送数据都将独自占有无线信道。在会话期间，许多应用往往有不少的空闲时段，如上Internet浏览、收发E-mail等。对于分组交换模式，用户只有在发送或接收数据期间才占用资源，这意味着多个用户可高效率地共享同一无线信道，从而提高了资源的利用率。

2. 网络结构

GPRS突破了GSM网只能提供电路交换的思维方式，只通过增加相应的功能实体和对现有的基站系统进行部分改造来实现分组交换，这种改造的投入相对来说并不大，但得到的用户数据速率却相当可观。

GPRS网络引入了分组交换和分组传输的概念，这样使得GSM网络对数据业务的支持从网络体系上得到了加强。GPRS其实是叠加在现有的GSM网络的另一网络，GPRS网络在原有的GSM网络的基础上增加了SGSN(GPRS服务支持节点)、GGSN(网关GPRS支持节点)等功能实体，共用现有的GSM网络的BSS系统，但要对软硬件进行相应的更新；同时GPRS和GSM网络各实体的接口必须作相应的界定。GPRS网络结构如图5.17所示。

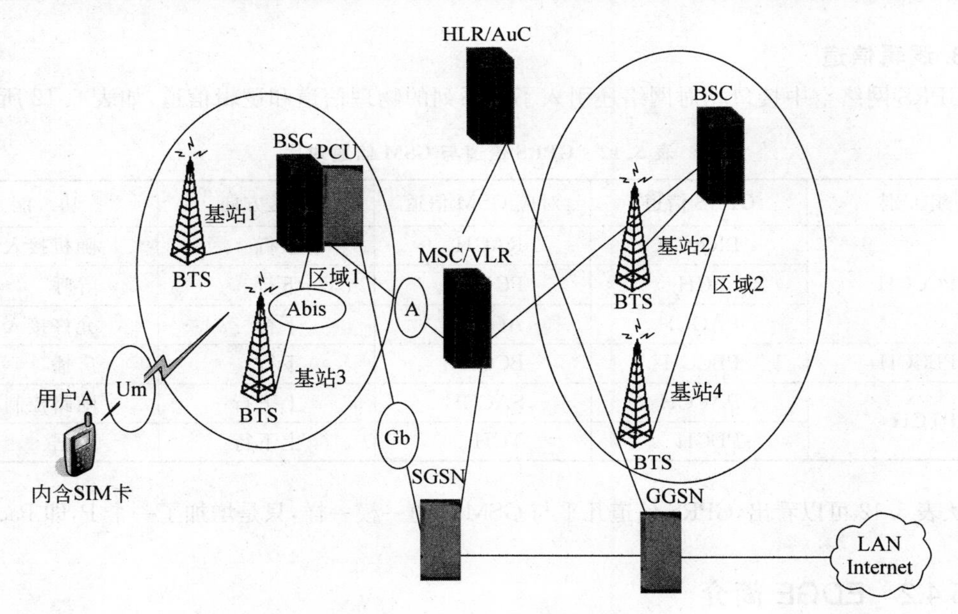

图5.17 GPRS网络结构

PCU(Package Control Unit，分组控制单元)与BSC部署在一起，主要工作是把分组数据从GSM话音数据里分离出来，并传递到SGSN，负责将BSC接收和发送信号打包/拆包，实现电路交换到分组交换的第一步转换。

SGSN(Servicing GPRS Support Node，GPRS服务支持节点)与MSC类似，用于移动台进行鉴权、位置更新、路由选择等，建立到GGSN的通道并把数据传递给它。

GGSN(Gateway GPRS Support Node，网关GPRS支持节点)，为用户上网提供Internet接口，GPRS网络对外部数据网络的网关和路由，提供GPRS和外部分组数据网的互联，即GPRS

接收移动台的数据转发出去并接收外部网络的数据。另外还有地址分配和计费功能。

GPRS网络结构中还引入了下列新的网络接口，如表5.11所示。

表5.11　GPRS体系结构中的接口及参考点

接口或参考点	说　明
R	非ISDN终端与移动终端之间的参考点
Gb	SGSN与BSS之间的接口
Gc	GGSN与HLR之间的接口
Gd	SMS-GMSC之间的接口，SMS-IWMSC与SGSN之间的接口
Gi	GPRS与外部分组数据之间的参考点
Gn	同一GSM网络中两个GSN之间的接口
Gp	不同GSM网络中两个GSN之间的接口
Gr	SGSN与HLR之间的接口
Gs	SGSN与MSC/VLR之间的接口
Gf	SGSN与EIR之间的接口
Um	MS与GPRS固定网部分之间的无线接口

3. 逻辑信道

GPRS网络空中接口相对网络还引入了一系列的物理信道和逻辑信道，如表5.12所示。

表5.12　GPRS信道与GSM信道对比

组　别	GPRS信道	对应GSM信道	传送方向	功　能
PCCCH	PRACH	RACH	上行	随机接入
	PPCH	PCH	下行	寻呼
	PAGCH	AGCH	下行	允许接入
PBCCH	PBCCH	BCCH	下行	广播
PTCH	PACCH	SACCH	上下行	随路控制
	PDCH	TCH	上下行	数据

从表5.12可以看出，GPRS信道几乎与GSM信道一模一样，只是增加了一个P，即Packet。

5.4.2　EDGE简介

课前引导单

学习情境五	呼叫质量拨打测试及优化	5.4	网络复测	
知识模块	EDGE简介		学时	10
引导方式	请带着下列疑问在文中查找相关知识点并在课本上做标记。			

(1) 什么叫EDGE?

(2) EDGE的引入是否对GSM网络结构产生变化?

(3) EDGE采用哪种调制方式？其好处是什么?

(4) EDGE最大支持速率为多少?

1. 概述

EDGE(Enhanced Data Rate for GSM Evolution,增强型数据速率GSM演进技术)通常被描述成“2.75G”,是一种从GSM到3G的过渡技术,主要是在GSM系统中采用了一种新的调制方法,即最先进的多时隙操作和8PSK调制技术。8PSK可将现有GSM网络采用的GMSK调制技术的符号携带信息空间从1扩展到3,从而使每个符号所包含的信息是原来的3倍,用于分组数据服务的峰值无线通信速率可高达554Kb/s。

EDGE能够充分利用现有的GSM资源,除了采用现有的GSM频率外,同时还利用了大部分现有的GSM设备,不需要部署新的硬件,而只需对网络软件及硬件做一些较小的改动,就能够使运营商向移动用户提供诸如互联网浏览、视频电话会议和高速电子邮件传输等无线多媒体服务,即在第三代移动网络商业化之前提前为用户提供个人多媒体通信业务,比“2.5G”的GPRS更加优良,因此也有人称它为“2.75G”技术。实际上由于3G上网费用较贵,人们日常手机上网,如iPhone、GALAXY Note等智能手机上网都是使用EDGE网络。

2. 特点

EDGE基本指导思想是尽可能多地利用现有的GSM数据服务类型,从而大大提高数据通信速率。其特点如下。

(1) EDGE是一种调制编码技术,它改变了空中接口的速率。

(2) EDGE的空中信道分配方式、TDMA的帧结构等空中接口特性与GSM相同。

(3) EDGE不改变GSM或GPRS网的结构,也不引入新的网络单元,只是对BTS进行升级。

(4) 核心网络采用3层模型:业务应用层、通信控制层和通信连接层,各层之间的接口应是标准化的。采用层次化结构可以使呼叫控制与通信连接相对独立,这可充分发挥分组交换网络的优势,使业务量与带宽分配更紧密,尤其适应VoIP业务。

(5) 引入了媒体网关(MGW)。MGW具有STP功能,可以在IP网中实现信令网的组建(需VPN支持)。此外,MGW既是GSM的电路交换业务与PSTN的接口,也是无线接入网(RAN)与3G核心网的接口。

(6) EDGE的速率高,现有的GSM网络主要采用高斯最小移频键控(GMSK)调制技术,而EDGE采用了八进制移相键控(8PSK)调制,在移动环境中可以稳定达到473.6Kb/s,在静止环境中甚至可以达到2Mb/s,基本上能够满足各种无线应用的需求。

(7) EDGE同时支持分组交换和电路交换两种数据传输方式。它支持的分组数据服务可以实现每时隙高达11.2～69.2Kb/s的速率。EDGE可以用28.8Kb/s的速率支持电路交换服务,它支持对称和非对称两种数据传输,这对于移动设备上网是非常重要的。如在EDGE系统中,用户可以在下行链路中采用比上行链路更高的速率。

5.4.3 实训单据

(1) 信息单的内容以学生自学为主,老师指导为辅。

(2) 依据网络测试代维工作任务书,完成代维方回执单。

(3) 依据移动运营商对处理过程及结果的回执,填写代维方回执。

(4) 项目经理对接单工程人员进行工作评价。

(5) 学生认真填写教学反馈单。老师认真思考学生提出的问题及建议,提出整改措施,努力提高教学水平。

信 息 单

学习情境五	呼叫质量拨打测试及优化		
5.4	网络复测	学时	4

(1) Export Logfile 统计

① 选择 Logfile→Export Logfile 命令，单击 Add order 按钮。

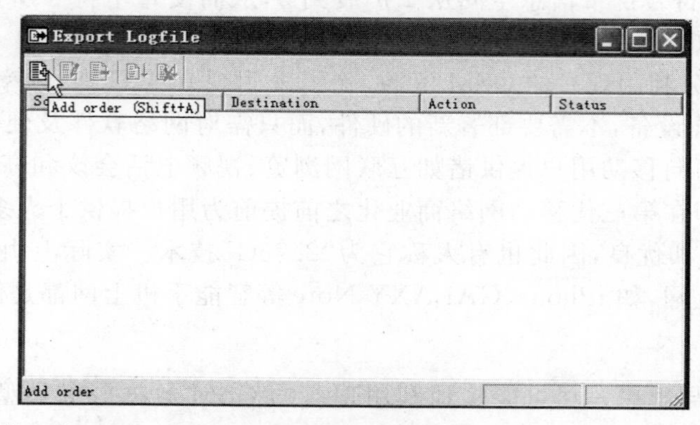

② 在 Format 下拉框中选择 Text file 项，再单击右边的 Setup 按钮。

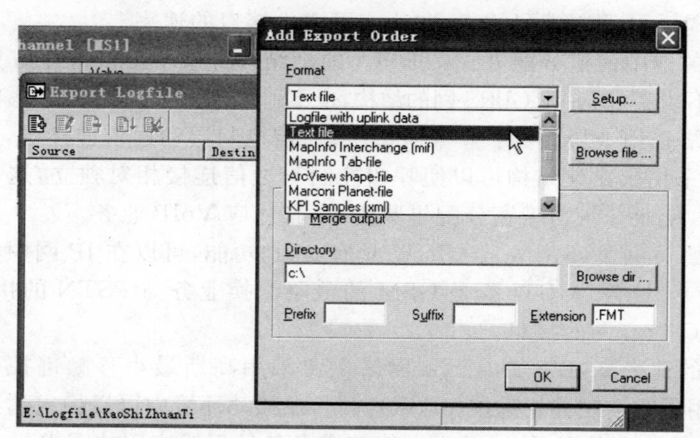

③ 在 Information Elements 选项卡的 Available IES 下拉框中选择 GSM 项，选择需要统计的参数后单击“确定”按钮。

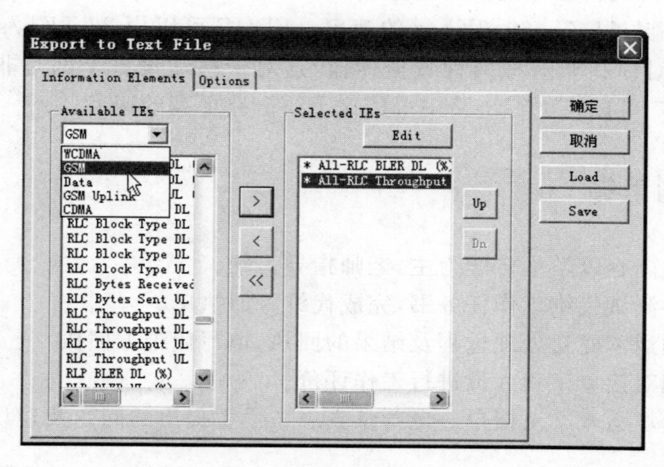

续表

④ 单击 Browse file 按钮导入文件，假如导入多个文件作合并统计，还需选中 Merge output 复选框。

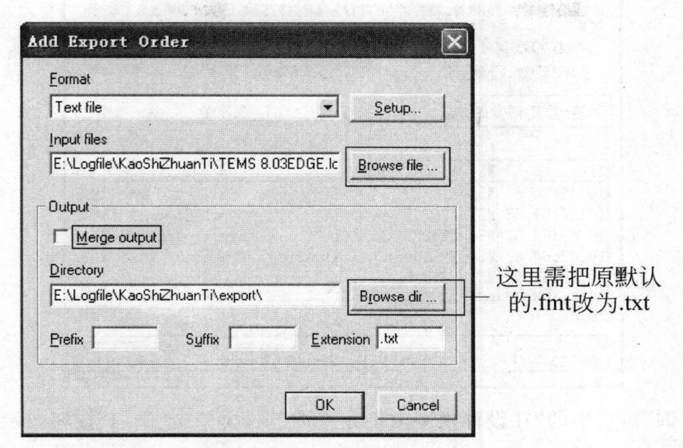

⑤ 单击 OK 按钮后，再单击 Start 按钮生成统计报告。

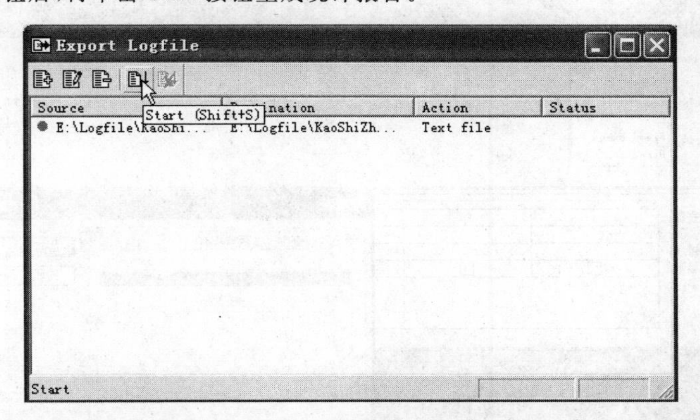

⑥ 按照统计报告生成目录找到刚才的.txt 格式的统计文件，打开一个空白的 Access，再用它打开该.txt 文件。

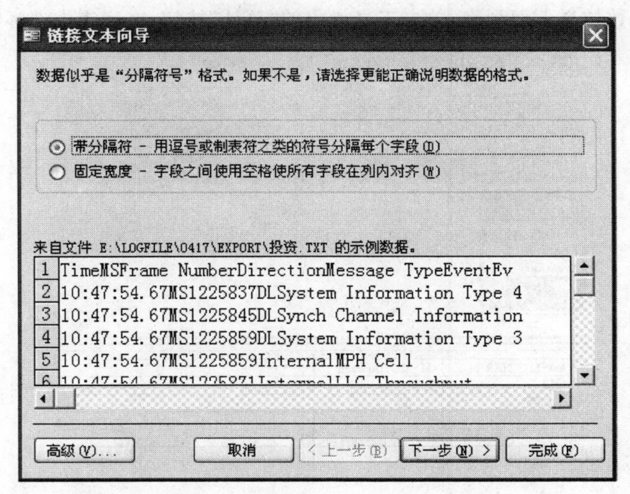

续表

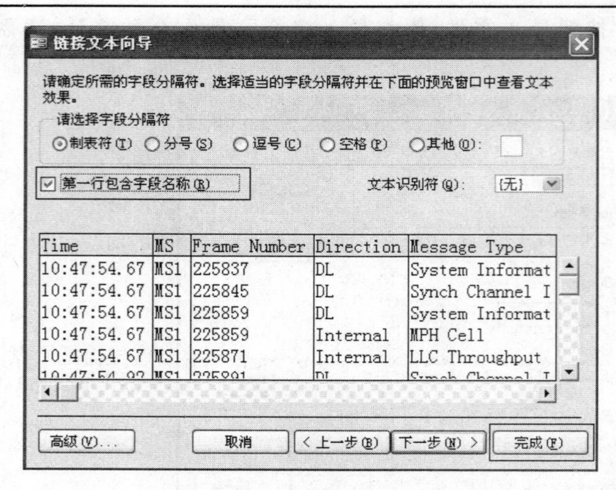

⑦ 然后单击“查询”窗口中的“在设计视图中创建查询”项，再单击“添加”按钮，最后单击“关闭”按钮。

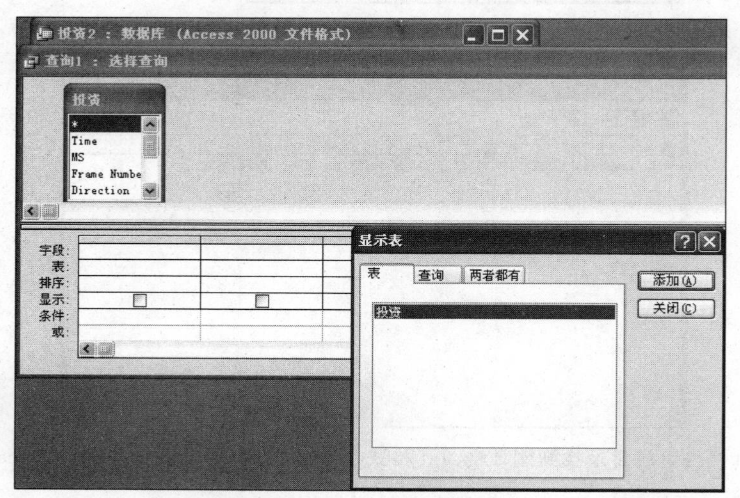

⑧ 把要统计的参数拉进下面列表，单击工具栏中的“总计”按钮，在列表中选择“平均值”项。

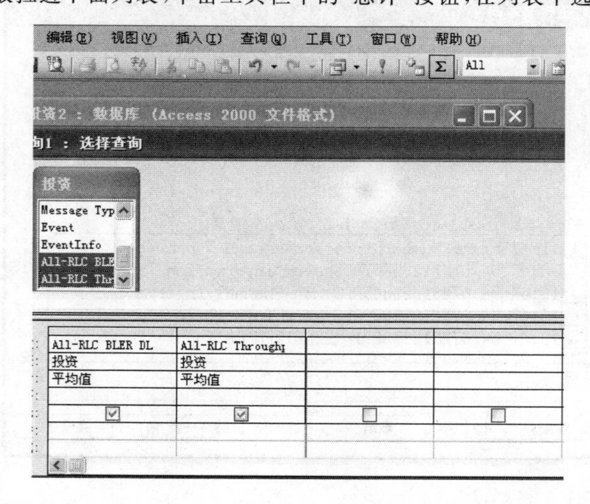

续表

⑨ 单击工具栏中的“运行”按钮，产生统计结果。

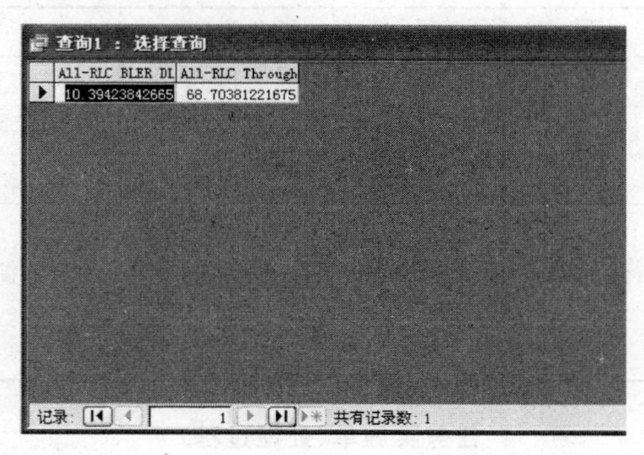

(2) Report Generator 统计

① 选择 Logfile→Report Generator 命令，导入文件后，在 Report Properties 对话框中，可在 IE 和 Events 选项卡中选择需要统计的参数。

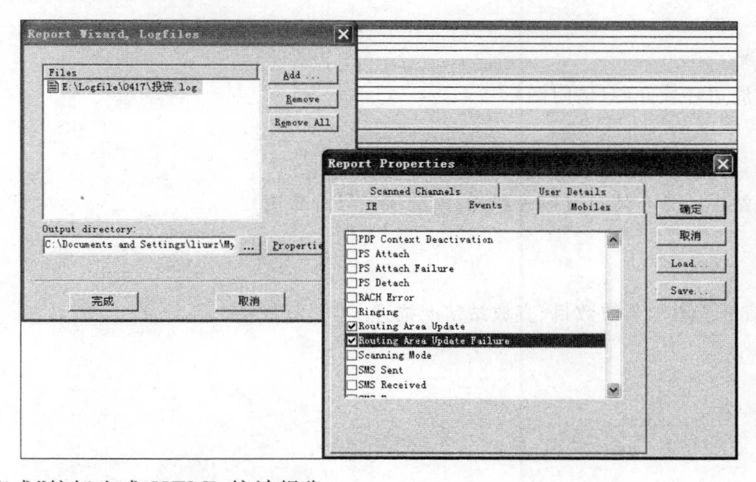

② 单击“完成”按钮生成 HTML 统计报告。

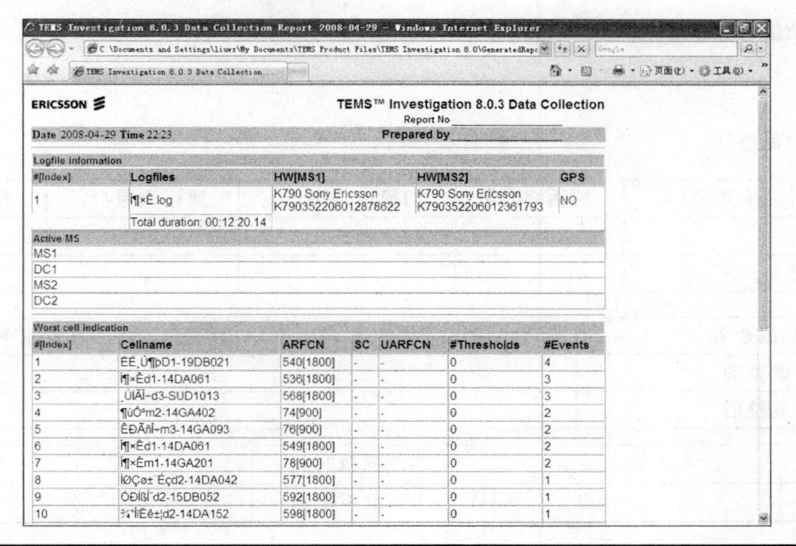

#[Index]	Logfiles	HW[MS1]	HW[MS2]	GPS
1	¶¦×Ê.log	K790 Sony Ericsson K790352206012878622	K790 Sony Ericsson K790352206012361793	NO
	Total duration: 00:12:20.14			

#[Index]	Cellname	ARFCN	SC	UARFCN	#Thresholds	#Events
1	ÈÉ_Ú¶þD1-19DB021	540[1800]	-	-	0	4
2	¶¦×Êd1-14DA061	536[1800]	-	-	0	3
3	_ÚÌÃ÷d3-SUD1013	568[1800]	-	-	0	3
4	¶üÓºm2-14GA402	74[900]	-	-	0	2
5	ÊÐÃñ÷m3-14GA093	76[900]	-	-	0	2
6	¶¦×Êd1-14DA061	549[1800]	-	-	0	2
7	¶¦×Êm1-14GA201	78[900]	-	-	0	2
8	ÌØÇø± Éçd2-14DA042	577[1800]	-	-	0	1
9	ÒÐÌßˆd2-15DB052	592[1800]	-	-	0	1
10	¾'ÌÉë±¦d2-14DA152	598[1800]	-	-	0	1

网络测试代维工作任务书

编号：　　　年　　月

派单时间		任务类型	语音、数据
测试场所		测试地点	
客户经理		联系电话	
要求完成时间		负责人签名	

任务描述：

请安排人员对×××进行测试、在测试中及时处理存在问题，并提交相关测试报告及原始测试数据。

任务实施单(处理过程)

1. 测试区域

2. CQT测试情况

(1) 测试区域和周边环境介绍(请附图)

(2) 测试区域基站小区分布情况及信号状况(附测试信号分布图)

3. 网络需加强信号或增加载波数目、直放站情况描述

4. 优化方案

5. 复测情况及信号分布图

6. 测试信号数据统计

语音业务	接通率/%	掉话率/%	切换成功率/%	通话质量/%	覆盖率/%
调整前					
调整后					

数据业务	上传速率	下载速率
调整前		
调整后		

完成时间		回执时间	
完成人		联系电话	

移动方回执（退单时填写）

1. 不符合要求原因

2. 要求改进项目

3. 要求完成时间

退单时间		回执时间	
退单人		联系电话	

代维方回执（完成情况）

任务完成情况及处理建议：

完成时间		回执时间	
完成人		联系电话	

说明：如果本任务书需交代维公司继续处理，请自行复制上面的“移动方回执（退单时填写）”和“代维方回执”，并在其中填写，直至完全完成为止。

工作评价（完成后填写）

考核项目	扣分	扣分说明	考核标准
测试数据真实性			发现一项内容虚假或未按照测试要求测试的数据扣2分。
测试数据完整性			发现一项内容不完整的数据扣0.2分。
任务完成及时性			每延迟半日扣0.2分。
填报表格真实性			发现一项内容虚假的数据扣3分。
网络调整建议合理性			一项不合理内容扣0.2分。
分析报告的质量			根据对问题点的分析质量进行评分，缺一项或某一项的分析质量较差扣0.5分。
跟踪问题解决情况			一项问题未跟踪解决扣1分。
人员的工作态度及服务态度			代维人员不能虚心听取招标公司的建议及批评，态度较差视情况扣分。
临时工作响应及处理			响应不及时或处理问题不认真，每次扣1分。
网络问题及时上报			未及时上报，每发现一次扣1分。
其他			如以上项目不能适用，请在此列明并提出考核建议。

完成人：

教学反馈单

学习情境五	呼叫质量拨打测试及优化				
5.4	网络复测			学时	4
序号	调 查 内 容	是	否	理由陈述	
1	EDGE、GPRS原理是否掌握				
2	是否能正确开展数据业务的统计工作				
3	网络复测后故障点是否解决问题				
4	小组合作是否愉快				

建议与意见：

被调查人签名		调查时间	

评　价　单

学习情境五	呼叫质量拨打测试及优化					
5.4	网络复测		学时		4	
评价类别	项目	子项目	个人评价	组内互评	教师评价	
专业能力（70%）	计划准备（20%）	搜集信息（10%）				
		软硬件准备（10%）				
	实施过程（50%）	理论知识掌握程度（15%）				
		实施单完成进度（15%）				
		实施单完成质量（20%）				
职业能力（30%）	团队协作（10%）					
	对小组的贡献（10%）					
	决策能力（10%）					
评价评语	班级	姓名		学号	总评	
	教师签字	第　组		组长签字	日期	
	评语：					

5.4.4 典型案例分析

1. 网络故障统计

CQT测试常见现象可分为弱信号覆盖、无主覆盖、强信号质差、切换失败、切换异常、掉话、越区覆盖、干扰、硬件故障。造成这些故障根本原因可归纳为四点：覆盖问题、频率干扰问题、切换问题、硬件故障问题。

每个问题具体可细分为表3-11所示。

表 5.12　网络问题统计表

覆盖问题	频率干扰问题	切换问题	硬件故障问题
弱信号 越区覆盖 无主覆盖	同频干扰 邻频干扰 跳频干扰	乒乓切换 邻区关系未定义	基站设备故障 室内直放站故障 室内分布系统故障

2. 覆盖问题

(1) 弱信号

① 现场测试(图 5.18)。

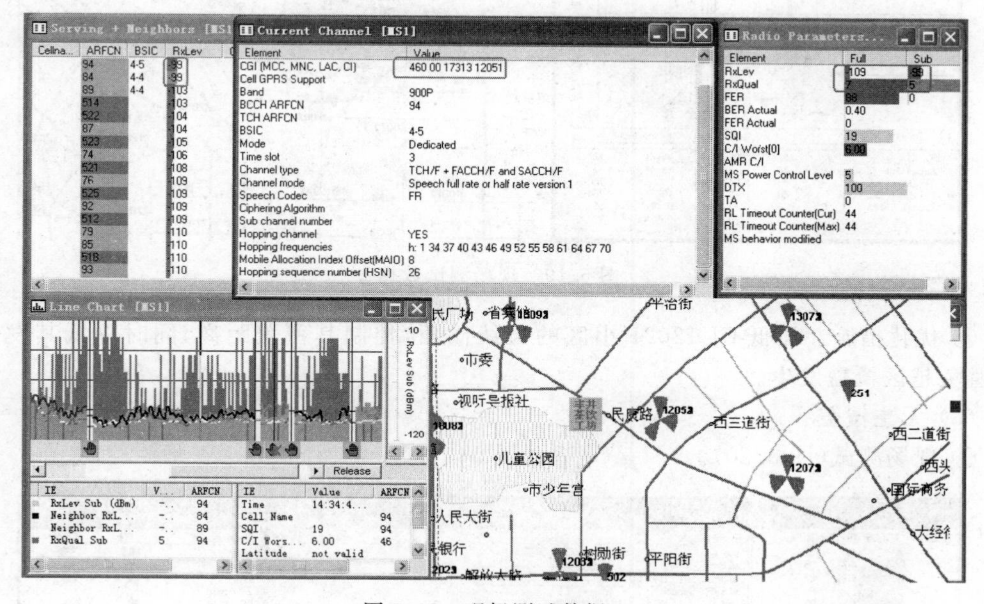

图 5.18　现场测试数据 1

② 问题描述。在丰井茶饮工坊 CQT 测试过程中，发现 1 楼整体覆盖不足，占用 CI 12051、12053 小区，信号强度在－90dBm 以下，话音质量很差。

③ 问题分析。只有小区 12051、12053 离丰井茶饮工坊较近，其他站点都很远，但这两个小区都是旁瓣信号覆盖该区域，因此信号较弱。

④ 优化措施。调整 CI 12053 小区的方位角，用主瓣方向覆盖丰井茶饮工坊，同时压低天线的倾角来加强室内的信号强度。

(2) 越区覆盖

① 现场测试(图 5.19)。

② 问题描述。在天天手机 CQT 测试过程中，在 1 楼发现小区 CI 12021 存在越区覆盖现象，TA 为 4，信号强度低于－90dBm，话音质量很差。由于是越区信号没有与测试点周围小区 CI 13091、545 做邻区，切换到 CI 18081 之后切换到 CI 13091、545 小区。

③ 问题分析。小区 CI 12021 越区覆盖，TA 值过大，覆盖较远的区域，而小区 CI 13091、545 并未与之做邻区关系，当信号较差时，无法切换到信号较好的小区(CI 13091、545)。

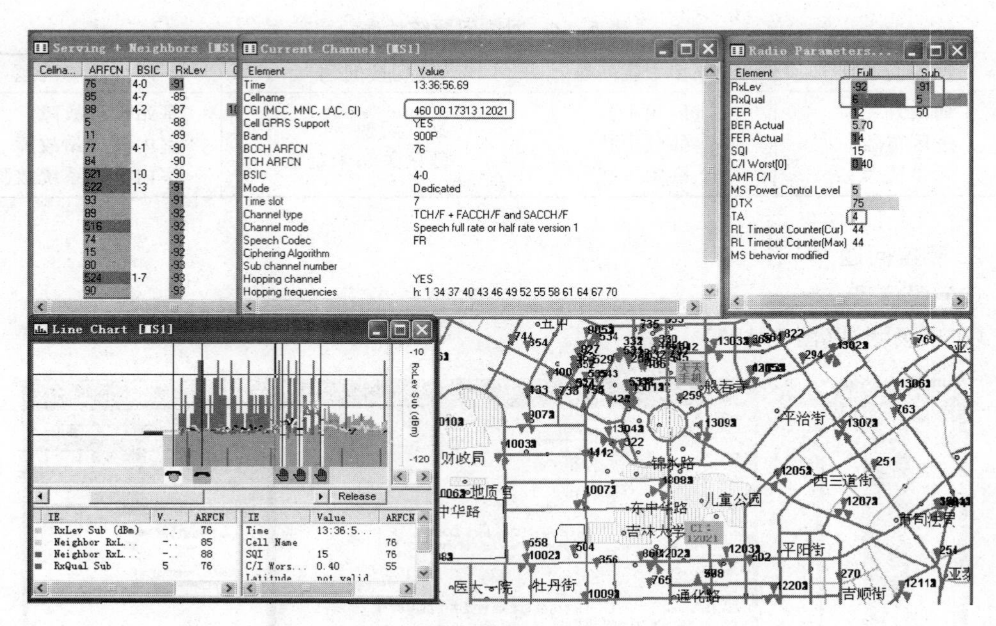

图 5.19　现场测试数据 2

④ 优化措施。压低 CI 12021 小区的天线倾角,控制其覆盖距离,同时降低其发射功率,避免越区覆盖发生。

（3）无主覆盖

① 现场测试(图 5.20)。

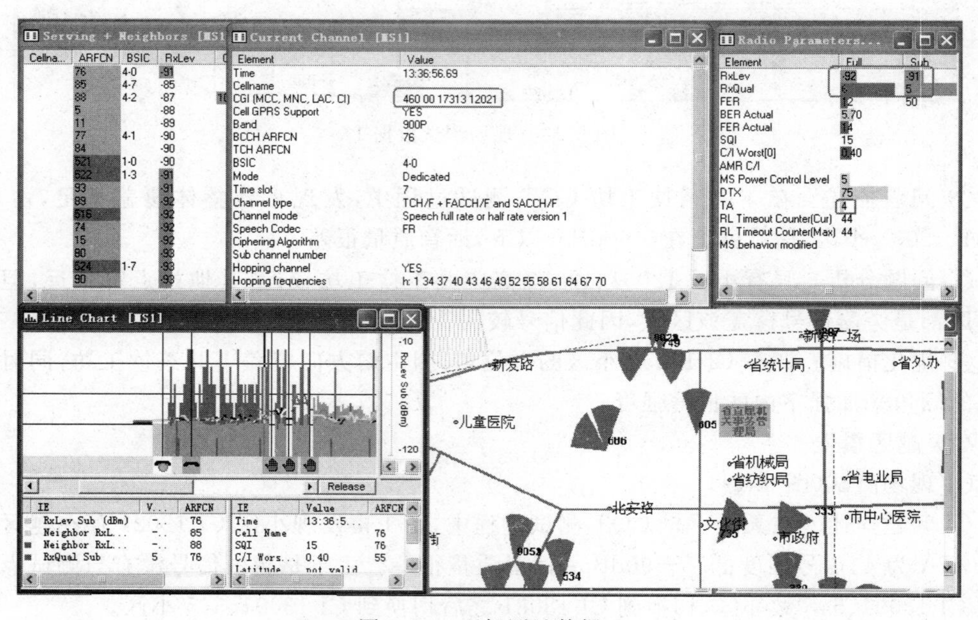

图 5.20　现场测试数据 3

② 问题描述。在省直属机关事务管理局 CQT 测试过程中,发现在 2 楼室内没有主覆盖小区,MS 在 CI 9051、606、735 小区间频繁切换。从地理位置看,测试地点周围基站密集,

大多是微蜂窝,信号比较杂,而且信号强度均很强。可以考虑适当降低微蜂窝小区的发射功率,使 CI 9051 小区成为主覆盖小区,减少频繁的切换。

③ 问题分析。周围站点较多且信号都较强,无主覆盖,易产生频繁的切换,影响用户感知度。应使某小区成为主覆盖小区,降低其他小区的影响。

④ 优化措施。适当降低周围 CI 606、735 小区的发射功率,使 CI 9051 成为主覆盖小区;合理提高 CI 9051 小区的 HOM 值,减少过多的 PBGT 切换。

3. 频率干扰问题

(1) 同频干扰

① 现场测试(图 5.21)。

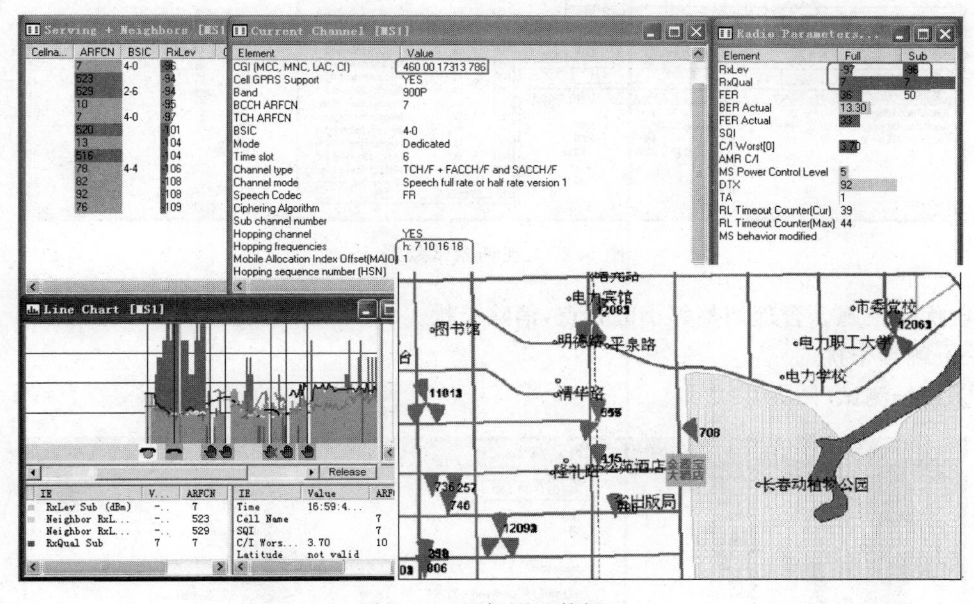

图 5.21　现场测试数据 4

② 问题描述。在金源宝大酒店 CQT 测试过程中,发现 2 楼占用 CI 786 小区时话音质量极差,查看周围频点发现,CI 786 小区 TCH 跳频组中 10 频点与 CI 708 小区的 BCCH 同频干扰。CI 786 小区的 HSN 设置为 0,即循环跳频,这非常不利于干扰分集,应该修改为其他值。同样的问题出现在 3 楼。

③ 问题分析。该点周围站点较多,但信号较弱,因此推测不该是覆盖问题,很有可能出现频点干扰。经查看周围频点规划,证实了该推断。

④ 优化措施。合理修改 CI 786 小区的 TCH 频点 10;修改 CI 786 小区的 HSN 为非零值。

(2) 邻频干扰

① 现场测试(图 5.22)。

② 问题描述。在鑫春天宾馆 6 楼 CQT 测试过程中发现 MS 占用 CI 13012 信号时 BCCH 88 与邻小区 BCCH 87 有邻频干扰。

③ 问题分析。邻频干扰将造成强质差。

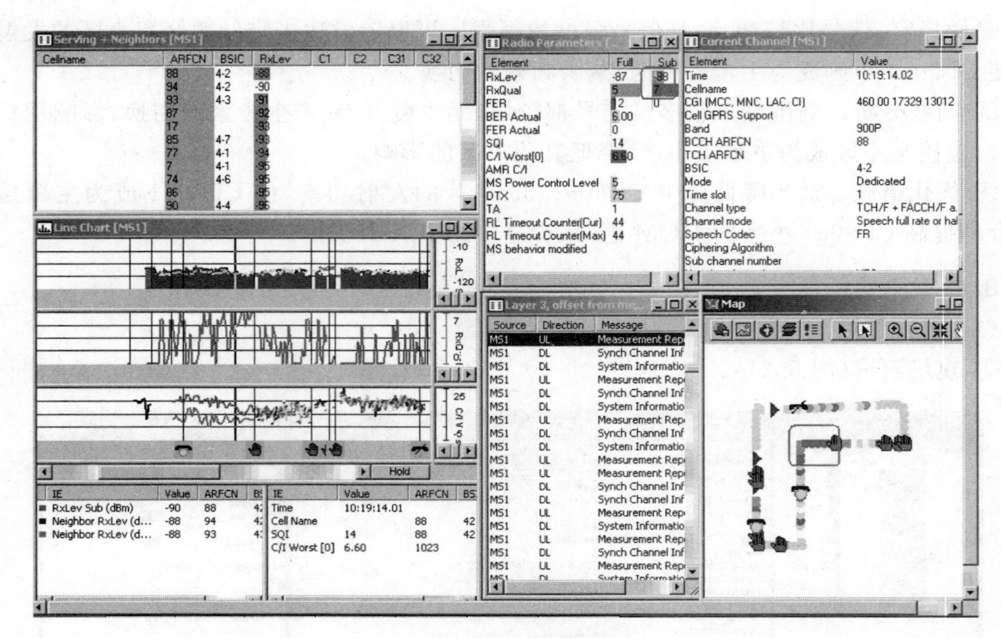

图 5.22　现场测试数据 5

④ 优化措施。合理调整邻小区频点，消除干扰。

(3) 跳频干扰

① 现场测试(图 5.23)。

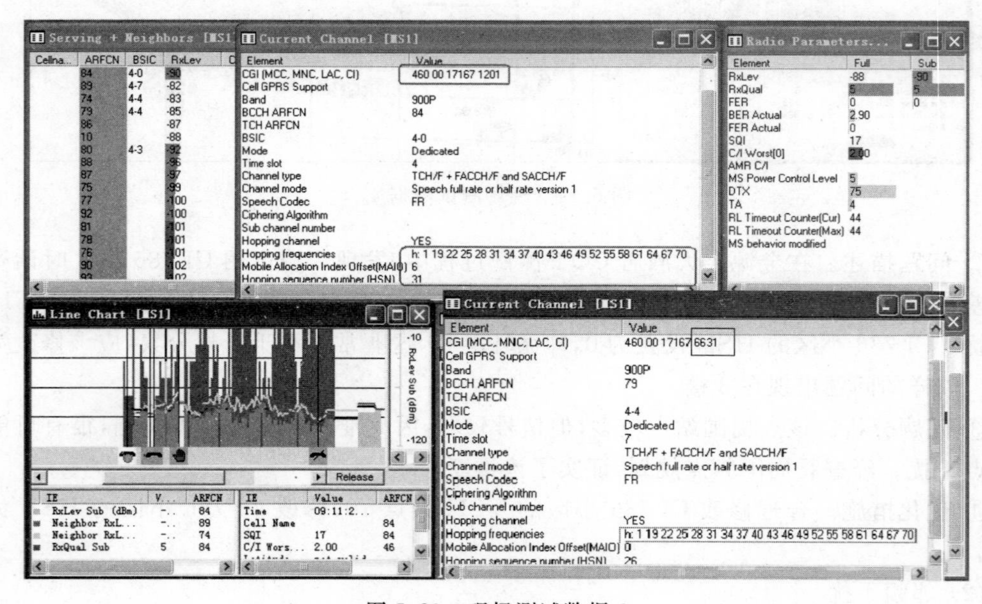

图 5.23　现场测试数据 6

② 问题描述。在长电时代花园小区 CQT 测试过程中，发现室内覆盖较差，话音质量也很差。周围基站 CI 1201 与 CI 6631 小区使用相同的跳频组，产生比较严重的干扰。

③ 问题分析。相邻小区应采用不同的跳频组。

④ 优化措施。调整 CI 41091 小区的方位角和下倾角，增强对测试地点的覆盖；合理调整 CI 1201 与 CI 6631 小区的跳频组，避免同频干扰。

4. 切换问题

(1) 乒乓切换

① 现场测试(图 5.24)。

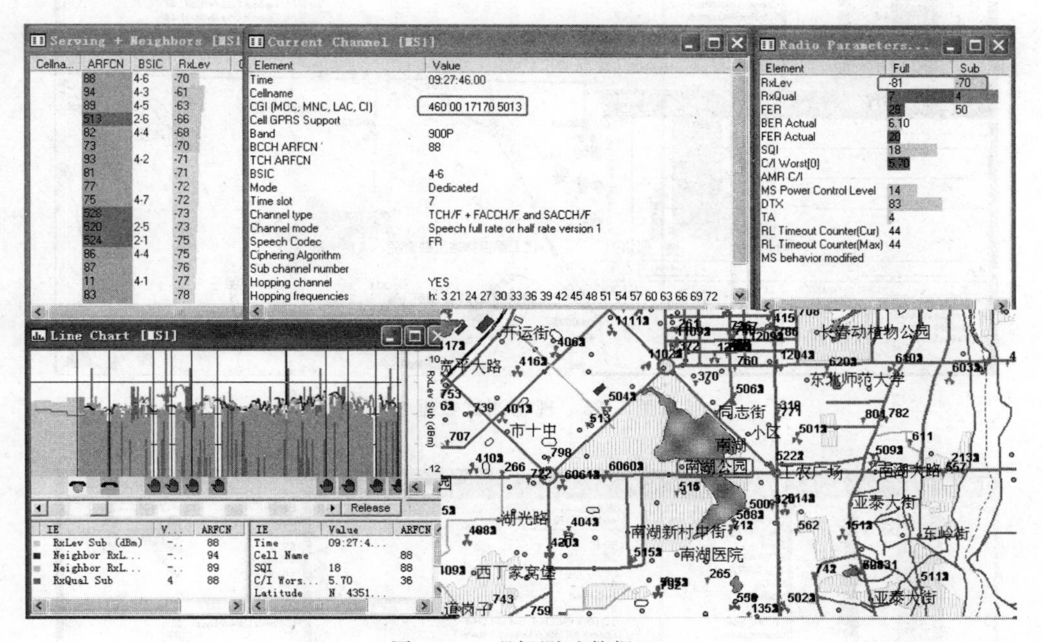

图 5.24 现场测试数据 7

② 问题描述。在南湖公园 CQT 测试过程中，发现南湖公园整体覆盖良好，只是由于公园面积大，在小区的扇区之间 MS 的切换次数较多，影响用户的感知度。

③ 问题分析。对于乒乓切换，可以通过调整 HOM 值来减少一些 PBGT 切换，减少频繁切换发生次数。

④ 优化措施。适当提高 CI 5013、5062、5222 小区的 HOM 值，减少过多的 PBGT 切换次数。

(2) 邻区关系未定义

① 现场测试(图 5.25)。

② 问题描述。在吉林省教育学院 CQT 测试过程中，在学生公寓 B 座 3 楼发现占用直放站 CI 10133 小区时发生掉话，原因是没有与 CI 1211 小区做相邻关系，信号强度低于 −100dBm 无法切出，产生掉话。周围还有另外一个直放站 CI 60143。

③ 问题分析。信号很弱但无法切换到相邻小区，排除硬件故障的可能性后，很有可能是邻小区关系定义不全造成的。

④ 优化措施。添加 CI 10133、60143 与 1211 小区的双向相邻关系。

5. 硬件故障问题

(1) 现场测试(图 5.26)。

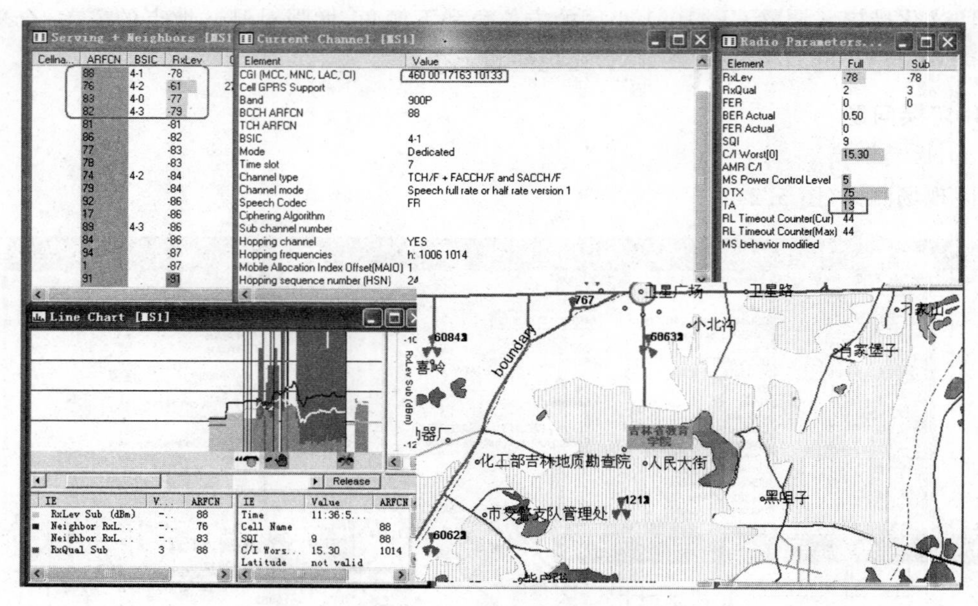

图 5.25 现场测试数据 8

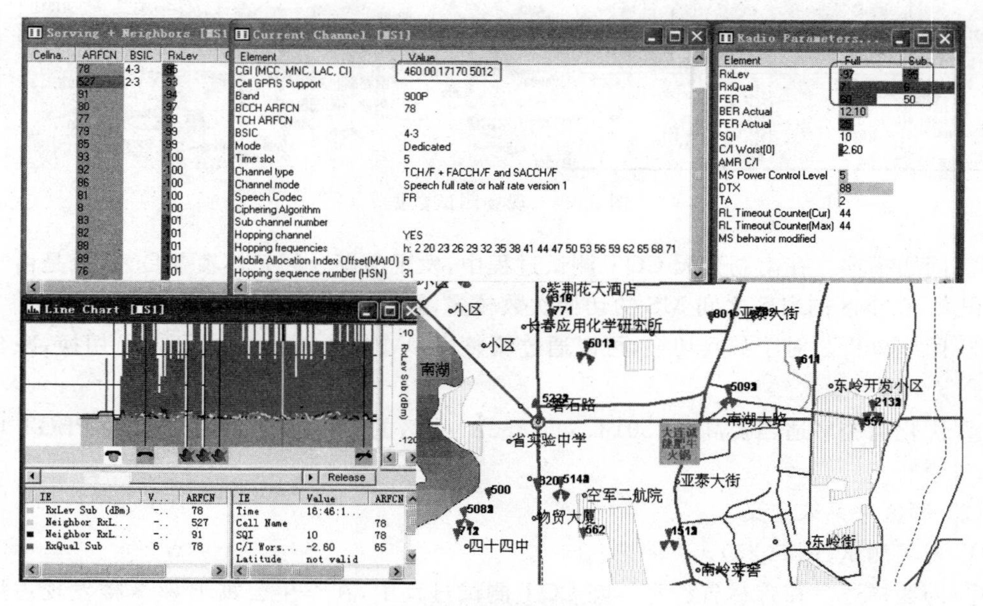

图 5.26 现场测试数据 9

(2) 问题描述。在长春市大连诚健肥牛火锅 CQT 测试过程中，在 2 楼发现占用 CI 5012 小区话音质量持续 7 级，怀疑是基站硬件存在问题。

(3) 问题分析。小区话音质量持续 7 级，多次切换失败，干扰源无法做到这一点，很有可能是天馈线或载波发生故障。

(4) 优化措施。检查 CI 5012 小区的基站硬件是否工作正常；使之重选或切换到邻小区 CI 5093。

学习情境六

用户投诉故障处理

随着移动通信的高速发展，通信网络面临着严峻的挑战。一方面由于移动用户数的迅速增加，GSM 系统网络规模也不断扩大，网络质量虽然也得到不断的提高，但限于频率资源的匮乏，网络问题也随之越来越多。另一方面随着竞争的激烈和用户要求的提高，如何使运行网络达到最佳的运行状态，如何提高通信质量、提高网络的服务水平已经成为运营商的首要任务。

在移动业务的迅速发展，新业务的不断推广应用和客户群的不断扩大下，用户投诉量也在随之上升。客户对投诉处理的满意度较低，其最不满意原因主要是对投诉处理结果的不满意和对处理时限的不满意。如何更好地处理用户投诉，提高用户的满意度就显得相当重要。

移动通信的网络覆盖、容量、质量是运营商获取竞争优势的关键因素。网络覆盖、网络容量、网络质量从根本上体现了移动网络的服务水平，是所有移动网络优化工作的主题。因此用户投诉故障处理必须重点解决覆盖、容量、质量问题，使投诉点覆盖信号强、通信容量充足、通话质量较好。

学习情境描述

用户徐小姐(1350610××××)反映在丹阳界牌镇申通汽车配件厂一楼办公室内信号不好，通话有断续现象，影响用户正常通话。该处为单位的办公区，接待来访的客户较多，无线网络的不稳定对业务往来都有影响，接打电话都要到室外进行，影响正常工作。

现网优网络投诉组派出工作组前往该地点，咨询用户网络问题，进行网络测试，找出影响网络性能的原因，并提出整改措施来解决问题。

6.1 投诉点数据采集

移动通信网络规模的不断发展，用户投诉的类型也呈现多样性，从最初的信号弱、通话质量差，到用户不在服务区以及数据业务无法使用等问题。近期移动之家等新业务逐渐推广后，新的投诉也随之产生。为此需要了解各种用户投诉产生的原因及其处理方法，这样才能准确地将问题进行定位，采取合理的解决措施，提高用户满意度。

6.1.1 用户投诉问题分类及处理流程

课前引导单

学习情境六	用户投诉故障处理	6.1	投诉点数据采集	
知识模块	用户投诉问题分类及处理流程		学时	1
引导方式	请带着下列疑问在文中查找相关知识点并在课本上做标记。			

(1) 常见的用户投诉问题有哪些?
(2) 接到用户投诉后,如何处理?
(3) 如何完成问题处理报告?

1. 用户投诉问题分类

随着用户数量的增加,如何快速定位处理用户的各种投诉、提高用户满意度、进一步提升服务质量,成为网络优化工作的重点,同时,运营商也将网络投诉比作为一个主要指标进行考核。

处理用户投诉,首先要对投诉类型进行分类,快速定位故障点,有针对性地解决问题。用户投诉分为网络类投诉和服务类投诉两种,网络优化工作主要关注的是网络类中无线类的投诉。现根据用户投诉的问题现象将各种投诉分类如图 6.1 所示。

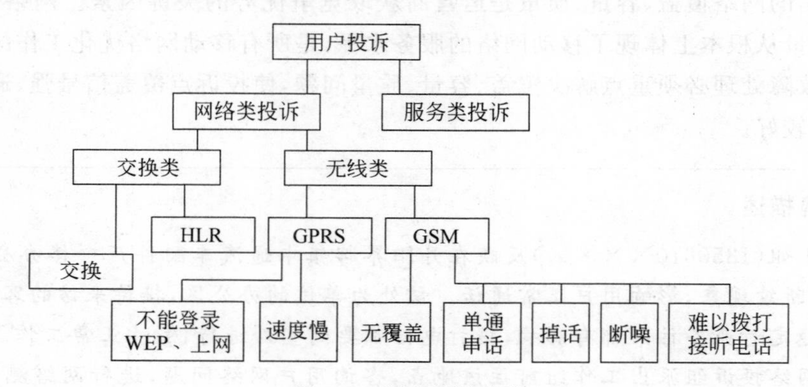

图 6.1 用户投诉分类

进行投诉处理,首先要联系投诉用户,询问故障是否依然存在,因为很多故障如单通、掉话等属于网络偶然故障,可能赶到用户投诉现场之后,故障已经消除;确认故障依然存在之后,根据用户提供的详细故障现象进行分类,通过查看话务报告、检查 OMC-R 中基站状态、现场测试等快速解决投诉。常见的用户投诉问题有以下几种。

(1) GSM 类语音投诉

① 接入和掉话问题:接入时间过长、手机回屏现象、手机无法起呼、掉话、手机信号不稳定。

② 话音质量问题:单通、断续、回声、杂音、串话、话音模糊。

(2) GPRS/EDGE 类数据投诉

① 1x 数据业务问题:无法上网、频繁断线、速率过慢、速率不稳定、无速率。

② DO 数据业务问题：无法上网、速率过慢、频繁断线。

(3) 其他问题投诉

① 和其他运营商网络的互联互通问题：G 网用户之间拨打没有问题，但是 G 网用户给移动或联通、固话用户打电话出现语音质量问题，掉话，拨不通。

② 短信问题：短信延时过长、收不到短信。

③ 异地漫游问题：用户手机在 A 地(靠近 B 地)打电话，收取漫游费用。

2. 用户投诉处理流程

(1) 接到投诉

接到的用户投诉都是通过移动的 10086 客服人员(联通为 10010 客服人员)传单过来的，在接到这些投诉问题时，要向客服人员了解并记录投诉类型、投诉地点、投诉人的联系方式等信息。

(2) 处理投诉

在出发前请确定处理投诉所需要的工具、人员和车辆。

① 测试工具：测试手机、手机数据线、GPS、GPS 数据线、笔记本电脑。

② 车辆：尽快联系车辆到位，车辆加足油。

出发前，提前联系投诉人，了解其所处的具体位置，约好用户见面时间，检查设备是否工作正常。

到达投诉点后，向投诉人了解详细的问题，针对问题进行分析定位，并结合实际网络情况进行处理解决。对于一些暂时无法解决问题，一定要向用户解释清楚。解释的时候一定要文明礼貌、注意用词恰当。

(3) 处理报告

在处理投诉之后，无论是否解决故障问题，都要完成问题处理报告，在报告中主要反映 3 个方面：问题描述、问题处理过程、问题处理建议。报告要及时提交给网络部经理。

有些投诉问题是已经有多人反应存在，但短时间又无法解决的网络故障问题。此时应和投诉人积极沟通，解释暂时无法处理的原因后，就不需前往该地处理了。

6.1.2　投诉问题处理思路

课前引导单

学习情境六	用户投诉故障处理	6.1	投诉点数据采集	
知识模块	投诉问题处理思路		学时	1
引导方式	请带着下列疑问在文中查找相关知识点并在课本上做标记。			

(1) 常用投诉问题手机有何现象？
(2) 常见投诉问题是何种原因造成的？
(3) 如何正确及时处理网络投诉问题？

1. 手机无法起呼

(1) 现象描述

主叫无法呼出主要体现在信号良好的情况下,不能正常拨打电话或者要连续多次拨打,对方才能接通。

(2) 问题原因

造成这类现象主要原因有以下几个。

① 服务小区与周边小区存在同 BCCH/BSIC 现象,系统无法正确解码。

② 服务小区存在告警或硬件故障,无法满足呼叫的要求。

③ 服务小区的 BCCH 频点受到严重的干扰。

④ 服务小区存在拥塞现象,无可用的信道。

(3) 处理思路

① 首先要和用户沟通,了解出现问题的地点、问题具体的现象、发生的时间范围、用户所使用的手机品牌及性能。

② 现场 DT&CQT 测试,分析现场的无线环境(查看 RxLev、RxQual、Rx Power、Ec/Io、FER、Tx Power 等无线指标)。

在投诉点 DT&CQT 测试,记录手机占用服务小区的信息,查看相关小区的工参及话统,分析出问题的原因进行针对性的调整即可。此类问题大部分发生在市区密集区域,由于频率规划原因,问题区域周边可能存在多个小区 BCCH 同频的现象,系统解码错误导致。修改相关小区的 BCCH 频点或 BSIC 后即可解决。而对于因服务小区拥塞导致的则需要进行调整半速率或扩容解决,具体思路如图 6.2 所示。

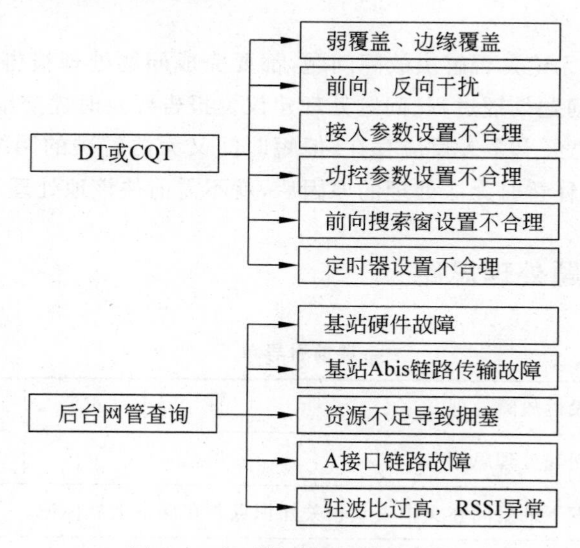

图 6.2 起呼故障问题定位思路

典型的问题及处理思路如表 6.1 所示。

表 6.1　无法起呼的典型问题

<table>
<tr><th>问题一般原因</th><th>典型场景</th><th>问题处理思路</th></tr>
<tr><td>1. 由于无线参数配置问题造成的接入困难</td><td>最大小区半径等设置不当，接入信道参数设置过大、LAC\Reg_Zone 规划不合理造成登记过多、打开接入宏分集（部分异常终端）、没有开启基站层二应答</td><td rowspan="12">1. 了解问题发生的区域、时间范围、现象描述；接入困难是个别手机还是所有手机，如果是个别手机的接入困难，则可能是手机本身出现故障；
2. 用 CDT 进行接入失败原因分析；
3. 确认覆盖是否很差；
4. 确认接入信道负荷是否正常；
5. 确认基站 RSSI 是否正常，检查是否存在干扰；
6. 确认无线参数与接入相关的配置（接入信道参数、Reg_Zone 与 ACG 一致性等）是否有误；
7. 确认是否存在邻区漏配或优先级设置是否合理；
8. 查告警，检查是否为硬件故障；
9. 检查是否存在版本不一致问题；
10. 是否有新开站点，如果存在，需要确认数据配置问题</td></tr>
<tr><td>2. 由于话务量过高、阻塞造成的接入困难</td><td>话务量太高、造成前向功率不足、CE 资源不足、Valsh 码资源不足导致的接入困难</td></tr>
<tr><td>3. 由于前反干扰造成的接入困难</td><td>前向链路干扰、反向链路干扰、直放站干扰造成手机发射功率高等</td></tr>
<tr><td>4. 由于工程质量问题造成的接入困难</td><td>主分级 RSSI 高、主级 RSSI 随话务量增加而明显增加，BTS 干扰跟踪检查没有发现窄带干扰</td></tr>
<tr><td>5. 由于 Abis 链路故障造成的接入困难</td><td>BTS 信令链路不足、业务链路配置太小导致的接入困难；Abis 出现断链告警</td></tr>
<tr><td>6. 由于覆盖差造成的接入困难</td><td>Rx 低、Ec/Io 差，手机发射功率高，接入困难</td></tr>
<tr><td>7. 由于邻区关系未定义造成的接入困难</td><td>手机在起呼过程中，BTS 还没有 Assignment Complete 消息时，手机就已经工作在业务信道，此时可以切换，如果有邻区漏配，就会导致接入失败</td></tr>
<tr><td>8. 由于 PN 利用距离不够引起的接入困难</td><td>手机在同一个地方通话能收到两个相同的 PN 扇区的信号，手机无法区分扇区，造成掉话</td></tr>
<tr><td>9. 漫游限制问题导致的接入困难</td><td>系统做了漫游限制后，手机的主导频是漫游限制区基站，导致无法接入</td></tr>
<tr><td>10. 手机版本低系统不支持导致的接入困难</td><td>手机的协议版本号为 1，但系统支持的最小协议版本是 2，手机无法接入</td></tr>
<tr><td>11. 由于终端故障原因造成的接入困难</td><td>手机质量问题，手机芯片的缺陷等</td></tr>
<tr><td>12. 由于硬件故障造成的接入困难</td><td>载波故障、功放故障、其他单板故障</td></tr>
</table>

2. 手机掉话

(1) 现象描述

掉话是网络中最常见的问题，掉话产生既与无线网络有关，也与交换网络有关，但发生在无线网络的掉话占绝大部分的比例。

(2) 问题原因

手机掉话产生的原因主要有以下几个方面。

① 覆盖原因导致的掉话。

② 切换引起的掉话。

③ 干扰导致的掉话。

④ 天溃线原因导致的掉话。

⑤ 硬件故障导致的掉话。

⑥ 传输原因导致的掉话。

⑦ 系统参数设置不合理引起的掉话。

⑧ 采用直放站引起的掉话。

(3) 处理思路

① 首先要和用户沟通,了解出现问题的地点、问题具体的现象、发生的时间范围、用户所使用的手机品牌及性能。

② 现场DT&CQT测试,分析现场的无线环境(查看RxLev、RxQual、Rx Power、Ec/Io、FER、Tx Power等无线指标)。

③ 通过前、后台测试软件,观察或分析测试区域是否存在导频污染、越区覆盖、邻区漏配、外部干扰、扇区间天馈接反等问题。

④ 后台网管查询基站设备是否存在告警(如驻波比告警、RSSI异常、GPS及其他板卡告警、传输告警等)。

现场DT&CQT测试时,测试可以采用长呼。记录MS主要占用的小区以及掉话的频率,如果掉话频率很高且集中在某个小区,需要与网优人员联系,查看MS所占用小区的话统,分析是否存在异常。如果掉话频率较低且占用小区也不固定,需要对测试数据进行仔细分析,找出掉话原因后再采取针对性调整措施。具体定位思路如图6.3所示。

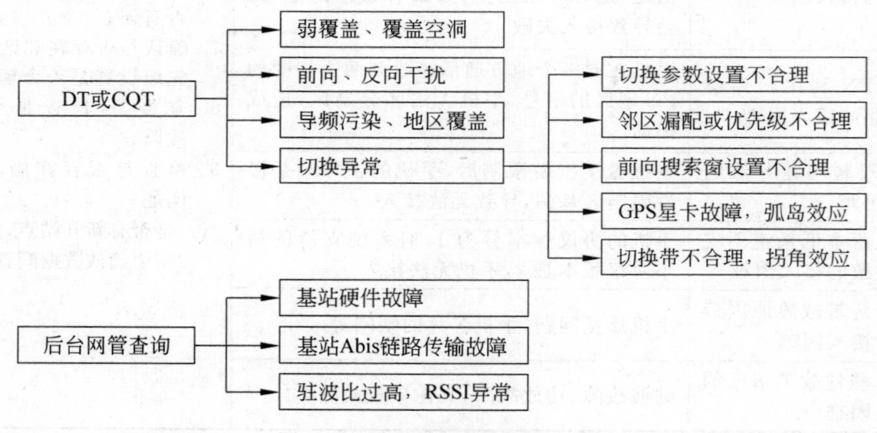

图6.3 手机掉话问题定位思路

典型的问题及处理思路如表6.2所示。

3. 网络信号差

(1) 现象描述

网络信号差是最为常见的用户投诉,尤其以室内最为明显。城市的高速发展催生出许多大规模的住宅小区和高层建筑,这对网络的深度覆盖提出更高的要求。往往在室外信号强度良好通话正常,一旦进入室内或电梯等较为密闭的区域,无线信号衰减严重,对正常的通信造成影响,严重时甚至出现脱网的现象。

(2) 问题原因

相对城市而言,农村或郊区造成网络信号差的主要原因是周边基站少,缺少主覆盖小区造成。

表 6.2　掉话的典型问题

<table>
<tr><th>问题一般原因</th><th>典型场景</th><th>问题处理思路</th></tr>
<tr><td>1. 由于覆盖差引起的掉话</td><td>Rx 低、Ec/Io 差，无法满足手机正常通话</td><td rowspan="10">1. 了解问题发生的区域、时间范围、现象描述；接入困难是个别手机还是所有手机，如果是个别手机的接入困难，则可能是手机本身出现故障；
2. 用 CDT 进行接入失败原因分析；
3. 确认掉话区域手机接收功率能否满足手机良好通话的要求，是否存在导频污染；
4. 邻区配置检查、确认无错配、漏配，优先级是否合理；
5. 确认当前小区是否处于 BSC 或 MSC 边界，如果是边界基站，确认和周围业务区的切换是否正常，是否打开了前向功率同步开关；
6. 检查基站各小区以及周围相邻小区的反向接收信号强度指示是否过高；
7. 检查掉话率高的基站是否带了直放站及直放站工作是否正常；
8. 检查 PN 规划是否有问题，是否存在 PN 复用距离不够问题；
9. 确认无线参数设置是否正确；重点检查搜索窗大小、小区半径、切换参数等内容；
10. 检查 BSC、BIS 版本是否正确；
11. 检查与掉话相关的各定时器设置是否正确；
12. 检查 BSC、BIS 是否有与掉话相关的告警及单板是否有故障；
13. 检查边界基站的前向功率同步开关是否打开；
14. 进行呼叫跟踪分析</td></tr>
<tr><td>2. 由于导频污染引起的掉话</td><td>导频污染的判断条件：
(1) 激活集中的 N 个数大于 3 个；
(2) 激活集中的 PN 的导频强度之间相差小于 3dB</td></tr>
<tr><td>3. 由于业务信道功率限制引起的掉话</td><td>前向业务信道功率不足的主要原因是业务信道的功率设置不合理，公共信道占用了过多的功率资源；反向业务信功率不足的主要原因为反向业务信道功率控制参数设置不合理</td></tr>
<tr><td>4. 由于前反向链路不平衡引起的掉话</td><td>负荷过高导致链路不平衡、干扰导致链路不平衡，过多数据业务的用户导致链路不平衡</td></tr>
<tr><td>5. 由于干扰引起的掉话</td><td>前向链路干扰、反向链路干扰、直放站干扰等</td></tr>
<tr><td>6. 由于小区负荷过高引起的掉话</td><td>小区话务量太高，系统自干扰严重</td></tr>
<tr><td>7. 由于切换问题引起的掉话</td><td>邻区漏配、优先级设置不当、硬件故障等</td></tr>
<tr><td>8. 传输质量差导致</td><td>BTS 传输链路误码率太高</td></tr>
<tr><td>9. BSC、BTS 硬件故障</td><td>载波故障、功放故障、CCPW 板故障、天线故障、CDDU 故障等。</td></tr>
<tr><td>10. PN 复用距离不够</td><td>手机在同一个地方通话能收到两个相同的 PN 扇区的信号，手机无法区分扇区，造成掉话</td></tr>
</table>

(3) 处理思路

针对城市和农村网络信号差产生原因的不同，解决的措施也不同，大致有以下几种方案。

① 市区住宅小区室外信号差如果是大面积的区域，可以通过实施小区覆盖来解决；如果室外信号良好，个别单元室内信号差，可以通过安装小型无线直放站解决。

② 高层建筑楼层较低的区域一般情况下信号比较良好；而地下车库、电梯等区域由于屏蔽现象，无线信号差；高层区域因建筑本身的特性信号较杂，能够接收到多个小区的信号且信号强度相当，影响正常通话。可以通过安装光纤直放站或微蜂窝来解决，覆盖区域要包括电梯、地下车库等重要场所。

③ 农村或郊区由于周边基站较少，缺少主覆盖小区导致无线信号差。一般通过调整方位角、俯仰角或小区分裂来解决。如果上述方案都不能很好解决的话，在合适的区域新建基站解决，当然这种方案短期内无法实施。

4. 通话质量差

(1) 现象描述

通话质量差也是最常见的用户投诉之一，主要体现在手机信号格的显示变化较大，时有时无，通话过程中有断续情况。

(2) 问题原因

造成通话质量差的原因主要有弱覆盖、内部干扰、系统故障、外部干扰和用户手机问题等。

(3) 处理思路

针对手机通话质量差产生原因的不同，解决的措施也不同，大致有以下几种方案。

① 对于弱覆盖造成的通话质量差，根本的是要解决覆盖问题。这类问题主要由信号偏弱引起，在理想情况下，信号可以传播很远的距离，一个基站最远可以覆盖约35km，但在现实情况下，由于受到各种因素(如大气、树木衰减、房屋屏蔽作用)影响，信号衰减较快，当信号衰减到门限值(－94dB)以下时通话质量就会下降，导致通话断续。待覆盖解决了，通话质量也随之得到改善。

② 内部干扰造成的通话质量差是最为常见的，目前GSM系统采用“频分＋时分”复用方式来提高频谱利用率，当频点的复用率很高时候(如城区)，如果频点规划不好，容易产生频点干扰，导致系统无法正确解码，从而导致通话质量问题。通常在投诉点利用专业测试仪表进行拨打测试，找出被干扰的频点，再结合MCOM、MAPINFO、EASYRNP等优化工具挑选出合适的频点进行替换，更换后进行复测验证即可。对于频率规划困难的区域，如无法挑出合适的频点，可以通过测试仪表进行扫频来确定。

③ 系统故障，如基站硬件故障、停电、传输中断导致系统解码错误，影响通话质量。

④ 外部干扰因素，如现在一些重要政府部门开会时候使用的手机干扰器、学校考试时候使用的干扰器等。

5. 用户不在服务区

(1) 现象描述

GSM中的语音提示是由MSC进行控制的，向主叫用户播放。MSC根据不同的原因值以及数据配置、播放提示音。例如：

① 被叫用户在空闲状况下，提示“你拨打的用户正忙”或“你拨打的用户已关机”。

② 被叫用户在空闲状况下，提示“你拨打的用户不在服务区”。

③ 被叫用户在空闲状况下，提示“你拨打的用户无法接通”。

(2) 问题原因

产生上述问题的原因一般有以下几种。

① 覆盖差问题，被叫手机周边覆盖差无法满足通话要求。

② 用户手机问题，被叫手机存在故障或者手机在很长时间内不能与网络联系上，系统无法得到被叫手机的信息，造成不在服务区的现象。

③ 小区重选过于频繁，影响了手机性能。这类问题主要发生在市区，某些地点有多个小区覆盖，并且在这些地方的信号强度又相差不大，会导致手机重选过于频繁，影响手机性能，导致不在服务区。

④ 位置更新周期设置不合理，覆盖问题区域的两个小区的周期性位置更新参数设置不一致时也会导致被叫用户不在服务区。

以上是较为常见的产生被叫不在服务区的原因，也是比较容易发现和处理的。当然造成该现象的原因不止这些，还有 MSC 寻呼问题、传输误码造成消息超时、MSC 取被叫路由信息超时、MSC 处理机制问题和信令负荷过大等，都会造成被叫不在服务区现象。

(3) 处理思路

针对上述不同的问题原因，提出相对应的处理措施如下。

① 被叫手机周边覆盖差无法满足通话要求问题，重点解决信号覆盖。

② 用户手机问题，手机开关机后问题解决。

③ 小区重选过于频繁问题，通过测试找出主要占用的小区，再调整周边小区的 CRO 值即可解决。

④ 位置更新周期设置不合理问题，核查覆盖问题区域的小区参数设置即可。

6. 短信呼和短信延时

(1) 现象描述

短信无法送达目的地和短信延时主要发生在高话务的区域，如高校、车站以及写字楼等，且集中在语音和数据业务忙时。

(2) 处理思路

对于处理此类问题，首先需要通过测试采集基础数据进行分析，然后查看问题区域手机主要占用小区的话统是否存在异常，如话务量、TCH/SDCCH 信道拥塞、寻呼拥塞等。解决此类问题主要通过话务分担、扩容增加信道数来解决。

7. 单通

(1) 现象描述

单通顾名思义就是单向通话，即通话双方一方能听到对方的声音，而另一方却无法听到对方的声音。而处理单通问题则比较烦琐，费时费力却不一定能将问题准确定位。

(2) 问题原因

① 传输线路的原因。在有线领域，传输问题可能是造成单向通话的最重要原因。一个通话得以实现，首先有信令传送过程，然后有话务传送过程。任一阶段出现传输接口错位、环路、传输状态锁死以及数据错误，都可能造成单通现象。

② 用户端原因。当手机的听筒出现故障时，肯定会出现单向通话。手机最大发射功率不达标或接收灵敏度差，也会导致单向通话。手机最大发射功率正常，手机可收到基站发出的下行信号，用户就可以听到通话对方的声音；但如果手机最大功率不够，基站收不到手机上行信号，从而出现单边通话。

③ 网络设备原因。当 MSC 上与 BSC 连接的电路板有问题时，就会出现信令链路完成信令分析后分配到不能正常工作的中继端口号，造成信令连接完成而话音电路不起作用的单向通话。

④ 无线原因。在通话过程中，也会遇见移动过程中产生的瞬时单向通话现象。无线信号的传播比较复杂，当电波遇到障碍物时，传播的幅度会发生变化，同时会产生反射等现象。信号传播的不规则性就会使手机在移动中产生瞬时的单通。

⑤ 传输鸳鸯线。正常情况下A和B相连,C和D相连,但当出现鸳鸯线,即A和D相连、B和C相连时,用户通话被分配到此条传输上时就会导致单通情况。

(3) 处理思路

① 传输线路故障处理措施:一般采用语音监听和断开电路检查的方式来处理。

a. 语音监听的方法。使用传输监听仪器,直接监听受怀疑局某一传输上的通话情况,如可听到正常通话,则可以排除该传输上单通的可能。这种方法比较简便直观,但存在侵犯用户隐私、检查耗时长、浪费人力等问题,不适合大范围的电路检查。

b. 断开电路检查的方式。通过断开DDF架上传输接口进行"开路"测试。在传输两端的终端上查看对应端口的状态。如果两边状态都显示传输断,那么此电路没有问题;如果一边或两边的状态显示异常,那么,可以初步确定此电路存在问题,对该局做进一步检查。这种方法比较简单,但存在对正常电路造成影响,可能中断正常的通话的问题,此方法适合在话务量较低的情况下进行。

② 用户端原因处理措施:如果某用户手机多次出现单边通话的情况,就要考虑到是否是用户手机的问题,一般通过修理、更换手机就可解决。

③ 网络设备原因处理措施:碰到这类现象,应调出该次通话的话单,记下出、入中继端口号,然后找出对应的中继板,检查该中继板是否工作正常,如检查该电路板确有故障,就将其更换。若无任何告警,则问题复杂化,但可通过海量拨打测试,分析观察报告,记录单向通话时手机所占用的基站、小区、载波和时隙号进行故障定位,再依次检查或更换后即能解决。

BTS的上下行功率不匹配也可能导致单通现象。刚开局时可能部分BTS的参数设置不正确,上下行功率差别太大,容易造成该BTS下用户通话时出现单通现象。只要核对并修改相关参数即可。

④ 无线原因处理措施:采用跳频技术提高传输的性能,可减少此类情况下产生的单通现象。

⑤ 传输鸳鸯线处理措施:调整传输的连接即可。

8. 数据业务无法使用

(1) 现象描述

数据业务的无法使用包括手机无法上网、上网速率慢、上传下载速率慢或中途掉线等。

(2) 问题原因

一般有以下几种原因导致手机上网问题。

① 拨号连接设置不正确,如账户密码、服务器的端口设置有误等。

② APN设置错误,如果手动直接上网不经过电脑拨号,APN需要设置为CMWAP;如果经电脑上网则需将APN设置为CMNET。

③ 服务小区数据业务信道配置低。

④ 服务小区的频点受到干扰,误码率高。

⑤ 频繁小区重选。

⑥ 问题区域的覆盖差,不能满足使用数据业务的条件。

⑦ 笔记本电脑与上网卡不兼容。

⑧ 手机、笔记本设置不合理或存在故障。

(3) 处理思路

处理这类问题，首先需要查看问题区域的覆盖情况是否良好，因为数据业务对网络的覆盖有很高的要求；然后检查用户手机是否存在故障，可以通过换卡换机验证；再逐项检查拨号连接和APN设置。排除硬件和设置的问题后，通过专业测试仪表进行测试，记录测试数据并进行分析，找出问题原因。如果占用信道数少，在不影响语音业务的情况下适当增加数据业务信道即可；如频点受到干扰则进行更换，如果问题区域小区重选频繁，则需要重新调整占用概率高的小区和较少占用小区的CRO值。

6.1.3 实训单据

(1) 信息单的内容以学生自学为主，老师指导为辅。学生依据信息单的步骤操作，遇到疑问及时向老师请教。

(2) 学生依据老师给定的任务单完成实施单，认真填写教学反馈单，同时组内互评。

(3) 老师评阅实施单，并把结果反馈在评价单上；同时仔细看教学反馈单信息，认真思考学生提出的问题及建议，提出整改措施，努力提高教学水平。

信 息 单

学习情境六	用户投诉故障处理		
6.1	投诉点数据采集	学时	3
序号	信 息 内 容		
1	向用户咨询投诉问题(数据业务)		

手机无法正常上网；
手机上网速度慢；
手机上网掉线。

2	投诉点的信息收集

上网试验感觉	服务小区CI	平均电平值	信号波动	通话质量	小区重选是否频繁	出现问题的详细时间
上网较慢，很久才能登录上页面，偶尔出现联机失败象	11325	−78dB	较大	有杂音	不频繁	从4月20号开始，经常晚上10点左右

3	问题原因分析及判断思路

投诉详细分类	原 因 分 析	判 断 思 路
手机无法正常上网	手机卡没有开通GPRS业务	用测试卡上网，若能正常上网则排除网络问题；若投诉用户不能上网，则把测试卡放到投诉用户手机内上网测试；若能上网，则判断为投诉用户卡问题，建议去开通该业务，否则判断为手机终端问题
	手机设置存在问题	用测试卡上网，若能正常上网则排除网络问题；若投诉用户不能上网，则把测试卡放到投诉用户手机内上网测试；若能上网，则判断为投诉用户卡问题，建议去开通该业务，否则判断为手机终端问题

续表

投诉详细分类	原因分析	判断思路
手机无法正常上网	服务小区数据配置存在问题	该问题的表象往往是该服务小区内所有用户都不可以上网，投诉面较大，需要协同机房人员配合检查
	投诉用户所登录的服务器问题	用户所登录QQ或其他网页论坛，登录不上，可能的原因有：目标服务器拥塞、目标服务器故障。建议试验时使用移动官方网站测试
	投诉点覆盖很弱	在信号弱尤其有稍微干扰的情况下，手机上网会表现得很困难，信道请求和信道指配以及数据传输都很困难
	投诉区域存在严重的干扰	在信号好但干扰严重的区域，数据误传率很高，重传比例大，数据传输很不稳定
	若是热点区可能存在较重的信道拥塞	当信道比较拥塞时，用户手机的性能不高，在争抢信道的时候处于弱势，很难成功占抢信道
	设备硬件故障	基站和BSC的硬件故障，往往会导致上不了网，表象为大面积的客户存在上不了网的现象
	出现影响数据业务的告警	存在一些告警，如PTP BVC故障、DSP过载等，需要机房人员配合检查
	总结：上不了网先判断为个体用户还是多个大面积用户状况，通过测试卡实地测试推断问题	
手机上网速度慢	服务小区存在干扰	当服务小区信号较好(4格以上)通话时有较重背景音、杂音、金属声等，则判断存在干扰，此时数据重传高、误传率高，上网会变得很慢
	投诉区域存在频繁小区重选	小区重选严重影响下载的速率，小区在重选时导致TBF异常释放会中断下载，表象为投诉区往往在小区边界，或无主覆盖的区域
	服务小区存在信道拥塞	当服务小区信道拥塞时，每信道复用比例上升，使得每个用户所使用的资源减少，因此速率会下降
	投诉区域信号较弱	在信号弱尤其有稍微干扰的情况下，手机上网会表现得很困难，信道请求和信道指配以及数据传输都很困难
	资源受限	在热点地区信道充足且无线环境良好的情况下，由于GB口、GABIS以及网关的瓶颈原因导致忙时段上网较慢
	服务小区的编码方式等参数设置不合理	参数设置不合理，使得编码方式提升不上去、编码方式提升的时间较长，TBF的建立时间较长等，需要与机房配合检查
	投诉用户所登录的服务器问题	用户所登录QQ或其他网页论坛，登录不上，可能的原因有：目标服务器拥塞、目标服务器故障。建议试验时使用移动官方网站测试
	设备硬件故障	若载频的隐性故障和其他故障都会可能导致传输不稳，速率较低
	传输不稳定	出现E1传输告警、E1提示告警，以及小区传输延迟告警等
	手机多时隙能力不足	由于客户手机的多时隙能力不同，当能力不足时，申请到的信道较少，若不支持EDGE，则只能使用GPRS的低编码方式
	总结：手机上网速度慢主要考虑干扰和拥塞，其次是覆盖不良	
手机上网掉线	投诉区域小区重选较频繁	小区重选严重影响下载的速率，小区在重选时导致TBF异常释放会中断下载，表象为投诉区往往在小区边界，或无主覆盖的区域
	投诉区域存在干扰	在信号好但干扰严重的区域，数据误传率很高，重传比例大，数据传输很不稳定
	传输不稳定	出现影响数据业务的告警

续表

手机上网掉线	服务小区存在拥塞	分组数据传输的特点：数据传输时不是一直占用着信道，当一个TBF传输完毕时，可能会释放当前信道，在下一次申请传输数据时由于信道拥塞，导致了掉线
	路由更新多次失败或被拒绝	由于无线环境不稳，在网络下发路有更新时，各种原因导致的路由更新失败，或信息错误被拒绝，造成掉线
	总结：上网掉线主要考虑小区重选是否频繁，掉线很多情况下存在偶然因素	
总结：在整理投诉分析和处理中，首先排查无线环境和手机终端，若终端和用户卡没有问题则排查无线环境；无线环境不好，则具体分析什么原因导致，如是否有频繁的小区重选？是否有干扰？是否信号弱？是否上下行存在问题？有无相关告警？若在环境和终端上都没有发现问题，则从小区拥塞、GB拥塞、ABIS拥塞、硬件故障、参数配置、相关告警去考虑		

任　务　单

学习情境六	用户投诉故障处理				
6.1	投诉点数据采集	实训场所	多媒体教室	学时	3
布置任务					
掌握技能	1. 掌握与客户沟通的技巧及社交礼仪； 2. 掌握投诉点数据采集的方法； 3. 掌握投诉问题原因分析及处理思路。				
任务描述	现一用户投诉手机无法拨打电话，现分析故障原因并提出处理思路。 1. 向用户咨询投诉问题； 2. 投诉点的信息收集； 3. 什么原因造成该问题； 4. 投诉问题处理办法。				
提供资料					
对学生的要求					

实　施　单

学习情境六	用户投诉故障处理		
6.1	投诉点数据采集	学时	3
作业方式	完成任务单中布置的任务		
1. 向用户咨询投诉问题（现象描述）			

续表

2. 投诉点的信息收集

用户体验	服务小区CI	平均电平值	信号波动	通话质量	小区重选是否频繁	出现问题的详细时间

3. 手机无法拨打电话

现象描述	原因分析	判断思路

作业要求	1. 各组员独立完成； 2. 格式规范，思路清晰； 3. 完成后各组员相互检查和共享成果； 4. 及时上交教师评阅。					
作业评价	班级		第　组	组长签字		
	学号		姓名			
	教师签字		教师评分		日期	
	评语：					

教学反馈单

学习情境六	用户投诉故障处理				
6.1	投诉点数据采集			学时	3
序号	调 查 内 容	是	否	理由陈述	
1	是否明确常见投诉问题点				
2	是否掌握投诉的处理流程				
3	是否掌握各投诉问题的处理思路				
4	是否能对投诉问题进行分析原因				
5	是否正常采集到投诉点信息				
6	老师是否讲解清晰、易懂				

建议与意见：

被调查人签名		调查时间	

评　价　单

学习情境六	用户投诉故障处理				
6.1	投诉点数据采集		学时	3	
评价类别	项目	子项目	个人评价	组内互评	教师评价
专业能力（70%）	计划准备（20%）	处理思路是否清晰（10%）			
		软硬件是否齐备（10%）			
	实施过程（50%）	问题分析（15%）			
		实施单完成进度（15%）			
		实施单完成质量（20%）			
职业能力（30%）	客户沟通的技巧及社交礼仪（10%）				
	团队协作（10%）				
	决策能力（10%）				

评价评语							
班级		姓名		学号		总评	
教师签字		第　组		组长签字		日期	
评语：							

6.2 测试数据分析及处理

6.2.1 非网络原因工单分析及处理

课前引导单

学习情境六	用户投诉故障处理	6.2	数据统计及分析
知识模块	非网络原因工单分析及处理	学时	2
引导方式	请带着下列疑问在文中查找相关知识点并在课本上做标记。		

（1）非网络原因工单投诉主要内容有哪些？

（2）非网络原因工单投诉应如何正确分析？

（3）非网络原因工单投诉应采用什么方法来处理？

每月流入网优中心的投诉工单绝大多数是非网络原因工单，而是客户自身误操作或手机自身问题造成的。此类投诉问题是个别案例，而非群体性案例。对于此类工单，可使用网优平台快速定位问题，可以减少反复上门处理和DT/CQT测试的次数，从而提升网优工作效率。

1. 常见用户投诉内容

（1）用户对业务不理解，特别是对上网速率的不理解。

（2）用户误操作。

（3）用户终端故障、UIM卡故障。

（4）用户账户余额不足。

2. 非网络原因主要特征

（1）时间上：长期性的，非偶然或突发性的。

(2) 区域上：无固定区域。

(3) 网络上：网络信号正常，但无法正常使用。

(4) 用户上：个别案例，而非群体性。

3. 问题分析

对流入网优中心的用户投诉工单进行分析，若符合以上非网络原因主要特征的工单，应当先从非网络原因方面进行问题排查和问题定位，而非直接进行上门处理或者DT/CQT测试，从而减少反复处理次数，提升网优工作效率。

但非网络原因是比较多的，如用户误操作、终端故障等，需要网优人员用心且耐心地进行分析和定位。

4. 处理办法

网优平台对非网络原因问题提供了相关优化模块进行分析。

(1) 对用户数据或话单优化分析。

(2) 对投诉点小区网络评估。

5. 非网络原因分析定位案例

终端问题引起掉话的用户投诉分析案例如下。

(1) 问题描述

201×-07-08接到1397843××××用户来电反映手机经常是打打就断，通话质量也不怎么好。

(2) 问题分析

根据用户投诉内容，以及客户回访后得知，该起投诉时间上具有“长期性”、区域上具有“非固定性”、网络上具有“信号正常”，且用户反馈其他用户未遇到该问题。所以可以初步定位为“非网络原因”。

另根据用户描述情况分析，造成故障现象的可能原因有：UIM卡问题、用户终端问题、用户数据配置问题、网络其他问题。

(3) 处理过程

从网优平台用户级优化分析：单用户分析提取1897843××××用户的话单201×-07-08的话单进行分析，从话单上看，用户是××小区下都产生了掉话。从话单详细信息观察，手机在掉话前导频Ec/Io值都很好，没有出现终止时导频Ec/Io值与初始时导频Ec/Io值明显恶化的情况。

通过查询该小区的异常概率，该小区发生异常的概率较小，但用户在此小区底下频频发生掉话。由此可初步判断为用户硬件出现故障。

(4) 处理效果

联系用户，建议用户进行机卡互换测试，经用户反馈结果机卡互换后可以正常使用，测试结果与分析结果一致。

(5) 总结

在现有投诉中出现终端故障的投诉问题较多，对投诉用户进行详细分析，可节省很多上门处理的时间及成本。遇到非网络故障的投诉，大部分可建议用户进行机卡互换测试，这样能够很快的定位到问题点。

6.2.2　网络原因工单分析及处理

课前引导单

学习情境六	用户投诉故障处理	6.2	数据统计及分析	
知识模块	网络原因工单分析及处理		学时	2
引导方式	请带着下列疑问在文中查找相关知识点并在课本上做标记。			

(1) 网络原因工单投诉主要内容有哪些?
(2) 网络原因工单投诉应如何正确分析?
(3) 网络原因工单投诉应采用什么方法来处理?

虽然流入网优中心的投诉工单大部分为非网络原因工单,但也有一部分是网络原因造成的,即投诉问题不是个别案例,而是群体性案例,说明网络存在故障,急需工程人员处理。首先查看投诉点基站设备是否存在故障,如果设备工作正常,工程人员应前往投诉点进行数据采集、数据分析及处理。网络原因造成的投诉划分为三大类:设备故障问题、弱覆盖问题和网络质量问题。

1. 设备故障问题

(1) 常见用户投诉内容

① 之前信号一切都正常,但最近几天信号较差,无法正常使用。

② 近段时间所在位置信号非常弱,周边朋友也出现这种情况。

③ 显示查找网络状态,该地无法接收信号,无法使用。

④ 手机信号弱、不稳定,之前是好的,最近几天出现。

(2) 设备故障问题主要特征

① 时间上:表现为突发性和临时性的,而非长期性。

② 区域上:固定区域。

③ 网络上:信号弱、不稳定,或者是有信号不能正常通话,表现方式多种。

④ 用户上:群体性,而非个别案例。

(3) 问题分析

① 对流入网优中心的用户投诉工单进行分析,符合以上设备故障问题主要特征的工单,应当先从设备故障方面进行问题排查和问题定位,而非直接进行上门处理或者 DT/CQT 测试,从而减少反复处理次数,提升网优工作效率。

② 当查到确实存在基站故障时,需要对故障所引起的影响进行评估,是否对网络中用户造成影响。

a. 可以查看该用户占用该小区导频强度如何。

b. 可以查看该小区的导频 Ec/Io 值分布情况如何。

(4) 处理办法

① 查询告警模块:对 BSC、BTS 等网元进行当前告警和历史告警的查询。

② 占用导频强度情况:对单用户分析,确定该用户占用初始时导频 Ec/Io 值、终止时导频 Ec/Io 值。

③ 导频Ec/Io值分布情况：基于GIS地理化的栅格分析，可以对初始时导频Ec/Io值、终止时导频Ec/Io值进行栅格分析，从而了解导频Ec/Io值分布情况。

2. 弱覆盖问题

(1) 常见用户投诉内容

① 农村，屋内信号差，较难拨打和接听电话，需要到阳台或露天处才能正常通话。

② 城区，城中村，屋里信号非常弱，屋外信号也不强，无法正常拨打电话，易掉话。

③ 城区，居民小区，屋里信号非常弱，无法正常通话，易掉话，阳台勉强使用。

④ 城区，高层楼宇，屋里信号弱，无法正常通话，阳台有信号但易掉话。

(2) 弱覆盖问题主要特征

① 时间上：表现为长期性的，而非突发性和临时性的。

② 区域上：固定区域。

③ 网络上：信号弱、无信号，或者信号不稳定。

④ 用户上：群体性，而非个别案例。

(3) 问题分析

相对城市而言，农村或郊区造成网络信号差的主要原因是周边基站少，缺少主覆盖小区。

(4) 处理办法

针对城市和农村网络信号差产生原因的不同，解决的措施也不同，大致有以下几种方案。

① 市区住宅小区室外信号差如果是大面积的区域，可以通过实施小区覆盖来解决；如果室外信号良好，个别单元室内信号差可以通过安装小型无线直放站解决。

② 高层建筑楼层较低的区域一般情况下信号比较良好；而地下车库、电梯等区域由于屏蔽现象，无线信号差；高层区域因建筑本身的特性信号较杂，能够接收到多个小区的信号且信号强度相当，影响正常通话。可以通过安装光纤直放站或微蜂窝来解决，覆盖区域要包括电梯、地下车库等重要场所。

③ 农村或郊区由于周边基站较少，缺少主覆盖小区导致无线信号差。一般通过调整方位角、俯仰角或小区分裂来解决。如果上述方案都不能很好解决的话，在合适的区域新建基站解决，当然这种方案短期内无法实施。

(5) 弱覆盖问题分析定位案例

① 问题描述。用户反映在南山风景区内听鹂山房、甄华阁和读书台覆盖弱、通话质量差。投诉点位于南山风景区内，周边有大量的树林环抱，无线信号的衰弱现象严重。该处海拔较高、无线环境复杂，手机经常接收到距离此处很远的小区信号，语音质量差。具体位置如图6.4所示。

② 问题分析。经过测试，MS在投诉点能占用到南徐路C、丁卯医院C、大理石厂C等小区。占用官塘桥248D时语音质量差电平一般。官塘桥基站距离此处直线距离约2.5km，属弱覆盖致语音质量差。

③ 处理方法：DT测试、CQT测试。

④ 处理过程。由于投诉点地理位置比较特殊，周边没有主覆盖小区，无线信号难以控制。在投诉区域选定合适位置建立直放站来改善投诉点的无线网络情况。

⑤ 处理效果。新建直放站后，信号差问题解决，回访用户时，用户也表示可以正常使用手机。

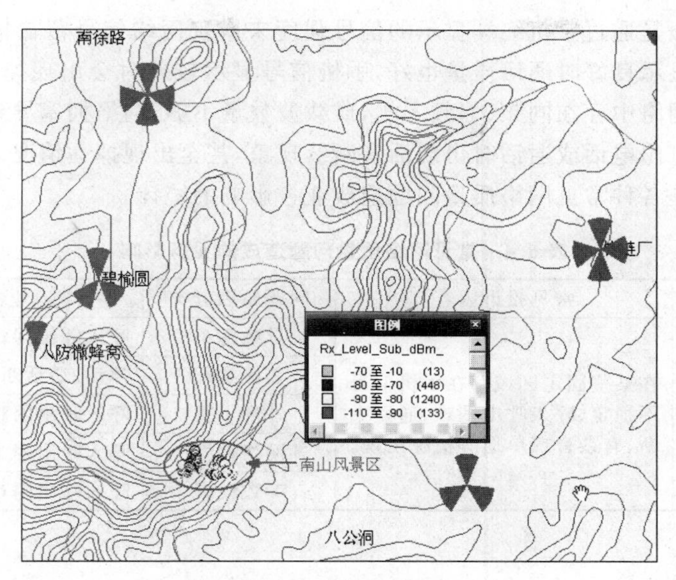

图 6.4　现场测试

3. 网络质量问题

(1) 常见用户投诉内容

对无线网络质量类投诉工单的内容进行统计，根据各种不同的网络场景，将这一类问题的常见表现总结如表 6.3 所示。

表 6.3　常见用户投诉网络质量问题

	问题区域	问 题 表 现
无线网络质量问题	某固定区域	手机信号正常，主叫呼出困难，多次拨打均提示失败
		手机信号正常，拨打任何号码都经常出现掉话
		手机信号不稳定，通话过程中有杂音、断续甚至单通等情况
		手机开机切信号正常，对方拨打提示无法接通或接续时间长
		接收短信经常有延时的情况

无线网络质量问题引起的投诉在影响范围上通常表现为集中在某个固定区域，用户终端信号正常，但在业务使用过程中经常有主被叫困难、掉话、通话断续等情况，并且和任何号码通话都有类似情况出现。

(2) 网络质量问题主要特征

① 时间上：表现为长期性的，而非突发性和临时性的。

② 区域上：固定区域。

③ 网络上：有信号不稳定，有信号但通话不正常。

④ 用户上：群体性，而非个别案例。

(3) 问题分析

引发无线网络质量类投诉的原因在无线网本身，与终端、被叫方号码归属网络关联不是非常明显，问题发生地点也相对固定，并且投诉用户往往反映在问题地点手机信号显示较为正常。

普通用户一般是通过手机终端显示的信号强度来辨别网络信号覆盖情况，通常的理解是信号手机信号显示良好时通话质量也好，手机信号显示较差时会出现掉话或主被叫失败等情况。但如果网络中存在同频、邻频干扰，或载波数量不够，网络拥塞导致信号质量极差，手机无法正常拨打出电话或通话时出现话音断续现象，甚至出现掉话情况。

表6.4所示是各种常见网络质量问题造成业务影响的统计。

表6.4 常见网络质量问题造成的业务影响

无线网络质量问题	常见投诉内容	问题原因分类	业务影响
相关内容	在某些固定区域存在手机信号不稳定、呼入呼出困难、通话中断、有杂音或单通等情况出现。	导频污染	呼入呼出困难、掉话、通话断续
		邻区漏配	掉话、通话断续
		外部干扰	呼入呼出困难、掉话、通话断续
		网络拥塞	呼入呼出困难
		参数设置	呼入呼出困难、掉话、通话断续

(4) 处理办法

对以上统计的几类常见网络质量问题，可以通过DT/CQT测试投诉点区域信号分布情况。然后定位故障原因，调整无线资源参数解决问题。

(5) 网络质量问题分析定位案例

① 问题描述。用户反映在反映在润扬国际酒店4楼通话有断续现象的现象。投诉点位于江心小岛世业洲上，距离镇江和扬州都较近。

② 问题分析。通过测试分析，润扬国际酒店除418房间通话质量差以外，其他测试点信号稳定，语音质量良好。418房间靠近窗户，距离江面很近信号杂乱，容易占用到江对面的小区，如渔业乡2062A、镇江船厂2460A，占用时语音质量较差。具体结果如表6.5所示。

表6.5 酒店室内信号测试结果

地　点	主要占用小区	CID	BCCH	语音质量	电平/dBm
大厅	润扬国际2086A	20861	58	0	−64
电梯	润扬国际2086A	20861	58	0	−55
4楼过道	润扬国际2086A	20861	58	0	−50
418房间	渔业乡2062C	20621	70	4～6	−75
418房间	镇江船厂2460A	24601	76	3～5	−81
5楼过道	润扬国际2086A	20861	58	0	−51
5楼房间	润扬国际2086A	20861	58	0	−75
5楼房间	世业洲2_2425B	24252	44	0～2	−71
8楼过道	润扬国际2086A	20861	58	0	−52
8楼房间	世业洲2_2425B	24252	44	0～2	−65
8楼房间	润扬国际2086A	20861	58	0	−68

酒店内信号测试如图6.5所示。

在418房间测试时MS占用润扬国际2086A的58号频点时语音质量较差。该处毗邻江边，因水面反射缘故信号比较杂乱，经常能占用江对面小区的信号。经MCOM工具检查

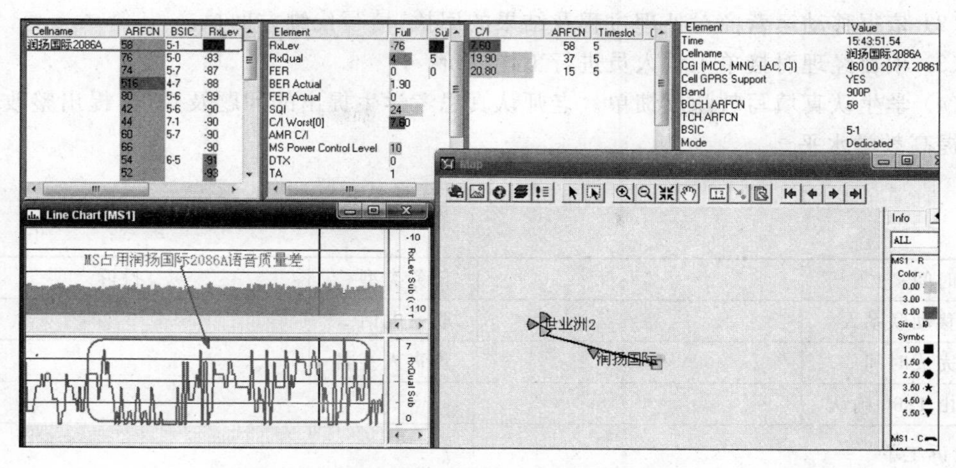

图 6.5　酒店室内信号测试

频点，六摆渡 A 小区的 BCCH 为 58，与润扬国际 2086A 的 BCCH 同频，该处因频率干扰导致语音质量差。

③ 处理方法：CQT 测试、调整无线资源参数。

④ 处理过程。修改六摆渡 A 小区的 BCCH 值 58→67，润扬国际 A 的 CRO 值 0→6 后，在问题点进行复测。MS 稳定占用润扬国际 2086A，语音质量 0 级。投诉点问题得到解决。问题处理后 CQT 测试结果，如图 6.6 所示。

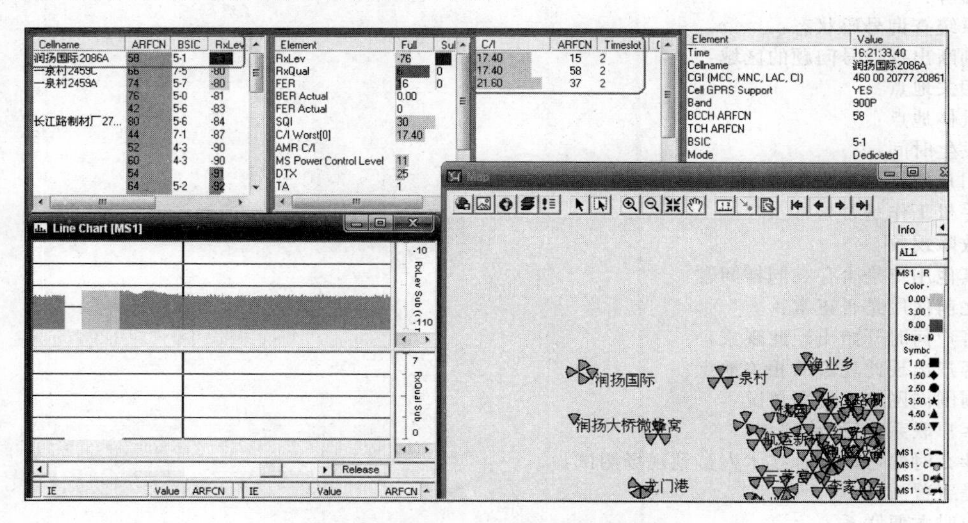

图 6.6　问题处理后 CQT 测试结果

⑤ 处理效果。调整无线资源参数后，酒店内信号较好，质差良好。回访用户时，用户也表示非常满意，手机正常使用，不存在话音断续现象。

6.2.3　实训单据

(1) 依据网络测试代维工作任务书，完成任务实施单。

（2）依据移动运营商对处理过程及结果的回执，填写代维方回执。

（3）项目经理对接单工程人员进行工作评价。

（4）学生认真填写教学反馈单。老师认真思考学生提出的问题及建议，提出整改措施，努力提高教学水平。

网络测试代维工作任务书

编号：　　年　月

派单时间		任务类型	投诉
中国移动联系人		联系电话	
要求完成时间		负责人签名	
是否由1860确认			

1. 投诉工单

受理号码	投诉内容	故障地址	工单类别	相关处理部门	受理时间	归档时间	受理人

2. 任务描述

投诉手机号码：
客户归属地：
具体区域：
客户类别：
品牌：
系统查询号码状态：
判断出现信号问题的区域：
相关地点：
具体地点：
发生时间：
用户使用的手机机型：
手机工作是否异常：
故障现象：
其他用户是否存在同样问题：
之前使用是否正常：
客户何时开始出现此现象：
客户出现此现象的相关地点：
周围同网客户使用情况：
客户联系电话、称呼：
什么时候可以配合技术人员到现场测试：
是否曾派过单：
何时方便联系：
需协作的内容：
客户所使用的语言：

3. 任务要求

（1）根据问题中提到的确定具体地点，请测试查证上述地点是否存在信号问题；
（2）如在现场需要进行网络参数查询或调整时，请与现场支持人员联系；
（3）对本网存在的问题提出解决建议；
（4）对本网与异网（联通CDMA、GSM）的信号情况进行对比评估；
（5）提交相关测试报告及原始测试数据。

代维方回执(处理过程)

1. 投诉点位置及周围环境(请附图)

2. 客户其主要反映问题

3. CQT测试情况(附现场测试信号图)

(1) 室外测试情况

(2) 室内测试情况

4. 网络故障原因分析

5. 优化方案

6. 投诉点复测情况及信号分布图

7. 用户意见反馈

建筑类型			
移动室内外信号强度	室内：	室外：	
电信C网、联通G网	电信C网：	联通G网：	
经纬度	经度：	纬度：	
时间			
完成时间		回执时间	
完成人		联系电话	

移动方回执(退单时填写)

1. 不符合要求原因

2. 要求改进项目

3. 要求完成时间

退单时间		回执时间	
退单人		联系电话	

代维方回执(完成情况)

任务完成情况及处理建议:

完成时间		回执时间	
完成人		联系电话	

说明:如果本任务书需交代维公司继续处理,可自行复制上面的"移动方回执(退单时填写)"和"代维方回执",并在其中填写,直至完全完成为止。

工作评价(完成后填写)

考核项目	扣分	扣分说明	考核标准
测试数据真实性			发现一项内容虚假或未按照测试要求测试的数据扣2分。
测试数据完整性			发现一项内容不完整的数据扣0.2分。
任务完成及时性			每延迟半日扣0.2分。
填报表格真实性			发现一项内容虚假的数据扣3分。
网络调整建议合理性			一项不合理内容扣0.2分。
分析报告的质量			根据对问题点的分析质量进行评分,缺一项或某一项的分析质量较差扣0.5分。
跟踪问题解决情况			一项问题未跟踪解决扣1分。
人员的工作态度及服务态度			代维人员不能虚心听取招标公司的建议及批评,态度较差视情况扣分。
临时工作响应及处理			响应不及时或处理问题不认真,每次扣1分。
网络问题及时上报			未及时上报,每发现一次扣1分。
其他			如以上项目不能适用,请在此列明并提出考核建议。

完成人:

教学反馈单

学习情境六	用户投诉故障处理				
6.2	测试数据分析及处理			学时	6
序号	调查内容	是	否	理由陈述	
1	能否正确找到故障原因				
2	能否针对不同故障提出不同的措施				
3	工作态度、服务态度是否良好				
4	是否顺利完成工作任务书				
5	是否遇到困难				

建议与意见：

被调查人签名		调查时间	

评　价　单

<table>
<tr><td>学习情境六</td><td colspan="8">用户投诉故障处理</td></tr>
<tr><td>6.2</td><td colspan="3">测试数据分析及处理</td><td colspan="2">学时</td><td colspan="3">6</td></tr>
<tr><td>评价类别</td><td>项目</td><td colspan="2">子项目</td><td colspan="2">个人评价</td><td colspan="2">组内互评</td><td>教师评价</td></tr>
<tr><td rowspan="5">专业能力
(70%)</td><td rowspan="2">计划准备
(20%)</td><td colspan="2">搜集信息(10%)</td><td colspan="2"></td><td colspan="2"></td><td></td></tr>
<tr><td colspan="2">软硬件是否齐备(10%)</td><td colspan="2"></td><td colspan="2"></td><td></td></tr>
<tr><td rowspan="3">实施过程
(50%)</td><td colspan="2">操作熟练度(15%)</td><td colspan="2"></td><td colspan="2"></td><td></td></tr>
<tr><td colspan="2">实施单完成进度(15%)</td><td colspan="2"></td><td colspan="2"></td><td></td></tr>
<tr><td colspan="2">实施单完成质量(20%)</td><td colspan="2"></td><td colspan="2"></td><td></td></tr>
<tr><td rowspan="3">职业能力
(30%)</td><td colspan="3">对小组的贡献(10%)</td><td colspan="2"></td><td colspan="2"></td><td></td></tr>
<tr><td colspan="3">团队协作(10%)</td><td colspan="2"></td><td colspan="2"></td><td></td></tr>
<tr><td colspan="3">决策能力(10%)</td><td colspan="2"></td><td colspan="2"></td><td></td></tr>
<tr><td rowspan="3">评价评语</td><td>班级</td><td></td><td>姓名</td><td></td><td>学号</td><td></td><td>总评</td><td></td></tr>
<tr><td>教师签字</td><td></td><td>第　组</td><td></td><td>组长签字</td><td></td><td>日期</td><td></td></tr>
<tr><td colspan="8">评语：</td></tr>
</table>

6.2.4　典型案例分析

1. 通话断续

(1) 用户投诉问题

用户钟先生(1383245××××)反映在大散综合办公大楼一楼办公室内信号不好，通话有断续现象，影响用户正常通话。该处为单位的办公区，接待来访的客户较多，无线网络的不稳定对业务往来都有影响，接打电话都要到室外进行，影响正常工作。

(2) 现场测试(图 6.7)

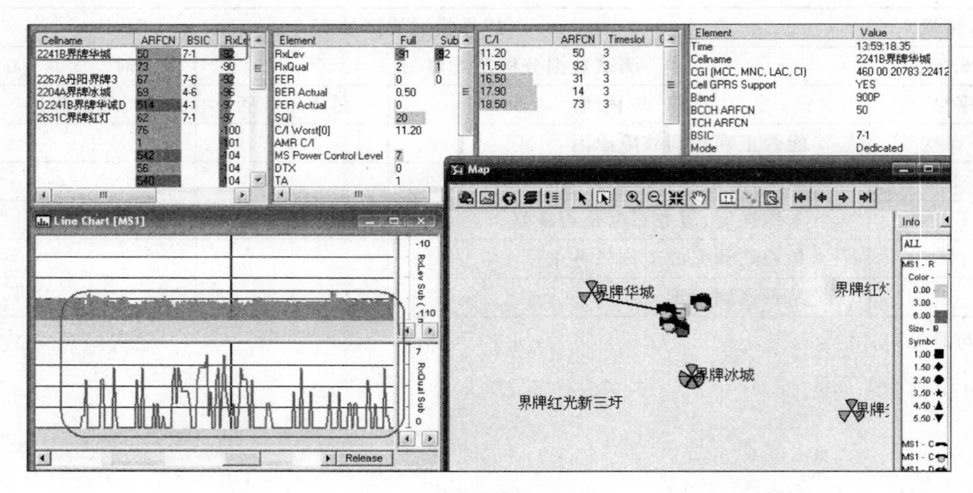

图 6.7　现场测试数据 1

(3) 问题描述及分析

投诉点为 3 层办公楼的 1 楼,四周有 4 层高左右的楼层和厂房。距离界牌华城、界牌冰城基站约 450m。对投诉现场进行详细测试,室外电平良好,电平在 −70dBm 左右,通话质量好;室内电平很差,在 −90dBm 左右,通话质量差。

(4) 优化措施

在投诉点安装小型无线直放站,加强覆盖,改善通话质量。

2. 下载速率慢

(1) 用户投诉问题

用户在家里使用笔记本电脑配合移动手机卡上网,经常打不开网页和打开网页速度慢。测试人员在用户家中,利用 TEMS 测试软件进行数据包下载,RLC Throughput 平均速率为 161Kb/s 左右,网络速率正常,并无异常现象。

(2) 现场测试(图 6.8)

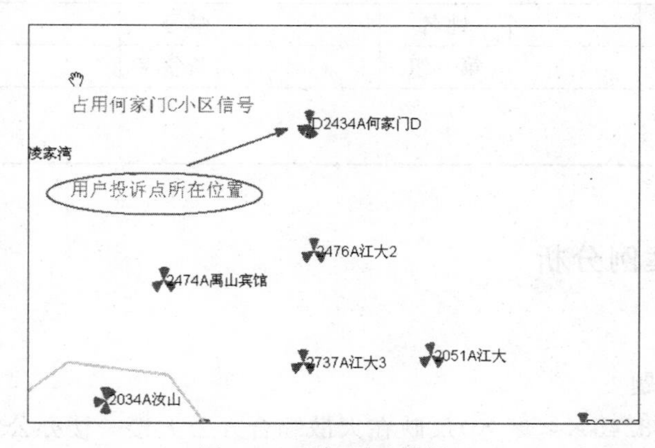

图 6.8　现场测试数据 2

(3) 问题描述及分析

通过分析测试数据，投诉点电平值为−74，C/I 值在 30 以上，MS 占用 53 号频点，下行稳定占用 0、1、2、3 共 4 个时隙，RLC Throughput 最高速率达到 203Kb/s。使用用户的手机上网卡进行下载数据和上网浏览测试，速率都正常。由于测试人员在投诉点进行测试各项指标都正常，因此排除是因无线网络的问题造成上网速率慢，问题定位于用户的上网终端——笔记本电脑。

(4) 优化措施

优化人员对用户的电脑设置进行检查，发现用户电脑打开的进程较多，并且开启系统自带的防火墙和自动更新功能，严重影响下载速率。在关闭防火墙和自动更新功能及一些无用的进程后，再次进行网页浏览测试，通过用户 EDGE 上网卡进行测试，下载速率在 20Kb/s～25Kb/s 之间。网页浏览流畅，问题得到解决。

学习情境七

室内覆盖系统工程及优化

随着移动通信建设步伐的不断加快、移动用户数量飞速增加，大中城市的室外地区已经基本可以做到无缝覆盖。为了提高网络质量、提高用户满意度、增加话务量，室内覆盖越来越成为网络优化的重点。特别是随着移动通信的普及，移动用户在室内使用手机的机会日益增加，迫切要求提供更好的室内移动通信环境。

学习情境描述

和泰家园有29栋新建住宅楼，处于城市边缘风景优美的山脚下，建筑面积达10000m^2，其中有18栋7层楼高、11栋12层楼高，12层高楼建筑各有一部电梯，有地下停车场。该小区室外室内信号较弱，常出现打不通电话、掉话情况。网优部经理安排工程人员前往该小区进行现场信号测试，并提出直放站解决方案。

7.1 直放站工程

GSM移动通信网络中，受电波传播衰减和复杂的无线环境影响，不可避免地存在一些基站信号覆盖不到的盲区或弱信号区。通常情况下，考虑到建设成本和现场条件的限制，不可能在所有的弱覆盖区域建设基站。直放站作为现有GSM网络覆盖的一种补充，用来弥补移动网络中基站覆盖不足，扩大基站覆盖范围的设备。

近年来，随着移动通信业务的迅速发展，移动通信直放站以其有效性和经济性得到了运营商的青睐，在网络覆盖中大显身手。与基站相比，直放站有结构简单、投资较少和安装方便等优点，可广泛用于覆盖难度大的盲区和弱区，如山区、宾馆、地下商场、地铁、码头、车站、隧道及电梯等各种场所，有效改善通信质量。目前，直放站已成为优化无线通信网络的重要工具和增强网络延伸覆盖能力的一种优选方案。

7.1.1 直放站基础知识

课前引导单

学习情境七	室内覆盖系统工程及优化	7.1	直放站工程	
知识模块	直放站基础知识		学时	1
引导方式	请带着下列疑问在文中查找相关知识点并在课本上做标记。			

续表

(1) 什么叫直放站,有什么用途? (2) 直放站可分为哪几类? (3) 如何根据地理环境、人口密度等方面正确选择直放站种类?

1. 概念

直放站(中继器)属于同频放大设备,是指在无线通信传输过程中起到信号增强的一种无线电发射中转设备。直放站的基本功能就是增强射频信号功率。直放站在下行链路中,由施主天线现有的覆盖区域中拾取信号,通过带通滤波器对带通外的信号进行极好的隔离,将滤波的信号经功放放大后再次发射到待覆盖区域。在上行链接路径中,覆盖区域内的移动台手机的信号以同样的工作方式由上行放大链路处理后发射到相应基站,从而达到基地站与手机的信号传递。

直放站在放大有用信号的同时需要抑制干扰信号,因此直放站一定是带宽限制的;直放站对有用信号的放大必须是线性的,一方面是为了保证有用信号不失真;另一方面是为了不产生新的可能干扰其他系统的频谱。直放站必须是低噪声系统,以确保不对基站叠加更多的噪声。

2. 分类

直放站的种类根据实际的应用情况,常用的可分为射频直放站(宽带直放站、选频直放站)、光纤直放站、移频直放站、干线放大器。对于其他一些特殊应用场合,也有一些其他种类的直放站。

① 从传输信号来分有 GSM 直放站、CDMA 直放站、WCDMA 直放站、TD-SCDMA 直放站。

② 从安装场所来分有室外型机和室内型机。

③ 从传输带宽来分有宽带直放站和选频(选信道)直放站。

④ 从传输方式来分有无线直放站、光纤传输直放站和移频传输直放站。

(1) 无线直放站(图 7.1)

无线直放站可分为两种:宽带直放站和选频式直放站。

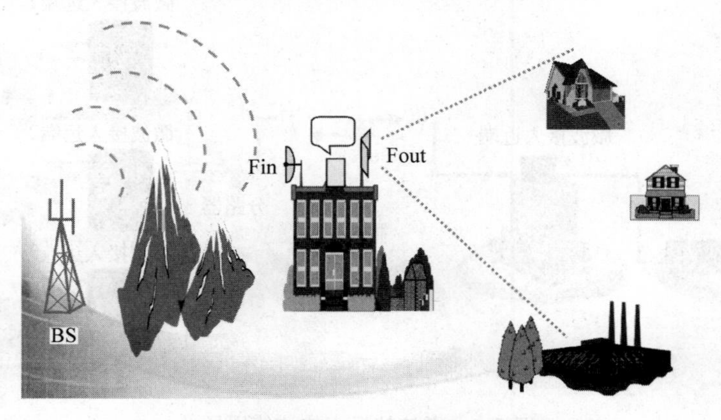

图 7.1 无线直放站在室外覆盖系统中的应用

宽带直放站所谓宽带就是在整个模式的工作带宽内，直放站可以把带宽内所有频点的信号都放大工作，没有限制多少个频点；如联通的工作频带为 909～915MHz（96～124 频点），宽带直放站都能全部放大。

选频直放站是在宽带直放站的基础上选择一个或几个频点来放大工作。频点的选择可以根据具体要求和需要来决定，如果不选择具体的频点，它就是宽带直放站。为了选频，将上、下行频率下变频为中频，进行选频限带处理后，再上变频恢复上、下行频率。

一般来说信号纯净的地方用宽带。信号复杂的地方用选频。

(2) 光纤直放站（图 7.2）

将收到的信号，经光电变换变成光信号，传输后又经电光变换恢复电信号再发出。

图 7.2　光纤直放站在室外覆盖系统中的应用

(3) 移频直放站（图 7.3）

移频直放站将收到的频率上变频为微波，传输后再下变频为原先收到的频率，放大后发

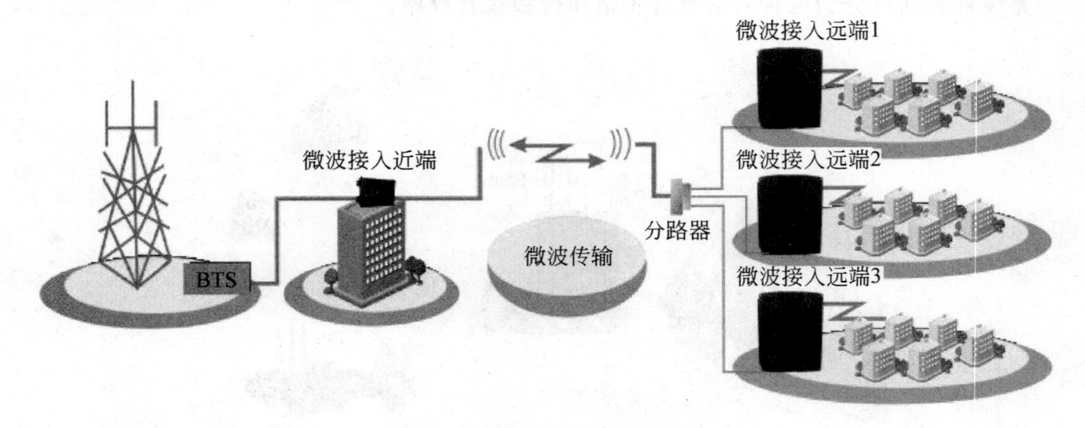

图 7.3　微波拉远直放站使用场景

送出去。移频直放站由主机设备和从机设备(置于需要覆盖区域)组成,主机直接由基站耦合 RF 信号(或由无线接收基站 RF 信号)将基站的载频移到另一频率点上转发给从机,从机再将被移动的频点还原到原基站的频率,从而实现了主机、从机的高隔离度和主机与从机之间的无线连接。

3. 直放站选择原则

根据直放站系列产品的特点和移动通信网络的需求,不同的地理环境及应用场合,系统的解决方案是不同的,这需要认真分析,区别对待。

对于无线直放站来说,信号的隔离显得尤为重要。无线直放站是从空间接收信号,势必要求空间信号尽可能纯净。

在基站较为密集区域,分离不同基站或扇区信号的难度将大大增加,容易使直放站增加对基站干扰。所以在基站较为密集区域,建议尽量采用有线信号的引入方式,如光纤直放站。在不具备使用光纤直放站条件的场所,只能采用无线直放站,但其施主天线必须具有足够的方向选择性。

无线移频直放站可以对覆盖区域进行全向或大角度(大于 90°)覆盖,而无线同频直放站不能达到这样的要求。因此,在对天线隔离度要求较高、设计中隔离度指标难以用工程实施达到的站点,建议使用无线移频直放站。

针对各类地区及应用场所,由于基站的密集性、用户话务量等不同,建议采用如下直放站的选择原则。

(1) 城市密集区

由于用户量大,基站数量较多,一般不存在大范围的信号盲区,直放站只是用于解决小范围区域的补盲以及建筑物内的信号覆盖。在光纤到楼尚未普及的情况下,需采用无线直放站。随着建筑物的增多,所需的直放站数量也会随之增加,就会出现一个基站配置多台直放站的情况。

但直放站的引入必然对基站产生干扰,干扰会随着直放站数量的增多而加大,特别是大功率直放站的引入,会使系统干扰明显加剧。因此,在城市密集区应当采用小功率(1W 以下)直放站。

(2) 城市边缘

在网络建设初期,由于基站数量比较少,可以采用大功率的无线或光纤直放站。城市边缘地区,主要是解决信号覆盖问题。在已铺设光纤的地区最好采用输出功率为 10W 的光纤直放站。

无光纤资源时,可利用无线直放站进行延伸覆盖。采用方向性好的施主天线提取较为纯净的源信号,输出功率为 5～10W,等同于基站的输出,达到较好的覆盖效果。

(3) 郊区、乡村

郊区、乡村主要是解决覆盖问题。在铺设光纤的地区最好采用大功率光纤直放站(10～20W)扩大覆盖范围。

对于无光纤资源但又能收到基站信号的地区,可采用无线直放站解决覆盖问题。特殊情况下,还可采用移频直放站来增加覆盖范围。

7.1.2 直放站工作原理

课前引导单

学习情境七	室内覆盖系统工程及优化	7.1	直放站工程	
知识模块	直放站工作原理		学时	2
引导方式	请带着下列疑问在文中查找相关知识点并在课本上做标记。			

(1) 光纤直放站的组成部分、工作原理、应用场合分别是什么？
(2) 无线直放站分为哪几类？
(3) 无线直放站为什么要注意天线的隔离度？
(4) 移频直放站较无线直放站优势在哪里？
(5) 采用直放站的优势及不足体现在哪几方面？

1. 光纤直放站

光纤直放站与无线直放站的最大区别在于施主基站信号的传输方式上，无线直放站通过接收空间传播的无线信号进行放大，从而扩大基站的覆盖范围。光纤直放站通过光纤进行传输，采用光信号接收器和转换器连接偏远的区域。

(1) 光纤直放站的组成及工作原理(图 7.4)

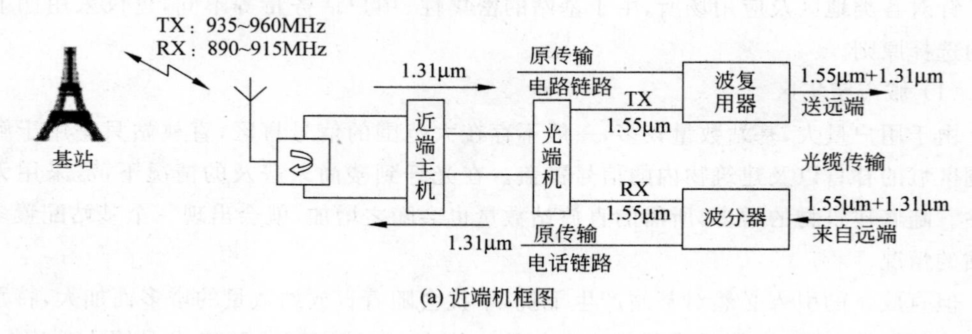

(a) 近端机框图

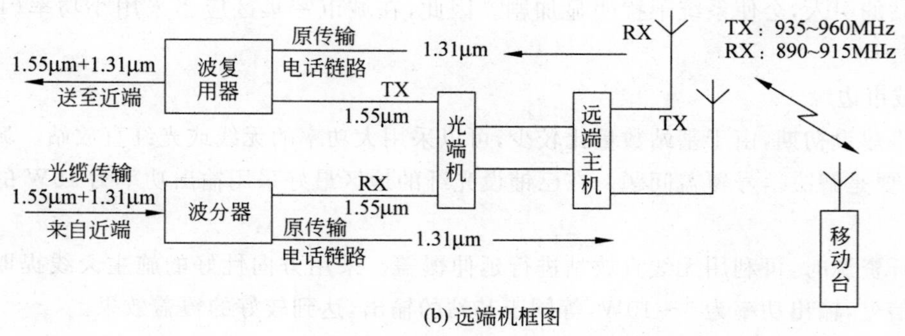

(b) 远端机框图

图 7.4 光纤直放站组成原理图

光纤直放站主要由光近端机、光纤、光远端机(覆盖单元)几个部分组成。光近端机和光远端机都包括射频单元(RF 单元)和光单元。无线信号从基站中耦合出来后，进入光近端机，通过电光转换，电信号转变为光信号，从光近端机输入至光纤，经过光纤传输到光远端机，光远端机把光信号转为电信号，进入 RF 单元进行放大，放大后的信号送入发射天线，覆盖目标区域。上行链路的工作原理一样，手机发射的信号通过接收天线至光远端机，再到近端机，回到基站。

光纤直放站近端机的定向天线收到基站的下行信号送至近端主机，放大后送到光端机内进行电/光转换，发射 1.55μm 和 1.31μm 波长的光信号，再送到光波复用器，同原传输链路的光信号（波长 1.31μm）合在一起经光缆传到远端；远端光波波分器将 1.31μm 和 1.55μm 波长的光信号分开后，让 1.55μm 波长的光信号输入光端机进行光/电转换，还原成下行信号，再经远端主机内部功放放大，由全向天线发射出去送给移动台。移动台的上行信号逆向送到基站，这样就完成了基站与移动台间的信号联系，建立通话。

一个近端机可以接多个（通常 1～4 个）远端机。近端机通常较小，一般装在机柜里。远端机则较大，一般挂墙安装。

（2）特点

光纤直放站与无线直放站的最大差别在于檀越基站信号的传输方法上，光纤直放站通过光纤进行传输，而无线直放站通过空间传布。因此，光纤直放站具有以下特色。

① 工作稳定，覆盖效果好。光纤直放站通过光纤传输信号，不受地理环境、天气变化或施主基站覆盖范围调整的影响，因此工作稳定，覆盖效果好。

② 设计和施工更为灵活。根据无线直放站的工作原理，无线直放站需把施主天线安装在可以接收到 GSM 信号的地方，而且接收信号强度不能小于－80dBm，所以无线直放站一般只能安装在基站覆盖范围的边缘，并向顺着基站覆盖的方向延伸覆盖。同时，为了防止直放站自激，还需保证施主天线和覆盖天线有足够的隔离度。因此，无线直放站的安装位置和方式受到一定限制，而且一般采用定向天线进行覆盖，覆盖范围较小。光纤直放站在设计时无需考虑安装地点能否接收到信号；不需考虑收发隔离问题，选址方便；覆盖天线可根据需要采用全向或定向天线。另外射频信号能够在很小的传送损失的情况下被传送到 20km 的远处，设计和施工的灵活性大。

③ 避免了同频干扰，可全向覆盖，干扰少。光纤直放站是为了扩大移动电话基地站的覆盖范围，把 CDMA 移动电话信号变成光纤后，从基地站传送到远程地区，可使干扰及插入损失减少到最小。

④ 适用于 GSM 宽带信道选择型、CDMA 宽带信道选择型。

⑤ 单级传输距离长达 50km 以上，扩大覆盖范围。

⑥ 可提高增益而不会自激，有利于加大下行信号发射功率。

⑦ 信号传输不受地理条件限制。特别适合边远城镇或地形复杂的山区。

2. 无线直放站

无线（射频）直放站又称无线同频中继放大器，是一种工作于同频全双工状态下的线性选频中继放大器，即运用无线方式接收、放大和传输移动通信信号的一种中继增强设备。

（1）工作原理

在下行链路中，直放站通过施主天线在基站所覆盖的现有区域中拾取信号，通过双工器（Duplexer）、低噪放大器（LNA）、宽带滤波器（BPF）或窄带选频滤波器、高功放（PA）、最后经由双工器传送重发天线、将施主基站的信号覆盖到待覆盖区域。

在上行链路中，覆盖区域内的移动台(手机)的信号以同样的工作方式、沿相反的路径放大处理后通过重发天线发射回相应基站，从而以双工方式实现基站与手机的通信。无线直放机主要应用在将移动通信信号覆盖到阴影区、盲区和封闭区域，如图7.5所示。基站天线如图7.6所示。

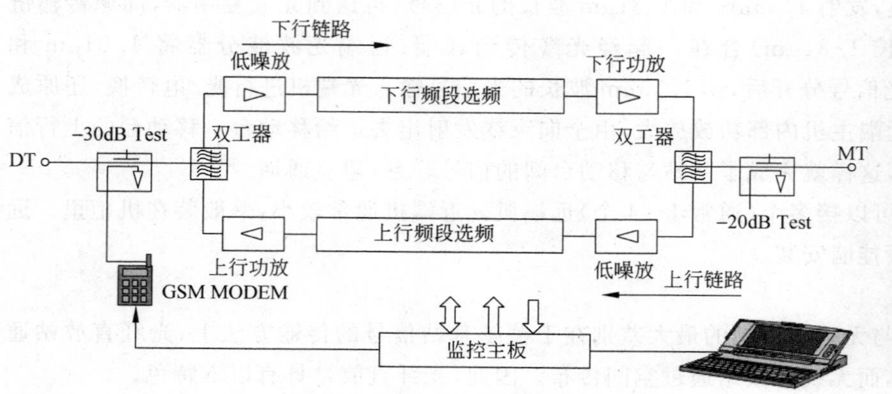

图7.5 选频直放站组成原理图

图7.6 基站天线

(2) 隔离度

无线直放站采用同频放大转发技术，施主天线和重发天线之间收到和发送的频率是一致的，又在开放的环境收发信号，必然存在着信号的空间耦合。如果这种耦合度不控制在一定的范围之内，就有可能引起直放站设备的自激，这将对整个网络造成影响。降低耦合的重要方法是提高隔离度。因此也可以说隔离度问题是用好同频直放站的关键问题。

无线同频直放站的隔离度是指直放站的信号输入端对输出端信号的抑制度(或衰减度)，它取决于施主天线和重发天线的相对位置，也同天线的方位角、前后比等参数有关，由于直放站的上行频率和下行频率之间差别不大，所以上行隔离度和下行隔离度可以近似看成相同。在工程现场，多采用信号源加上频谱分析仪的方法进行现场测试，可以很方便地得到两个天线间的隔离度。

无线同频直放站在应用中最容易出现的问题就是自激，当系统内出现正反馈环路时，就会出现自激，图7.7所示为自激产生原理图。施主天线从施主基站接收频率为 f_1 的下行信号，经增益为 G 的直放站放大后，由重发天线发射出去(同频信号 f_1)。一部分信号再经转发天线的后瓣(旁瓣)耦合到施主天线的后瓣(旁瓣)，再由直放站放大。这样无线同频直放站就形成一个潜在的正反馈环路。

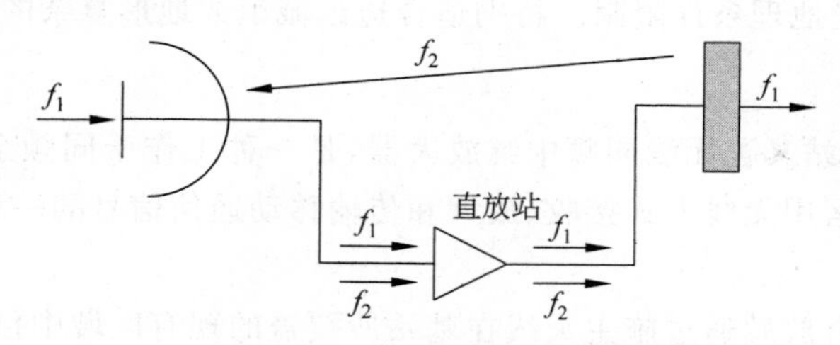

图7.7 自激的产生及隔离度的关系

测试和实践证明：当该环路满足下列关系时直放站才能稳定而可靠地工作，不会产生自激。

$$I-G\geqslant 15$$

式中：I 为施主天线和重发天线之间的隔离度；G 为直放站的增益。

直放站的增益越大，其输出功率就越大，覆盖就越远，同时要求隔离度就要增大，否则就容易引起直放站的自激。因此保证直放站稳定工作的必要条件就是：增益的设置要受到隔离度的限制。

同样的天线，相同的距离，两天线的垂直隔离度(图 7.8)大于水平隔离度(图 7.9)。因此施主天线和重发天线采取垂直安装时，隔离度较容易满足要求。采用水平安装时，隔离度一般不容易满足要求。

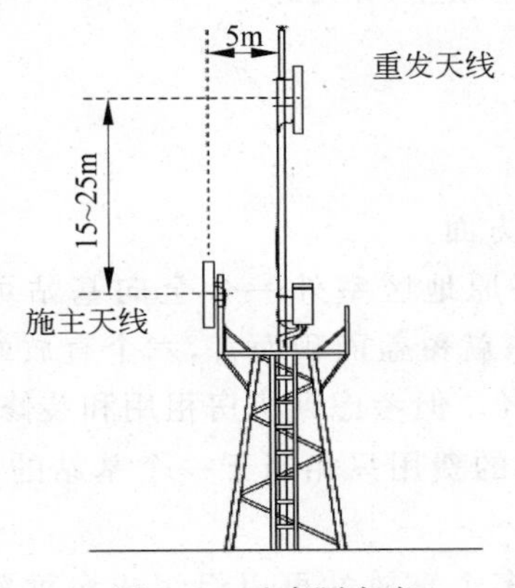

图 7.8　垂直隔离度

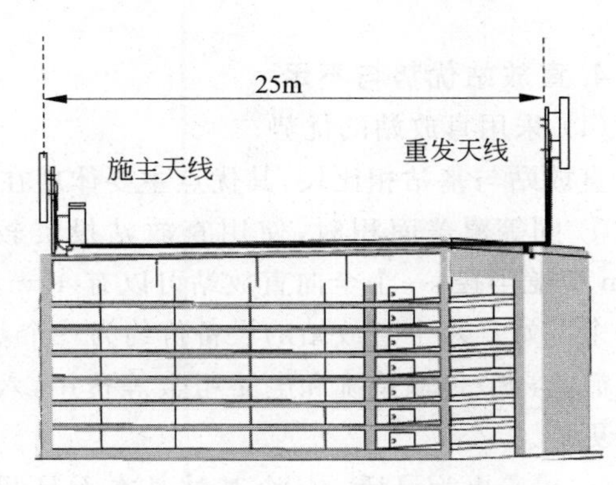

图 7.9　水平隔离度

增大隔离度的主要方法有：选用前后比和旁瓣抑制比大的天线；尽可能增大两天线间的安装距离；两天线尽量采用背对背安装；利用建筑物隔离；微调天线的方位角和倾角；在两天线间安装隔离网；直放站安装时准确地利用施主天线与服务天线旁瓣的凹陷位置；选择具有抗震性能的无线直放站(具有输入/输出干扰抵消技术(IOIC))，抗振措施能使隔离度有30dB 的等效改善，则在大多数情况下可以保证大功率无线直放站的正常使用。

3. 移频直放站(图 7.10)

移频直放站是将收到的频率上变频为微波，传输后再将其下变频为原频率，并经放大器放大转发。移频直放站主要由近端机和远端机两部分组成，近端机从基站耦合下行信号，将信号移频到相应频段内并通过微波天线传输给远端机。远端机把接收到移频后的信号还原成原频段的下行信号并由覆盖天线转发对覆盖区实行全向覆盖；远端机接收覆盖区手机信号也移频到相应的频段，通过微波天线传输给近端机，近端机把接收到移频信号还原为原来频段的上行信号发射给基站，如图 7.11 所示。

与无线同频直放站相比，移频直放站使用了移频技术，使得远端设备的接收信号和发射信号的频率不同，降低了对隔离度的要求，要求较小的收发天线隔离度，就可得到足够的系统增益和输出功率，维护方便，不会引起自激，同时提高了设备的抗干扰能力。但其占有的频率较宽，频率资源利用率较低；由于使用了移频技术设备复杂度高，硬件成本相对也较高。

图 7.10　移频直放站

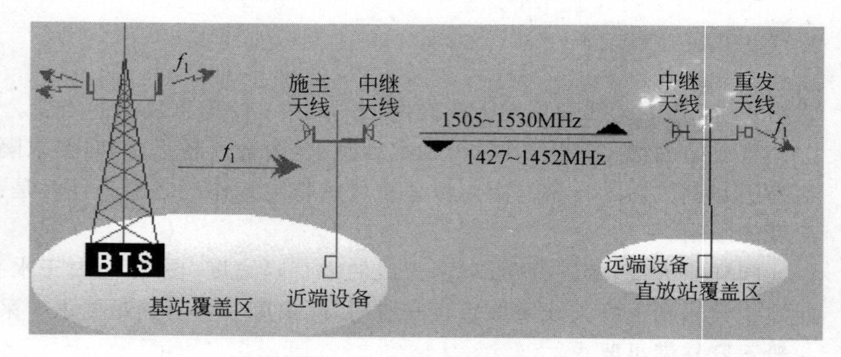

图 7.11　移频直放站用途

4. 直放站优势与不足

(1) 采用直放站的优势

直放站与基站相比较，其优点主要体现在如下几个方面。

① 同等覆盖面积时，使用直放站投资较低。在平原地区室外一个全向基站可以有10km覆盖半径；一个全向直放站可以有4km覆盖半径；就覆盖面积而言，六个直放站相当于一个基站。六个直放站的设备价约为一个基站的80%。但考虑到机房租用和装修、交直流电源、空调、传输系统和电路租金等费用，六个直放站的费用只相当于一个基站的50%，甚至更低。

② 覆盖更为灵活。一个基站基本上是圆形覆盖，多个直放站可以组织成多种覆盖形式。如"一"字形排开，可以覆盖十几至几十千米的路段。也可以组织成"L"形、"N"形和"M"形覆盖，特别适合于山区组网。

③ 在组网初期，由于用户较少，投资效益较差，可以用一部分直放站代替基站。用户发展起来后再更换为基站，替换下来的直放站再进一步放置在更边缘的地区，这样一步步地滚动发展。

④ 由于不需要土建和传输电路的施工，建网迅速。

(2) 采用直放站的不足

直放站与基站相比也有明显的不足，主要表现为以下几点。

① 不能增加系统容量。

② 引入直放站后，会给基站增加约3dB以上的噪声，使原基站工作环境恶化，覆盖半径减少。所以一个基站的一个扇区只能带两个以下的直放站工作。

③ 直放站只能频分不能码分，一个直放站往往将多个基站或多个扇区的信号加以放大。引入过多的直放站后，导致基站短码相位混乱导频污染严重，优化工作困难，同时加大了不必要的软切换。

④ 直放站的网管功能和设备检测功能远不如基站，当直放站出现问题后不易察觉。

⑤ 由于受隔离度的要求限制，直放站的某些安装条件要比基站苛刻得多，使直放站的性能往往不能得到充分发挥。

⑥ 如果直放站自激或直放站附近有干扰源，将对原网造成严重影响。由于直放站的工

作天线较高，会将干扰的破坏作用大面积扩大。CDMA 是一个同频系统，周边的基站均有可能受到堵塞而瘫痪。

由于中国的人口密度很大，直放站和基站的安装比例不应过大，如果没有光纤直放站，只对射频耦合型室外直放站而言，直放站和基站的安装比例应不大于 1。在规划时，直放站作为滚动发展的过渡设备，一次性安装直放站的比率应进一步减少。在大中城市的市区和通话密度较高的地区应不使用射频耦合型室外直放站。

7.1.3　实训单据

（1）依据网优部门主管安排的任务前往直放站安装工程区域采集数据，认真完成直放站工程设计方案和直放站实施方案（下列表格中的数据为参考数据）。

（2）项目经理对工程人员进行工作评价。

（3）学生认真填写教学反馈单。老师认真思考学生提出的问题及建议，提出整改措施，努力提高教学水平。

直放站工程设计方案

工程名称			
设计时间		设计编号	
设计单位		施工单位	
设计人员		联系电话	
工程站点地址			

1. 站点描述

×××××位于处于城市郊区，群山环绕，基站信号被山体阻挡，手机信号较弱。用户大概有 200 户。本次工程拟对该村弱信号区域进行覆盖，覆盖面积约 10000m^2。

（1）施主信源情况描述

接收×××基站信号。

（2）电磁环境描述

该区域信号为弱覆盖区，质差较为严重，通话质量较差。

（3）现场测试数据

（4）现场照片

2. 直放站描述

施 主 天 线					
所在位置					
经纬度		方位角		下倾角	
重 发 天 线					
所在位置					
经纬度		方位角		下倾角	

续表

施主信源						
施主小区名	BCCH	CI/LAC	接收场强	小区载波(TCH频点)		
直放站设备						
主设备类型	功率	数量	功分器	耦合器	天线类型	馈线类型
无线同频直放站	20W	1台	若干	若干	壁挂天线、抛物面天线	1/2馈线
其他情况说明：						

直放站工程实施方案

1. 站点情况概述(请附图)

(1) 自然环境

(2) 覆盖范围

(3) 覆盖指标

测试项目	覆盖率	无线接通率	话音质量良好率	掉话率	边缘场强
承诺指标	100%	98%	96%	≤1%	≥－85dBm

(4) 解决方案

现拟在该区域安装无线直放站，对弱信号区域进行信号覆盖。

2. 设计依据

(1) 各种相关文件标准

① 原邮电部颁布的《900MHzTDMA数字公用陆地蜂窝移动通信网技术体制》(TZ 019—1995)。

② 信息产业部颁布的《900/1800MHzTDMA数字蜂窝移动通信工程设计规范》(YD 5104—2003)。

③ 与中国移动通信集团公司签订的有关合同。

④ 与中国移动通信集团签订的关于直放站及室内覆盖系统建设项目的框架协议。

(2) 移动公司的覆盖要求

① 与中国移动通信集团广东有限公司的方案设计要求，预审、会审要求。

② 参考中国移动通信集团广东有限公司室外覆盖工程设计方案会审规范。

③ 中国移动通信集团广东有限公司云浮分公司室外覆盖工程勘测委托记录表中的建设要求。

④ 参考中国移动通信集团广东有限公司云浮分公司室外覆盖工程设计方案会审规范。

(3) 设计技术指标

① 移动用户的忙时话务量为0.017Erl；

② 无线信道的呼损率取定：

③ 话音信道(TCH)呼损为2%

④ 控制信道(SDCCH)呼损为0.1%；

⑤ 干扰保护比：

⑥ 同频干扰保护比：

⑦ C/I≥12dB(不开跳频)

⑧ C/I≥9dB(开跳频)；

⑨ 邻频干扰保护比：

⑩ 200kHz邻频干扰保护比：C/I≥－6dB

⑪ 400kHz邻频干扰保护比：C/I≥－38dB；

⑫ 无线覆盖区内可接通率：要求在无线覆盖区内的95%位置和99%的时间移动台可接入网络；

⑬ 无线覆盖边缘场强：室内≥－85dBm，电梯≥－90dBm。

续表

⑭ 在基站接收端位置收到的上行噪声电平小于－114dBm；
⑮ 室内天线的发射功率宜在10～15dBm(900MHz)、5dBm左右(3G)/每载波之间，电梯井内天线发射功率可到20dBm/每载波；
⑯ 覆盖区与周围各小区之间有良好的无间断切换；
⑰ 以基站为信号源的室外覆盖系统，覆盖区域内误码率(RxQual)等级为3以下(不包含3)的地方占95%以上；以直放站为信号源的室外覆盖系统，覆盖区域内误码率(RxQual)等级为3以下(不包含3)的地方占90%以上；室外直放站系统，覆盖区域内误码率(RxQual)等级为3以下(不包含3)的地方占90%以上；
⑱ 施主小区在设备安装后比设备安装前的掉话率(非考核掉话率)增加的百分数(以直放站开通前后5天的话务统计的平均值为标准)不超过0.2%，而且安装后的施主基站的掉话率不超过1%。

3. 信源确定

(1) 从话务的增量上考虑

据了解，该区域内用户约有600人，手机拥有率按80%，移动用户按75%计算，忙时话务按0.017Erl计算，该覆盖区内忙时每小时的话务量为

$$600\times80\%\times75\%\times0.017=6.12\text{Erl}$$

新增话务按80%计算，则新增话务量为

$$6.12\times0.8=4.9\text{Erl}$$

而信源基站为12载波，可提供48Erl的话务量，经话务量统计知该小区满足话务要求。

(2) 从隔离度上考虑

在天面接收上接收信号，在室内布放天线，可保证良好的隔离度。

(3) 从抑制其他运营商信号考虑

施主小区的信号最高频点为56，距离联通频段有0.6MHz的间隔。本工程选用的主机带外抑制(－70dBc/2MHz)，不会放大任何其他运营商信号。

综合以上各种因素，选用×××××作为本工程信源小区。

GSM施主信源基站参数为：施主基站名、施主基站BCCH、施主基站BSIC、施主基站CID、施主基站载波数、跳频方式、接收施主基站场强(dBm)、施主天线方位、施主天线与工程点距(km)。

(4) 设备型号的确定

根据覆盖要求采用1台DF900WG05-43型无线同频直放站。所有无源器件均支持2G频段。

4. 设备清单

(1) 主要材料清单(参考)

序号	设备材料名称	型号/规格	单位	数量
1.	无线直放机	20W，GSM900	台	1
2.	室外大功率板状天线	室外板状天线增益15～20dB	副	2
3.	全向吸顶天线	IXD-360V03NN	副	0
4.	1/2″阻燃馈线	HCAAYZ-50-12	m	150
5.	电桥	3dB	个	0
6.	6dB耦合器	200W腔体	个	0
7.	40dB耦合器	200W腔体	个	0
8.	腔体二功分器	WHDSSPQ-2	个	2
9.	负载	5W	个	0
10.	6dB衰减器	6dB衰减器	个	2
11.	1/2″ N母头	1/2″N形 Female	个	2
12.	1/2″ N公头	1/2″N形 Male	个	20
13.	转接头(直角)	转接头(直角)	个	3

续表

(2) 辅料清单(参考)

序号	辅料名称	型号/规格	单位	数量
1	5～10A 电表	6×8(华立)	个	5～10A 电表
2	电表箱	25×15 铁皮箱(基业)	个	电表箱
3	空气开关 10A	松本电工	个	空气开关 10A
4	空气开关盒	松本电工	个	空气开关盒
5	电源线	3×2.5mm^2	m	电源线
6	接地线	16mm^2、铜	m	接地线
7	钢丝绳	/	m	钢丝绳
8	PVC 管	ϕ25mm、塑胶	m	PVC 管
9	线槽	100×(40～60)、塑胶	m	线槽
10	标签	EPSON	个	标签

5. 施工过程

(1) 主要设备安装说明

① 主机安装于××××,设备挂墙安装;

② 外露馈线套 PVC 管走线。

(2) 电源取用情况

用电从附近电箱内选取,具体与业主协商。

(3) 接地情况

主机接电源保护地。

(4) 工艺规范

① 安装室内天线时应戴干净手套操作,保证天线的清洁干净;

② 馈线进出口的墙应用防水、阻燃的材料密封;

③ 无源器件应用扎带,固定件牢固固定,不允许悬空无固定位置;

④ 对每根电缆的两端和每个设备都要贴上标签,标识该设备的名称、编号和电缆的走向。

(5) 工期预计

本工程大概 1 天完成。

(6) 安全施工说明

计划用于本次安全生产的费用:本工程施工集成费为:3960.00 元,安全费用＝施工集成费×1.0%＝39.60 元。

严密的安全检查:

① 施工前,对设备、仪器、工具进行安全检查,确认机械工具无安全隐患,电气工具绝缘良好、接地良好、无漏电和短路情况后才投入使用;

② 施工中,人身安全、设备安全的保证:进驻现场的工作人员,必须戴安全帽,带电、高空作业,需由具有国家承认的操作证的工作人员操作,每日对设备、人身安全等进行检查,将安全隐患消除在萌芽状态;

③ 施工后,对安全情况进行记录,并总结经验。

严格按规范施工:每位人员均需严格按安全规范施工,工程督导随时进行检查,发现违规者立即纠正。

6. 附图

(1) 系统原理图

(2) 安装平面图

完成时间		回执时间	
完成人		联系电话	

室外覆盖工程预算表(参考)

序号			有源设备	型　　号	单位	数量	框架协议价/元	金额/元	备注
1	集采设备总价	集团公司集采设备	干线放大器	WHLA900B20/M24	台	01		—	
2			WFDS系统远单元	GRRU-1022B	台	01		—	
3				合计		0		—	
4			无线直放站	20W,GSM900	台	1			
5			WFDS系统主单元	GRRU-1022A	台	0			
6				合计		1			
7				总计		1			
8			天线类设备	型　　号	单位	数量	框架协议价/元	金额/元	备注
9			对数周期天线	IWH-090/V08-NN	副	0		—	
10			全向吸顶天线	IXD-360V03NN	副	0		—	
11			抛物面天线	抛物面天线增益18dB	副	1			
12				总计		1			
13			集采馈线	型　　号	单位	数量	框架协议价/元	金额/元	备注
14			1/2″阻燃馈线	HCAAYZ-50-12	m	150			
15			7/8″阻燃馈线	HCAAYZ-50-22	m	0			
16				总计		150			
17			无源器件及其他设备	型　　号	单位	数量	框架协议价/元	金额/元	备注
18			电桥	3dB	个	0			
19			6dB耦合器	200W腔体	个	0			
20			10dB耦合器	200W腔体	个	1			
21			40dB耦合器	200W腔体	个	0			
22			腔体二功分器	WHDSSPQ-2	个	1			
23			腔体三功分器	200W.腔体	个	0			
24			腔体四功分器	WHDSSPQ-4	个	0			
25			负载	5W	个	0			
26			6dB衰减器	6dB衰减器	个	2			
27			7/8″N母头	7/8″N形Female	个	0			
28			7/8″ N公头	7/8″N形Male	个	0			
29			1/2″N母头	1/2″N形Female	个	2			
30			1/2″ N公头	1/2″N形Male	个	20			
31			转接头(直角)	转接头(直角)	个	3			
32			安装综合架、柜		个	0			
33			光缆		个	0			
34				总计					
35			集团公司集采设备总价						

续表

序号			名称	型号/规格	单位	数量	框架协议价/元	金额/元	备注
36	集采设备总价	增补集采设备	天线类设备	型　　号	单位	数量	框架协议价/元	金额/元	备注
37			室外大功率板状天线	室外板状天线增益 15～20dB	副	2			
38			总计			2			
39			有源设备	型　　号	单位	数量	框架协议价/元	金额/元	备注
40			室外大功率干线放大器	WHLA900B20/M24	台	0			
41			总计						
42			省公司增补集采设备总价						
43		集采设备总价							
44	辅材总价		辅材名称	规格、材质	单位	数量	框架协议价/元	金额/元	备注
45			5～10A 电表	6×8(华立)	个	1			
46			电表箱	25×15 铁皮箱(基业)	个	1			
47			空气开关 10A	松本电工	个	1			
48			空气开关盒	松本电工	个	1			
49			电源线	$3\times2.5mm^2$	m	20			
50			接地线	$16mm^2$、铜	m	20			
51			钢丝绳	—	m	200			
52			吸顶天线支架	0.5m 以下、镀锌铁	套	0			
53			多用天线支架	1m 以下、镀锌	套	0			
54			八木板状天线支架	6m 以下镀锌	套	0			
55			PVC 管	ϕ25mm、塑胶	m	100			
56			防锈喷漆	—	瓶	0			
57			线槽	100×(40～60)、塑胶	m	40			
58			标签	EPSON	个	1			
59			尾纤	FC/APC，5m；FC/APC，10m、光法兰头	对	0			
60			零星材料	含扎带、螺丝、胶布、防火胶泥等					
61			辅材总价						
62	系统集成费用	勘察设计费	信源勘察设计费	信源部分勘察设计费：2230 元/站					
63			分布系统勘察费	按不同覆盖面梯次计列	覆盖面积/m^2		15000		
64			分布系统设计费	4500×面积难度×楼层难度	楼层数/层		1		
65			勘察设计费						
66		施工集成费	室内天线施工费	按照取费标准计列					
67			室外天线施工费	按 400 元/副计列					
68			馈线施工费	按照取费标准计列					
69			干线放大器施工费	干放施工费＝设备数×180(包含直放机数量)					
70			WFDS 系统主单元	主单元和扩展单元施工费：施工费＝设备数×180					

续表

序号			辅材名称	规格、材质	单位	数量	框架协议价/元	金额/元	备注
71			WFDS 系统远单元	安装 3 个远端单元按 120 元计列；每增加 3 个施工费增加 120 元					
72			系统调测费	按照取费标准计列					
73			安装综合架、柜	按 150 元/架计列		架	0		
74			敷设金属线槽	按 5 元/m 计列					
75			布放接地线、电源线	布放电力电缆按 3 元/1m·条计列					
76			布放光缆	按 3 元/m 计列					
77			安装光缆配线箱	按 110 元/个计列		个	0		
78	系统集成费用	施工集成费	开挖墙洞、开天花检修口费	按 200 元/站计列					
79			光缆槽道开挖	按 10 元/1m 计列		开挖米数/m	0		
80			光纤连接	按 42 元/芯计列：连接裸纤芯每芯每端按 42 元/芯计列		芯	0		
81			联网调测费	新建站按 2700 元/站计列，扩容站不计列(新增或更改信源)					
82			地网	地网：室外站：3500 元/站	站	1	3500		
83			电力造价	电力造价：室外站：33 元/m	m		33		
84			施工集成费						
85		系统集成费用		勘察设计费＋施工集成费					
86	安全生产费用			施工集成费×1％(安全生产费用根据相关规定不参与降点)					
87	物业协调费			按实计列					
88	工程预(结)算	集成单位工程预算		系统集成费用×(1－降点数％)＋辅材费＋安全生产费用＋物业协调费					
89		工程总造价		集成单位工程预算＋集采设备总价					
90		初验工程考核扣款		按实计列					
91		初验预算费用		集成单位工程预算×90％－初验工程考核					
92		监理费		按标准计列：(集采设备总价×0.4＋集成费总额)×3.3％×1.1					

教学反馈单

学习情境七	室内覆盖系统工程及优化				
7.1	直放站工程			学时	6
序号	调 查 内 容	是	否	理由陈述	
1	是否掌握不同直放站工作原理、用途				

续表

序号	调查内容	是	否	理由陈述
2	是否能针对不同区域设计不同的直放站方案			
3	是否能正确预算直放站工程所需费用			

建议与意见：

被调查人签名		调查时间	

评　价　单

学习情境七	室内覆盖系统工程及优化				
7.1	直放站工程		学时	6	
评价类别	项目	子项目	个人评价	组内互评	教师评价
专业能力(70%)	计划准备(20%)	搜集信息(10%)			
		表格制作(10%)			
	实施过程(50%)	预算表是否合理(15%)			
		设计方案完成进度(15%)			
		实施方案完成质量(20%)			
职业能力(30%)	团队协作(10%)				
	对小组的贡献(10%)				
	决策能力(10%)				

评价评语	班级		姓名		学号		总评	
	教师签字		第　组		组长签字		日期	
	评语：							

7.2 室内分布系统工程

随着城市里移动用户的飞速增加以及高层建筑越来越多，话务密度和覆盖要求也不断上升。这些建筑物规模大、质量好，对移动电话信号有很强的屏蔽作用。在大型建筑物的低层、地下商场、地下停车场等环境下，移动通信信号弱，手机无法正常使用，形成了移动通信的盲区和阴影区；在中间楼层，由于来自周围不同基站信号的重叠，产生乒乓效应，手机频繁切换，甚至掉话，严重影响了手机的正常使用；在建筑物的高层，由于受基站天线的高度限制，无法正常覆盖，也是移动通信的盲区。另外，在有些建筑物内，虽然手机能够正常通话，但是用户密度大，基站信道拥挤，手机上线困难。正是在这种背景之下室内覆盖系统产生了。

7.2.1　室内覆盖系统概论

课前引导单

学习情境七	室内覆盖系统工程及优化	7.2	室内分布系统工程	
知识模块	移动通信室内覆盖系统概论		学时	1
引导方式	请带着下列疑问在文中查找相关知识点并在课本上做标记。			

(1) 为什么需要采用室内覆盖系统？
(2) 室内覆盖应用在哪些场所？
(3) 室内覆盖系统作用有哪些？

1. 室内覆盖系统产生背景

由于室内移动通信环境有太多需要完善的地方，所以有必要进行室内覆盖系统建设。

(1) 覆盖方面：由于建筑物自身的屏蔽和吸收作用，造成了无线电波较大的传输衰耗，形成了移动信号的弱场强区甚至盲区，容易出现手机掉网的现象，造成寻呼无响应。

(2) 容量方面：建筑物诸如大型购物商场、会议中心，由于移动电话使用密度过大，局部网络容量不能满足用户需求，无线信道发生拥塞现象。

(3) 质量方面：建筑物高层空间极易存在无线频率干扰，服务小区信号不稳定，出现乒乓切换效应，话音质量难以保证，并出现掉话现象。

目前室内覆盖主要依靠室外现有的网络覆盖的延伸方式，如直放站方式、室外大功率基站方式、天线架高方式。但是这样的解决方式带来以下问题。

(1) 由于穿透损耗大，室内覆盖效果差，存在大量覆盖盲区，无法通话。

(2) 采用直放站方式时，对源信号电平要求高，并且交调干扰和同邻频干扰都比较严重，通话质量难于保证，控制不好，会影响整网的质量。

(3) 采用直放站和室外基站没有根本解决容量问题，网络容量有限，接通率低。

(4) 天线架设太高会带来越区覆盖，影响整网质量。

(5) 室外小区增加频率时，频率规划困难，网络容量增长困难。

2. 室内覆盖场所

(1) 室内盲区

新建大型建筑、停车场、办公楼、宾馆和公寓等。

(2) 话务量高的大型室内场所

车站、机场、商场、体育馆、购物中心等，增加微蜂窝建立分层结构。

(3) 发生频繁切换的室内场所

高层建筑的顶部，收到多个基站的功率近似的信号。

3. 室内覆盖概念

室内覆盖是针对室内用户群、用于改善建筑物内移动通信环境的一种成功的方案，近几年在全国各地的移动通信运营商中得到了广泛应用。

室内覆盖系统为上述问题提供了较佳的解决方案。其原理是利用室内天线分布系统将移动基站的信号均匀分布在室内每个角落，从而保证室内区域拥有理想的信号覆盖，如图7.12所示。

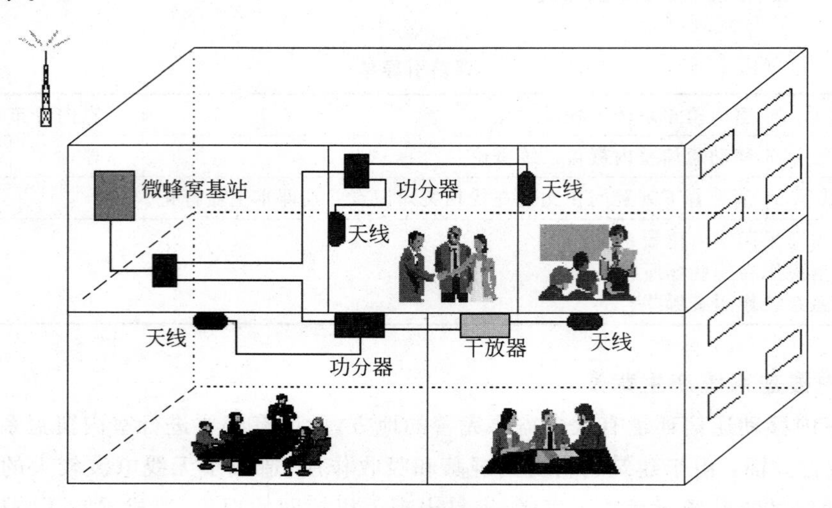

图7.12 室内覆盖模拟图

室内覆盖系统的建设可以较为全面地改善建筑物内的通话质量，提高移动电话接通率，开辟出高质量的室内移动通信区域；同时，使用微蜂窝系统可以分担室外宏蜂窝话务，扩大网络容量，从整体上提高移动网络的服务水平。

7.2.2 室内覆盖接入方式及组成

课前引导单

学习情境七	室内覆盖系统工程及优化	7.2	室内分布系统工程	
知识模块	室内覆盖接入方式及组成		学时	2
引导方式	请带着下列疑问在文中查找相关知识点并在课本上做标记。			

(1) 实现室内覆盖的方法有哪几种？每种方法的特点是什么？
(2) 室内覆盖组成有哪个模块？
(3) 直放站做信号源时有哪几种方式提取信号源？
(4) 信号分布的基本方式有哪几种及各自的应用场合？

1. 实现室内覆盖的方法

实现室内覆盖的技术方案可分为3种。

① 微蜂窝有线接入方式：是以室内微蜂窝系统作为室内覆盖系统的信号源，即有线接入方式，适用于覆盖范围较大且话务量相对较高的建筑物内，在市区中心使用较多，解决覆盖和容量问题。

② 宏蜂窝无线接入方式：是以室外宏蜂窝作为室内覆盖系统的信号源，即无线接入方式，适用于低话务量和较小面积的室内覆盖盲区，在市郊等偏远地区使用较多。

③ 直放站(Repeater)：在室外站存在富余容量的情况下，通过直放站(Repeater)将室外信号引入室内的覆盖盲区。

（1）微蜂窝有线接入方式

改善高话务量地区的室内信号覆盖，微蜂窝是最佳解决方案。与宏蜂窝方式相比，微蜂窝方式是更好的室内系统解决方案。微蜂窝方式的通话质量比宏蜂窝方式要高出许多，对宏蜂窝无线指标的影响甚小，并且具有增加网络容量的效果。

但微蜂窝在室内使用时，受建筑物结构的影响，使其覆盖受到很大限制。对于大型写字楼等，如何将信号最大限度、最均匀地分布到室内每一个地方，是网络优化所要考虑的关键。且微蜂窝方式的弱点在于成本较为昂贵，需要进行频率规划，需要增建传输系统，网络优化工作量大。因此，对宏蜂窝方式或微蜂窝方式的选取，需要综合权衡移动网络和运营商的多方面因素才能定夺。

（2）宏蜂窝无线接入方式

宏蜂窝方式的主要优势在于成本低、工程施工方便，并且占地面积小；其弱点在于对宏蜂窝无线指标尤其是掉话率的影响比较明显。

目前，采用选频直放站并增加宏蜂窝的小区切换功能可以缓解这一矛盾，当对应的宏蜂窝频率发生变化时，直放站选频模块需要作相应调整。

随着运营商对成本和网络资源利用率的注重，宏蜂窝方式在最近出现升温的势头。

（3）直放站(Repeater)

在室外站存在富余容量的情况下，通过直放站(Repeater)将室外信号引入室内的覆盖盲区。

利用微蜂窝解决室内问题也存在很大的局限性。建设微蜂窝的设备投入与工程周期都较大，只适合在话务量集中的高档会议厅或商场使用。在这种情况下，直放站(Repeater)以其灵活简易的特点成为解决简单问题的重要方式。直放站不需要基站设备和传输设备，安装简便灵活，设备型号也丰富多样，在移动通信中正扮演越来越重要的角色。

（4）使用微蜂窝和直放站的比较（表7.1）

表7.1　微蜂窝和直放站比较

比较因素	微蜂窝	直放站
1. 是否增加容量	根据需要增加容量	不能增加容量
2. 信号质量	好	一般
3. 设置优先级	可以	不可以
4. 对网络的影响	小	控制不好影响很大
5. 是否需要传输设备	需要	不需要
6. 是否需要重新频率规划	需要	不需要
7. 是否需要调整参数	需要	支持
8. 是否支持容量动态分配	不支持(容量预分配)	支持
9. 是否支持多运营商	不支持	支持
10. 是否支持多频、多系统环境	不支持	支持
11. 安装时间	较长	较短
12. 投资	较多	较少

2. 室内覆盖系统的组成

室内覆盖系统主要由信号源和信号分布系统两部分组成，如图7.13和图7.14所示。

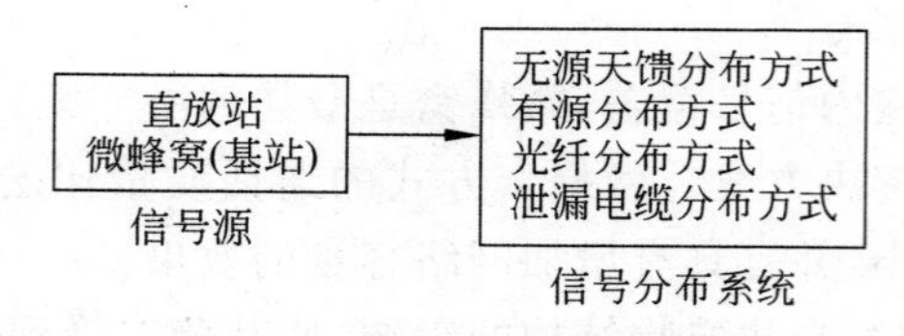

图7.13 室内覆盖系统的组成

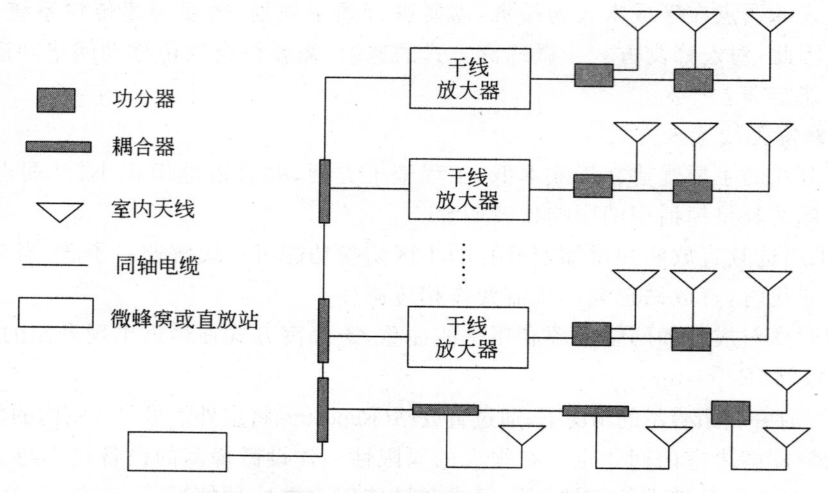

图7.14 室内覆盖组成模块及工作原理结构图

(1) 信号源

室内分布系统中信源主要包括宏基站、微基站、拉远型基站和直放站4种。

① 宏基站信源：主要应用在话务量高、覆盖区域大、具备机房条件的高档写字楼等大型商场、星级酒店、奥运体育场馆等重要建筑物。

② 微基站信源：主要应用在中等话务量、中小型建筑物。

③ 拉远型信源：为大容量基站，主要应用在话务量较高的写字楼、商场、酒店等重要建筑物，尤其适合建筑群的覆盖。

④ 直放机信源：主要应用在覆盖区域分散的小区，补充盲覆盖的电梯、地下室等场所。

3G网络与2G网络的区别：由于3G网络工作在2000MHz频段，电波的传播损耗比2G频段大，信号穿透能力比2G频段弱，而且3G的高速数据业务需要更强的信号强度和信号质量，单靠室外宏基站解决室内覆盖已不能满足要求，在高层建筑的低层深处、地下车库常常存在局部盲区，通常需要建设有源和无源的室内分布系统，主要有BBU＋RRU方案。

下面主要介绍两种信源基站的接入方式：直放站做信号源、微蜂窝做信号源。

① 直放站做信号源。直放站即信号源为无线连接，通过施主天线接受空中信号，再放大信号，包括：通过直放站的施主天线直接从附近基站提取信号；用耦合器从附近基站耦合部分信号通过光纤传送到盲区内的直放站；用耦合器从附近基站耦合部分信号通过电缆传送到盲区内的直放站。

a. 通过直放站的施主天线直接从附近基站提取信号(图7.15、图7.16)。

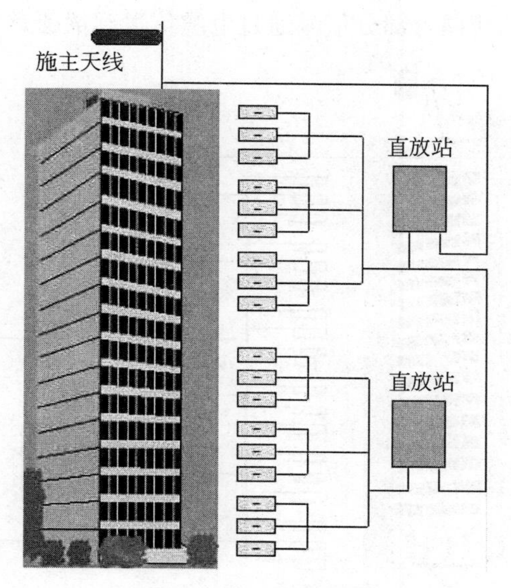

图 7.15　室内直放站

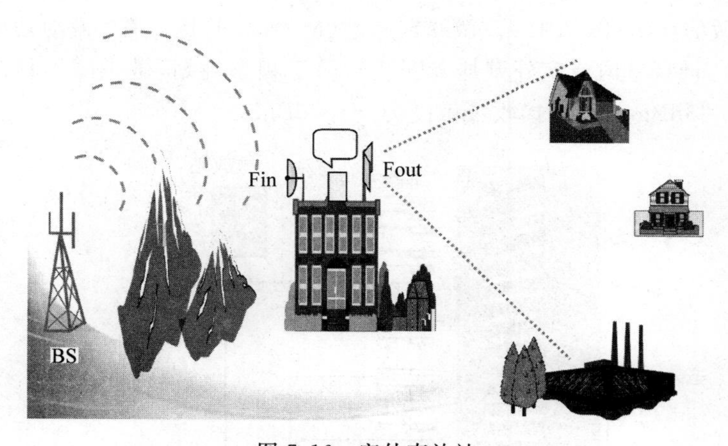

图 7.16　室外直放站

b. 用耦合器从附近基站耦合部分信号通过光纤传送到欲覆盖区的直放站(图 7.17)。

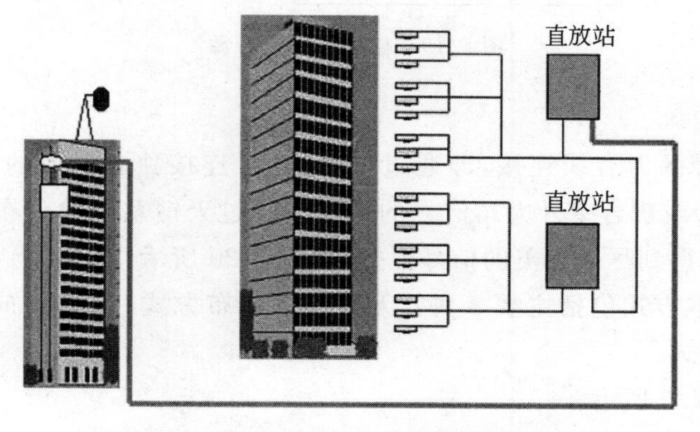

图 7.17　通过光纤传送到欲覆盖区

c. 用耦合器从附近基站耦合部分信号通过电缆传送到欲覆盖区的直放站(图7.18)。

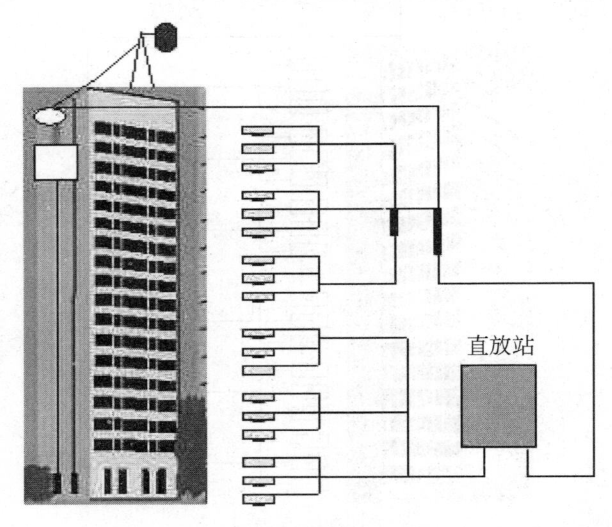

图7.18 通过电缆传送到欲覆盖区

② 微蜂窝做信号源(图7.19)。微蜂窝基站(Microcell)特点有：发射功率小(一般最大2W/载波),安装简便(室内或室外壁挂式安装),易于频率规划,微小区不易产生频率干扰,最大发射功率为33dBm/载波,接收灵敏度为−107dBm。

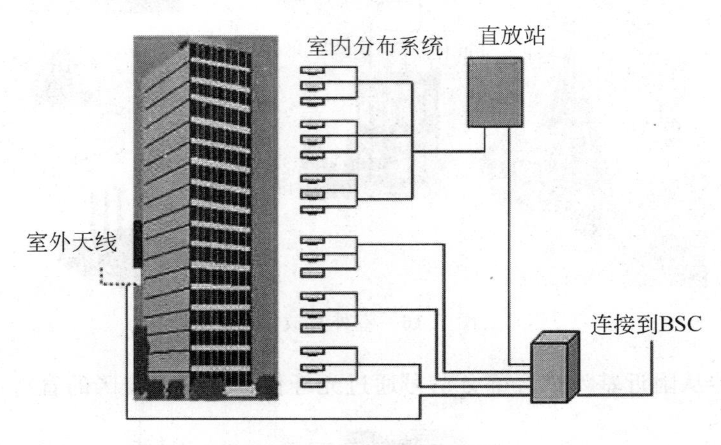

图7.19 微蜂窝做信号源

(2) 室内分布系统

分布系统：信号源为有线连接,即通过馈线、光纤连接独立使用的主设备(RBS6601/RBS2206/RBS2302)或耦合室外大站信号的方式。通过天馈系统的分布,将信号送达建筑物内的各个区域,以得到尽善尽美的信号覆盖,如图7.20所示。

信号分布的基本方式包括主要4种：无源天馈分布方式、有源分布方式、光纤分布方式、泄漏电缆分布方式。

其优缺点如表7.2所示。

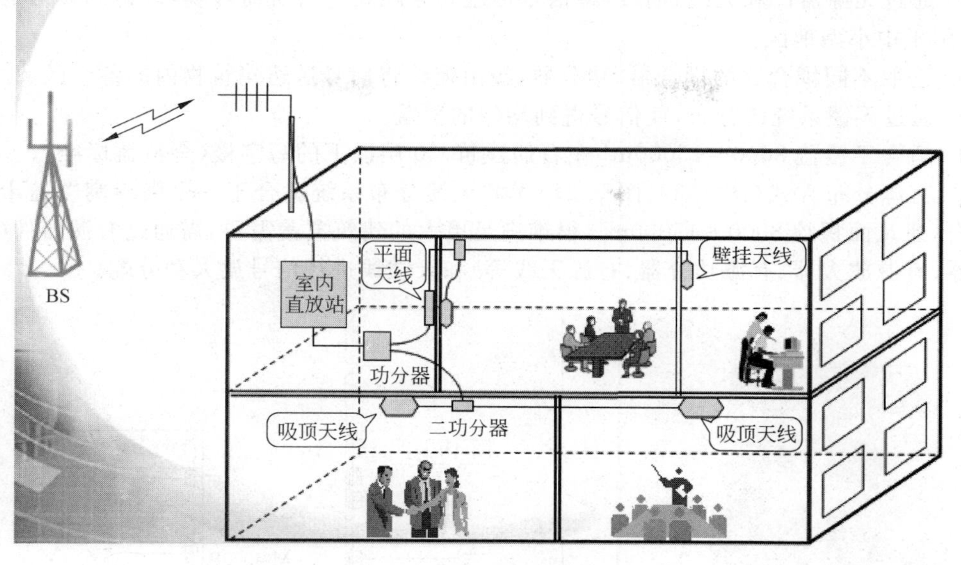

图 7.20　天馈系统的分布

表 7.2　分布方式比较

信号分布方式	优　点	缺　点
无源天馈分布方式	成本低、无源器件、故障率低、无需供电、安装方便、无噪声累积、宽频带	系统设计较为复杂、信号损耗较大时需加干放
有源分布方式	设计简单、布线灵活、场强均匀	频段窄、多系统兼容难，需要供电，故障率高，有噪声积累，造价高
光纤分布方式	传输距离远、布线方便、传输质量好	造价高
泄漏电缆分布方式	场强分布均匀、可控性高、频段宽、多系统兼容性好	造价高、传输距离远

① 无源天馈分布方式(图 7.21、图 7.22)

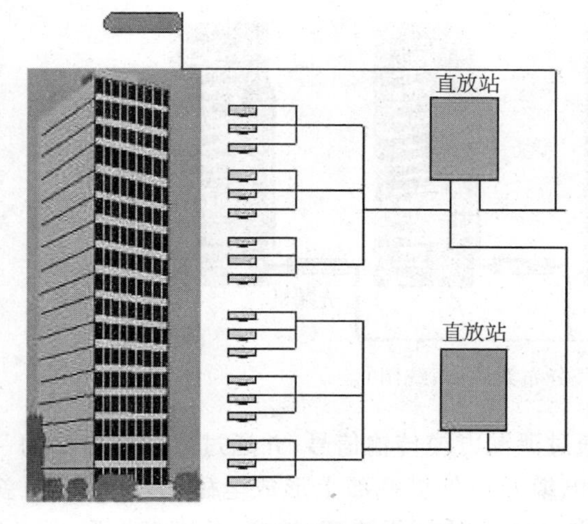

图 7.21　无源天馈分布方式

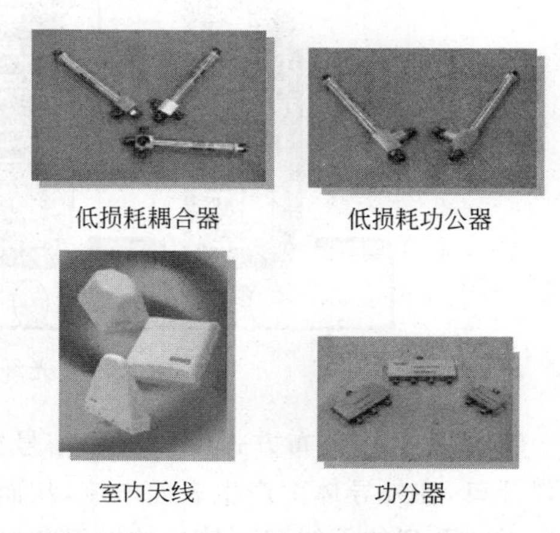

图 7.22　无源天馈分布系统常用器件

a. 通过无源器件和天线、馈线，将信号传送和分配到室内所需环境，以得到良好的信号覆盖，用于中小型地区。

b. 选取不同耦合比的耦合器、功分器，经由馈线将信号送达建筑物内的各个区域。

c. 通过天馈系统的分布，使信号得到均匀的覆盖。

d. 适合于覆盖8000～15000m^2左右的建筑，20层以下的写字楼(全覆盖标准)。

② 有源分布方式(图7.23、图7.24)无源天馈分布系统适合于一个微蜂窝覆盖十几层楼左右，建筑面积约8000～15000m^2，很难满足更大的建筑覆盖需要，需通过有源器件(有源集线器、有源放大器、有源功分器、有源天线等)和天馈线进行信号放大和分配。

图7.23 功率直放站

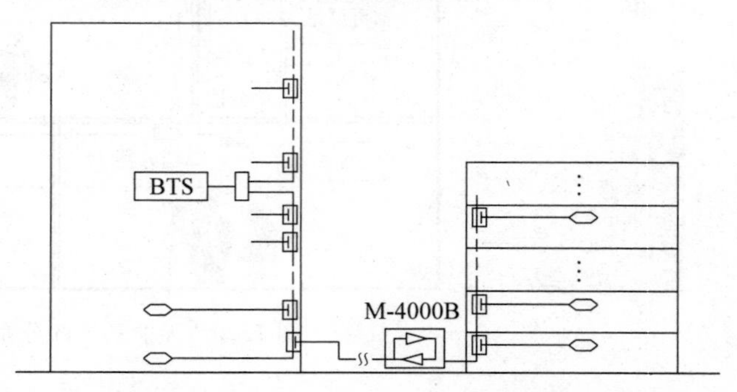

图7.24 M-4000B GSM功率直放站用于区域覆盖

对于较大型的建筑覆盖，需增加干线放大器或微蜂窝干放(均需额外供电)，以补偿信号在传输过程中的损耗。

③ 光纤分布方式(图7.25～图7.27)。

a. 主要利用光纤来进行信号分布。适合于大型和分散型室内环境的主路信号的传输。

b. 同轴电缆：布线困难、损耗大，不适用于长距离传输信号。

c. 光纤：传输损耗小，布线方便，适合远距离信号传输，适用于大型写字楼、高层酒店、地下隧道的信号覆盖。

d. 传输距离远(单模光纤>3km，多模光纤≤1km)

e. 使用非金属软光缆，布线方便。

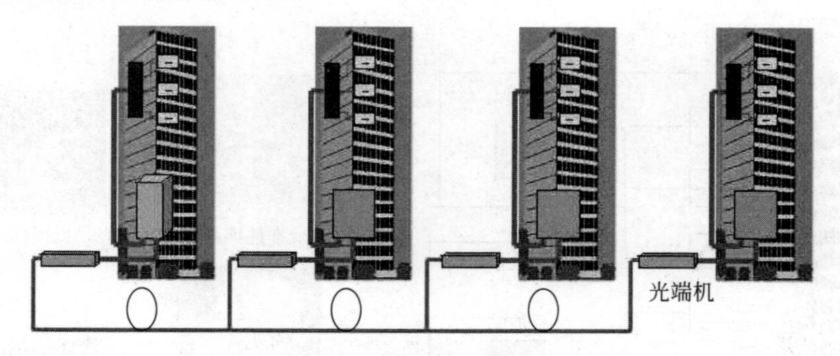

图7.25 光纤信号分布系统(系统图)

④ 泄漏电缆分布方式(图7.28)信号源通过泄漏电缆传输信号，并通过电缆外导体的一系列开口，在外导体上产生表面电流，从而在电缆开口处横截面上形成电磁场，这些开口就相当于一系列的天线起到信号的发射和接收作用。它适用于隧道、地铁、长廊等地形。

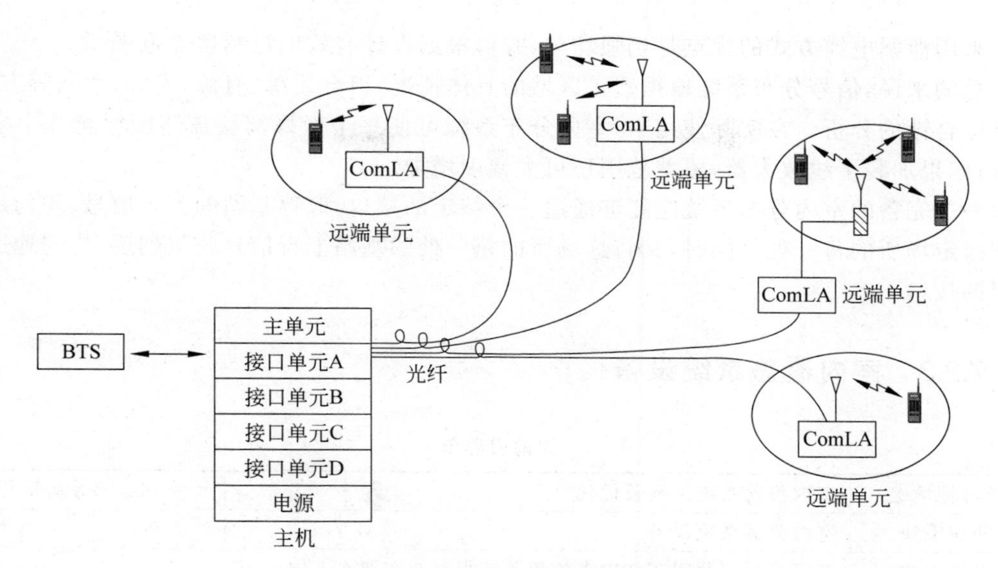

图 7.26　光纤信号分布系统(原理图)

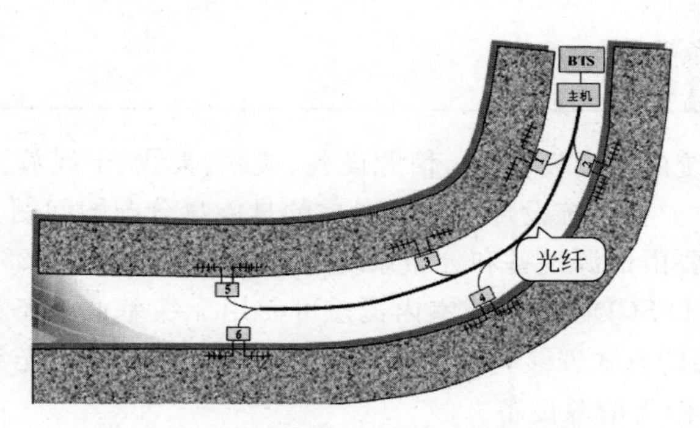

图 7.27　光纤信号分布系统(隧道的覆盖)

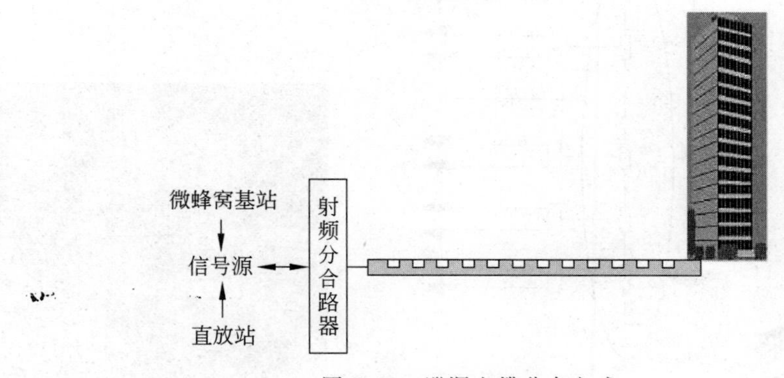

图 7.28　泄漏电缆分布方式

下行信号经室外定向天线接收,放大器放大,由泄漏电缆传输并同时向覆盖面反射;反之,上行信号由泄漏电缆耦合接收、传输。

泄漏电缆微型室内信号放大器位置主要由传输长度确定,即一定强度的信号进入电缆后,在一定覆盖场强的要求下能传输多长距离,或者说在传输电路什么位置上需加入放大器。

采用泄漏电缆方式的优点是场强均匀，并可根据设计有效地控制覆盖范围。

总的来说，信号分布系统根据覆盖区域的具体情况，组合无源、有源、光纤、泄漏等方式，进行综合性的分析。在实际使用中，室内分布系统可使每个微蜂窝覆盖范围增至几十层楼左右；如果加装干线放大器，覆盖范围还可大幅度增加。

一个完备的室内分布系统应能够通过一个特定的接口，取得基站的下行信号，均匀地分布到指定场所的每一处。同时，又将这场所的每一处的基站上行信号收集到后，均匀地送达特定的接口。

7.2.3 室内覆盖系统设备

课前引导单

学习情境七	室内覆盖系统工程及优化	7.2	室内分布系统工程	
知识模块	室内覆盖系统设备		学时	2
引导方式	请带着下列疑问在文中查找相关知识点并在课本上做标记。			

(1) 常见的信源设备有哪些？
(2) 分布系统由哪些设备组成？
(3) 各种天线的运用场合？

构成室内分布系统的主要设备是：信源设备、馈线、天线、干线放大器、延长放大器以及耦合、功分等无源器件。在系统设计上主要考虑的是能量分配的问题。

室内分布系统主要由信源设备和分布系统两部分组成，如图7.29所示。

(1) 信源设备：TD-SCDMA系统室内覆盖可使用无线基站设备(BBU＋RRU)作为信源设备，通常采用挂墙的方式安装，如图7.30所示。GSM可使用光纤直放站(图7.31)和无线直放站(图7.32)作为信源设备。

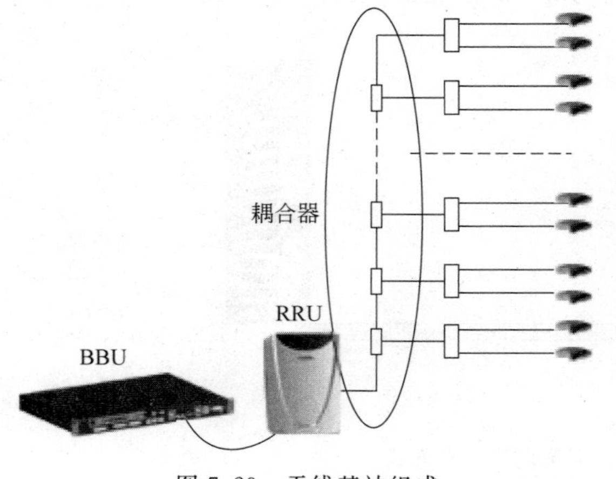

图7.29 无线基站组成

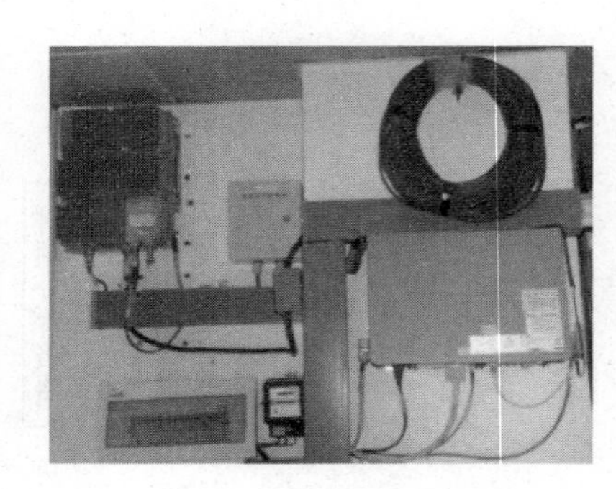

图7.30 信源设备挂墙

(2) 分布系统设备：一般由馈线、功分器、耦合器、室内天线组成，如图7.33～图7.36所示。

图 7.31　光纤直放站

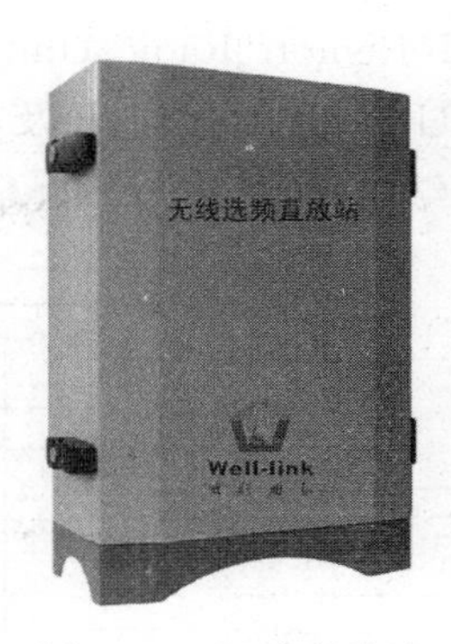

图 7.32　无线直放站

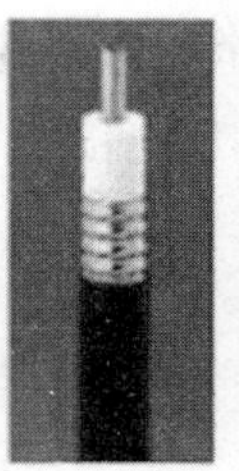

(a) 1/2馈线

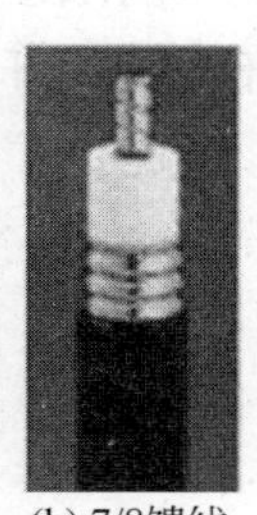

(b) 7/8馈线

图 7.33　馈线

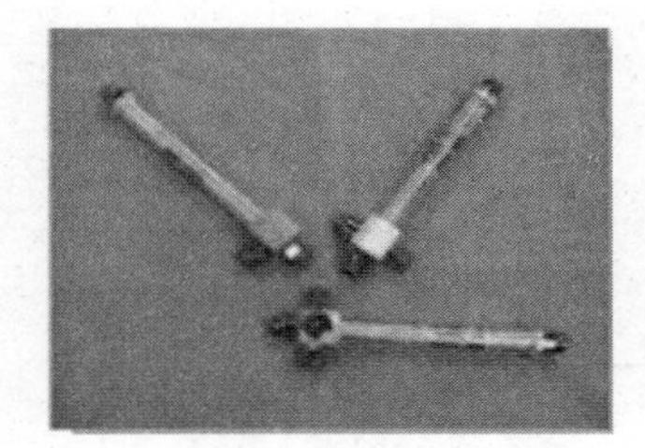

图 7.34　低损耗耦合器

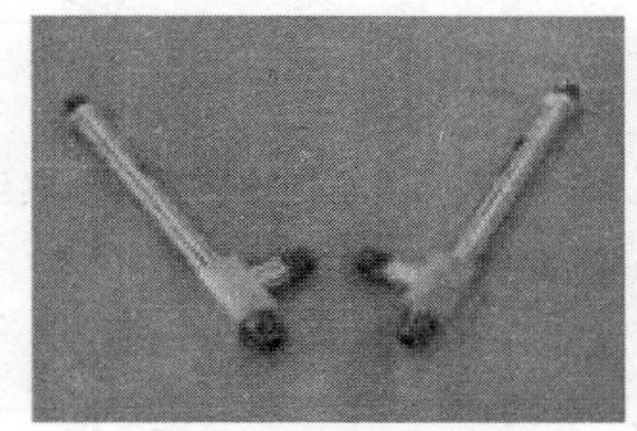

(a) 低损耗功分器

(b) 功分器

图 7.35　功分器

(a) 宽频吸顶天线

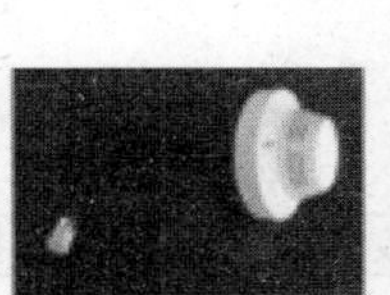

(b) 隐蔽吸顶天线(烟感器)

(c) 超薄吸顶天线

(d) 宽频八木天线

(e) 宽频壁挂天线

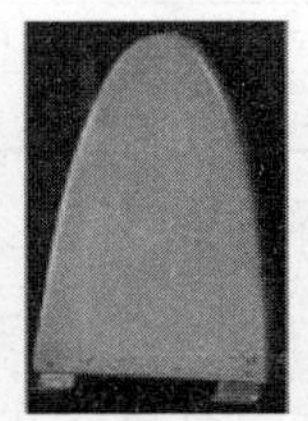

(f) 宽频对数周期天线

(g) 宽频全向天线

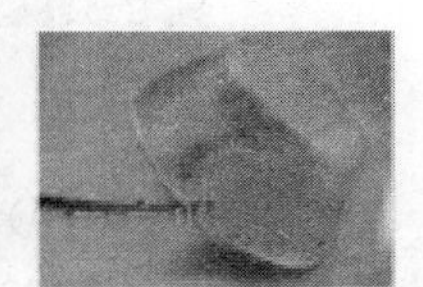

(h) 定向吸顶天线

图 7.36　各种类型室内天线

1. 信源设备

(1) BBU＋RRU 解决方案

采用 BBU＋RRU 多通道方案，可以很好地解决大型场馆的室内覆盖。

BBU＋RRU 方案采用光纤传输的分布方式。基带 BBU(Building Baseband Unit，室内

基带处理单元)集中放置在机房,RRU(Remote Radio Unit,远端射频模块)可安装至楼层,BBU与RRU之间采用光纤传输,RRU再通过同轴电缆及功分器、耦合器等连接至天线,即主干采用光纤,支路采用同轴电缆,其结构如图7.37所示。

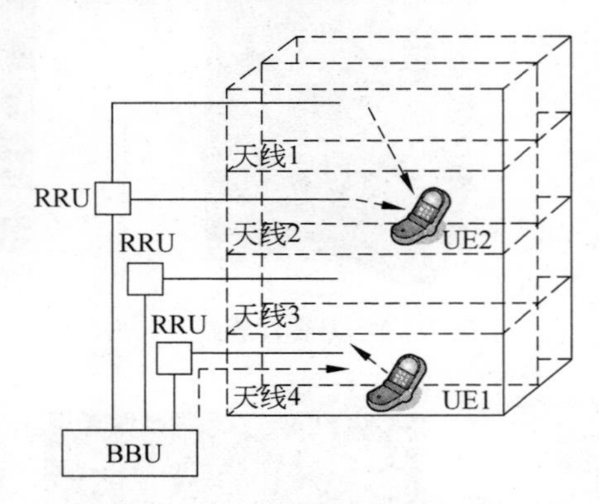

图7.37 RRU+BBU方案结构图

① BBU(图7.38)

参数名称	指　标
尺寸	483mm×310mm×88mm
满配重量	10kg
安装方式	挂墙、19寸机柜安装
功耗	297W

图7.38 BBU及其参数指标

② RRU(图7.39)

参数名称	指　标
尺寸	385mm×280mm×120mm
重量	13kg
安装方式	挂墙、抱杆安装
功耗	148W

图7.39 RRU及其参数指标

(2) 直放站(图7.40)

直放站的基本功能就是增强射频信号功率。直放站在下行链路中,由施主天线现有的覆盖区域中拾取信号,通过带通滤波器对带通外的信号进行隔离,将滤波的信号经功放放大后再次发射到待覆盖区域。在上行链接路径中,覆盖区域内的移动台手机的信号以同样的工作方式由上行放大链路处理后发射到相应基站,从而达到基地站与手机的信号传递。

直放站是一种中继产品,衡量直放站好坏的指标主要有智能化程度(如远程监控等)、低IP3(无委规定小于−36dBm)、低噪声系数(NF)、整机可靠性、良好的技术服务等。

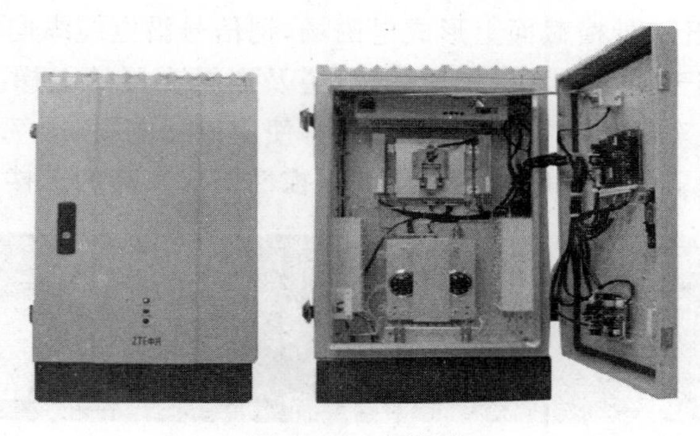

图 7.40　直放站

使用直放站作为实现“小容量、大覆盖”目标的必要手段之一，主要是由于使用直放站一是在不增加基站数量的前提下保证网络覆盖；二是其造价远远低于有同样效果的微蜂窝系统。直放站是解决通信网络延伸覆盖能力的一种优选方案。它与基站相比有结构简单、投资较少和安装方便等优点，可广泛用于难于覆盖的盲区和弱区，如商场、宾馆、机场、码头、车站、体育馆、娱乐厅、地铁、隧道、高速公路、海岛等各种场所，提高通信质量，解决掉话等问题。

2. 分布系统设备

(1) 馈线

射频电缆用作室内分布系统中射频信号的传输，室内分布系统是利用微蜂窝或直放站的输出，再加上射频电缆通过天线来覆盖一座大厦内部，射频电缆主要工作频率范围是100～3000MHz。

常用的射频电缆编织外导体射频同轴电缆(图 7.41)如 5D、7D、8D、10D、12D 这几种，其特点是比较柔软，可以有较大的弯折度，适合室内的穿插走线。皱纹铜管外导体射频同轴电缆(图 7.42)如 1/2、7/8 等型号，其电缆硬度较大，对于信号的衰减小，屏蔽性也比较好，较多用于信号源的传输，其尺寸如表 7.3 所示。超柔射频同轴电缆用于基站内发射机、接收机、无线通信设备之间的连接线(俗称跳线)，超柔射频同轴电缆弯曲直径与电缆直径之比一般小于 7。

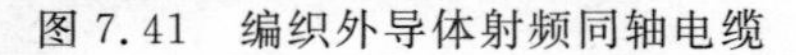

图 7.41　编织外导体射频同轴电缆

图 7.42　皱纹铜管外导体射频同轴电缆

表 7.3　馈线尺寸　　单位：mm

参数名称		1/2 馈线	7/8 馈线
尺寸	内导体外径	4.8	9
	外导体外径	13.7	24.7
	绝缘套外径	16	27.75

泄漏电缆是由同轴电缆上分装多路天线演变出来的连续天线。信号源通过泄漏电缆把信号传送到建筑物内各个区域，同时通过泄漏电缆外导体上的一系列开口，在外导体上产生

表面电流，从而在电缆开口处横截面上形成电磁场，把信号沿电缆纵向均匀地发射出去和接收回来。泄漏电缆适用于狭长形区域如地铁、隧道及高楼大厦的电梯。特别是在地铁及隧道里，由于有弯道，加上车厢会阻挡电波传输，只有使用泄漏电缆(图 7.43)才能保证传输不会中断。也可用于对覆盖信号强度的均匀性和可控性要求较高的大楼。

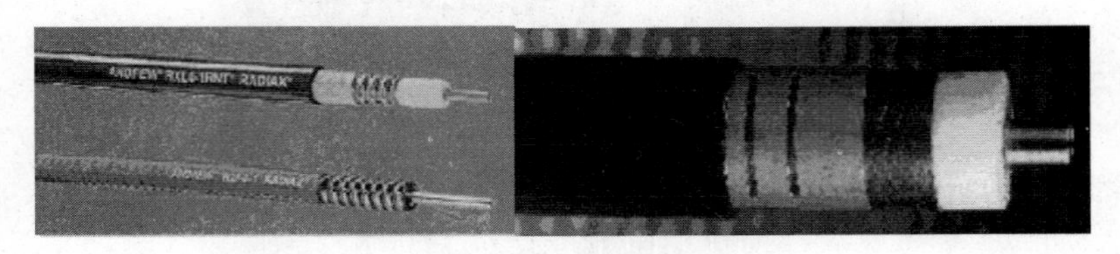

图 7.43　泄漏电缆

(2) 功分器

功率分配器(简称功分器)的主要功能是将信号平均分配到多条支路，常用的功分器有二功分(图 7.44)、三功分(图 7.45)和四功分。使用功分器时，若某一输出口不接基站输出信号，则必须接匹配负载(即负载电阻)，不应空载。

图 7.44　二功分器

图 7.45　三功分器

(3) 定向耦合器

定向耦合器是一种低损耗器件，它接收一个输入信号而输出两个信号，如图 7.46 所示。

① 特性。

a. 输出的幅度不相等。主线输出端为较大的信号，基本上可以看做直通，耦合线输出端为较小的信号，耦合线上较小信号对主线信号幅度之比叫做“耦合度”，用 dB 表示。

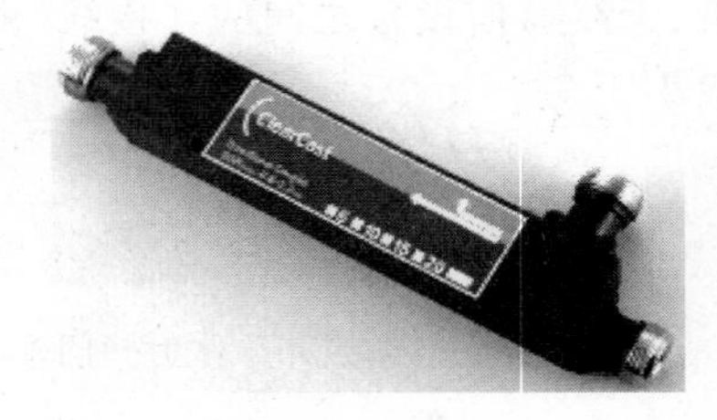

图 7.46　耦合器

耦合端口功率＝输入功率－耦合度

例如，一个 10dB 的定向耦合器，输入功率为 30dBm(1W)，那么它的输出端输出功率为 30dBm，耦合端的输出功率为 20dBm。

b. 主线上的理论损耗决定于耦合线的信号电平，即决定于耦合度。

c. 主线和耦合线之间高度隔离。

② 定向耦合器的主要作用。

a. 信号注入。

b. 信号发生器的调整。

c. 功率流动的监视。

d. 测量入射功率和反射功率，以测定驻波比。

e. 信号取样；定向耦合器（从基站引出下行信号，并将上行信号送入基站）。

f. 基站直接耦合，从基站的收、发端口用耦合器分配一定比例的信号，送入室内分布系统进行信号分配。

(4) 天线（见表 7.4）

表 7.4　各种室内天线特性

特　　性	吸顶天线	壁挂天线	八木天线	抛物面天线
特点	水平方向全向天线	适合覆盖长形走廊	方向性较好，适用做施主天线	方向性好，增益高，对于信号源的选择性很强，适用做施主天线
频率范围	全频	全频	单频	单频
增益/dBi	3	7	14	25
极化形式	垂直极化	垂直或水平	垂直或水平	垂直或水平
VSWR	≤1.5	≤1.5	≤1.5	≤1.4
前后比/dB		≥23	≥18	≥30
最大输入功率/W	50	50	50	200
阻抗/Ω	50	50	50	50
水平 3dB 带宽/(°)	360	90	35	10
垂直 3dB 带宽/(°)	90	60	35	10
用途	重发天线	重发天线	施主天线	施主天线
外形				

分布系统中各设备的作用如图 7.47 所示。

3. 其他设备

其他辅助设备包括：合路器、电桥、干线放大器。

(1) 合路器（图 7.48、图 7.49）

合路器主要用做将多系统信号合路到一套室内分布系统。在工程应用中，需要将 800MHz 的 C 网和 900MHz 的 G 网两种频率合路输出。采用合路器，可使一套室内分布系统同时工作于 CDMA 频段和 GSM 频段。

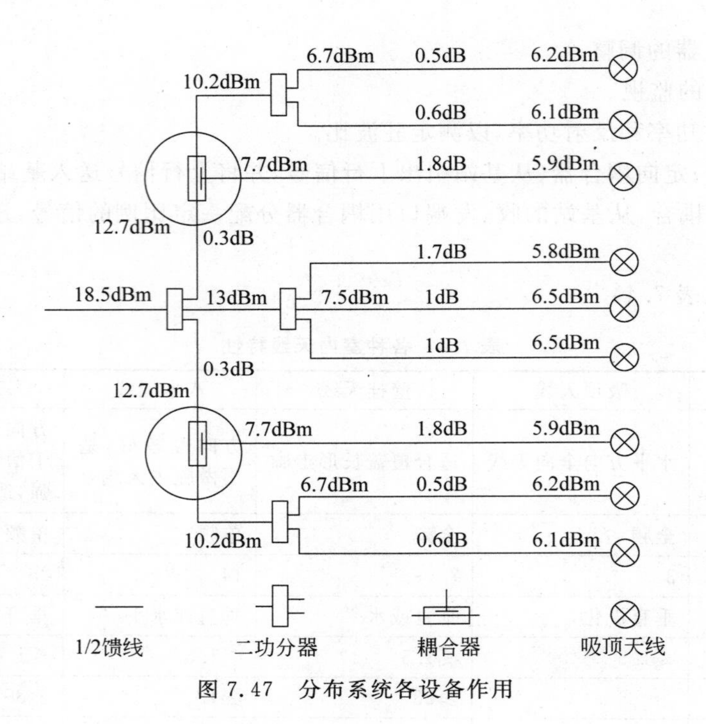

图 7.47 分布系统各设备作用

图 7.48 合路器

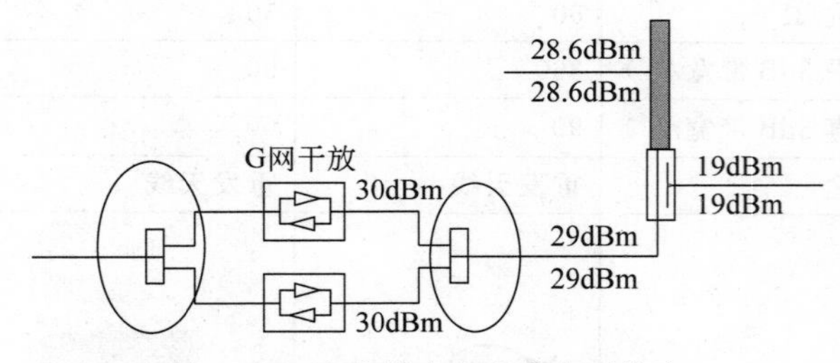

图 7.49 合路器在室内分布系统中

(2) 电桥(图 7.50、图 7.51)

电桥常用来将两个无线载频合路后馈入天线或分布系统,通常为 Rx 和 Tx,其 LOAD 端接 50Ω 负载,信号合路后有 3dB 损耗。在室内分布应用中,有时两个输出端口都要用到,这时就不需要负载,也无 3dB 损耗。在设计时,应特别注意两输入端口的最大隔离度以满足互调的要求。

图 7.50 电桥

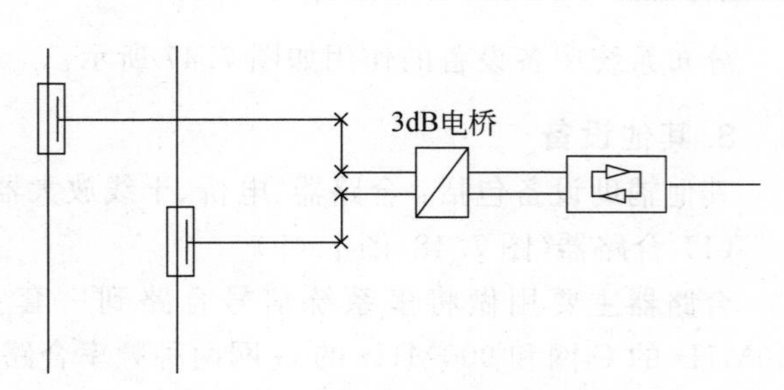

图 7.51 电桥在室内分布系统中

(3) 干线放大器(图 7.52、图 7.53)

干线放大器一般主要用于配合微蜂窝基站或直放站解决室内信号盲区的设备，干线放大器采用双端口全双工设计，内置电源，安装方便，可靠性高，数字与模拟系统兼容。若作为分布式室内覆盖系统使用，它们也可用作线路中继放大或延伸放大，覆盖区域面积可达数万平方米。

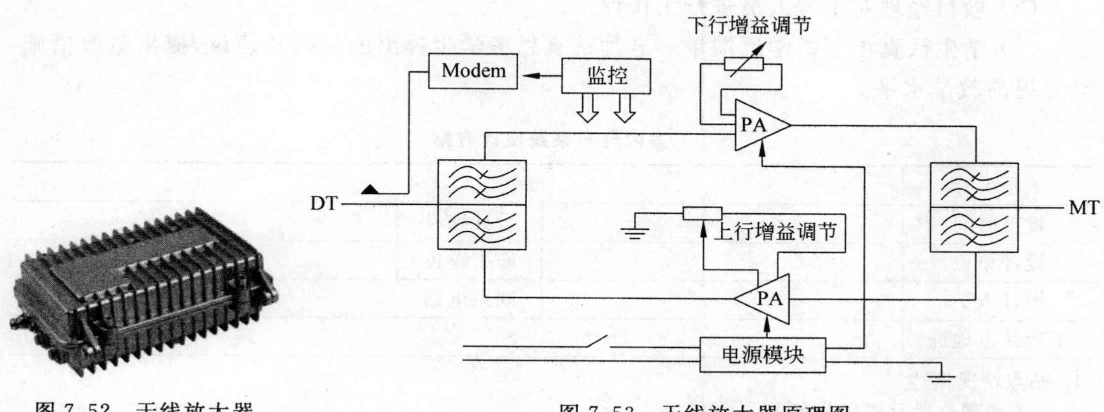

图 7.52　干线放大器

图 7.53　干线放大器原理图

① 工作原理。

a. 下行链路：从主干电缆来的下行链路信号 800MHz、900MHz、1800MHz 经输入端口(DLin)进入主机，经下行放大器 PA 放大后，再由输出端口(DLout)输出，送往主干电缆。下行链路放大器(PA)增益可调范围大于 20dB，配合系统设计，下行增益可微调。下行功放带有自动电平控制电路(ALC)，当输入信号电平在－10dBm～＋5dBm 范围内变化时，均能保证输出端的电平恒定不变。

b. 上行链路：从主干电缆来的上行链路信号 800MHz、900MHz、1800MHz，由输出端口(DLout)进入主机，经上行低噪声放大器放大后，再由输入端口(DLin)输出，送往主干线。上行链路放大器(LNA)增益可调范围大于 20dB，配合系统设计，上行增益可在较大范围内变化。

上、下行链路两侧的双工器具有插损小、频段隔离度高等特点，能有效地把上下行信号分开，以便在各自的传输链路中设置放大器。

② 特点。

a. 增益：20～30dB(上行)，20～30dB(下行)可调。

b. 下行输出功率：30dBm/每载波(4 载波时)。

c. 噪声系数低。

d. 全双工。

e. 具有 ALC 功能。

f. 按供电方式分：自供电型、外馈电型。

7.2.4 实训单据

(1) 依据网优部门主管安排的任务前往室内覆盖工程区域采集数据，认真完成室内覆盖工程设计方案和直放站实施方案(下列表格中的数据为参考数据)。

(2) 项目经理对工程人员进行工作评价。

(3) 学生认真填写教学反馈单。老师认真思考学生提出的问题及建议，提出整改措施，努力提高教学水平。

室内分布系统设计方案

工程名称			
设计时间		设计编号	
设计单位		施工单位	
设计人员		联系电话	
工程站点地址			

1. 站点情况概述

(1) 地理位置及楼层分布

(2) 附近站点及场强分布

(3) 方案

2. 设计思路

(1) 信源选取

(2) 分布系统设计

3. 设备清单

4. 预算

5. 施工过程

教学反馈单

学习情境七	室内覆盖系统工程及优化			
7.2	室内分布系统工程		学时	8
序号	调查内容	是	否	理由陈述
1	是否掌握室内分布系统设备选型			
2	是否掌握室内分布系统设计			
3	是否独立完成室内分布系统设计方案			
4	小组合作是否顺利			

建议与意见：

被调查人签名		调查时间	

评　价　单

<table>
<tr><td>学习情境七</td><td colspan="8">室内覆盖系统工程及优化</td></tr>
<tr><td>7.2</td><td colspan="3">室内分布系统工程</td><td colspan="2">学时</td><td colspan="3">8</td></tr>
<tr><td>评价类别</td><td>项目</td><td colspan="2">子项目</td><td colspan="2">个人评价</td><td colspan="2">组内互评</td><td>教师评价</td></tr>
<tr><td rowspan="5">专业能力
(70%)</td><td rowspan="2">计划准备
(20%)</td><td colspan="2">搜集信息(10%)</td><td colspan="2"></td><td colspan="2"></td><td></td></tr>
<tr><td colspan="2">表格制作(10%)</td><td colspan="2"></td><td colspan="2"></td><td></td></tr>
<tr><td rowspan="3">实施过程
(50%)</td><td colspan="2">实地勘察(15%)</td><td colspan="2"></td><td colspan="2"></td><td></td></tr>
<tr><td colspan="2">设计方案完成进度(15%)</td><td colspan="2"></td><td colspan="2"></td><td></td></tr>
<tr><td colspan="2">设计方案完成质量(20%)</td><td colspan="2"></td><td colspan="2"></td><td></td></tr>
<tr><td rowspan="3">职业能力
(30%)</td><td colspan="3">团队协作(10%)</td><td colspan="2"></td><td colspan="2"></td><td></td></tr>
<tr><td colspan="3">对小组的贡献(10%)</td><td colspan="2"></td><td colspan="2"></td><td></td></tr>
<tr><td colspan="3">决策能力(10%)</td><td colspan="2"></td><td colspan="2"></td><td></td></tr>
<tr><td rowspan="3">评价评语</td><td>班级</td><td></td><td>姓名</td><td></td><td>学号</td><td></td><td>总评</td><td></td></tr>
<tr><td>教师签字</td><td></td><td>第　组</td><td></td><td>组长签字</td><td></td><td>日期</td><td></td></tr>
<tr><td colspan="8">评语：</td></tr>
</table>

7.2.5 典型案例分析

1. 隧道覆盖

隧道覆盖，关键是隧道内的信号保证，其次是隧道内外的切换区设置。建议采用 RRU 拉远的方式提供信源，如厦门蔡尖尾隧道、大帽山隧道等方案中，都采用 RRU 拉远方式，灵活方便，节约组网成本。

(1) 场景描述

仙岳山隧道为双洞双向四车道，东洞长 1071.78m，西洞长 1095.89m，洞内弯曲度不大，东西隧道净宽 9.25m，净高 6.7m，两洞间间距 30m，如图 7.54 所示。

(2) 设计思路

图 7.54 仙岳山隧道示意图

仙岳山双洞双向隧道都超过 1km 长，而且从隧道的宽度、高度分析，单纯利用宏站方式难以达到隧道内部的连续覆盖。因此，方案设计采用 BBU＋RRU＋定向天线的方式来进行覆盖。信源从高速路隧道附近的一个宏站引两根光纤到隧道口，其中一根光纤级联 2 个 R01，另一根光纤级联 3 个 R01，5 个 R01 归为一个小区，在隧道内不进行切换。根据隧道在中间位置有预留孔，可以穿走馈线，因此可以在隧道中间采用耦合器、功分器接两个天线分别往两边进行覆盖。在一条隧道内安装 5 付定向天线，共 10 付定向天线；隧道两端各安装一个 R01，中间 4 付定向天线两条隧道共用一个 R01，共 5 个 R01。

(3) 设计方案(图 7.55)

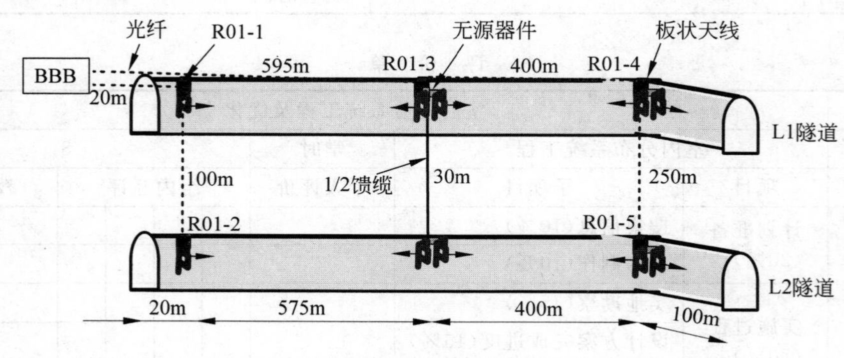

图 7.55 设计方案 1

① 覆盖分析。隧道内的信号设计必须考虑车头穿透损耗，同时必须考虑到车辆在高速运行过程中带来的多普勒效应。仙岳山双洞双向隧道覆盖场强设计统筹考虑了以上因素，隧道内信号强度平均在－80dBm 以上，能够很好地满足车辆在高速行进过程中对于信号的高质量需求。

覆盖分析详细如下。

定向天线输入功率最低 19.8dBm 时，覆盖隧道的距离为 173m，计算如表 7.5 所示。

表 7.5 定向天线输入功率最低时

序号	条　　目	RRU	
1	PCCPCH 输出功率	19.8	dBm
2	定向天线增益	9	dBi
3	车头穿透损耗	－15	dB
4	阴影衰落和多普勒效应附加损耗	－10	dB
5	覆盖场强要求	≥－80	dBm
	S=	173	

定向天线输入功率最高28.5dBm时，覆盖隧道的距离为473m，计算如表7.6所示。

表7.6　定向天线输入功率最高时

序号	条　目	RRU	
1	PCCPCH输出功率	28.5	dBm
2	定向天线增益	9	dBi
3	车头穿透损耗	−15	dB
4	阴影衰落和多普勒效应附加损耗	−10	dB
5	覆盖场强要求	≥−80	dBm
	S=	473	

② 切换设计。从隧道的形状来看，在一端隧道口100m处存在一个弯曲，因此可以在此处通过耦合器耦合一个定向天线向隧道口外进行覆盖，经过分析，在隧道口处场强为−71.6dBm，满足隧道外建立切换过渡区域场强要求。另一端则可以在隧道口20m处通过定向天线的旁瓣信号在隧道口外建立切换过渡区域。

仙岳山隧道口的信号分布如下：隧道内天线在隧道口场强约为−70dBm左右，在隧道外50m左右，信号下降到−80dBm；宏站信号在隧道口场强约为−80dBm左右，在隧道内20m处信号迅速衰落。

当车辆进入隧道时，在隧道外就已经启动了切换测量，切换发生在隧道口外。当车辆开出隧道时，在隧道外启动切换测量，并在隧道口外50m左右完成了切换。

因此，仙岳山隧道内部场强足够，切换区设计合理，隧道内外协同覆盖，质量很好。

2. 地铁覆盖

(1) 场景描述

地铁7号线每站特点是：POI放置在机房，完成所有系统的合路。在站台向隧道的左侧280m，右侧280m处，分别有卡口(上下行隧道，一共4个卡口)，卡口处设计安放干放，完成各系统的合路。

(2) 设计思路

根据现有系统特征，系统设计方案的思路是：采用BBU+RRU的方式进行地铁覆盖，利用现有的泄漏电缆，尽可能利用地铁公司已经敷设的传输，加快地铁覆盖进度；按地铁公司强烈要求，在机房采用一个R01和原系统完成合路，采用POI的下行，覆盖站台和站厅。在卡口处放置R01，利用移动提供的合路器完成和原系统的合路。

多站台统筹考虑，共同完成地铁隧道的连续覆盖。

(3) 设计方案(图7.56)

地铁信号覆盖设计必须考虑以下因素。

① 合路器的位置，建议选择专用的合路器，在POI之后完成多系统合路。

② 漏缆耦合损耗和每百米损耗。

③ 列车高速运行下所产生的瑞利衰落损耗。

表7.7所示是采用BBU+RRU方案下的地铁覆盖。

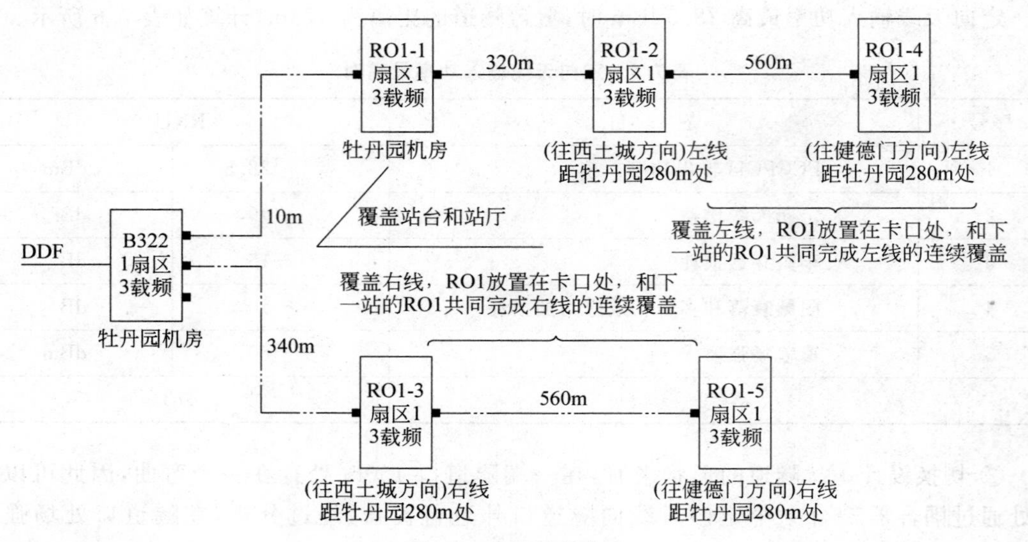

图 7.56 设计方案 2

表 7.7 采用 BBU+RRU 方案下的地铁覆盖

序号	条　目	RRU	
1	PCCPCH 输出功率	29	dBm
2	4m 时宽度因子	−6	dBi
3	合路器损耗	−1.5	dB
4	车体损耗	−10	dB
5	瑞利衰落(含人体损耗)	−6	dB
6	漏缆耦合损耗	−68	dB
7	漏缆每百米损耗	−4.9	dB
8	覆盖场强要求	≥−85	dBm
	S=	459	

这是单站覆盖距离，设计还需要考虑地铁切换区的预留。当超过覆盖距离时，可以采用多个 RRU 级联的方式进行覆盖扩展延伸。在 RRU 的选用上，建议采用单通道的 R01。

附录A

层三信令说明

DTAP 消息

消息名	传递方向	功能
移动管理(MM)消息		
鉴权拒绝 Authentication Reject	Network to MS	向 MS 指明鉴权已经失败
鉴权请求 Authentication Request	Network to MS	网络启动 MS 鉴权
鉴权响应 Authentication Response	MS to Network	将计算出的鉴权响应 SRES 传送网络
CM 重建请求 CM Re-Establishment Request	MS to Network	若前一个连接失败,MS 请求重建一个连接
CM 业务接受 CM Service Accept	Network to MS	网络向 MS 指明已经接受请求的业务
CM 业务拒绝 CM Service Reject	Network to MS	网络向 MS 指明不能提供请求的业务
CM 业务请求 CM Service Request	MS to Network	MS 请求连接管理(CM)子层实体的业务
识别请求 Identity Request	Network to MS	网络请求 MS 提供标识
识别响应 Identity Response	MS to Network	MS 提供标识给网络
IMSI 分离指示 IMSI Detach Indication	MS to Network	在网络中设置此 MS 处于非活动状态
位置更新接受 Location Updating Accept	Network to MS	网络通知 MS 位置更新或 IMSI 附着已经完成
位置更新拒绝 Location Updation Reject	Network to MS	网络通知 MS 位置更新或 IMSI 附着失败
位置更新请求 Location Updating Request	MS to Network	MS 请求位置更新或 IMSI 附着
MM 状态 MM-Status	双向	向另一方报告错误状况
TMSI 再分配 TMSI Reallocation Command	Network to MS	网络再分配一个新的 TMSI 给 MS
TMSI 再分配完成 TMSI Reallocation Complete	MS to Network	MS 通知网络一个新的 TMSI 再分配已经发生
呼叫控制(CC)消息		
提醒 Alerting	被叫 MS 到网络或网络到主叫 MS	通知对方已经提醒被叫用户
呼叫证实 Call Confirmed	被叫 MS 到网络	被叫用户证实一个来话请求
呼叫进行 Call Proceeding	网络到主叫 MS	网络表明主叫用户所请求的呼叫建立信息已经接收到
连接 Connect	被叫 MS 到网络或网络到主叫 MS	表明被叫用户已经接受呼叫

续表

消息名	传递方向	功能
连接证实 Connect Acknowledge	网络到被叫 MS 或主叫 MS 到网络	表明 MS 已经获得呼叫
紧急建立 Emergency Setup	MS 到网络	MS 启动紧急呼叫的建立
进展 Progress	网络到 MS	表明一个呼叫的进展
建立 Setup	双向	启动呼叫建立
修改 Modify	双向	请求改变一个呼叫的负载能力
修改完成 Modify Complete	双向	表明呼叫负载能力的改变已经完成
修改拒绝 Modify Reject	双向	表明呼叫负载能力的改变已经失败
用户信息 User Information	双向	MS 发送到远端用户的信息或网络发送远端用户的信息
断连 Disconnect	双向	MS 请求清除端对端连接或网络指明端对端连接被清除
释放 Release	双向	表明发送方准备释放业务标识符 TI
释放完成 Release Complete	双向	表明发送方已经释放 TI,且接收方将释放 TI
拥塞控制 Congestion Control	双向	表明在发送用户信息消息时流量控制的建立和终止
通知 Notify	双向	指明关于一个呼叫的信息
启动 DTMF Start DTMF	MS 到网络	网络请求将包含的数字转变成 DTMF 音调
启动 DTMF 证实 Start DTMF Acknowledge	网络到 MS	指明网络已经成功地将包含的数字转变成 DTMF 音调
启动 DTMF 拒绝 Start DTMF Reject	网络到 MS	表明网络不接受将包含的数字转变成 DTMF 音调的请求
状态 Status	双向	报告错误状况
状态查询 Status Enquiry	双向	请求同层的层 3 实体发送 Status 消息
停止 DTMF Stop DTMF	MS 到网络	停止发送 DTMF 音调到远端用户
停止 DTMF 证实 Stop DTMF Acknowledge	网络到 MS	表明 DTMF 音调的发送已经停止

BSSMAP 消息

无连接消息

消息名	传递方向	功能
阻塞 Block	BSS to MSC	向 MSC 指明特定的陆地资源阻塞
阻塞证实 Blocking Acknowledge	MSC to BSS	指明相关电路中的业务已经被移去
介闭 Unblock	BSS to MSC	指明特定的陆地资源可恢复服务
介闭证实 Unblocking Acknowledge	MSC to BSS	指明相关电路已经恢复服务
切换已执行 Handover Performed	BSS to MSC	指明 BSS 已经执行了一个内部切换

续表

消息名	传递方向	功能
切换候选者询问 Handover Candidate Enquire	MSC to BSS	MSC查询正在某个小区中工作的MS是否可以切换到其他小区
切换候选者询问响应 Handover Candidate Response	BSS to MSC	指明候选MS的数目
资源请求 Resource Request	MSC to BSS	BSS请求当前特定小区中的空闲资源
资源指示 Resource Indication	BSS to MSC	响应资源请求消息
寻呼 Paging	MSC to BSS	通知BSS在正确的小区发送寻呼消息
复位 Reset	双向	指明发送方发生了故障
复位证实 Reset Acknowledge	双向	指明发送方已经发生了复位，等待恢复业务
过载 Overload	双向	表明发送方过载
复位电路 Reset Circuit	双向	由于故障发送方特定的电路状态不明
复位电路证实 Reset Circuit Acknowledge	双向	表明发送方已清除了可能有关的呼总，等待恢复业务
面向连接消息		
指配请求 Assignment REQ	MSC to BSS	请求BSS指配无线资源，消息中包括资源的特性和地面信道
指配完成 Assignment Complete	BSS to MSC	指出所请求的指配已经正确完成
指配故障 Ass Failure	BSS to MSC	指出在BSS指配过程中出现故障，指配程序已终止
切换请求 HO Request	MSC to BSS	某MS要切换到该BSS所属的小区
切换要求 HO Required	BSS to MSC	指出已有专用无线资源的某一MS，请求切换，原因在消息中给出
切换请求证实 HO Request Acknowledge	BSS to MSC	指出BSS可以支持请求的切换，并指示MS应切换到的信道
切换命令 HO Command	MSC to BSS	包含MS应重新调谐的目标信道
切换完成 HO Complete	BSS to MSC	指出正确的MS已经成功地接入目标小区
切换故障 HO Failure	BSS to MSC	指出在对资源分配过程中出现故障，已放弃切换
寻呼 Paging	MSC to BSS	该消息包含足够的信息，以使寻呼在正确的时间和正确的小区发送
清除请求 Clear Request	BSS to MSC	指出BSS希望释放相关的专用资源
清除命令 Clear Command	MSC to BSS	指出BSS释放相关专用资源
清除完成 Clear Complete	BSS to MSC	BSS通知相关专用资源已释放
切换执行 HO performed	MSC to BSS	指出BSS已完成了一个内部切换，包括小区识别
MSC调用跟踪 MSC mvoke Trace	BSS to MSC	指示BSS开始跟踪记录
级别更新 Class mark Updated	双向	更新相关MS的级别
加密模式命令 Cipher Mode Command	MSC to BSS	要求更清相关的MS加密参数
加密模式完成 Cipher Mode Complete	BSS to MSC	指出通过无线接口已达到成功的加密同步
完全层3消息 Complete L3 Message	BSS to MSC	寻呼响应，位置更新请求，CM重建请求，CM业务请求，IMSI分离，BSS执行SACP连接建立时，MS发出的第一个层3消息(SABM帧上)

续表

消 息 名	传递方向	功 能
排队批示 Queueing Indication	BSS to MSC	指出所需的TCH的指配会有延时
SAPI"n"拒绝 SAPI"n" Reject	BSS to MSC	指出SAPI中0的一个消息被拒绝了
切换要求拒绝 HO Requred Reject	MSC to BSS	指出BSS要求的切换没能执行
切换检测到 HO Detected	BSS to MSC	指出正确的MS已成功地接入目标小区
BSS调用跟踪 BSS Invoke Trace	双向	发端批示收端开始跟踪记录
级别请求 Class Mark Request	MSC to BSS	请求为对应的MS更新级别参数
加密模式拒绝 Cipher Mode Reject	BSS to MSC	指出BSS不能实现MSC请求的加密算法

GSM基本信令流程

1. 移动主叫信令

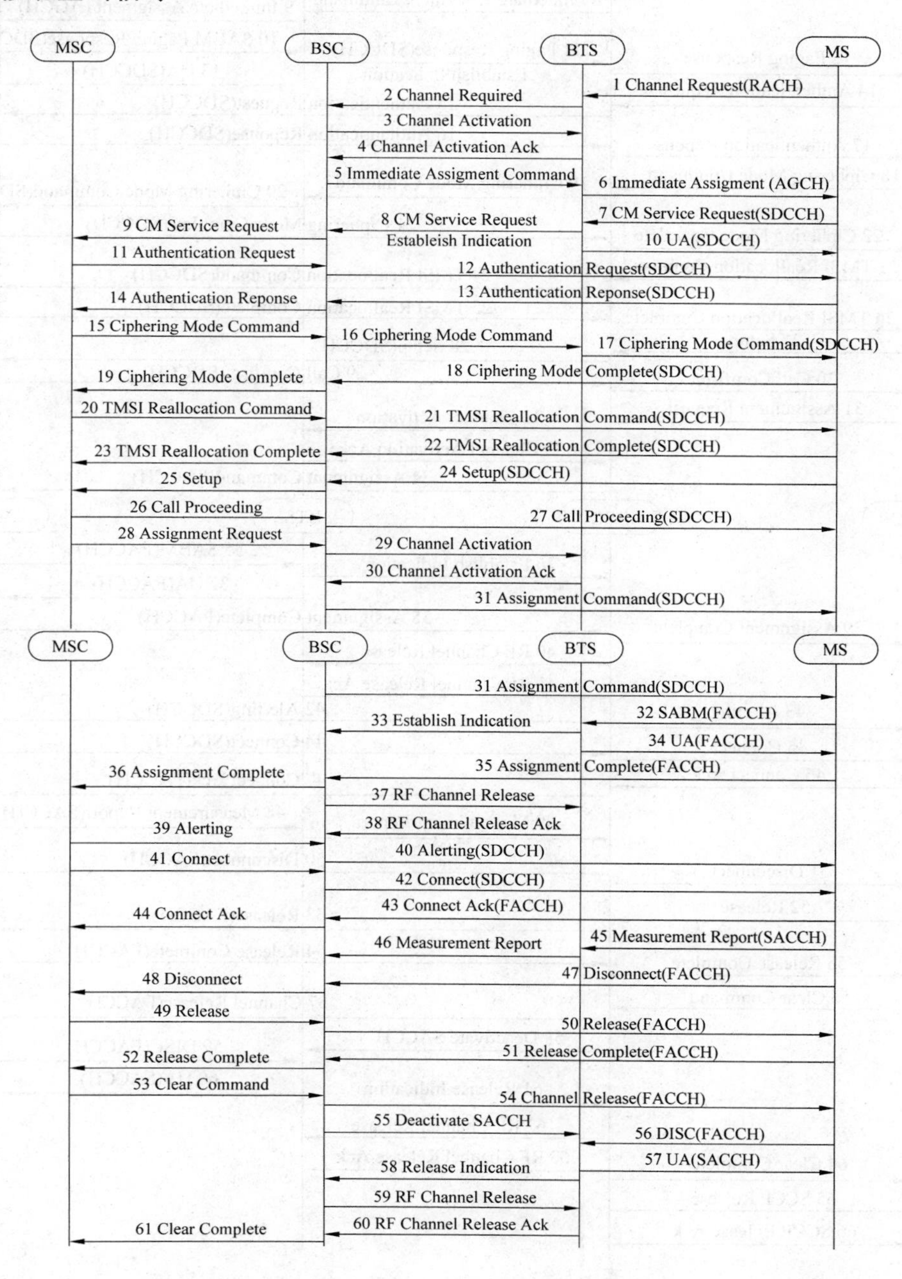

2. 移动被叫信令流程

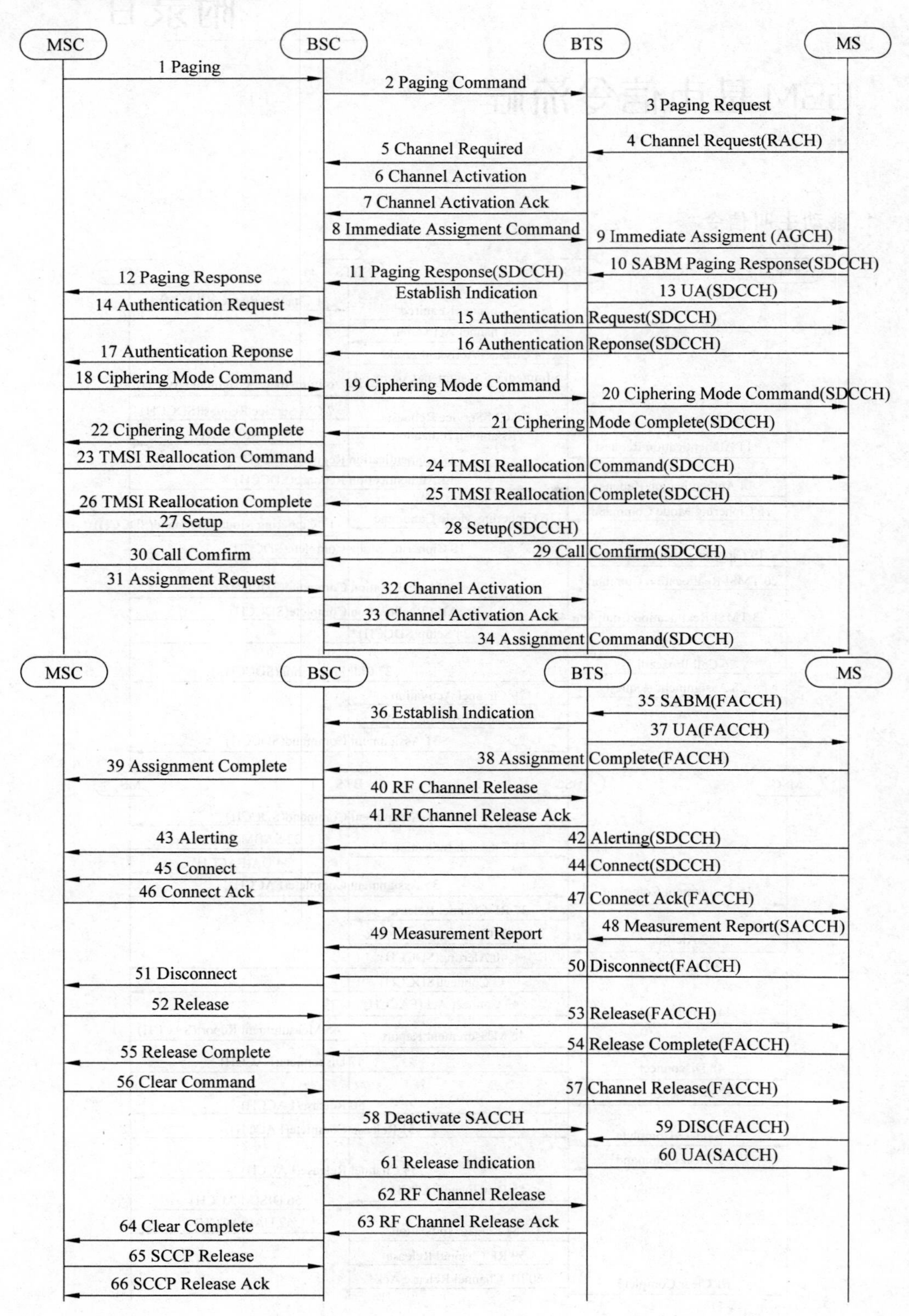
MSC
BSC
BTS
MS
1 Paging
2 Paging Command
3 Paging Request
4 Channel Request(RACH)
5 Channel Required
6 Channel Activation
7 Channel Activation Ack
8 Immediate Assigment Command
9 Immediate Assigment (AGCH)
10 SABM Paging Response(SDCCH)
11 Paging Response(SDCCH)
12 Paging Response
Establish Indication
13 UA(SDCCH)
14 Authentication Request
15 Authentication Request(SDCCH)
16 Authentication Reponse(SDCCH)
17 Authentication Reponse
18 Ciphering Mode Command
19 Ciphering Mode Command
20 Ciphering Mode Command(SDCCH)
21 Ciphering Mode Complete(SDCCH)
22 Ciphering Mode Complete
23 TMSI Reallocation Command
24 TMSI Reallocation Command(SDCCH)
25 TMSI Reallocation Complete(SDCCH)
26 TMSI Reallocation Complete
27 Setup
28 Setup(SDCCH)
29 Call Comfirm(SDCCH)
30 Call Comfirm
31 Assignment Request
32 Channel Activation
33 Channel Activation Ack
34 Assignment Command(SDCCH)
MSC
BSC
BTS
MS
35 SABM(FACCH)
36 Establish Indication
37 UA(FACCH)
38 Assignment Complete(FACCH)
39 Assignment Complete
40 RF Channel Release
41 RF Channel Release Ack
42 Alerting(SDCCH)
43 Alerting
44 Connect(SDCCH)
45 Connect
46 Connect Ack
47 Connect Ack(FACCH)
48 Measurement Report(SACCH)
49 Measurement Report
50 Disconnect(FACCH)
51 Disconnect
52 Release
53 Release(FACCH)
54 Release Complete(FACCH)
55 Release Complete
56 Clear Command
57 Channel Release(FACCH)
58 Deactivate SACCH
59 DISC(FACCH)
60 UA(SACCH)
61 Release Indication
62 RF Channel Release
63 RF Channel Release Ack
64 Clear Complete
65 SCCP Release
66 SCCP Release Ack

3. 位置更新信令流程

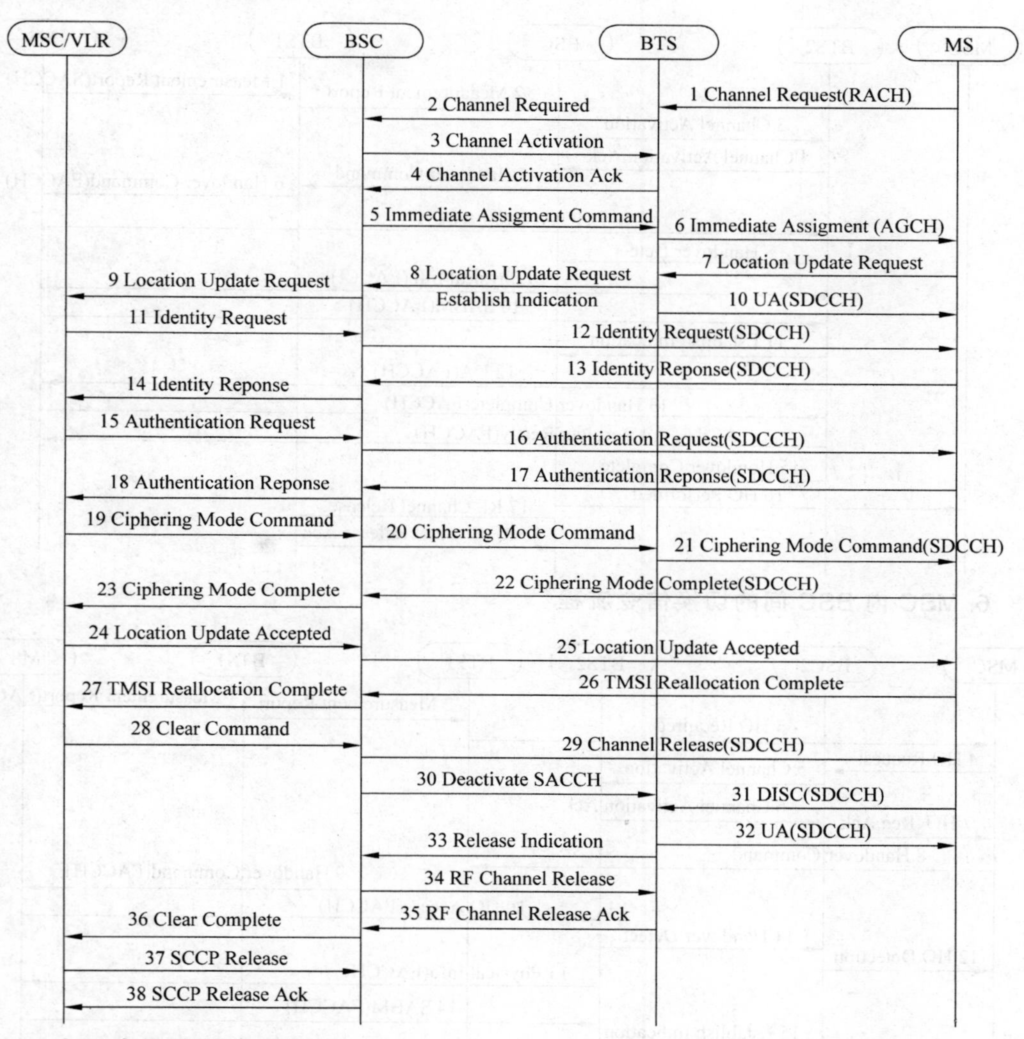

4. 小区内切换信令流程

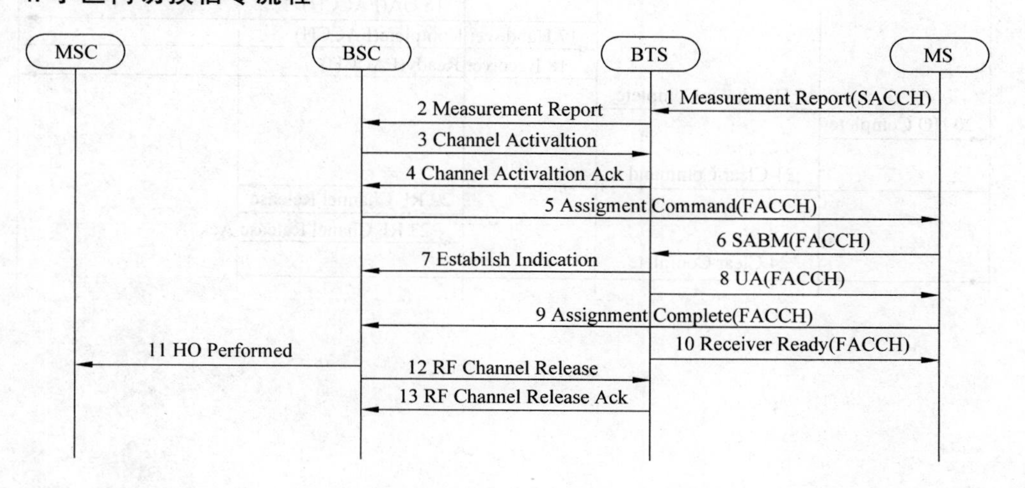

5. 小区间切换信令流程

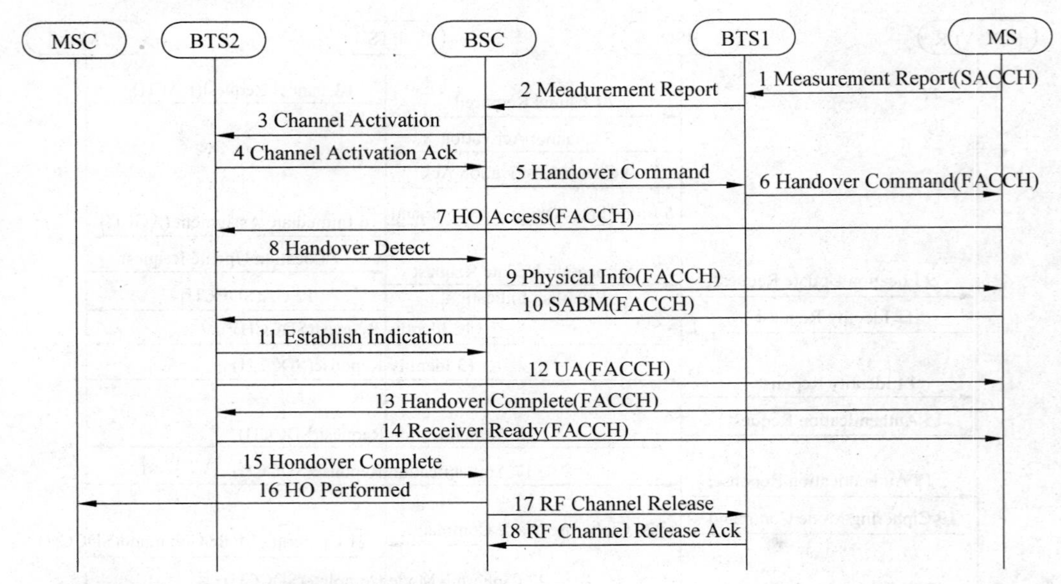

6. MSC 内 BSC 间的切换信令流程

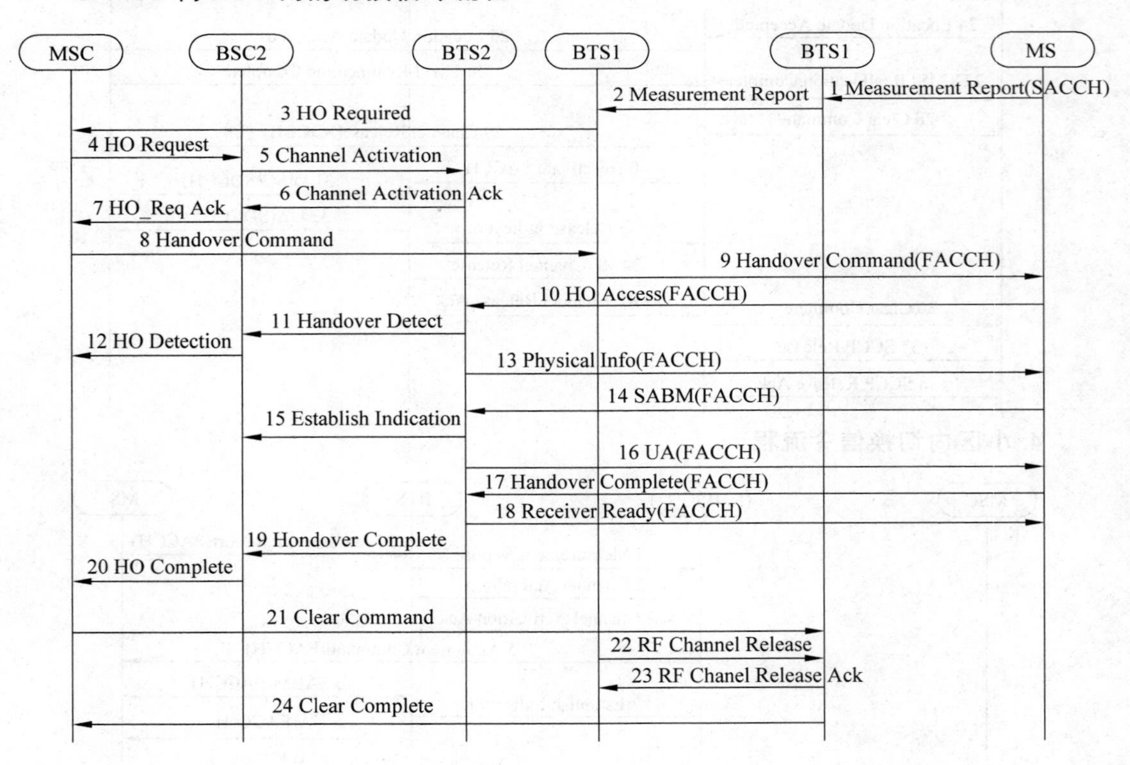

参考文献

[1] 张威. GSM网络优化——原理与工程[M]. 2版. 北京：人民邮电出版社，2010.

[2] 韩斌杰，杜新颜，张建斌. GSM原理及其网络优化[M]. 2版. 北京：机械工业出版社，2009.

[3] 丁奇. 大话无线通信[M]. 北京：人民邮电出版社，2010.

[4] 丁奇，阳桢. 大话移动通信[M]. 北京：人民邮电出版社，2011.

[5] 段丽. 移动通信技术[M]. 北京：人民邮电出版社，2009.

[6] 移动通信论坛. http://www.mscbsc.com.

[7] 通信人家园. http://bbs.c114.net.

[8] 百度百科. http://www.baidu.com.